Der Weg zur agilen HR-Organisation

André Häusling, Stephan Fischer (Hrsg.)

Der Weg zur agilen HR-Organisation

Modelle und Praxisbeispiele zur agilen Transformation

1. Auflage

Haufe Group
Freiburg · München · Stuttgart

Bibliografische Information der Deutschen Nationalbibliothek

Die Deutsche Nationalbibliothek verzeichnet diese Publikation in der Deutschen Nationalbibliografie; detaillierte bibliografische Daten sind im Internet über http://dnb.dnb.de abrufbar.

Print:	ISBN 978-3-648-13439-9	Bestell-Nr. 10375-0001
ePub:	ISBN 978-3-648-13438-2	Bestell-Nr. 10375-0100
ePDF:	ISBN 978-3-648-13440-5	Bestell-Nr. 10375-0150

André Häusling, Stephan Fischer (Hrsg.)
Der Weg zur agilen HR-Organisation
1. Auflage, April 2020

© 2020 Haufe-Lexware GmbH & Co. KG, Freiburg
www.haufe.de
info@haufe.de

Bildnachweis (Cover): @ Alexander Limbach, Adobe Stock

Produktmanagement: Christiane Haas, M.A., Social Science & Publishing, Starnberg
Lektorat: Gabriele Vogt Redaktion Federfluss, Oberaudorf

Inhaltsverzeichnis

Vorwort   9

Vorwort der Herausgeber 11

Einleitung 13

1   Gründe für eine neue HR-Organisation 17

1.1   Steigende Komplexität als Treiber 17

1.2   Probleme in der Praxis 19

1.3   Gründe für das HR-Versagen aus Sicht der Theorie 21

2   Eine kurze Analyse aktueller Modelle zu HR und Transformation 25

2.1   Vergleichende Bewertung aktueller HR-Modelle 25

　　 2.1.1   Darstellung aktueller HR-Modelle im agilen Kontext 27

　　 2.1.2   Vergleich der vier aktuellen HR-Modelle 36

　　 2.1.3   Bewertung der vier aktuellen HR-Modelle 38

2.2   Vergleichende Bewertung aktueller Transformationsmodelle 40

　　 2.2.1   Darstellung aktueller Transformationsmodelle im agilen Kontext 40

　　 2.2.2   Vergleichende Betrachtung der Transformationsmodelle 42

　　 2.2.3   Bewertung der sechs aktuellen Transformationsmodelle 46

　　 2.2.4   Abschluss und Überleitung 48

3   Ein agiles Reifegradmodell 53

3.1   Der Kontext bestimmt das Zielbild 53

3.2   Vier grundlegende Agilitätsfaktoren 54

3.3   Sechs Dimensionen der agilen Organisation 59

　　 3.3.1   Die Dimension Prozess 60

　　 3.3.2   Die Dimension Struktur 62

　　 3.3.3   Die Dimension Strategie 63

　　 3.3.4   Die Dimension Führung 65

　　 3.3.5   Die Dimension HR-Instrumente 66

　　 3.3.6   Die Dimension Kultur 67

3.4   Drei Ebenen 69

3.5   Fünf Reifegrade 70

　　 3.5.1   Reifegrad 1 71

　　 3.5.2   Reifegrad 2 72

　　 3.5.3   Reifegrad 3 73

　　 3.5.4   Reifegrad 4 74

　　 3.5.5   Reifegrad 5 75

3.6   Und was ist mit HR? 77

4 **Die sechs zentralen HR-Wertschöpfungsprozesse** 81

4.1 Darstellung ausgewählter Modelle zu HR-Wertschöpfungsprozessen
und ihre Entwicklung bis heute 81

4.2 Der erste HR-Wertschöpfungsprozess: Die Personalrekrutierung 86

  4.2.1 Die fünf Reifegrade der Personalrekrutierung 86

  4.2.2 Praxisbeispiel: Peer Recruiting bei sipgate – So haben
  wir die Personalverantwortung in die Hände der
  Teams gelegt 94

  4.2.3 Praxisbeispiel: metafinanz – radikale Kundenorientierung
  mit dem Shop-Modell 104

4.3 Der zweite HR-Wertschöpfungsprozess: Die Personalbetreuung
und Personaladministration 111

  4.3.1 Die fünf Reifegrade der Personalbetreuung und
  Personaladministration 111

  4.3.2 Praxisbeispiel: Avira – Einführung eines HR Service Desk in Jira 118

  4.3.3 Praxisbeispiel: Mehr Business-Impact durch innovative
  Personalbetreuung und -administration am
  Beispiel Unitymedia 127

4.4 Der dritte HR-Wertschöpfungsprozess: Die Steuerungs- und
Anreizsysteme 138

  4.4.1 Die fünf Reifegrade der Steuerungs- und Anreizsysteme 138

  4.4.2 Praxisbeispiel: Das Ideal »Selbstorganisation« –
  Der Hypoport-Weg 145

  4.4.3 Praxisbeispiel: Vergütung in agilen Teams:
  Erfahrungen in einem Großkonzern am Beispiel Robert Bosch 152

4.5 Der vierte HR-Wertschöpfungsprozess: Die Personal- und
Führungskräfteentwicklung 163

  4.5.1 Die fünf Reifegrade der Personal- und Führungskräfteentwicklung 163

  4.5.2 Praxisbeispiel: Agile Leadership – Wie die Deutsche
  Telekom Führungskräfte zum Treiber der agilen
  Transformation macht 172

  4.5.3 Praxisbeispiel: Keine Veränderung auf Knopfdruck -
  OTTO in der Transformation und HR mittendrin 179

4.6 Der fünfte HR-Wertschöpfungsprozess: Die Personaltrennung 188

  4.6.1 Die fünf Reifegrade der Personaltrennung 188

  4.6.2 Praxisbeispiel: cosee – „Wir versuchen uns gemeinsam
  und einvernehmlich zu trennen" 196

  4.6.3 Praxisbeispiel: Ministry Group – Time to say goodbye 204

4.7 Der sechste HR-Wertschöpfungsprozess: Die Organisationsentwicklung
und die Organisationstransformation 212

  4.7.1 Die fünf Reifegrade der Organisationsentwicklung und
  der Organisationstransformation 212

4.7.2   Praxisbeispiel: Axel Springer - Von der Entwicklung des
        Purpose und der agilen Transformation 220

4.7.3   Praxisbeispiel: Unlearning Hierarchy: Transformationsmanagement
        am Beispiel SAP 229

5   Agile Reifegrade in den HR-Organisationsmodellen 247

5.1   Reifegrad 1: Das eindimensionale HR-Modell 248

        5.1.1   Deskription der HR-Organisation – das Referentenmodell 249

        5.1.2   Transformation zum Referentenmodell 250

5.2   Reifegrad 2: Das zweidimensionale HR-Modell 251

        5.2.1   Deskription der HR-Organisation – das Business-
                Partner-Modell bzw. das erweiterte Referentenmodell 251

        5.2.2   Transformation hin zum HR-Business-Partner-Modell 253

5.3   Reifegrad 3: Die HR^{PLUSNET}-Organisation 254

        5.3.1   Deskription der HR^{PLUSNET}-Organisation 255

        5.3.2   Transformation zur HR^{PLUSNET}-Organisation 258

5.4   Reifegrad 4: Die HR-Hybrid-Organisation 263

        5.4.1   Deskription der HR-Hybrid-Organisation 265

        5.4.2   Transformation zur HR-Hybrid-Organisation 268

5.5   Reifegrad 5: Die (agile) HR-Netzwerk-Organisation 274

        5.5.1   Deskription der (agilen) HR-Netzwerk-Organisation 277

        5.5.2   Transformation zur (agilen) HR-Netzwerk-Organisation 281

5.6   Zusammenfassung 283

5.7   Praxisbeispiel: HR@Hettich – eine Welt ohne Organigramme 285

5.8   Praxisbeispiel: Unlearn, inspect & adapt @DATEV 295

**6   Die Zukunft von HR erfolgreich gestalten – zwei Ausblicke
        und ein Plädoyer** 311

6.1   Ein Ausblick in Richtung Praxis 311

6.2   Ein Ausblick in Richtung Theorie 313

6.3   Ein gemeinsames Plädoyer für HR als Katalysator von Transformationen 314

Autorinnen und Autoren 317

Übersicht Praxisbeispiele 327

Abbildungsverzeichnis 329

Vorwort

Die (Arbeits-)Welt hat sich noch nie so schnell verändert wie heute. Hinzu kommt die zunehmende Komplexität. Während sich früher komplizierte Probleme mit genug „Man- und Rechenpower" lösen ließen, so stellt die VUCA-Welt Organisationen vor gewaltige Herausforderungen. Um diesen gerecht zu werden, müssen Organisationen sich neu aufstellen. Mittlerweile herrscht breiter Konsens, dass Agilität notwendige Voraussetzung für die langfristige Zukunftssicherung von Organisationen ist.

Doch was bedeutet Agilität? Für uns bei SAP ist es die Balance zwischen stabilen und bewährten Prozessen und Strukturen auf der einen Seite und der Flexibilität, Anpassungsfähigkeit und Schnelligkeit für dynamischen Wandel auf der anderen Seite. Agilität reimt sich auf Stabilität, nicht auf Chaos. Um diese Balance zu erreichen, reicht es nicht aus, agile Projektmanagementmethoden einzuführen. Sie erfordert eine holistische Herangehensweise, die das Verhalten und Mindset der Mitarbeiter ebenso einbezieht wie die Konstruktion und Kultur einer Organisation.

Wer (unter)stützt intern den Weg zur agilen Organisation? Aus meiner Sicht ist dies Aufgabe von HR, um unserer Rolle als Architekt der Organisation gerecht zu werden. Das ist – neben dem Aufbau wichtiger Kompetenzen - ein wesentlicher Beitrag, um die Organisation zukunftsfähig zu machen.

Mit anderen Worten: HR soll die Organisation unterstützen, in einer zunehmend komplexen Welt auch zukünftig erfolgreich zu sein und dabei neue Wege zu gehen. Um dies leisten zu können, muss die HR-Funktion sich jedoch zunächst selbst transformieren. Aber in welche Richtung? Das optimale, universell einsetzbare Zielbild gibt es nicht mehr. Zeiten, in denen das HR-Business-Partner-Modell als Allheilmittel propagiert und verstanden wurde, sind vorbei. Jede HR-Organisation muss individuell für sich den richtigen Weg finden.

Bei SAP HR haben wir erkannt, dass wir uns ständig wandeln müssen, um auch zukünftig wichtiger Partner unseres Business zu sein. Wir bezeichnen uns selbst als „HR Punks", um zum Ausdruck zu bringen, dass wir den Status quo kontinuierlich infrage stellen und nicht am Vorhandenen festhalten. Wir experimentieren und probieren Dinge aus. Wir befinden uns auf einer Reise, ohne das Ziel bereits fest definieren zu können. Das Bestreben zu mehr Agilität haben wir damit auch in unserer HR-Strategie verankert. Dabei agieren wir auf Organisations-, Team- und individueller Ebene: Auf Organisationslevel gestalten wir die Struktur in einer Organisationeinheit neu und sammeln Erfahrungen mit Selbstorganisation und „demokratischen Wahlen" der People Leads. Mehr zu unserer „Unlearning Hierarchy"-Initiative können Sie in Kapitel 4 lesen.

Auf Teamebene nutzen wir verschiedenste agile Methoden: So arbeiten wir hier in vielen Bereichen mit cross-funktionalen Teams an der Erfüllung von OKRs, nutzen Daily Stand-ups zur Koordination von Aufgaben und digitale Kollaborationstools zur pragmatischen Zusammenarbeit ohne E-Mails. Auf individueller Ebene haben wir „Agile HR" als einen der Fokusbereiche für die Entwicklung unserer weltweiten HR-Mitarbeiter definiert, um sie in agilen Methoden zu schulen, fit für die Unterstützung unserer Gesamtorganisation zu machen und nicht zuletzt auch ein agiles Mindset zu fördern.

Es gibt aktuell keine übergeordneten Vorgaben, stattdessen versuchen wir in vielen Bereichen unserer globalen HR-Organisation Agilität mit ganz unterschiedlichen Herangehensweisen „zu lernen". Dabei befinden wir uns in einer „permanenten Beta-Phase" und schaffen die Voraussetzungen für eine Trial & Error-Kultur, die Versuche fördert und Fehler erlaubt. Ein guter Anfang. Es gibt viele interessante Ansätze, den Herausforderungen unserer Zeit zu begegnen. Einige davon werden in diesem Buch vorgestellt. Wenngleich sie nicht als Blaupause für jedes Unternehmen dienen können, so geben sie doch Orientierung und Inspiration. Ich wünsche Ihnen eine interessante Lektüre.

Herzlichst, Ihr

Stefan Ries
Mitglied des Vorstands
Chief Human Resources Officer, SAP SE

Vorwort der Herausgeber

Als wir uns zum ersten Mal begegnet sind, hätten wir beide nicht gedacht, dass wir eines Tages gemeinsam ein Buch miteinander schreiben würden. Damals (1999) lehrte Stephan als Dozent an der Universität Heidelberg »Theorie und Praxis der Organisationsentwicklung« und André beschäftigte sich als Student erstmals im Hauptstudium mit diesen Themen.

Wir haben dann viele Jahre keine gemeinsamen Berührungspunkte gehabt und erst 2008 kreuzten sich unsere Wege ein zweites Mal. In der Zeit war André als Personalleiter bei Fujitsu Services und führte gerade das HR-Business-Partner-Modell ein. Stephan hatte ein eigenes Beratungsunternehmen und nahm damals ein Mandat im Kontext einer Unternehmensintegration bei Fujitsu Services wahr. Wieder verloren wir uns aus den Augen.

Nachdem wir uns dann beide beruflich verändert hatten, begegneten wir uns 2013 ein drittes Mal. Stephan war mittlerweile seiner Leidenschaft gefolgt und als Professor für Personalmanagement und Organisationsberatung an die Hochschule Pforzheim berufen worden. André war ebenfalls seiner Leidenschaft gefolgt und hat 2010 HR Pioneers mit der Idee gegründet, die HR-Welt zu verändern. Seither ist viel passiert.

In der gemeinsamen Arbeit sind viele Ideen zur Frage der Agilität in Organisationen entstanden, die letztlich in dem TRAFO-Modell mündeten, mit dem anhand unterschiedlicher Dimensionen der agile Reifegrad ganzer Organisationen oder einzelner Organisationsteile eingeschätzt werden kann. Stephans Interesse war dabei stets der Reiz, die Verbindung von Theorie und Praxis herzustellen. André wollte so seinem Ziel der Veränderung der HR-Welt und noch mehr der gesamten Arbeitswelt näherkommen.

Gemeinsam hatten wir dann das Ziel, die Ideen zu Agilität in ein konkretes HR-Modell der Zukunft zu übertragen und so die Dominanz des HR-Business-Partner-Modells abzulösen. Je mehr wir uns aber damit befasst haben, desto klarer wurde uns dabei, dass es leider nicht so einfach ist, ein neues HR-Modell zu entwickeln, wie wir das ursprünglich gehofft haben.

Die Antwort dieses Buches auf die Frage nach einem neuen HR-Modell ist gleichsam klar wie ernüchternd: Es gibt keine neues HR-Modell der Zukunft. Oder besser gesagt, es gibt keine Blaupause mehr für ein bestimmtes Modell. Vielmehr mussten wir uns eingestehen, dass das Unterfangen kompliziert, wenn nicht sogar komplex werden würde. Um es kurz zu sagen: Wir haben dieses Buchprojekt ziemlich unterschätzt. Daher geht ein ganz besonderer Dank an unsere Familien, die in den letzten Wochen, an vielen Wochenenden und in einigen Urlauben (auch über die Weihnachtszeit) ihre

Toleranz geübt haben und uns weiter an dem Buch haben schreiben lassen. Ihnen ist dieses Buch gewidmet.

Dieses Buch ist eine herausragende Teamleistung und ein Ausdruck großartiger Kollaboration. Wir sind sehr dankbar, dass wir mit so vielen tollen Menschen an diesem Buchprojekt zusammenarbeiten durften. Wir bedanken uns sehr herzlich bei …

- … allen Teilautorinnen und Teilautoren aus insgesamt 14 Unternehmen, die ihre Praxiserfahrungen in diesem Buch teilen und mit ihren Beiträgen dieses Buch sehr bereichern: Carina Visser, Thu Pakasathanan, Rainer Göttmann, Carina Seubert, Marcus Berghoff, Michael Fleischmann, Loretta Thurau, Felix Schumann, Roman Schachtsiek, Björn Schneider, Dr. Uwe Schirmer, Christina Schulte-Kutsch, Stefanie Hirte, Sabine Josch, Konstantin Diener, Marco Luschnat, Lennart Keil, Johannes Burr, Lars Bohlmann und Julia Bangerth.
- … Stefan Ries für das wohlwollende Vorwort, das den Rahmen für unser Thema ausgezeichnet spannt.
- … Tillmann Seidel, Kati Oimann, Nina Zeppenfeld, Maike Goldkuhle, die mehr als Teilautoren dieses Buches sind. Sie sind Teil der DNA desselben, weil wir gemeinsam viel Zeit investiert haben, die Inhalte dieses Buches zusammen zu entwickeln.
- … Annabel Früh und Diana Menges, die wichtige Bausteine in der theoretischen Fundierung unserer Gedanken mit eingebracht haben.
- … Wiebke Joester und Petra Walther für die Ausgestaltung der Praxisbeispiele.
- … dem HR-Pioneers-Team für die vielen intensiven Diskussionen und die gemeinsame Reise auf dem Weg, die Arbeitswelt und auch unsere Gesellschaft ein Stück besser zu machen.
- … Prof. Dr. Cathrin Eireiner und Prof. Dr. Anja Schmitz von der HS Pforzheim für gemeinsame Forschungsarbeiten, die in einigen Grundzügen in das Buch eingeflossen sind.
- … Christiane Haas und Gabriele Vogt vom Haufe-Verlag für die Geduld mit uns und die professionelle Begleitung.

Über Rückmeldungen und Austausch zu diesem Buch freuen wir uns sehr. Meldet Euch gerne unter andre.haeusling@hr-pioneers.com und/oder stephan.fischer@ hs-pforzheim.de.

Nun wünschen wir Euch viel Spaß beim Lesen, viel Inspiration und Mut, um eure Unternehmenswelten zu gestalten.

André Häusling und Stephan Fischer

Einleitung

Stephan Fischer und André Häusling

Aktuelle Bücher zum Thema Management starten üblicherweise mit dem Verweis auf einen oder mehrere der folgenden Begriffe: Agilität, Ambidextrie, Demografie, Digitalisierung, Disruption, Future of Work, Eco-Systeme, Globalisierung, Komplexität, New Work, Purpose, Transformation, Werte und Why. Diese Liste ließe sich sicherlich noch beliebig erweitern. Dabei sind bei den Lesern[1] und Beteiligten – wie bei vielen anderen Themen auch – (mindestens) zwei unterschiedliche Positionen zu finden: Auf der einen Seite gibt es die Anhänger, die in der Verfolgung der genannten Themen die Grundlage für den Erhalt der Zukunftsfähigkeit von Organisationen sehen. Auf der anderen Seite stehen die Kritiker, die entweder die Relevanz der Themen in Gänze oder aber deren Aktualität bestreiten. Für die einen sind die Themen also »heißer Scheiß«, für die anderen »kalter Kaffee«.

Wir positionieren uns mit dem vorliegenden Buch zwischen diesen beiden Polen. Unsere Grundannahme ist dabei, dass Agilität in Zeiten disruptiver Veränderung eine wichtige Rolle spielen kann, vorausgesetzt, es gibt einen differenzierten und nicht bewertenden Blick auf die Ausgestaltung von Agilität in Organisationen. Für uns ist Agilität weder a priori gut noch schlecht, weder neu noch alt. Vielmehr kommt es uns auf den erforderlichen Grad an Agilität in einer Organisation an und welche Konsequenzen sich daraus insbesondere für HR ergeben.

Mit Blick auf die aktuelle Literatur und die empirische Forschung zum Thema Agilität lassen sich einige Studien finden, die Evidenzen zur Wirkung auf oder von Agilität in Organisationen beleuchten.[2] Dabei werden Zusammenhänge zwischen Agilität und Organisationskultur, aber auch Wirkungen auf Teamleistung oder das Wissensmanagement betrachtet. Dies gibt Aufschluss über die Operationalisierung und über die Einfluss- und Wirkfaktoren von Agilität in Organisationen. Parallel dazu kann auch bei der eher praxisorientierten Diskussion zu Agilität eine zunehmende Differenzierung beobachtet werden. Hier wird Agilität auf der Ebene der gesamten Organisation (Stichwort: Anpassung), der Teams (Stichwort: agile Arbeitsmethoden) und der Individuen (Stichwort: agile Werte und agiles Mindset) besprochen.[3]

---

1   Wir haben uns im Laufe des Buches bemüht, genderneutrale Begriffe zu verwenden. Wo dies nicht möglich war bzw. wo nur leseunfreundliche Begrifflichkeiten hätten gewählt werden müssen, wurde der besseren Lesbarkeit halber die männliche Form verwendet. Es versteht sich von selbst, dass hiermit natürlich auch die vielen weiblichen Akteure im HR-Business impliziert sind.
2   Vgl. Laanti et al., 2011; Lee, et al., 2016; Mao/Quan, 2017; Felipe et al., 2017.
3   Vgl. Häusling et al., 2019; Kartheininger/Fischer, 2019.

Unser Fokus in dem vorliegenden Buch liegt auf der Ebene eines Organisationsteils, nämlich der HR-Funktion (kurz HR). Uns interessiert dabei, welche inhaltlichen und strukturellen Veränderungen HR in Organisationen[4] anstößt und auch bei sich selbst vollziehen muss, um den Anforderungen steigender Komplexität und daraus abgeleitet auch veränderter Anpassungsbedarfe gerecht zu werden. Dabei stehen inhaltlich die zentralen Wertschöpfungsprozesse von HR im Fokus, die wir unter den veränderten Anforderungen neu denken wollen. Die von uns betrachteten HR-Wertschöpfungsprozesse bilden im Wesentlichen den typischen Lebenszyklus eines Mitarbeitenden von der Personalrekrutierung bis zur Personaltrennung ab. Im Laufe dieses Buches ergänzen wir diese HR-Wertschöpfungsprozesse jedoch inhaltlich und entwickeln sie durch den Bezug zu agilen Reifegraden weiter.

Mit diesem Buch wollen wir aufzeigen, dass bisherige HR-Organisationsmodelle den gestiegenen Anforderungen nicht mehr genügen. Vielmehr muss HR als Organisation neu gedacht werden. Unsere Antwort dazu ist: Es gibt kein »einheitliches« HR-Modell der Zukunft. Die zukünftige inhaltliche wie strukturelle Ausrichtung von HR ist vielmehr abhängig von verschiedenen Kriterien und lässt sich nicht universell beantworten. Das *eine* HR-Modell der Zukunft (oder dessen Suggestion) wird nicht die Lösung sein. Vielmehr werden die Organisationen ihre HR-Funktion an den hier entwickelten Kriterien je nach Komplexität und Disruption ihrer Anforderungen, den Bedarfen an Agilität sowie nach Ausprägungsgrad und Reife ausrichten müssen.

Im Sinne unserer Expertise wollen wir insgesamt zwei Perspektiven auf das Thema *der agilen HR-Organisation* einnehmen, und zwar indem wir konzeptionelle Teile, basierend auf der aktuellen Literatur, mit praktischen Teilen aus der Beratung und dem Organisationsalltag verbinden. Diese Verbindung zwischen Business und Science stellt für uns den besonderen Charakter des vorliegenden Buches dar und schließt zudem einen fast zwanzigjährigen Kreis, der einmal in einer Lehrveranstaltung an der Universität Heidelberg zum Thema »Theorie und Praxis der Organisationsentwicklung« begonnen hat.

Nachdem wir in Kapitel 1 des Buches die aktuellen Herausforderungen der HR-Bereiche aufzeigen, stellen wir in Kapitel 2 die aktuellen HR-Organisationsmodelle und Transformationsmodelle nebeneinander. Daraus abgeleitet stellen wir in Kapitel 3 die Notwendigkeit von Reifegraden in agilen Organisationen dar, um die unterschiedlichen Anforderungen in den HR-Organisationen zu bewältigen. Diese Reifegrade legen wir in Kapitel 4 über sechs zentrale HR-Wertschöpfungsprozesse. Zu jedem

---

4   Wir haben uns dazu entschlossen, in den konzeptionellen Teilen des Buches von Organisationen und nicht von Unternehmen zu sprechen, weil wir glauben, dass die hier beschriebenen Inhalte nicht nur für Unternehmen, sondern – wenn auch vermutlich in etwas unterschiedlicher Konsequenz – auch für andere Organisationen (z. B. NPO und Verwaltungen) gültig sind.

HR-Wertschöpfungsprozess haben wir neben konzeptionellen Überlegungen jeweils zwei Unternehmensbeispiele, die aus der Praxis ihre Erfahrungen teilen. In Kapitel 5 betrachten wir die Reifegrade im Kontext der HR-Organisationsmodelle und zeigen auch hier wieder zwei Praxisbeispiele. Im abschließenden Kapitel 6 wagen wir noch einen kurzen Ausblick auf die möglichen nächsten Entwicklungen und schließen dann mit einem Plädoyer für die HR-Arbeit der Zukunft.

1 Gründe für eine neue HR-Organisation

Stephan Fischer und André Häusling

1.1 Steigende Komplexität als Treiber

Die aktuelle Arbeitswelt ist im Wandel. Insgesamt können die unterschiedlichsten Entwicklungen beobachtet werden, die alle mehr oder weniger intensiv einen Einfluss auf Organisationen haben.[5] Dabei können diese Entwicklungen in der **Umwelt** und in der **Inwelt** der Organisationen unterschieden werden. In der **Umwelt** spielen Veränderungen eine Rolle, die sich durch die Digitalisierung, den disruptiven Wandel von Geschäftsmodellen und den Wertewandel mit pluralistischen und diverseren Wertemustern ergeben. Das Ausmaß dieser Veränderung variiert zwischen Märkten und Branchen zum Teil deutlich.[6] In der **Inwelt** spielen Faktoren wie »die Generation Y«, der Trend zu New Work, veränderte Kulturreifegrade und auch die Suche nach Sinn und Sinnhaftigkeit eine wichtige Rolle.[7] Sowohl die Veränderungen in der Umwelt als auch die in der Inwelt von Organisationen nehmen in der aktuellen Literatur mit Fokus auf die Organisationspraxis einen zentralen Stellenwert ein und werden reichlich diskutiert.[8]

Insgesamt werden diese Entwicklungen mit dem Akronym VUCA-Welt beschrieben, was unter der Perspektive der Systemtheorie auch als eine Veränderung aufgrund deutlich gestiegener Komplexität beschrieben werden kann.[9] Dieser Gedanke lässt sich mithilfe der Stacey-Matrix abbilden.[10] Die Stacey-Matrix ist letztlich ein simples Vier-Felder-Schema, das auf der einen Dimension die Klarheit bzw. Unklarheit einer technologischen Herausforderung und auf der anderen Dimension die Eindeutigkeit bzw. Uneindeutigkeit einer Anforderung zur Bewältigung dieser technologischen Herausforderungen beschreibt. Daraus entstehen insgesamt vier Felder (oder auch Typen) von Herausforderungen, die Stacey mit »einfach«, »kompliziert«, »komplex« und »chaotisch« benennt. Die Logik dabei ist, dass die Situation umso herausfordernder ist, je unklarer und uneindeutiger sie wird. Es kann vermutet werden, dass genau das durch die beschriebenen Entwicklungen der VUCA-Welt der Fall ist. Durch die genannten Veränderungen in der Umwelt und der Inwelt der Organisationen scheint es, dass sich bisher komplizierte Muster innerhalb von Organisationen zu komplexen Mustern entwickeln.

---

5   Vgl. Fischer/Häusling, 2018a.
6   Vgl. Zhang/Sharifi, 2000.
7   Vgl. Hackl et al., 2017; Fink/Moeller, 2018.
8   Um Sie nicht zu langweilen, sparen wir uns die Wiedergabe dieser bereits viel und häufig bearbeiteten Trends und verweisen zur tieferen Lektüre auf Rump/Eilers, 2017.
9   Vgl. Bennet/Lemoine, 2014.
10   Vgl. Stacey 1999.

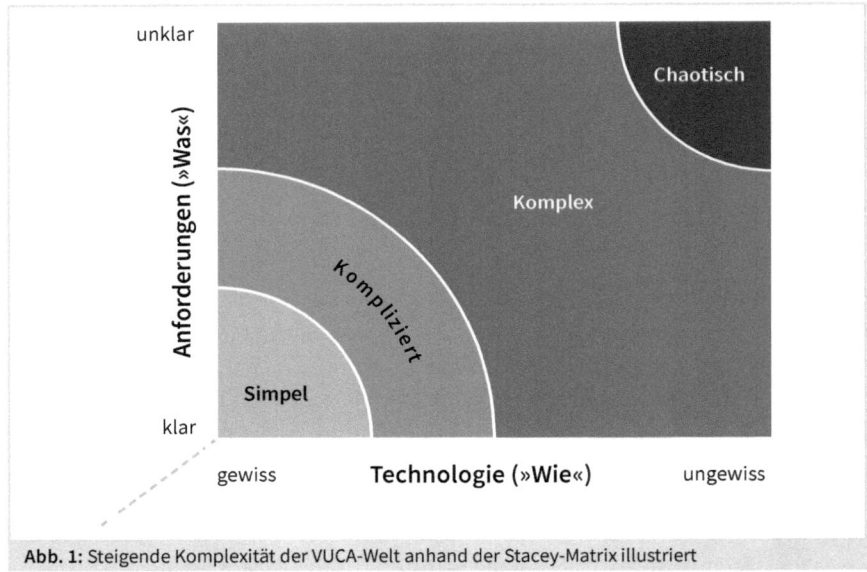

Abb. 1: Steigende Komplexität der VUCA-Welt anhand der Stacey-Matrix illustriert

Für die Organisationen entsteht dadurch die folgende Herausforderung: Sie müssen vorhandene Systeme weiterentwickeln, die bisher mit den Anforderungen der komplizierten Welt (mehr oder weniger) gut zurechtgekommen sind, aber bei den Anforderungen der komplexen Welt an ihre Grenzen stoßen. Um mit den neuen Anforderungen dieser komplexen Welt besser zurechtzukommen, sind sie außerdem gefordert, zum Teil ganz neue Systeme zu schaffen, die den Organisationen dabei helfen, sich an die veränderte Komplexität anzupassen.

Kurz gesagt: Bestehende Muster, die sich in komplizierten Welten als erfolgreich gezeigt und bewährt haben, kommen an ihre Grenzen. Das gilt für ganze Organisationen genauso wie für ihre einzelnen Organisationsteile. Auch HR kommt an seine Grenzen und steht vor der Herausforderung der Anpassung.[11] Man kann dies an verschiedenen aktuellen Diskussionen festmachen. Als Beispiel sei hier die Frage genannt, ob es in der komplexen Welt wirklich noch sinnvoll ist, individualisierte Ziele zu vereinbaren (was in der komplizierten Welt oft als Königsweg galt), oder ob es nicht viel sinnvoller ist, die Ziele zu kollektivieren oder gar ganz auf sie zu verzichten.[12] Auch die Beschäftigung mit der Frage nach Vergütung in Organisationen und deren mögliche Weiterentwicklung unter der Überschrift »New Pay« sei hier genannt.[13]

---

11   Vgl. Häusling/Fischer, 2018.
12   Vgl. Trost, 2015.
13   Vgl. Franke et al., 2019.

1.2 Probleme in der Praxis

Für eine systematische Ausrichtung der Wertschöpfungsprozesse von HR, die bisher überwiegend an den Herausforderungen der komplizierten Welt ausgerichtet sind, in Richtung mehr Komplexität hat es bisher noch kein Modell als Vorlage gegeben. Dass HR am Limit ist, zeigt sich in der Praxis in verschiedenen Punkten:

Veränderte Bedürfnisse bei Führungskräften und Mitarbeitenden
HR hat es mit sehr heterogenen Fachbereichen zu tun, die ganz unterschiedliche Anforderungen haben. Dadurch nimmt die Komplexität deutlich zu. Der bisherige »One-size-fits-all-Ansatz« von HR fängt an zu bröckeln.

Auf der einen Seite wird in der Softwareentwicklung und in vielen digitalen Produktentwicklungsbereichen der Organisationen zunehmend agil gearbeitet. Dort stellen sich viele neue Fragen und entsprechend entstehen neue Anforderungen an HR. Beispielsweise soll das Recruiting in die Teams gegeben, herkömmliche Zielvereinbarungssysteme durch OKR (Objectives and Key Results) ersetzt oder neue Organisationsstrukturen und verteilte Führungsrollen (z. B. durch Einführung von Rollen wie Product Owner und Scrum Master) anders gedacht werden. Außerdem werden Antworten darauf benötigt, wie nun Karrieremodelle in agilen und selbstorganisierten Teams aussehen sollen.

Auf der anderen Seite hat HR mit Fachbereichen zu tun, die noch in eher traditionellen Formen der Zusammenarbeit organisiert sind. Hier gilt es, durch standardisierte HR-Lösungen sehr effizient eine solide HR-Arbeit zu machen. Die bisherigen HR-Prozesse funktionieren dort noch gut und auch die HR-Instrumente erfüllen in den meisten Fällen ihren bisherigen Nutzen.

Hohe interne Komplexität verhindert Geschwindigkeit
Die Erwartungshaltung an HR in Bezug auf eine erhöhte Umsetzungsgeschwindigkeit steigt: Während eine geringere Umsetzungsgeschwindigkeit in der Vergangenheit noch toleriert wurde, wird heute bei HR eine hohe Geschwindigkeit vorausgesetzt. Es müssen in Zeiten des Fachkräftemangels schnell neue Mitarbeitende gefunden werden. Zudem müssen in höherer Geschwindigkeit Lösungen mit den Mitbestimmungsgremien gefunden oder weitere Effizienzmaßnahmen umgesetzt werden. HR verweist dann gerne auf die eigenen Herausforderungen, die aber immer weniger Relevanz für die Fachbereiche haben. Diese warten nämlich nicht mehr auf HR, sondern suchen proaktiv selbst nach Lösungen.

Zunehmende Wettbewerbsintensität
HR steht zunehmend im Wettbewerb – intern wie extern. Bei einer mangelnden Geschwindigkeit von HR suchen die Fachbereiche nach eigenen Lösungen. Eine Variante,

die uns in der Praxis immer wieder begegnet, ist, dass die Fachbereiche die HR-Themen einfach selbst übernehmen und eigene Lösungen entwickeln. Wenn HR zu langsam ist oder keine Kapazitäten hat, werden eigene Kapazitäten genommen oder aus dem Fachbereich heraus Beratungen beauftragt.

Viele Zukunftsthemen beginnen an HR vorbeizugehen. So beobachten wir, dass viele Transformationen funktional zunehmend im Business Development verankert werden. Entsprechend steht HR zunehmend im Wettbewerb zu anderen Fachbereichen oder zu externen Beratungen.

Technologische Veränderungen und Digitalisierung

Weiterhin gewinnen sämtliche technologischen Themen und Projekte bei HR zunehmend an Bedeutung. Wie auch in anderen IT-Projekten wächst damit die Komplexität – ganz gleich ob es sich um die Einführung eines neuen Performance-Management-Systems oder eines neuen Abrechnungssystems handelt. Auf der einen Seite stehen also die IT-Landschaften vieler HR-Organisationen vor der großen Herausforderung, ihre eigenen Prozesse weiter zu digitalisieren. Auf der anderen Seite steigen aber auch die Anforderungen an die technischen Fertigkeiten und Kompetenzen von HR enorm, um die geforderte Geschwindigkeit von den Fachbereichen mitgehen zu können.

Viel Arbeit – wenig Ergebnisse

Die Komplexität von HR selbst steigt ebenfalls. Die Themenvielzahl nimmt zu und die verfügbaren Kapazitäten bleiben bestenfalls stabil oder müssen sogar reduziert werden. Ein Muster, welches wir in der Praxis häufig beobachten, ist, dass HR sehr viele Themen bewegt, der gewünschte Nutzen für die Fachbereiche jedoch überschaubar bleibt. Mit der Art und Weise, wie die Zusammenarbeit mit den Fachbereichen organisiert wird, kommt HR an seine Grenzen. Es herrscht hoher Aktionismus und ein hoher Gestaltungswille. Gemäß der traditionellen Arbeitsweise geschieht aber viel parallel, es wird wenig priorisiert und fokussiert. Auch die Ergebnisse entsprechen nicht immer den Erwartungen vom Business.

Als Ursache für die Herausforderungen erleben wir, dass die einzelnen HR-Bereiche zwar formell in Teams organisiert sind, zusätzlich dazu aber viele Themen von einzelnen Personen bearbeitet werden oder die Einzelpersonen zusätzlich für einen oder verschiedene Fachbereiche verantwortlich sind. Diese Verzahnung führt zu einem erhöhten Abstimmungsbedarf, welcher sich wiederum negativ auf die Umsetzungsgeschwindigkeit auswirkt. So stehen die einzelnen HR-Bereiche immer wieder im Wettbewerb um Kapazitäten.

Auch die Themenvielfalt in HR ändert sich durch die zunehmende Komplexität. Der Bedarf steigt, die begrenzten Kapazitäten flexibler zu nutzen. Da aber durch die funktionalen Organisationen viel Expertenwissen in einzelnen Personen gebündelt ist, wird es sehr schwer, mehr Flexibilität hinsichtlich der steigenden Anforderungen des Business zu entwickeln.

Funktionale Silos als limitierender Faktor

Die meisten HR-Bereiche sind immer noch sehr funktional organisiert. In größeren Organisationen ist das HR-Business-Partner-Modell gängig, in kleinen Organisationen erleben wir häufig einen funktionalen Schnitt nach Recruiting, Services oder Personalentwicklung. Durch die steigende Komplexität kommen die herkömmlichen Strukturen der HR-Bereiche an ihre Grenzen, weil sich die Themen und Anforderungen aus dem Business nicht zwingend nach der HR-Struktur richten. So entstehen eine Vielzahl von Schnittstellen, die innerhalb von HR gelöst werden müssen, und viele Projekte (die in Teilen auch agil bearbeitet werden), die zugleich die Arbeitslast weiter erhöhen.

Starke Governance und wenig Blick aus Nutzerperspektive

Viele HR-Bereiche setzen sich immer noch dem Vorwurf aus, zu weit weg vom Business zu sein. Die Akzeptanz ist in vielen Fällen nicht in der gewünschten Form vorhanden, weil die HR-Instrumente den Anforderungen des Business nicht gut entsprechen.

Durch die Standardisierung in den letzten Jahren haben wir häufig eine starke Governance durch HR. Es wurde aber wenig Individualisierung für die Fachbereiche geschaffen. Es wird noch stark aus der eigenen Perspektive betrachtet, wenig aus der Perspektive des Business.

1.3   Gründe für das HR-Versagen aus Sicht der Theorie

Hinter den beschriebenen Entwicklungen der Umwelt und Inwelt von Organisationen und den sich daraus ergebenen Problemen in der (HR-)Praxis stehen organisationstheoretische Phänomene, die über den Einzelfall einer HR-Funktion hinaus zu betrachten sind. Die zuvor anhand der Stacey-Matrix beschriebene Veränderung der Komplexität gewinnt für Organisationen insgesamt an Relevanz, denn gemäß Ashbys Gesetz der erforderlichen Varietät kann ein System, das ein anderes System steuert, umso mehr Störungen ausgleichen, je größer seine Handlungsvarietät ist.[14] Je größer die Varietät eines Systems also ist, desto mehr kann es die Varietät seiner Umwelt durch Steuerung vermindern. Mit anderen Worten: Die Komplexität eines Systems sollte in dem Maße steigen, wie die Komplexität der Umwelt (und der Inwelt) steigt. Die Logik hinter dieser Aussage ist klar: Wenn durch die VUCA-Welt die Komplexität steigt, an die sich Organisationen anpassen müssen, dann müssen diese wiederum selbst in ihrer Komplexität wachsen, damit ihnen diese Anpassung auch erfolgreich gelingt.

---

14   Vgl. Ashby, 1956.

Ein schönes Beispiel für dieses Phänomen ist die Einführung einer Matrixlogik in Organisationen, die im besten Fall eine Anpassung an die steigende Komplexität war, welche sich damals durch die Internationalisierung in Beschaffung, Entwicklung, Produktion, Vertrieb und Logistik ergeben hat. Davor gab es kaum Bestrebungen, Organisationen zweidimensional aufzubauen, denn es gab dazu letztlich auch keine Notwendigkeit. Erst durch die gestiegene Komplexität des Umfelds und die Tatsache, dass eine einfache Stab-Linien-Organisation mit klarer Zuordnung nicht mehr ausreicht, um bei den Herausforderungen der Internationalisierung zu bestehen, wurde über diese Veränderungen nachgedacht.[15] Im Rahmen der Stacey-Matrix könnte es damals so gewesen sein, dass sich der Grad der Anforderungen von einfach hin zu kompliziert entwickelt hat. Die Einführung der Matrixorganisation wurde dann nötig, um eine bessere Anpassung an die neu aufgekommenen und komplizierten Fragestellungen zu ermöglichen.

Das gleiche Phänomen kann heute auf anderer Ebene wieder beobachtet werden. Diesmal ist es jedoch der Übergang von *komplizierten* Anforderungen zu *komplexen* Anforderungen. Es kann dabei vermutet werden, dass die Matrixorganisation bei komplexen Anforderungen genauso an ihre Grenzen kommt, wie die Stab-Linien-Organisation zuvor bei komplizierten Anforderungen. Wenn dem so ist, stellt sich die Frage, mit welcher Anpassung der Organisationsform die heutigen Herausforderungen der VUCA-Welt am besten bewältigt werden können. Zudem stellt sich die Frage, wie eine jeweils dazu passende HR-Organisation aussehen könnte.

Dieser Anpassungsprozess lässt sich mit der Entwicklung von Gesamtorganisationsstrukturen und den dazu korrespondierenden HR-Organisationsstrukturen deutlich aufzeigen. Zu der Zeit, als das dominante Strukturmodell von Organisationen die eindimensionale Stab-Linien-Organisation mit klassischen Top-down-Prozessen war, wurde HR dazu passend in einer ebenso eindimensionalen Personalreferentenlogik strukturiert. Es gab einen Personalleiter[16] und darunter (mehr oder weniger) funktional ausdifferenzierte HR-Abteilungen. In der Logik der bisherigen Argumentation mit der Stacey-Matrix war diese Form der Strukturierung von Organisationen und HR-Abteilungen bestens geeignet, einfache Herausforderungen gut zu bewältigen.

Mit der Etablierung der zweidimensionalen Matrixorganisation in Organisationen, als Reaktion auf die gestiegenen Anforderungen von der einfachen zur komplizierten Welt, kam auch die bisherige Strukturierung von HR an ihre Grenzen. Eine ebenso zweidimensionale HR-Organisation war vonnöten, damit die Komplexität von HR wieder der Komplexität der Gesamtorganisation entsprochen hat. Durch die Einführung

---

15   Soviel zur Theorie. In der Praxis wurde so manche Matrixorganisation eingeführt, weil es modisch und schick war (und der Nachbar das auch gemacht hat), obwohl es aus der Logik der Komplexität heraus gar nicht erforderlich gewesen ist.
16   Damals tatsächlich meist männlich dominiert.

des HR-Business-Partner-Modells (Service-Delivery-Modell) hat sich eine entsprechende zweidimensionale Strukturierung von HR in Organisationen etabliert.[17] Mit der konsequenten Ausrichtung auf das Business wurde dieses Modell (mehr oder weniger) erfolgreich in Organisationen implementiert. In der Praxis hat sich gezeigt, dass sich der Erfolg bei der Nutzung dieses Modells insbesondere dann einstellt, wenn aufgrund der Internationalisierung (z. B. Service-Delivery-Einheiten in Niedriglohnländern) und der Organisationsgröße und -diversität (z. B. spezialisierte HR Business Partner mit großer Kenntnis des betreuten Geschäftsfelds) die entsprechenden Skalen- und Qualitätseffekte erzielt werden konnten.

Mit den aktuell steigenden Anforderungen (von kompliziert zu komplex) wird häufig die Entwicklung dreidimensionaler Netzwerke in Organisationen gefordert. Diese Netzwerke können inter- wie intraorganisational ausgestaltet sein. Sie stehen dabei in besonderem Maße für die Agilität von Organisationen. Agile Organisationen bezeichnen dabei eine Form der flexiblen und schlanken, innovativen und kundenorientierten, mitarbeiterkompetenzorientierten, sich auf neue Technologien stützenden (Netzwerk-)Organisation, die Marktentwicklungen frühzeitig erkennt und sich anpasst. Dazu arbeiten die Mitarbeitenden kollaborativ und siloübergreifend zusammen, organisieren sich weitgehend selbst und nutzen moderne Methoden der Projektarbeit, wie z. B. SCRUM. Die Führung funktioniert nach dem Prinzip des Empowerments. In der Literatur gibt es dabei auch erste Ideen, die Überlegungen der Agilität und der Netzwerke mit Fragen der HR-Strukturen und deren wesentlichen HR-Wertschöpfungsprozessen zu verbinden.[18] Offen ist dabei aber, ob erneut - wie Ende der 90er Jahre mit Dave Ulrich – ein einziges Modell existiert, das den Organisationen als Orientierung für ihre Anpassung dient.

Literatur

Ashby, W. (1956). An introduction to Cybernetics. Wiley, New York.

Bennet, N./Lemoine, J. (2014). What VUCA Really Means for You. Harvard Business Review, 92(1-2), 27.

Felipe, C./Roldán, J./Leal-Rodríguez, A. (2017). Impact of Organizational Culture Values on Organizational Agility. Paper of the Department of Business Administration and Marketing, Universidad de Sevilla, Seville.

Fink, F./Moeller, M. (2018). Purpose Driven Organization: Sinn – Selbstorganisation – Agilität. Schäffer-Poeschel Verlag Stuttgart.

Fischer, S./Häusling, A. (2018). Agilität und Arbeit 4.0. In: S. Werther/L. Bruckner (Ed.) (pp. 88-107). Springer Fachmedien Verlag.

Franke, S./Hornung, S./Nobile, N. (2019). New Pay – inkl. Arbeitshilfen online. Haufe.

---

17   Vgl. Ulrich, 1997.
18   Vgl. Fischer/Häusling, 2018a.

Hackl, B./Wagner, M./Attmer, L./Baumann D. (2017). New Work: Auf dem Weg zur neuen Arbeitswelt – Management-Impulse, Praxisbeispiele, Studien. Wiesbaden: Springer.

Häusling, A./Fischer, S. (2018). Kante zeigen! Ein neues Organisationsmodell für HR. Personalmagazin: Management, Recht und Organisation (07), 3-9.

Häusling, A./Römer, E./Zeppenfeld, N. (2019). Praxisbuch Agilität – inkl. Augmented-Reality-App: Tools für Personal- und Organisationsentwicklung, Haufe, 2. überarbeitete und erweiterte Auflage.

Kartheininger, C./Fischer, S. (2019). Agiles Mindset Ausschau nach dem »selbstbestimmten« Wertetyp halten. Personalführung, 4/2019, 36-41.

Laanti, M./Salo, O./Abrahamsson, P. (2011). Agile methods rapidly replacing traditional methods at Nokia: A survey of opinions on agile transformation. In: Information and Software Technology, 53, 276-290.

Lee, J./Hong, J./Lee, S. (2016). A study on the Influence of Agility of Organizational Operation and Dynamic Business Model on the Corporate Performance. In: Indian Journal of Science and Technology, Vol 9 (41), DOI: 10.17485/ijst/2016/v9i41/103916, November 2016.

Mao, Y./Quan, J. (2017). IT Enabled Organizational Agility and Firm Performance: Evidence from Chinese Firms. Proceedings Wuhan International Conference on e-Business Summer 5-26-2017.

Rump, J./Eilers, S. (Hrsg.) (2017). Auf dem Weg zur Arbeit 4.0, Innovationen in HR. Heidelberg: Springer Verlag.

Stacey, R. (1999). Organisationen am Rande des Chaos. Komplexität und Kreativität in Organisationen. Schäffer-Poeschel Verlag Stuttgart.

Trost, A. (2015). Unter den Erwartungen – warum das jährliche Mitarbeitendegespräch in modernen Arbeitswelten versagt. Weinheim: Wiley.

Ulrich, D. (1997). Human Resource Champions: The Next Agenda for Adding Value and Delivering Results. Boston, MA: Harvard Business School Press.

Zhang, Z./Sharifi, H. (2000). A methodology for achieving agility in manufacturing organisations. International Journal of Operations & Product Management, 20(4), 496-513.

2 Eine kurze Analyse aktueller Modelle zu HR und Transformation

Annabel Früh, Diana Menges und Stephan Fischer

Ob HR in der komplexen VUCA-Welt erfolgreich ist, hängt u. a. davon ab, *wie* sich HR in dieser Herausforderung selbst strukturiert und *was* HR im Rahmen von Transformationsprozessen beitragen kann. Aus diesem Grund betrachten wir im nachfolgenden Kapitel, ob es in der Literatur aktuelle HR-Organisationsmodelle gibt, die den gestiegenen Anforderungen hin zu einer möglichen Dreidimensionalität gerecht werden. Zudem werden aktuelle Transformationsmodelle hinsichtlich ihrer Wirksamkeit im komplexen Kontext und der möglichen Rolle von HR überprüft.

Damit dient die nachfolgende Analyse aktueller HR-Modelle und Transformationsmodelle letztlich der Beantwortung der Frage nach einem neuen Modell für HR in der Transformation hin zu komplexen Herausforderungen. Die Modelle werden anhand der einschlägigen Literatur zunächst beschrieben, dann miteinander verglichen und schließlich hinsichtlich ihres Potenzials für ein neues HR-Modell in der komplexen VUCA-Welt bewertet.

2.1 Vergleichende Bewertung aktueller HR-Modelle

In den letzten Jahren war die Literatur zur Struktur von HR stark durch das klassische Business-Partner-Modell nach Ulrich geprägt.[19] Anspruch dieses Modells ist es, HR als strategischen Partner des Business zu etablieren.[20] HR soll dabei einen Wert generieren, indem sie die *Organizational Capability*[21] als entscheidenden Faktor im Sinne der Unternehmensstrategie unterstützt.[22] Strukturell führt dies zu einem Dreisäulenmodell mit folgenden drei Grundfunktionen[23]: den *Centers of Expertise (CoE)*, dem *Shared Service-Center (SSC)* sowie den *HR Business Partnern (HR BP)*.

---

19 Vgl. Ulrich, 1997, S. 79-81.
20 Vgl. ebda.
21 Organizational Capability (strategische, inhaltliche und finanzielle Kapazität) als die Fähigkeit des Unternehmens, Menschen zu führen, um Wettbewerbsvorteile zu erlangen; vgl. Ulrich/Lake, 1991, S. 77.
22 Vgl. Ulrich, 1987, S. 180.
23 Die Grundzüge des klassischen Business-Partner-Modells sind in den 1990er Jahren entstanden. Seitdem hat sich das Modell stetig weiterentwickelt. Das vorliegende Modell basiert auf der grundlegenden Struktur mit den drei Grundfunktionen, wie sie Ulrich 1997 eingeleitet hat und welche seit 1997 stabil sind; vgl. Schrank, 2015, S. 70.

Die HR-Schlüsselrolle in Bezug auf die Gestaltung und Begleitung von Transformationen stellt der HR BP als *Change Agent*[24] dar. Der Fokus des HR BP liegt auf strategischen HR-Aufgaben, wie der Gestaltung und Begleitung von Anpassungen. Um Unternehmen bei Veränderungsinitiativen, Prozessveränderungen und Kulturveränderungen zu unterstützen, muss er sowohl die Theorie als auch die Praxis der Organisationsentwicklung (OE) beherrschen können. Mit der Rolle des Change Agents werden folgende Subrollen assoziiert: die Rolle des *Catalysts*, der Veränderungen vorantreibt, des *Facilitators*, der Veränderungen ermöglicht, sowie des *Designers* von neuen, innovativen Systemen für den Wandel.[25] Neben der Rolle des Change Agents werden ihm eine Vielzahl weiterer Rollen zugeschrieben.[26]

Der Anspruch des Modells, HR als Partner des Business auf Augenhöhe zu etablieren, konnte jedoch bisher nur in wenigen Organisationen erfüllt werden.[27] In zahlreichen Organisationen wird die Kompetenz der HR BP, bedingt durch die vielfältigen Rollenanforderungen, als unzureichend eingeschätzt.[28] Vor allem im Hinblick auf das Ausfüllen der Rolle des Change Agents scheinen die HR BP in der Praxis noch Defizite aufzuweisen.[29] Zudem wird aufgeführt, dass der transaktionale, administrative Teil der Arbeit der HR BP immer noch sehr hoch ist. Oftmals fehlen ihnen hierdurch zeitliche Ressourcen für den eigentlichen Fokusbereich, die strategischen Themen, wie etwa die OE.[30]

Aufgrund der aufgeführten Kritik haben Unternehmen zusätzlich eine zentrale OE-Einheit im CoE aufgebaut. Aber auch diese Kombination von HR BP und der OE-Einheit wird mit Spannungen assoziiert.[31] So hebt Holbeche hervor, dass die Herausforderung in der Rollenüberlappung sowie in unklaren Zuständigkeiten besteht.[32] In Unternehmen kann die Problematik dazu führen, dass die HR BP trotz Kompetenzlücken hinsichtlich der OE weiterhin in der Hauptverantwortung sind und für komplexe Themen externe OE-Experten hinzugezogen werden.[33] Aus diesem Grund wurden Anpassungen des Modells vorgenommen[34] und mit dem *HR Solution Center* ein modifiziertes Business-Partner-Modell entwickelt.

---

24 Die Rollen haben sich bis heute stetig weiterentwickelt, wobei der vorliegende Beitrag auf der Kernrolle des Change Agents basiert. In den Anpassungen 2009 und 2017 hebt Ulrich die Verbindung von Kultur und Wandel etwas stärker hervor: Rolle des Culture and Change Stewards; vgl. Ulrich et al., 2009, S. 108; Rolle des Culture and Change Champions; vgl. Ulrich et al., 2017, S. 45.
25 Vgl. Ulrich, 1997, S. 184-188.
26 1997 werden dem HR BP folgende drei weitere notwendige Rollen zugeschrieben: Strategic Expert, Employee Champion und Administrative Expert; vgl. Ulrich, 1997, S. 37.
27 Vgl. Claßen, 2008, S. 215.
28 Vgl. Meyer-Ferreira, 2010, S. 71; vgl. auch Oertig/Kohler/Abplanalp, 2009, S. 19-20.
29 Vgl. Reilly, 2012, S. 132; vgl. auch Siemann, 2015, S. 5.
30 Vgl. Kates, 2006, S. 25.
31 Vgl. ebda.
32 Vgl. Holbeche, 2012, S. 30.
33 Vgl. Kates, 2006, S. 25.
34 Vgl. ebda., S. 26-28; vgl. auch Meyer-Ferreira, 2010, S. 73-75.

Im HR Solution Center wird die HR-Expertise nicht mehr allein auf den HR BP konzentriert, sondern auf mehrere Schultern verteilt. Die *Customer Relationship Manager (CRM)* stellen dabei durch ihre Positionierung in der Schnittstelle zum internen
Kunden die Nähe zum Business her. Das Modell hat die gleiche Grundform wie das
klassische Business-Partner-Modell, mit der Ergänzung einer neuen Komponente:
einer matrixförmigen Gruppe von Funktionsspezialisten, die eine *Delivery Funktion*
für das Back End CoE und die Front End CRM Teams bilden. Die Teams der Solution
Center unterstützen die vertikale und horizontale Organisation gleichermaßen. Das
modifizierte Business-Partner-Modell in Form des HR Solution Centers ist auf Matrixorganisationen ausgelegt.[35]

Anstelle von mehreren Generalisten mit ähnlichen Fähigkeiten bilden die CRM kleine
Teams mit einer Mischung von Fähigkeiten, die sich auf die OE und das Talentmanagement fokussieren. Obwohl durch die Modifikationen in diesem erweiterten Modell
einige Schwächen des klassischen HR BP abgemildert werden, bleibt es letztlich aber
bei einem zweidimensionalen Grundaufbau. Die Gesamtkomplexität ändert sich
nicht. Das ändert sich erst mit den neueren HR-Modellen, die im weiteren Verlauf des
Kapitels vorgestellt werden.

2.1.1   Darstellung aktueller HR-Modelle im agilen Kontext

Im Fokus der Darstellungen stehen vier aktuelle HR-Modelle, die explizit aus der Perspektive agiler Organisationen heraus entwickelt wurden. Der Schwerpunkt liegt dabei
auf der Struktur der HR-Organisation. Innerhalb der Struktur gibt es bestimmte Aufgaben, die von bestimmten Rollen erfüllt werden. In der Analyse werden die HR-Rollen[36]
fokussiert, welche entsprechend der Strukturlogik folgen.[37] Zudem wird die strukturelle Verankerung der HR-Rollen betrachtet. Hierunter werden die HR-Funktionen verstanden, in welche die HR-Rollen eingebettet sind.

Die Corporate Agility Organization (CAO)

Anspruch der CAO ist die Agilisierung der Gesamtorganisation durch eine direkte Ausrichtung an den Business- und Marktanforderungen und der Wahrnehmung der CAO

---

35   Vgl. Kates, 2006, S. 26-28.
36   Nach der sozialwissenschaftlichen Rollentheorie sind Rollen relativ konsistente Bündel von Erwartungen,
     die an eine Position innerhalb eines sozialen Systems gerichtet sind; vgl. Wiswede, 1977, S. 18. Eine Rolle
     bezeichnet ein Aufgaben- und ein Fähigkeitsprofil. Sie definiert die Menge aller Fähigkeiten, Kenntnisse
     und Verhaltensweisen, die nötig sind, um eine bestimmte Aufgabe ausfüllen zu können. Rollen können
     von Individuen, Teams oder Organisationseinheiten ausgeübt werden; vgl. Broy/Kuhrmann, 2013, S. 34.
37   Vgl. Broy/Kuhrmann, 2013, S. 31; vgl. auch Fueglistaller/Müller/Volery/Müller, 2008, S. 258.

als wertschöpfende Funktion. Die Rolle von HR wird entsprechend als Treiber von wert-schöpfenden Themen, wie der OE, gesehen.[38] Um die klare Ausrichtung am Business zu gewährleisten, setzt sich die CAO strukturell aus drei Grundfunktionen zusammen: der *Business-Organisation*, dem zentralisierten *Center of Expertise HC*[39] *(CoE HC)* sowie dem zentralisierten *Shared Service Center (SSC)*[40]. So ist die Business-Organisation durch den *Agility Manager* und den *Corporate Agility Director* ein Teil der CAO (Abbildung 2). Die CoE-HC-Organisation setzt sich aus dem *Head of CoE*, den *Single Point of Contacts (SPOC)* sowie den *HC-Experten* zusammen. Letztere stellen den SPOC strategische, konzeptio-nelle und beratende Dienstleistungen zur Verfügung.[41] Ins SSC werden alle administrati-ven Aufgaben ausgelagert.[42] Dies führt dazu, dass dem CoE HC Freiraum für strategische Themen gegeben wird und die CAO mehr Kapazität hat, um flexibel auf Veränderungen zu reagieren.[43] Die Steuerung wird durch vier Einheiten gewährleistet: das Agility Lea-dership Team, die Business Agility Innovation Group, das Global Agility Advisory Board und das Global Agility Project Committee.[44] Die prozessorientierte Struktur der HR-Organisation ist auf globale, agile Konzernstrukturen ausgerichtet.[45]

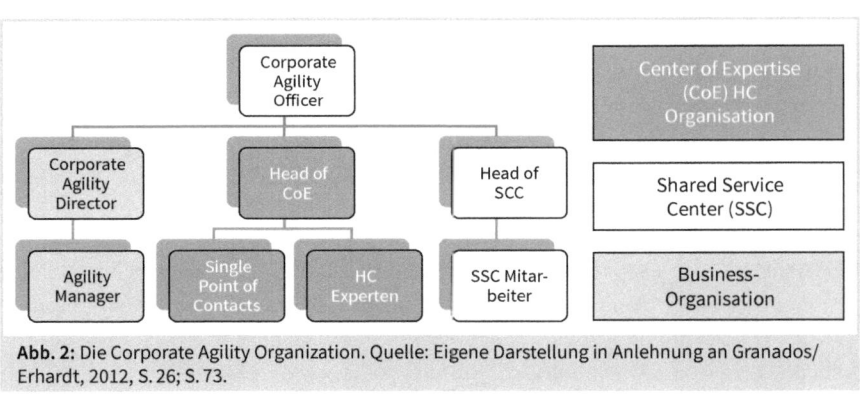

Abb. 2: Die Corporate Agility Organization. Quelle: Eigene Darstellung in Anlehnung an Granados/ Erhardt, 2012, S. 26; S. 73.

Die Gestaltung und Begleitung von Anpassungen ist strukturell im CoE HC verankert. Damit HR die Effektivität der Organisation vorantreiben kann, ist es nach Auffassung von Granados und Erhardt wesentlich, dass sich das HR CoE auf das Organisationsdesign (OD) und die OE konzentriert. Die Themen gehören, neben der Führungskräfteentwicklung und dem Talentmanagement, zu den wichtigsten Handlungsfeldern des HR-Bereichs.

---

38   Vgl. Granados/Erhardt, 2012, S. 17-25.
39   HC steht für Human Capital und legt den Fokus der HR-Arbeit auf wertschöpfende Themen; vgl. ebda., S. 26. In diesem Kapitel wird HC als synonym für HR verwendet.
40   Vgl. ebda., 2012, S. 73.
41   Vgl. ebda., S. 80.
42   70 Prozent aller HR-Aufgaben werden ins SSC ausgelagert; vgl. ebda., 2012, S. 61.
43   Vgl. ebda., S. 22.
44   Die Steuerungsfunktionen werden aufgrund des Fokus der Arbeit nicht näher erläutert. Für eine weiterfüh-rende Übersicht: vgl. ebda., 2012, S. 21-22.
45   Vgl. ebda., S. 83.

Eine wesentliche Rolle des CoE HC ist hierbei die Bereitstellung von Anpassungsmethodik im Sinne von harten Faktoren, wie transparenten Zielen und Messgrößen, als auch von weichen Faktoren, welche die Person und ihre Bedürfnisse im Anpassungsprozess betreffen.[46]

Um das Kernthema der Anpassung voranzutreiben, gibt es einen *OD&OE Experten* bzw. ein *OD&OE Expertenteam,*[47] welcher bzw. welches für die OE in der gesamten Organisation verantwortlich ist. Im Aufgabengebiet dieser Einheit liegt das kontinuierliche Sicherstellen der Passung der Aufbau- und Ablauforganisation sowie der Unternehmenskultur zur Strategie und den Zielen des Unternehmens. Die Rolle wird als proaktive Rolle beschrieben: Der OD&OE Experte wird nicht nur auf Anfrage aktiv, sondern überprüft die Strukturen und Prozesse der Organisation kontinuierlich im Hinblick auf die organisationale Effektivität.[48] Der Experte bzw. Teamleiter OD&OE steht in engem Austausch mit den Teams und Führungskräften der jeweiligen Geschäftsbereiche und den SPOC.[49] Letztere unterstützen das Business bei Anpassungsprozessen in der unterstützenden, ausführenden Rolle als Change Agents.[50] Die SPOC[51] fungieren dabei als zentrale Schnittstelle zum Business.[52] Der Agility Manager, welcher das strategische Workforce-Management verantwortet und direkt im Business angegliedert ist, nimmt in Bezug auf die Gestaltung und Begleitung von Anpassungen keine Schlüsselrolle ein. Dennoch ist er in den Anpassungsprozess involviert, wenn es um das skillbasierte Rollen- und Team-Redesign geht. Die SPOC stehen weiterhin im engen Austausch mit den Agility Managern und Führungskräften.[53]

Zusätzlich wird in diesem Modell ein separierter *Change-Managemen-Experte (CM-Experte)* bzw. ein *Change-Management-Expertenteam (CM-Expertenteam)* empfohlen. Diese unterstützen das operative Change Management, indem sie die SPOC als Change Agents ausbilden und dem Business selbst bei sämtlichen Change-Management-Phasen bei Bedarf als *Subject Matter Expert* zur Verfügung stehen. Weiterhin sind sie für die Konzeption von Change Tools zuständig.[54]

Die Gestaltung und Begleitung von Anpassungen ist strukturell im CoE HC verankert, welches auch die Schlüsselfunktion darstellt. Die OD&OE-Experten(-teams), die CM-Experten(-teams) sowie die SPOC stellen hierbei Schlüsselrollen dar.

---

46   Vgl. ebda., S. 22-23.
47   Vgl. ebda., S. 62.
48   Vgl. ebda., S. 82.
49   Vgl. ebda., S. 182.
50   Vgl. ebda., S. 167.
51   Der SPOC wird als Nachfolger des HR BP bezeichnet. Er teilt sich die Aufgaben des HR BP mit dem Agility Manager, welcher im Gegensatz zum SPOC das Business und nicht den HR-Bereich repräsentiert; vgl. ebda., 2012, S. 82.
52   Vgl. ebda., S. 31.
53   Vgl. ebda., S. 163-168.
54   Vgl. ebda., S. 180-181.

Das Run-and-change-the-business-Modell

Hintergrund des *Run-and-change-the-business-Modells (kurz: Run-and-Change-Modell)* ist es, dass sich die HR-Organisation kundenzentrierter und agiler aufstellen und sich stärker von Geschäftsanpassungen leiten lassen sollte, um einen Mehrwert für die Gesamtorganisation zu generieren. Anspruch des Modells ist es, dass HR zunehmend mit einem *agilen, kundenzentrierten Anpassungspartner* in Verbindung gebracht wird.[55] Für den Aufbau von HR heißt das, dass neben stabilen Strukturen auch agile Strukturen in der HR-Organisation abgebildet werden.[56] In diesem Zusammenhang wird von ambi-dextren[57] Strukturen gesprochen. Dies führt zu einer klaren Rollen- und Funktionstren-nung zwischen dem *Tagesgeschäft (Run)* und der *Anpassung (Change)*. Aus der Kritik am klassischen Business-Partner-Modell im Hinblick auf die vielfältigen Anforderungen an den HR BP resultiert die Aufteilung von HR in vier differenzierte Rollen. Diese werden zum einen der Run-und Change-Dimension nach Charan[58] und zum anderen der gene-risch validen Dimension Front End und Back End zugeordnet (Abbildung 3).[59] Joch-mann und Asgarian schlagen hierzu eine Aufteilung der ehemaligen HR BP-Rolle vor – in die *HR-Partnerrolle* mit Fokus auf der Führungskräftebetreuung, der PE und dem Talentmanagement sowie in die *HR-Beraterrolle*, welche in eine agile Einheit eingebet-tet ist.[60] Die operative HR-Funktion *(HR Operations)*, welche administrative Prozesse abbildet, muss nicht zwingend in die HR-Organisation eingebettet sein. Die Steuerung wird durch die Funktion *HR-Strategie und Organisation (HR Strategy and Organisation)* gewährleistet.[61]

	Run	Change
Top Line –HR Strategy and Organisation		
Front End	HR-Partner	HR-Berater
Back End	HR-Experte	HR-Digitalist
Base Line –HR Operations		

Abb. 3: Das Run-and-Change-Rahmenmodell. Quelle: Eigene Darstellung in Anlehnung an Joch-mann/Asgarian, 2017, S. 24. Anmerkung: Der HR-Digitalist ist ausschließlich für die HR-Anpassung zuständig, weshalb ihm keine Schlüsselrolle zugeschrieben wird.

---

55   Vgl. Jochmann/Asgarian, 2017, S. 22-24.
56   Vgl. ebda., S. 22.
57   Ambidextrie bedeutet nach dem gängigen Ansatz von Kotter Beidhändigkeit: Stabilität und Agilität, Hierar-chie und Netzwerke; vgl. Kotter, 2015, S. 8-9.
58   Vgl. Charan, 2014, o. S.
59   Vgl. Jochmann, 2017, S. 372.
60   Vgl. Jochmann/Asgarian, 2017, S. 23.
61   Vgl. Jochmann, 2017, S. 372-373.

Der Ansatz ist als generisches Rahmenmodell für die HR-Organisation zu betrachten, welcher in der Ausgestaltung und Umsetzung individuell auf das entsprechende Unternehmen angepasst werden muss.[62] Da im vorliegenden Beitrag der agile Kontext im Vordergrund steht, wird die Change-Dimension des Modells fokussiert, welche mit einem agil-projektbezogenen, cross-funktionalen Organisationsformat in Verbindung gebracht wird.[63] In Bezug auf die Change-Dimension geht es um den Aufbau einer zweiten »Säule«, mit allen change-relevanten Themen: (HR-)Anpassung, OE und Kulturwandel.[64]

Die beiden Rollen, welche mit der Change Dimension assoziiert werden, sind der *HR-Berater* und der *HR-Digitalist*. Letzterer ist dafür zuständig, disruptiv aktuelle HR-Prozesse zu hinterfragen und Innovationsthemen wie Design Thinking in HR proaktiv voranzutreiben.[65] Die HR-Beraterrolle kann in differenzierter Weise gestaltet und umgesetzt werden. Hierzu wird beispielhaft ein global tätiges High-Tech-Unternehmen mit 63.000 Mitarbeitenden herangezogen.[66] Dieses hat sein ehemals statisches HR-Modell in ein flexibles, projektbasiertes Pool-Konzept überführt, in welchem HR-Verantwortliche je nach Bedarf mit HR-Talenten und -Führungskräften, jedoch auch cross-funktional, an innovativen Lösungen arbeiten. Hierbei wurde die klassische HR-BP-Rolle neu definiert und zweigeteilt: Neben dem traditionellen HR BP, der in engem Austausch mit der operativen Einheit und den HR-Experten als HR-Berater hinsichtlich der Planung und Umsetzung operativer Lösungen steht, wurde die Rolle des *strategischen Anpassungsberaters* eingeführt. Im Hinblick auf den Anspruch des Modells – dem Fokus auf der Unternehmensanpassung – ist der Anpassungspartner dezentral als Teil des Vorstandsbereichs der jeweiligen Businesseinheit angeordnet. Er ist somit direkt im Business angegliedert und fungiert dort als bereichsspezifischer Berater des Business in Bezug auf die Bewältigung strategischer Herausforderungen, wie sie z. B. Anpassungsprozesse darstellen.[67]

Insgesamt ist festzuhalten, dass die Gestaltung und Begleitung von Anpassungen strukturell in der »Change-Säule« verankert ist, welche sich durch agile Strukturelemente kennzeichnet. Hier werden nicht nur Themen, welche die HR-Anpassung selbst

---

62   Vgl. ebda., S. 372.
63   Vgl. Jochmann/Asgarian 2017, S. 22-24.
64   Vgl. Jochmann, 2017, S. 371-373.
65   Vgl. ebda., S. 373.
66   Dieses wird im Hinblick auf die Ableitung von Erfolgsfaktoren beispielhaft für den Run-and-Change-Ansatz herangezogen, wobei die »Change-Säule« fokussiert wird.
67   Vgl. Jochmann/Asgarian, 2017, S. 22-25.

betreffen, vorangetrieben, sondern auch solche, die sich auf die gesamte Unternehmensanpassung beziehen. Die »Change-Säule« stellt die Schlüsselfunktion dar. Der strategische Anpassungsbegleiter, der im Business angegliedert ist, nimmt die Schlüsselrolle ein.

Das Agile Edgellence Modell

Hintergrund des Agile Edgellence Modells ist die Ausrichtung der HR-Organisation an den netzwerkartigen Organisationsstrukturen im agilen Kontext. Nach Fischer und Häusling ist es jedoch nicht nur entscheidend, dass die HR-Struktur der strukturellen Vorgabe der Organisation folgt, sondern eine ganzheitliche Anpassung der HR-Organisation an den agilen Reifegrad der Gesamtorganisation, auch im Hinblick auf die Dimensionen Strategie, Kultur, Prozesse, HR-Tools und Führung,[68] stattfindet.[69] Strukturell wird die HR-Organisation als eine dezentrale, netzwerkartige Organisation mit cross-funktionalen Teams als Teil des Netzwerkes charakterisiert. HR geht in Teilen zunehmend im Netzwerk der Gesamtorganisation auf und nimmt eine Broker-Funktion ein, indem es die Akteure, welche in einem Netzwerk[70] Knoten darstellen, bestmöglich miteinander verbindet.[71] Dies führt zu folgenden Grundfunktionen und Rollen, welche in Abbildung 4 visualisiert sind: dem *Transformation Center (TC)* mit den Rollen *Transformation Enabler* und *Cultural Enabler*, den dezentral im Business angegliederten HR BP in der Rolle als *Business Enabler* sowie dem SSC, wobei die Services entweder intern erbracht oder extern eingekauft werden. Hiermit geht die Rolle des *Service Deliverer* einher, welcher die transaktionalen HR-Themen verantwortet. Die Business Enabler sind in einer *Community of Practice* vernetzt. Eine Funktion für die HR-Steuerung wird im Rahmen des Modells nicht aufgeführt.[72]

---

68   Im aktuellen Kapitel liegt der Fokus auf der Struktur, weshalb nicht näher auf die fünf weiteren Dimensionen eingegangen wird. Mehr dazu unter Kapitel 3.
69   Vgl. Fischer/Häusling, 2018a, S.56.
70   Ein Netzwerk setzt sich aus Knoten und Kanten zusammen; vgl. Stegbauer/Häußling, 2010, S.57. Knoten werden in der Organisationssoziologie als soziale Akteure (von Individuen bis hin zu ganzen Organisationen) charakterisiert. Die Kanten, als Verbindungen zwischen den Knoten, stellen die sozialen Beziehungen zwischen den Akteuren dar; vgl. Payer, 2008, S.84.
71   Vgl. Fischer/Häusling, 2018a, S.55-56.
72   Vgl. ebda., 2018b, S.445.

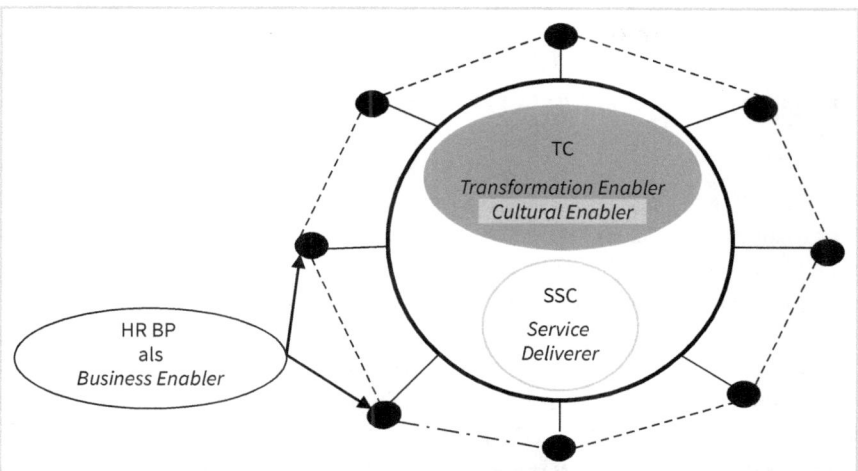

Abb. 4: Das Agile Edgellence Modell. Quelle: Eigene Darstellung in Anlehnung an Fischer, 2018, S. 39. Anmerkung: Der Cultural Enabler ist primär für die Kulturentwicklung im TC zuständig, weshalb ihm keine Schlüsselrolle zukommt.

Die Gestaltung und Begleitung von Anpassungen ist in dem Modell strukturell im TC verankert, welches für die ganzheitliche Unternehmensentwicklung und Anpassung zuständig ist. Im TC werden die Unternehmensentwicklung, die OE und die PE zusammengeführt. Hintergrund der Zusammenführung ist es, dass die Kunden- und Mitarbeiterzentrierung als Ziele einer agilen Organisation effektiver erreicht werden sollen. Das TC stellt zum einen Tools sowie Methodentrainings, v. a. zur Zusammenarbeit in Netzwerken, zur Verfügung und kann zum anderen selbst als Begleiter bei der Umsetzung von Anpassungen unterschiedlicher Geschäftsbereiche fungieren. Die Rolle des *Transformation Enablers* ist im Rahmen des TCs maßgeblich. Dieser arbeitet kontinuierlich an der Anpassung der Gesamtorganisation.[73] Die Zusammenarbeit im TC erfolgt in cross-funktionalen Teams. Das TC ist nicht als isolierte, starre Einheit zu betrachten, sondern ist eine zentrale Schnittstelle zu anderen Geschäftsbereichen, mit welchen bei Bedarf kollaborativ zusammengearbeitet wird.[74] Die Hauptverantwortung für die Gestaltung und Begleitung von Anpassungen liegt also beim TC, welches sich durch eine starke Vernetzung mit anderen Geschäftsbereichen kennzeichnet.

---

73   Vgl. ebda., S. 435-439.
74   Vgl. ebda., S. 437.

Das Transformational-HRM-Modell

Das Transformational-HRM-Modell stellt ein anpassungsfähiges HR-Organisationsmodell dar, welches eine starke Vernetzung mit dem Business und den HR-Kunden fördert.[75] HR wird nach dem Modell als zentrale Komponente der Veränderung betrachtet[76] und fungiert hierbei als proaktiver Mitgestalter der Organisation und Unternehmensentwickler.[77] Strukturell führt dies zu einer schlanken HR-Organisation, wobei ein Teil des funktionalen, operativen HR dezentral in die Linienorganisation eingebaut ist. Hierdurch wird eine hohe Identifikation mit den Anforderungen im Business angestrebt.[78] Neben den HR-Verantwortlichen dezentraler Einheiten in der Linie lassen sich fünf HR-Grundfunktionen ausmachen, die je nach Konzern flexibel auszugestalten sind[79]: das *HR Governance Board* als Steuerungseinheit mit dem HR-Leitungsteam und Schlüsselfunktionsinhabern (SFI), das *Business Relationship Management* sowie das *Solution Center* mit Experten für das funktionale HR, welche als Netzwerkpartner und -experten für die HR-Verantwortlichen in der Linie (funktionales, operatives HR) fungieren. Weiterhin zählen das *HR-Servicecenter* sowie das *Entwicklungscenter* zu den Grundfunktionen des Transformational-HRM-Modells. Letzteres nimmt einen beachtlichen Teil des Modells ein. Es setzt sich je nach Auftrag oder Projekt aus unterschiedlichen HR-Mitarbeitenden in den zentralen Einheiten, HR-Verantwortlichen in der Linie, SFIs sowie externen Experten und ggf. Endkunden flexibel neu zusammen. Das Entwicklungscenter wird als *Scrum- oder Projektorganisation* bezeichnet.[80] Die Struktur der HR-Organisation gestaltet sich in Form eines Kreises, der sich dreht und sowohl das Business als auch weitere Stakeholder einbezieht. Die HR-Struktur ist auf stark wachsende Konzern- und Gruppenstrukturen ausgelegt.[81]

---

75   Vgl. Bösch/Mölleney, 2018, S. 17.
76   Vgl. ebda., S. 152.
77   Vgl. ebda., S. 5.
78   Vgl. ebda., S. 115.
79   Die Funktionen sind in dem Buch von Bösch und Mölleney am Beispiel der Raiffeisengruppe und der dezentralen Raiffeisenbanken (Gruppenstruktur) beschrieben. Da die Funktionen als flexible Bausteine zu verstehen sind, können sie auch auf andere Konzernstrukturen übertragen werden.
80   Vgl. Bösch/Mölleney, 2018, S. 149-155.
81   Vgl. ebda., S. 7.

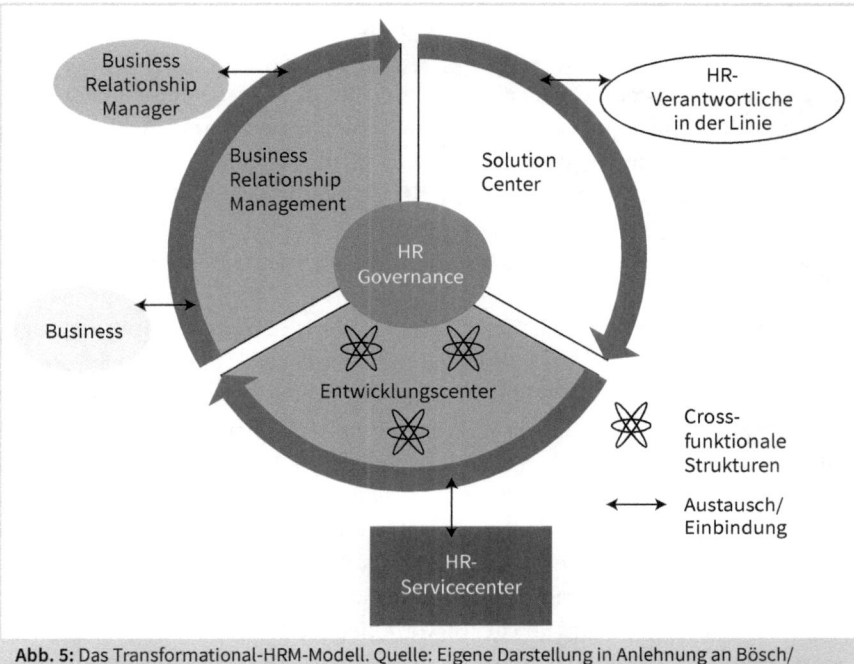

Abb. 5: Das Transformational-HRM-Modell. Quelle: Eigene Darstellung in Anlehnung an Bösch/ Mölleney, 2018, S. 151.

Die Gestaltung und Begleitung von Anpassungen ist in diesem Modell strukturell im Business Relationship Management verankert, welches eine zentrale Schnittstelle zum Business darstellt. Eine Schlüsselrolle nimmt hierbei der Business Relationship Manager ein, der partiell direkt im Business angegliedert ist. Er fungiert als strategischer Partner für die OE[82] sowie die Personalplanung und -entwicklung. Seine Rolle wird ebenfalls mit einem proaktiven Gestalter von Beziehungen und Netzwerken assoziiert.[83] Darüber hinaus stellt das Entwicklungscenter, welches sich durch flexible Projektstrukturen kennzeichnet, eine wichtige Funktion im Hinblick auf die Gestaltung und Begleitung von Anpassungen dar. Es ist für die Themen Innovation, HR-Anpassung sowie Anpassungen verantwortlich, die das Business betreffen.[84]

---

82   Vgl. ebda., S. 153.
83   Vgl. ebda., S. 168.
84   Vgl. ebda., S. 150-154.

2.1.2   Vergleich der vier aktuellen HR-Modelle

Als Basis für den Vergleich dienen die Gemeinsamkeiten der vier aktuellen HR-Modelle hinsichtlich der Gestaltung und Begleitung von Transformationen. Damit sollen möglichst übergreifende Kriterien zur Bewertung genutzt werden. Die Bedingung ist dabei so gesetzt, dass der gemeinsame Aspekt in mindestens drei der vier HR-Modelle vorhanden sein muss. Die Erfolgsfaktoren stellen eine Größe für die Strukturierung von HR im Hinblick auf die effektive Gestaltung und Begleitung von Anpassungen im agilen Kontext dar.

Im Vergleich der vier HR-Modelle ist auffällig, dass die HR-Schlüsselrollen, welche mit der Gestaltung und Begleitung von Anpassungen betraut sind, eng mit dem Business verknüpft sind. So stellen die SPOC, die CM-Experten sowie OD&OE-Experten der CAO eine zentrale Schnittstelle zum Business dar. Im Run-and-Change-Modell ist der strategische Anpassungsberater direkt im Business angegliedert. Das TC mit dem Anpassung Enabler des Agile Edgellence Modells stellt ebenfalls eine zentrale Schnittstelle zu vielen anderen Geschäftsbereichen dar und arbeitet eng mit diesen im Hinblick auf die Business-Anpassung zusammen. Auch der Business Relationship Manager des Transformational-HRM-Modells agiert je nach Ausgestaltung entweder als Schnittstelle zwischen dem Business und der HR Governance oder ist partiell direkt im Business angegliedert. Da die *Nähe zum Business* – in unterschiedlicher Ausprägung – als Gemeinsamkeit aller aktuellen HR-Modelle herausgestellt werden kann, wird diese als Erfolgsfaktor deklariert. Unter der Nähe zum Business wird die Nähe zum Management und den Führungskräften der verschiedenen Geschäftsbereiche verstanden.

Die Nähe zum Business geht in den Modellen oftmals mit dezentral angeordneten Schlüsselrollen einher. So ist der strategische Anpassungsberater des Run-and-Change-Ansatzes nicht zentralisiert bei HR, sondern dezentral im Business angeordnet. Der Anpassung Enabler ist in eine dezentrale HR-Organisation mit cross-funktionalen Teams eingebettet. Der Business Relationship Manager ist hingegen sowohl zentral innerhalb von HR als auch dezentral im Business angeordnet. Da dezentrale Aspekte in differenzierter Weise (Tabelle 1) in drei der vier Modelle zu finden sind, wird die *Dezentralität* als weiterer Faktor charakterisiert. Sie bezeichnet die dezentrale Anordnung der HR-Schlüsselrollen.

»HR kann als Silo nicht mehr erfolgreich funktionieren.«[85] Gemäß dieser Auffassung von Fischer und Häusling zeigen drei der vier aktuellen HR-Organisationsmodelle vernetzte, cross-funktionale Strukturen auf. Ein cross-funktionales Format ist im Run-and-Change-Ansatz aufseiten der »Change-Säule« zu finden. Die Vernetzung ist im Agile Edgellence Modell durch die Netzwerkstruktur bereits in der Strukturlogik

---

85   Fischer/Häusling, 2018b, S. 435.

verankert. Zum einen findet innerhalb des TCs eine Vernetzung statt, indem die UE, OE und PE hierin cross-funktional bearbeitet werden. Zum anderen arbeitet das TC kollaborativ mit Funktionen außerhalb des TCs zusammen. Auch der Business Relationship Manager des Transformational-HRM-Modells, dessen Rolle als proaktiver Netzwerker und Gestalter von Beziehungen bezeichnet wird, arbeitet im Entwicklungscenter mit verschiedenen Funktionen außerhalb von HR zusammen. Die *cross-funktionale Vernetzung* als Gemeinsamkeit von drei der vier Modelle wird somit als ein weiterer Erfolgsfaktor festgehalten. Die cross-funktionale Vernetzung bezeichnet die Vernetzung der HR-Schlüsselfunktionen und -rollen mit Funktionsbereichen außerhalb von HR.

Die cross-funktionale Vernetzung geht in den Modellen zum Großteil mit flexiblen Strukturen einher. So wird sowohl die »Change-Säule« des Run-and-Change-Ansatzes als auch das Entwicklungscenter des Transformational-HRM-Modells mit einer flexiblen Projektorganisation assoziiert. Dies bedeutet, dass je nach Projektauftrag unterschiedliche Personen, aus dem HR- und Nicht-HR-Bereich, involviert und aktiv sind. Auch im TC sind keine starren Strukturen erkennbar, sondern flexible Strukturen ermöglichen die Zusammenarbeit unterschiedlicher Funktionen. Da *flexible (Projekt-) Strukturen* in drei der vier Modelle wiedergefunden werden können, stellen diese ebenfalls einen Erfolgsfaktor dar. Flexible (Projekt-)Strukturen beziehen sich auf flexible, projektbasierte Strukturen, durch welche die cross-funktionale Zusammenarbeit gefördert wird.

Zudem ist im Vergleich der Modelle erkennbar, dass die Personalplanung und/oder -entwicklung (PP&PE) und die OE miteinander verknüpft sind. So stehen der SPOC, welcher die OE verantwortet, sowie der Agility Manager, welcher das Workforce-Management[86] verantwortet (CAO), in engem Austausch miteinander. Im TC des Agile Edgellence Modells werden OE und PE vereint. Auch im Transformational-HRM-Modell wird der Business Relationship Manager als strategischer Partner für die PP&PE sowie OE angesehen. Da die *Verknüpfung von PE und OE* in drei der vier Modelle erkennbar ist, wird diese als letzter Erfolgsfaktor charakterisiert.

Im Hinblick auf die Erfolgsfaktoren ist festzuhalten, dass sowohl die cross-funktionale Vernetzung[87], die Dezentralität[88] sowie flexible Strukturen[89] agile Aspekte darstellen. Die Analyse lässt darauf schließen, dass die Strukturierung der HR-Organisation unter Berücksichtigung dieser Aspekte, der Verknüpfung von PE und OE sowie der Nähe zum

---

86   Das Workforce-Management beinhaltet die strategische Personalplanung und -entwicklung; vgl. Granados/Erhardt, 2012, S. 17-19.

87   Vgl. Goldman/Nagel/Preiss/Warnecke, 1996, S. 96-98; vgl. auch Häusling/Kahl, 2018, S. 67-68.

88   Vgl. Bersin/ Geller/Wakefield/Walsh, 2016, S. 17; vgl. auch Häusling/Kahl, 2018, S. 62; vgl. auch Kreutzer, 2018, S. 41-42.

89   Vgl. Häusling/Fischer, 2016, S. 31.

Business – im Hinblick auf die effektive Gestaltung und Begleitung von Anpassungen – wirksam ist.

2.1.3   Bewertung der vier aktuellen HR-Modelle

Die Vorgehensweise zur Bewertung der Erfolgsfaktoren lehnt sich an die Vorgehensweise von Bösch und Mölleney zur Ableitung des Transformational-HRM-Modells auf Basis der Analyse von diversen HR-Referenzmodellen an.[90] Dabei wird das Modell ermittelt, welches die bei dem Vergleich entwickelten Dimensionen am besten abdeckt. Um die Bewertung nachvollziehen zu können, sind die Dimensionen anhand ihrer Ausprägungen definiert: (++), (+), (–), (––). Die Gesamtbeurteilung erfolgt hierbei nach Punkten (+ + ≙ 2 Punkten, + ≙ 1 Punkt, – ≙ – 1 Punkt, –– ≙ – 2 Punkten). Eine Bewertung der Erfolgsfaktoren von mindestens vier Punkten, was mindestens der Hälfte der maximalen Punktzahl entspricht, wird als relevant eingestuft. Eine Bewertung unter vier Punkten wird als marginal eingestuft. Die maximale Punktzahl, die ein Modell erreichen kann, beträgt zehn Punkte.

Bei der Dimension *Nähe zum Business* wird bewertet, ob HR direkt im Business angegliedert (++) oder vom Business losgelöst ist (––). Die *Dezentralität* wird auf Basis der Verankerung von HR von dezentral (++) bis zentral (––) bewertet. Bei der *cross-funktionalen Vernetzung* wird bewertet, ob HR mit Funktionen außerhalb vom HR strukturell hoch ausgeprägt (++) oder nur sehr gering (––) vernetzt ist. Auch die *(Projekt-)Strukturen in HR* werden nach dem Grad der Flexibilität von hoch flexibel (++) bis hoch unflexibel (––) bewertet. Und bei der Dimension *Verknüpfung von PE und OE* wird schließlich bewertet, ob die beiden Funktionen miteinander vereint (++) oder voneinander losgelöst (––) sind.[91]

Die Bewertung der Gesamtmodelle zeigt, dass das Agile Edgellence Modell, dicht gefolgt vom Transformational-HRM-Modell und dem Run-and-Change-Ansatz, die Erfolgsfaktoren am besten abdeckt (Tabelle 1). Um die höchste Bewertung von zehn Punkten zu erreichen, ist eine Kombination des Agile Edgellence Modells bzw. des Transformational-HRM-Modells mit dem Run-and-Change-Ansatz erforderlich (Tabelle 1). Auffällig ist, dass die CAO als Modell im agilen Kontext lediglich eine negative Bilanz erzielen kann. Dieses Modell scheint folglich nicht als HR-Modell zur effektiven Gestaltung und Begleitung von Anpassungen im agilen Kontext geeignet zu sein.

---

90   Vgl. Bösch/Mölleney, 2018, S. 137–142.
91   Der Einfachheit halber werden jeweils nur die beiden extremen Ausprägungen und nicht auch noch die Zwischenwerte im Text beschrieben.

	CAO	Run and Change	Agile Edgellence	Transformational HRM	
Nähe zum Business	+	++	+	+	5 Punkte
Dezentralität	–	++	++	+	4 Punkte
Cross-funktionale Vernetzung	–	++	++	++	5 Punkte
Flexible (Projekt-) Strukturen	–	++	++	++	5 Punkte
PE&OE	+	k. A.	++	++	5 Punkte
	–1 Punkt	8 Punkte	9 Punkte	8 Punkte	

Tabelle 1: Bewertung der HR-Referenzmodelle anhand der Erfolgsfaktoren. Quelle: Eigene Darstellung. Anmerkung: Zum Erfolgsfaktor PE&OE ist in Bezug auf den Run-and-Change-Ansatz keine Angabe möglich.

Die vergleichende Bewertung der aktuellen HR-Modelle zeigt, dass kein Modell vollständig die Bedarfe im agilen Kontext erfüllt. Eine Kombination mehrerer Modelle ist erforderlich, um die Erfolgsfaktoren, Nähe zum Business, cross-funktionale Vernetzung, Dezentralität, flexible (Projekt-)Strukturen sowie die Verknüpfung von PE&OE vollständig abzudecken. Erfolgversprechend scheint eine Kombination des Run-and-Change-Ansatzes mit dem Agile Edgellence Modell bzw. dem Transformational-HRM-Modell zu sein. Zwei HR-Rollen sind im Hinblick auf die erfolgreiche Begleitung und Gestaltung von Anpassungen notwendig: eine ausführende Rolle, die direkt im Business angegliedert ist, sowie eine konzeptionelle HR-Rolle, die in eine flexible HR-Funktion eingebettet ist.

Übergeordnet können als Ergebnis dieser kurzen Analyse bestehender und zukünftiger HR-Modelle folgende Erkenntnisse festgehalten werden:
* Kein HR-Modell genügt vollständig den zukünftigen Anforderungen, die durch die Anpassung an die steigende Komplexität entstanden sind.
* Die Dreidimensionalität der HR-Struktur durch Implementierung einzelner Netzwerkelemente nimmt an Bedeutung zu.
* HR muss sich in seiner eigenen Strukturierung sowie der Gestaltung der eigenen HR-Wertschöpfungsbeiträge an die vorhandene Komplexität des Unternehmens anpassen. Steigt die Komplexität im Unternehmen, steigt auch die Komplexität von HR. So ist eine neue (andere) Form der Professionalisierung von HR erforderlich.

Im Folgenden wird nun betrachtet, ob sich dieses Bild noch verändert, wenn Transformationsmodelle hinsichtlich ihres möglichen Beitrags für ein allgemein gültiges HR-Modell im agilen Kontext betrachtet werden.

2.2 Vergleichende Bewertung aktueller Transformationsmodelle

Transformationen werden zur Anpassung an veränderte Bedingungen immer wichtiger, um die Überlebensfähigkeit von Organisationen in einem komplexen, dynamischen Umfeld sicherzustellen. Entsprechend gewinnt auch das Transformationsmanagement immer mehr an Bedeutung.[92] Die gestiegene Komplexität und Dynamik der Um- sowie Inwelten von Unternehmen führen auch dazu, dass grundlegend veränderte Anforderungen an das Transformationsmanagement gelten. Somit kann auch die traditionelle Organisationsentwicklung infrage gestellt werden.[93] Konzepte der organisationalen Transformation bzw. der transorganisationalen Entwicklung rücken so in den Vordergrund. In Anbetracht dieser neuen Herausforderungen wird der Umgang mit Transformationen zur Kernkompetenz jeder Organisation.[94]

2.2.1 Darstellung aktueller Transformationsmodelle im agilen Kontext

In der Literatur zu Transformationen lassen sich eine Vielzahl unterschiedlicher Modelle finden. Dabei werden je nach Modell verschiedene Erfolgsfaktoren[95] für das Gelingen von Veränderungen beschrieben. Für die nachfolgende Analyse werden insgesamt sechs ausgewählte Modelle zu Transformationen[96] detailliert miteinander verglichen. Diese sechs Modelle zeichnet aus, dass sie Transformationen aus drei unterschiedlichen Perspektiven betrachten. Zum einen gibt es Modelle der *klassischen Organisationsentwicklung*, die in ihrer Entstehung vor der Herausforderung gestiegener Agilitätsbedarfe zu datieren sind. Diese Modelle haben sich im klassischen Kontext der komplizierten Welt durchaus als wirksam erwiesen und werden deshalb hier auch weiter betrachtet. Dann gibt es *neuere Transformationsmodelle*, die sich explizit mit agilen Transformationen befassen und entsprechende Schwerpunkte setzen. Und schließlich werden Modelle herangezogen, die sich mit der *Entwicklung von Netzwerken* befassen, was gerade vor dem Hintergrund der geforderten Netzwerkbildung in agilen Unternehmen eine besondere Relevanz hat. Aus diesen drei Perspektiven (klassisch, agil und Netzwerk) werden jeweils zwei zentrale Modelle ausgewählt und hier kurz beschrieben.

---

92 Vgl. Bruckner/Werther, 2018, S. 191; Werther, Jacobs, Brodbeck, Kirchler/Woschée, 2014, S. 50.
93 Vgl. Gairing, 2017, S. 190; Scheller, 2019, S. 64; Sullivan, Rothwell/Balasi, 2013, S. 18.
94 Vgl. Peclum, 2012, S. 56.
95 Ein Erfolgsfaktor wird in dieser Arbeit in Anlehnung an Greif, Runde und Seeberg, 2004, S. 39 als eine Größe verstanden, die den Erfolg der Transformation direkt oder indirekt beeinflusst.
96 Im aktuellen Kapitel wird der Begriff *Transformationsmanagement* daher als Synonym für die gezielte Veränderung von Unternehmen verwendet, wobei es sich auf alle drei nachfolgend aufgeführten Konzepte der organisationalen Veränderung bezieht.

Die erste, »klassische« Perspektive stellen Modelle der *Organisationsentwicklung* zur Bewältigung des Wandels erster Ordnung in der komplizierten Welt dar (vgl. Kapitel 1), bei denen Erfolgsfaktoren aus der klassischen Change-Literatur herangezogen wurden. Einmal handelt es sich um das aus der Praxis abgeleitete Modell von Kotter[97] und zum anderen um das wissenschaftlich fundierte Modell von Haken und Schiepek[98]. Bei Kotters »Acht Stufen der Veränderung« geht es darum, ein Gefühl der Dringlichkeit zu erzeugen, eine Führungskoalition zu etablieren, eine Vision[99] und Strategie zu entwickeln, die Vision zu kommunizieren, Mitarbeitende zur Umsetzung zu befähigen, kurzfristige Erfolge zu garantieren und sichtbar zu machen, die Veränderung voranzutreiben und schließlich die Veränderungen in der Kultur zu verankern. Die generischen Prinzipien von Haken und Schiepek wiederum sehen vor, zunächst Stabilitätsbedingungen zu schaffen, bestehende Muster und Systeme zu identifizieren, einen Sinnbezug herzustellen, Kontrollparameter zu identifizieren und eine Energetisierung zu erzielen, um zu destabilisieren, zu synchronisieren, gezielte Symmetriebrechung zu ermöglichen und schließlich wieder zu re-stabilisieren.

Das Konzept der *Organisationalen Transformation* nimmt aufgrund des Wandels zweiter Ordnung in der komplexen Welt eine erweiterte, agile Sicht auf Veränderungen ein (vgl. Kapitel 1). Ihre Erfolgsfaktoren lassen sich anhand zweier praktischer Modelle zur agilen Transformation beleuchten.[100] Bei Häusling und Fischer werden sechs wichtige Dimensionen der Transformation unterschieden: Gründe haben, Entwicklung eines Zielbilds, Besetzung von Rollen, Organisation des Prozesses, Veränderung des Systems und die Mitnahme von Kollegen. Armutat et al. wiederum sehen in ihrem Modell die Notwendigkeit klarer Transformationserfordernisse, einer proaktiven, umfangreichen und regelmäßigen Kommunikation, einer kontinuierlichen Evaluation und Erfolgskontrolle sowie der Kenntnis über die individuelle Rolle und der Anzahl der Kompetenzträger.

Da in einem zunehmend agilen Kontext das Netzwerk die Hierarchie ersetzt[101], stellt der Ansatz der *Transorganisationalen Entwicklung*[102] eine weitere Ebene dar, aus welcher sich Informationen des Netzwerkwandels generieren und möglicherweise auf den organisationalen Kontext übertragen lassen.[103] Die Forschung des Netzwerkwandels fokussiert sich dabei überwiegend auf interorganisationale Netzwerke, das

---

97   Vgl. Kotter, 1995.
98   Vgl. Haken/Schiepek, 2010.
99   Nach Kotter, 1995, S. 63, kann eine Vision definiert werden als eine Vorstellung oder einen Zukunftsentwurf darüber, in welche Richtung sich ein Unternehmen entwickeln muss.
100 Vgl. Armutat et al., 2016; Häusling/Fischer, 2018.
101 Vgl. Freyth/Baltes, 2017, S. 373.
102 Das Konzept bezieht sich auf Strategien und Aktivitäten zur gezielten Veränderung transorganisationaler Systeme durch einen Berater: vgl. Cummings, 1984, S. 368 f.
103 Vgl. Cummings/Worley, 2008; Tiberius, 2008.

bedeutet auf Netzwerkunternehmungen als korporative Akteure.[104] An anderer Stelle der transorganisationalen Forschung wird allerdings von weiteren Arten von Beziehungsgeflechten gesprochen, in die Menschen eingebunden sind.[105] Hinzu kommt das Verschwimmen organisationaler Grenzen in Folge der Vernetzung der einzelnen Organisationsbereiche miteinander sowie mit der Umwelt.[106] Aus diesen Gründen kann vermutet werden, dass Implikationen des interorganisationalen Ansatzes auch auf intraorganisationaler Ebene sowie umgekehrt potenziell Anwendung finden können. Im Modell von Cummings & Worley ist es zentral, ein Gefühl der Dringlichkeit zu erzeugen, zum Informationsaustausch anzuregen, Rollen zu besetzen, netzwerkübergreifend zu kommunizieren, die Relevanz für die einzelnen Netzwerke zu erkennen, Selbstorganisation zu verankern und eine stetige Kontrolle der Institutionalisierung zu gewährleisten. Und im Modell von Tiberius wird schließlich die Bereitschaft der Netzwerkakteure zum Wandel, das Aufsetzen eines gemeinsam koordinierten Handlungsplans, die Formierung netzwerkübergreifender Wandelgruppen, die netzwerkübergreifende Kommunikation, die Koalitionsbildung und kollektive Entscheidungsfindung, die Zukunftsausrichtung des Wandels und die Ausprägung einer Lernhaltung betont.

Generell zeigt sich, dass sich die Veränderung von Netzwerken zwar von einer Veränderung innerhalb der Organisationen unterscheidet, da sie von mehr Komplexität und Dynamik geprägt ist, ihre Erfolgsfaktoren jedoch weder von denen der klassischen Organisationsentwicklung noch von denen der organisationalen Transformation in agilen Kontexten bedeutend abweichen. So ist auffällig, dass sich die Designelemente einer agilen Organisation in bestimmten Aspekten des Netzwerkwandels wiederfinden, wie bspw. die Ausprägung einer Lernhaltung, welche auch für die agile Kultur als charakteristisch gilt. Die Betrachtung von Erfolgsfaktoren für Transformationen verdeutlicht insgesamt, dass die in den klassischen Change-Modellen beschriebenen Faktoren für eine Transformation im agilen Kontext weiterhin gültig sind.

2.2.2   Vergleichende Betrachtung der Transformationsmodelle

Basierend auf einem Vergleich der ausgewählten sechs Transformationsmodelle sollen die Gemeinsamkeiten und Unterschiede der Modelle bestimmt und daraus dann ein idealtypisches Meta-Transformationsmodell abgeleitet werden. Alle sechs Modelle teilen den Fokus auf die Relevanz bzw. die Gründe der Veränderung sowie auf die Kommunikation als bedeutende Erfolgsfaktoren. Vor dem Hintergrund des Vergleichs sollen diese Faktoren nochmals gesondert hervorgehoben werden, da sie in jedem der

---

104 Vgl. Cummings, 1984; Sydow, 1992; Tiberius, 2008.
105 Vgl. Motamedi, 1985, S. 58.
106 Vgl. Häusling/Kahl, 2018, S. 67 f.; Sydow/Windeler, 2001, S. 133; Vetter, 2018, S. 134 f.

sechs Modelle als zentral gelten. Es kann daher vermutet werden, dass diesen für den Erfolg einer Veränderung eine besondere Bedeutung zukommt.

Bevor es zur Gestaltung des idealtypischen Transformationsmodells kommt, müssen die inhaltsbezogenen Erfolgsfaktoren geklärt werden. Als erster Erfolgsfaktor sind die *Gründe*[107] einer Transformation zu nennen.[108] Denn die Transformation kann nur dann effektiv umgesetzt werden, wenn die Organisationsmitglieder von ihrem Sinn und Zweck überzeugt sind.[109] Es gilt daher, ein Gefühl der Dringlichkeit bei allen Stakeholdern zu schaffen.[110] Um deren Bereitschaft für die Veränderung sicherzustellen, müssen sie die Hintergründe verstehen und nachvollziehen können.[111]

Sind die Gründe für die Transformation klar, gilt es, die *Vision* zu definieren sowie daraus das *Zielbild* abzuleiten.[112] Hierbei sind insbesondere auch kulturelle Aspekte zu beachten.[113] Zu diesem Punkt gehören sowohl die Diagnose des aktuellen Zustands als auch die Definition des Zielzustands. Diese sind elementar, da ohne ein gemeinsames Verständnis der Gründe, der Vision und der Ziele des Projektes keine Richtlinie für Entscheidungen existiert. Ansonsten würde es der Transformation an Fokus und Richtung mangeln, was letztlich zu deren Scheitern führt.[114] Die Vision und das Zielbild sollten daher verständlich sowie attraktiv und erstrebenswert für alle Stakeholder sein, um deren Aufmerksamkeit gewinnen zu können.[115] Wichtig ist im agilen Kontext außerdem, dass nicht starr an ihnen festgehalten wird, sondern dass sie im Verlauf des Projektes an die spezifische Situation angepasst und weiterentwickelt werden.[116]

Drittens sollte die *Zukunftsfähigkeit* der Transformation sichergestellt werden.[117] Die Verankerung der Veränderung spielt insofern eine prominente Rolle, weil eine Transformation auch dann langfristig scheitern kann, wenn alle anderen Erfolgsfaktoren erfüllt sind.[118] Auch im agilen Kontext ist daher eine vorausschauende sowie langfristige Sichtweise einzunehmen.[119] So sollten sowohl die Konsequenzen der Transformation als auch alternative Zukunftsentwürfe weitreichend – in Bezug auf das Gesamtsystem – betrachtet werden.

---

107 Für eine weiterführende Übersicht siehe Sinek, 2014. Mittels seiner Ausführungen des *Golden Circle* postuliert er das *WHY* als Basis für den Erfolg einer jeden Handlung.
108 Vgl. Armutat et al., 2016, S. 50; Häusling/Fischer, 2018, S. 7.
109 Vgl. Tiberius, 2008, S. 247.
110 Vgl. Kotter, 1995, S. 60.
111 Vgl. Cummings/Worley, 2008, S. 577 ff.
112 Vgl. Kotter, 1995, S. 63.
113 Vgl. Häusling/Fischer, 2018, S. 7 f.
114 Vgl. Kotter, 1995, S. 63.
115 Vgl. Cummings/Worley, 2008, S. 577 ff. .
116 Vgl. Häusling/Fischer, 2018, S. 8.
117 Vgl. Kotter, 1995, S. 67; Ulrich, 1997, S. 157.
118 Vgl. Werther et al., 2014, S. 149.
119 Vgl. Tiberius, 2008, S. 249.

Die prozessbezogenen Erfolgsfaktoren haben die Umsetzung des Prozesses und dessen möglichst hohe Qualität zum Ziel. Ein wesentlicher Faktor für eine erfolgreiche Durchführung einer Transformation ist die **Kommunikation**.[120] Insbesondere der agile Kontext, in dem eine transparente, wertschätzende und offene Interaktion sowie Kommunikation Grundvoraussetzung sind (vgl. Kapitel 3), verstärkt deren Relevanz. Kommunikation bedeutet zum einen die frühzeitige sowie kontinuierliche Informationsweitergabe an alle möglichen Stakeholder sowie zum anderen die Herstellung eines wechselseitigen Dialogs, in dem Feedback eingeholt und konstruktiv umgesetzt wird.[121] Vor diesem Hintergrund ist es essenziell, die Gründe und Ziele sowie Meilensteine und spätere Erfolge der Veränderung deutlich zu kommunizieren.[122] Dadurch werden Fortschritte sichtbar und der Erfolg motiviert die Stakeholder, den Prozess weiterzugehen. Werden diese nicht ausreichend informiert oder fehlt es an Ehrlichkeit und Authentizität, wird Widerstand entstehen.[123] Der Fokus dieses Erfolgsfaktors sollte auf der *persönlichen* Kommunikation liegen, um eine Vertrauensbasis aufzubauen.[124]

Weiterhin ist **Partizipation** im Transformationsprozess wichtig, um den verschiedenen spezifischen Bedarfen gerecht zu werden und um den Betroffenen Mitsprachemöglichkeiten zu geben.[125] Insbesondere im Rahmen des agilen Kontexts und dem damit verbundenen Wertewandel wird Transformationsmanagement mittels eines Bottom-up-Ansatzes bis hin zur vollständigen Abgabe von Entscheidungen an selbstorganisierte Teams zunehmend bedeutender. Hierbei müssen alle Stakeholder, das heißt Mitarbeitende und Führungskräfte aus relevanten Bereichen, bestenfalls aus allen Hierarchieebenen, aktiv in das Projekt involviert werden, bspw. durch den Einsatz von Voting-Tools, World Cafés oder anderen Workshops.[126]

Die **Projektplanung und -steuerung** ist gerade bei großen Veränderungsprozessen sowohl auf der inhaltlichen als auch auf der emotionalen Ebene ein weiterer zentraler Erfolgsfaktor[127]. In Zeiten hoher Unsicherheit sind organisationale Veränderungen nicht linear und damit auch nicht durchplanbar.[128] Ein strukturiertes Vorgehen im Sinne eines professionellen Projektmanagements mit Projektplan und Meilensteinen ist trotzdem weiterhin wichtig, allerdings darf dies keine starren Prozesse mit sich bringen.[129] Vielmehr ist zu berücksichtigen, dass Transformationen in ihrer Konzeption agil sein müssen. Um auf Veränderungen während des Prozesses schnell

---

120 Vgl. Kotter, 1995, S. 63 f.
121 Vgl. Häusling/Fischer, 2018, S. 8.
122 Vgl. Kotter, 1995, S. 63 f.
123 Vgl. Lauer, 2010, S. 105.
124 Vgl. Innovators, 2018, S. 156.
125 Vgl. Haken/Schiepek, 2010, S. 629; Häusling/Fischer, 2018, S. 8.
126 Vgl. Bertagnolli, Bohn/Waible, 2018, S. 36.
127 Vgl. Schiersmann/Thiel, 2014, S. 91 f.
128 Vgl. Scheller, 2019, S. 64.
129 Vgl. Häusling/Fischer, 2018, S. 8.

reagieren zu können, sollte die Vorgehensweise möglichst iterativ bzw. von Experimenten geprägt sein, wozu sich die Anwendung agiler Planungsmethoden anbietet. Auch ist zu beachten, Transparenz über die Aufgaben herzustellen, um Selbstorganisation zu ermöglichen.[130]

Neben den vorhergehenden Punkten ist das *Monitoring* Teil eines effektiven Transformationsmanagements, welches es der Organisation ermöglicht, im agilen Kontext flexibel zu bleiben und den Prozess gegebenenfalls an externe Rahmenbedingungen oder auch interne Anforderungen anzupassen.[131] Demgemäß gilt es, die Transformation durch die Gewinnung von Feedback auf ihren Erfolg hin zu überprüfen bzw. kontinuierlich zu überwachen. Das Monitoring basiert insbesondere auf den zu Beginn definierten Zielen.[132] Dabei sollte es idealerweise auf quantitativer Ebene sowie auf qualitativer Ebene erfolgen[133].

Bezüglich des personenbezogenen Erfolgsfaktors sind klare Rollen und Verantwortlichkeiten aller Projektmitglieder ein weiterer Aspekt, der entscheidend für den Erfolg der Transformation ist.[134] Von großer Bedeutung ist in diesem Kontext, insbesondere in großen und komplexen Transformationsvorhaben, die *Projektleitung* – ein Team, welches mit ausreichender Entscheidungsbefugnis ausgestattet ist, die Maßnahmen koordiniert und die Umsetzung sicherstellt.[135] Hierbei ist wichtig, dass es aus Personen besteht, die Transformationskompetenzen besitzen und aus unterschiedlichen Bereichen und Hierarchieebenen stammen. Entscheidend sind auch das Sponsorship und die Unterstützung des gesamten Topmanagements. Dementsprechend geht es im Veränderungsprozess nicht nur um Bottom-up-, sondern auch um Top-down-Ansätze.[136] Die Mitglieder sollten sich jedoch freiwillig für eine aktive Rolle im Veränderungsprozess entschieden haben.

Die eben erläuterten wesentlichen Erfolgsfaktoren für Transformationen lassen sich wie folgt nochmals zusammenfassen: Gründe für die Veränderung haben, Vision und Zielbild erstellen, Zukunftsfähigkeit gestalten, Kommunikation intensivieren, Partizipation praktizieren, Planung und Steuerung durchführen, Monitoring durchführen und Projektleitung sichern. Die konzeptionelle und methodische Ausgestaltung der einzelnen Faktoren ist dabei von spezifischen Projekt- und Unternehmensanforderungen abhängig, an welchen es diese auszurichten gilt. Diese Erfolgsfaktoren dienen uns

---

130 Vgl. Rolle, 2018, S. 125.
131 Vgl. Armutat et al., 2016, S. 50.
132 Vgl. Granados/Erhardt, 2012, S. 147 f. .
133 Auf der quantitativen Ebene sind bspw. Kennzahlen und Ergebnisse von Mitarbeiterbefragungen, auf qualitativer Ebene bspw. Erkenntnisse aus Interviews oder Besprechungen heranzuziehen.
134 Vgl. Armutat et al., 2016, S. 50; Kotter, 1995, S. 62; Tiberius, 2008, S. 248 f.
135 Vgl. Rolle, 2018, S. 123.
136 Vgl. ebda., S. 118.

nun zum Abgleich und zur Bewertung der sechs zuvor beschriebenen Transformationsmodelle.

2.2.3   Bewertung der sechs aktuellen Transformationsmodelle

Auch wenn die klassische Organisationsentwicklung infrage gestellt und ein neues Konzept für die Umsetzung künftiger Transformationen im agilen Kontext gefordert wird, sind die in der klassischen Change-Literatur beschriebenen Erfolgsfaktoren für einen Veränderungsprozess auch in der neueren Literatur – im Rahmen von Agilität als auch von Netzwerken – nach wie vor gültig.[137] Hervorzuhebende Unterschiede der Modelle lassen sich ausschließlich anhand der Differenzierung oder der konkreten Ausgestaltung der Faktoren feststellen. Folglich lassen sich die Modelle auf relativ homogene Faktoren herunterbrechen. Diese können zu drei Dimensionen verdichtet werden:

- Die inhaltsbezogenen Erfolgsfaktoren *Gründe*, *Vision und Zielbild* sowie *Zukunftsfähigkeit* beinhalten die Ausgangssituation und die Voraussetzungen des Prozesses, die bereits vor Beginn der Transformation feststehen sollten.
- Zusätzlich wirken sich prozessbezogene Erfolgsfaktoren wie *Kommunikation, Partizipation, Planung und Steuerung* sowie *Monitoring* auf die prozessuale Qualität aus und haben damit ebenfalls einen maßgeblichen Einfluss auf den Erfolg einer Transformation.
- Zuletzt sind auch personenbezogene Aspekte, das heißt die Besetzung der *Projektleitung,* zentral für eine effektive Transformation.

Diese acht genannten Erfolgsfaktoren bilden die Basis für die Konzeption und Planung von Prozessen der organisationalen Veränderung, wobei jeder Veränderungsprozess aufgrund des spezifischen Kontexts neue Herausforderungen an Organisationen stellt.[138] Das lässt darauf schließen, dass die Erfolgsfaktoren differenziert zu betrachten sind und einer unterschiedlichen Ausgestaltung bedürfen. Ein wesentlicher Faktor für diese unterschiedliche Ausgestaltung könnte dabei der erforderliche agile Reifegrad darstellen.

Überträgt man diese acht Erfolgsfaktoren nun auf die sechs verschiedenen Transformationsmodelle, erhält man einen Abgleich hinsichtlich der Vollständigkeit der einzelnen Modelle (Siehe folgendeTabelle).

---

137 Vgl. Cummings/Worley, 2008, S. 561; Gairing, 2017, S. 183.
138 Vgl. Häusling/Fischer, 2018, S. 9.

Erfolgs-faktor		Organisations-entwicklung		Organisationale Transformation		Trans-organisationale Entwicklung		Σ
		Acht Stufen der Veränderung (Kotter, 1995)	Generische Prinzipien (Haken & Schiepek, 2010)	6-Erfolgs-faktoren-Modell (Rolle, 2018)	Erfolgs-faktoren tiefgrei-fender Trans-format-ions-prozesse (Armutat et al., 2016)	Manage-ment von Netz-werk-verände-rungen (Cummings & Worley, 2008)	Gestal-tung des Netz-werk-wandels (Tiberius, 2008)	
Inhalt	Gründe	✓	✓	✓	✓	✓	✓	6
	Vision & Zielbild	✓	✓	✓		✓	✓	5
	Zukunfts-fähigkeit	✓	✓	✓		✓	✓	5
Prozess	Kommuni-kation	✓	✓	✓	✓	✓	✓	6
	Partizi-pation	✓	✓	✓		✓	✓	5
	Planung & Steuerung	✓	✓	✓				3
	Monitoring	✓	✓	✓	✓		✓	5
Person	Projekt-leitung	✓		✓	✓	✓	✓	5

Abb. 6: Abgleich der Erfolgsfaktoren der verschiedenen Transformationsmodelle. Quelle: eigene Darstellung.

Zunächst einmal fällt auf, dass es zwei Modelle gibt (die acht Stufen der Veränderung nach Kotter und das 6-Faktoren-Modell von Rolle, zitiert nach Häusling und Fischer, 2018), die alle acht Erfolgsfaktoren berücksichtigen. Sie stellen somit eine mögliche Basis für ein idealtypisches Transformationsmodell dar, welches den aktuellen Herausforderungen der komplexen Welt genügen kann.

Offen ist dabei aber, welche Rolle HR in dieser Transformation einnehmen kann. Gemäß den Ausführungen in der aktuellen Literatur kann HR als maßgeblicher Begleiter der Transformation die Wettbewerbsfähigkeit von Unternehmen nachhaltig mitgestalten[139] – sofern es über eine entsprechende Positionierung verfügt. Es kann vermutet werden, dass HR in den beschriebenen Dimensionen der Erfolgsfaktoren eine unterschiedlich stark ausgeprägte Rolle zukommt. Zusammenfassend ist festzuhalten, dass sich die Rolle und der Beitrag von HR aus den Anforderungen ergeben, welche die Organisation bzw. die jeweiligen HR-Stakeholder und deren Fachbereiche an es stellen. Mit dieser Erkenntnis wird die Wichtigkeit der Bedarfe der HR-Stakeholder hervorgehoben. Deshalb sollte zu Beginn einer Transformation eine Abstimmung zwischen den Fachbereichen und HR zur Konkretisierung der Anforderungen an HR erfolgen, um deren Erwartungen gerecht werden und somit einen optimalen Beitrag leisten zu können.

---

139 Vgl. Bösch/Mölleney, 2018, S. 5 f.; Ulrich/Kryscynski/Brockbank/Ulrich, 2017, S. 31 f.

2.2.4   Abschluss und Überleitung

Für die eingangs in diesem Kapitel gestellten Fragen danach, *wie* sich HR in der Herausforderung gestiegener Komplexität strukturiert und *was* HR im Rahmen von Transformationsprozessen beitragen kann, kann konkludiert werden, dass aktuell im Bereich der HR-Struktur noch kein Modell existiert, welches den Anforderungen der komplexen Welt vollständig genügt. Bei den Transformationsmodellen kristallisieren sich zwar einheitliche Erfolgsfaktoren heraus und es existieren auch bereits zwei Modelle, die diese vollständig abbilden. Welche Rolle HR dabei jedoch konkret einnehmen kann, bleibt allerdings offen.

Eine Vermutung, warum das so sein könnte, besteht darin, dass weder die HR-Organisationsmodelle noch die Transformationsmodelle unterschiedliche Organisationszustände betrachten. Vielmehr erheben sie – wenn auch oft nur implizit – den Anspruch universeller Gültigkeit. Entgegen dieser Grundannahme kann aber vermutet werden, dass unterschiedliche Organisationszustände sowohl für die Frage der HR-Struktur als auch für die Frage nach der Transformation und der HR-Rolle darin eine wichtige Bedeutung haben. Weiter kann vermutet werden, dass die Modelle zukünftig im Kontext des jeweiligen Organisationszustands zu betrachten sind. Eine Möglichkeit, verschiedene Organisationszustände zu unterscheiden, bieten Reifegradmodelle.[140] Dabei liegt es mit Blick auf die Ausgangsfrage dieses Buches nahe, den Reifegrad von HR mit dem Hinblick auf Agilität zu betrachten. Relevant dürfte dabei sowohl die Ausprägung des agilen Reifegrads der Organisation als auch der agile Reifegrad der jeweiligen Fachbereiche sein.

Literatur

Armutat, S./Dorny, H.-J./Ehmann, H.-M./Eisele, D./Frick, G./Grunwald, C. et al. (Deutsche Gesellschaft für Personalführung e. V., Hrsg.) (2016). Agile Unternehmen – Agiles Personalmanagement. DGFP-Praxispapiere. Zugriff am 18.06.2018. Verfügbar unter https://www.dgfp.de/fileadmin/user_upload/DGFP_e.V/Medien/Publikationen/Praxispapiere/201601_Praxispapier_agileorganisationen.pdf

Bersin, J./Geller, J./Wakefield, N./Walsh, B. (2016). The new organization: Different by design. Global Human Capital Trends 2016. Verfügbar unter https://www2.deloitte.com/content/dam/Deloitte/global/Documents/HumanCapital/gx-dup-global-human-capital-trends-2016.pdf (abgerufen am 27.10.2019).

Bertagnolli, F./Bohn, S./Waible, F. (2018). Change Canvas. Strukturierter visueller Ansatz für Change Management in einem agilen Umfeld (essentials). Wiesbaden: Springer Fachmedien. Verfügbar unter http://dx.doi.org/10.1007/978-3-658-23030-2

Bösch, H./Mölleney, M. (2018). Transformational HRM – Personalarbeit neu denken. Agile Unternehmen brauchen ein agiles HRM. Basel: SKV. Verfügbar unter https://ebookcentral.proquest.com/lib/gbv/detail.action?docID=5320256

---

140 Vgl. Weber et al., 2018.

Broy, M./Kuhrmann, M. (2013). Projektorganisation und Management im Software Engineering. Berlin, Heidelberg: Springer Vieweg.

Bruckner, L./Werther, S. (2018). Organisationsentwicklung und -strukturen. In: S. Werther/L. Bruckner (Hrsg.), Arbeit 4.0 aktiv gestalten. Die Zukunft der Arbeit zwischen Agilität, People Analytics und Digitalisierung (S. 191-205). Berlin: Springer.

Charan. (2014). Do not split HR , Harvard Business Review. 92 (7). Verfügbar unter https:// hbr.org/2014/07/its-time-to-split-hr (abgerufen am 27.10.2019).

Claßen, M. (2008). Change Management aktiv gestalten (2. aktualisierte und erweiterte Aufl.). Personalmanager und Führungskräfte als Architekten des Wandels. Köln: Luchterhand.

Cummings, T. G. (1984). Transorganizational development. In B. M. Staw/L. L. Cummings (Hrsg.), Research in organizational behavior (6. Aufl., S. 367–422). Greenwich, Connecticut: JAI Press.

Cummings, T. G./Worley, C. G. (2008). Organization development and change (9. Aufl.). Cincinnati, Ohio: South-Western College Pub.

Fischer, S./Häusling, A. (2018a). Kante zeigen! Personalmagazin (07), 52-59.

Fischer, S./Häusling, A. (2018b). Relevanz und Lösungsansätze einer agilen HR-Organisation. Darstellung am Agile EDGEllence Model. In: T. Petry/W. Jäger (Hrsg.), Digital HR. Smarte und agile Systeme, Prozesse und Strukturen im Personalmanagement (1. Aufl., S. 429-448). Freiburg: Haufe Group.

Fueglistaller, U./Müller, C. A./Volery, T./Müller, S. (2008). Entrepreneurship. Modelle – Umsetzung – Perspektiven. Mit Fallbeispielen aus Deutschland, Österreich und der Schweiz (2. überarbeitete und erweiterte Aufl.). Wiesbaden: Gabler.

Freyth, A./Baltes, G. (2017). Veränderungsintelligenz auf individueller Ebene Teil 2: Persönliche Agilität und agiler führen. Diagnose und Stärkung von persönlicher Agilität, veränderte Führungsrolle im agilen Kontext. In: G. Baltes/A. Freyth (Hrsg.), Veränderungsintelligenz (323-419). Wiesbaden: Springer Fachmedien.

Gairing, F. (2017). Organisationsentwicklung. Geschichte – Konzepte – Praxis (Human Resource Competence). Stuttgart: Kohlhammer. Verfügbar unter http://www.kohlhammer. de/wms/instances/KOB/appDE/nav_product.php?product=978-3-17-031145-9

Granados, A./Erhardt, G. (2012). CAO – Personalarbeit der Zukunft. Wertschöpfende Personalmanagementprozesse im Unternehmen verankern (1. Aufl.). Wiesbaden: Gabler.

Greif, S./Runde, B./Seeberg, I. (2004). Erfolge und Misserfolge beim Change Management. Göttingen: Hogrefe. Verfügbar unter https://books.google.de/books?id=b00z8P_L_lsC

Goldman, S. L./Nagel, R. N./Preiss, K./Warnecke, H.-J. (1996). Agil im Wettbewerb. Die Strategie der virtuellen Organisation zum Nutzen des Kunden. Berlin, Heidelberg: Springer.

Haken, H./Schiepek, G. (2010). Synergetik in der Psychologie. Selbstorganisation verstehen und gestalten (2. Aufl.). Göttingen: Hogrefe.

Häusling, A./Fischer, S. (2016). Mythos Agilität – oder Realität? Personalmagazin (04), 30-33.

Häusling, A./Fischer, S. (2018). Agile Transformationen erfolgreich gestalten. Changement, 4, 4-9.

Häusling, A./Kahl, M. (2018). Das TRAFO-Modell zur agilen Organisationsentwicklung. In: A. Häusling (Hrsg.), Agile Organisationen. Transformationen erfolgreich gestalten – Beispiele agiler Pioniere (S. 47-94). Freiburg: Haufe.

Holbeche, L. (2012). The strategic context for new OE. In: H. Francis/L. Holbeche/M. Reddington (Eds.), People and Organisational Development. A New Agenda for Organisational Effectiveness (pp. 22-41). London: CIPD.

Innovators (2018). WHY! Wenn Transformation plötzlich wirkt. Freiburg im Breisgau: Haufe.

Jochmann, W (2017). Geschäftsmodelle der Personalfunktion im Wandel. In: W. Jochmann/ I. Böckenholt/S. Diestel (Hrsg.), HR-Exzellenz. Innovative Ansätze in Leadership und Anpassung (S. 355-374). Wiesbaden: Springer Gabler.

Jochmann, W./Asgarian, C. (2017). HR kundenzertriert aufstellen. Personalmagazin (07), 22-25.

Kates, A. (2006). (Re)Designing the HR Organization. Human Resource Planning (29.2), 22-30.

Kotter, J. P. (1995). Leading Change: Why Transformation Efforts Fail. Harvard Business Review, 57-69.

Kotter, J. P. (2015). Accelerate. Strategischen Herausforderungen schnell, agil und kreativ begegnen. München: Franz Vahlen.

Kreutzer, R. T. (2018). Führungs- und Organisationskonzepte im digitalen Zeitalter kompakt. Agilität erreichen, Prozesse beschleunigen, Change-Management implementieren. Wiesbaden: Springer Gabler.

Lauer, T. (2010). Change Management. Heidelberg: Springer.

Meyer-Ferreira, P. (2010). Human Capital strategisch einsetzen. Modelle und Konzepte für die Unternehmenspraxis. Köln: Luchterhand.

Motamedi, K. (1985). Transorganization development: Developing relations among organizations. In D. D. Warrick (Hrsg.), Contemporary organization development (S. 57-67). New York: Pearson.

Oertig, M./Kohler, C./Abplanalp, C. (2009). HR-Organisation. Von der Administration zum Business-Partner-Modell. Zürich: SPEKTRAmedia; Jobindex Media AG.

Opitz, M. (2007). Was ist Change Management? In: Schweizer, G./Iberer, U./Keller H. (Hrsg.), Lernen am Unterschied. Bildungsprozesse gestalten – Innovationen vorantreiben (S. 241-250). Bielefeld: Bertelsmann.

Payer, H. (2008). Netzwerk – Kooperation – Organisation. Gemeinsamkeiten und Unterschiede. In: S. Bauer-Wolf/H. Payer/G. Scheer (Hrsg.), Erfolgreich durch Netzwerkkompetenz. Handbuch für Regionalentwicklung (S. 5-18). Wien: Springer-Verlag.

Peclum, K.-H. G. (2012). Change Management – Barrieren, Erfolgsfaktoren, Modelle, methodisches Vorgehen, Architektur und »Roadmap«. In: K.-H. G. Peclum/M. Krebber/R. Lips (Hrsg.), Erfolgreiches Change Management in der Post Merger Integration (S. 49-87). Wiesbaden: Gabler.

Reilly, P. (2012). Tranforming HR to support strategic change. In: H. Francis/L. Holbeche/M. Reddington (Eds.), People and Organisational Development. A New Agenda for Organisational Effectiveness (pp. 125-141). London: CIPD.

Rolle, J. (2018). Das Vorgehen – den Weg der agilen Transformation gestalten. In: A. Häusling (Hrsg.), Agile Organisationen. Transformationen erfolgreich gestalten – Beispiele agiler Pioniere (S. 117–144). Freiburg: Haufe.

Scheller, T. G. (2019). Lean Change-Management. Lean Startup trifft Change-Management. Skript. IKB, Zürich.

Schiersmann, C./Thiel, H.-U. (2014). Organisationsentwicklung (4. Aufl.). Wiesbaden: Springer Fachmedien Wiesbaden.

Schrank, V. (2015). Das Ulrich-HR-Modell in Deutschland. Kritische Betrachtung und empirische Untersuchung. Wiesbaden: Springer Gabler.

Siemann, C. (2015). Anpassung hoch zwei. Personalwirtschaft Sonderheft (12), 4-10.

Sinek, S. (2014). Frag immer erst: warum. Wie Top-Firmen und Führungskräfte zum Erfolg inspirieren. München: Redline. Verfügbar unter http://gbv.eblib.com/patron/FullRecord. aspx?p=4341257

Stegbauer, C./Häußling, R. (2010). Einleitung: Selbstverständnis der Netzwerkforschung. In: C. Stegbauer/R. Häußling (Hrsg.), Handbuch Netzwerkforschung (S. 57-60). Wiesbaden: Springer VS.

Sydow, J. (1992). Strategische Netzwerke. Evolution und Organisation. Wiesbaden: Gabler.

Sydow, J./Windeler, A. (2001). Strategisches Management von Unternehmungsnetzwerken – Komplexität und Reflexivität. In: G. Ortmann/J. Sydow (Hrsg.), Strategie und Strukturation. Strategisches Management von Unternehmen, Netzwerken und Konzernen (S. 129-143). Wiesbaden: Gabler.

Tiberius, V. (2008). Prozesse und Dynamik des Netzwerkwandels. Wiesbaden: Gabler. Verfügbar unter http://dx.doi.org/10.1007/978-3-8349-9882-8

Ulrich, D. (1987). Organizational Capability as a Competitive Advantage: Human Resource Professionals as Strategic Partners. Human Resource Planning, 10 (4), 169-184.

Ulrich, D. (1997). Human Resource Champions. The next agenda for adding value and delivering results. Boston: Harvard Business Review Press.

Ulrich, D./Allen, J./Brockbank, W./Younger, J./Nyman, M. (2009). HR Transformation. Building human resources from the outside in. New York: McGraw-Hill.

Ulrich, D./Kryscynski, D./Brockbank, W./Ulrich, M. (2017). Victory through organization. Why the war for talent is failing your company and what you can do about it. New York: McGraw-Hill Education.

Ulrich, D./Lake, D. (1991). Organizational Capability. Creating Competitive Advantage. Academy of Management Executive, 5 (1), 77-92.

Waterman, R./Peters, T. J./Philipps, J. R. (1980). Structure is not organization. Business Horizons, 23 (3), 14-26.

Weber, I./Fischer, S./Eireiner, C. (2018). Wissenschaftliche Grundlagen für ein agiles Reifegradmodell. In: A. Häusling (Hrsg.), Agile Organisationen. Anpassungen erfolgreich
gestalten – Beispiele agiler Pioniere (S. 27-46). Freiburg: Haufe-Lexware.

Weisbord (1976). Organizational diagnosis, six places to look for trouble with or without a
theory. The Journal of group and organizatioral management, 1 (4), 430-447.

Weiß, Y. M.-Y./Wagner, D. J. (2017). Die Zukunft der Arbeitswelt: Arbeiten 4. In: W. Jochmann/
I. Böckenholt/S. Diestel (Hrsg.), HR-Exzellenz. Innovative Ansätze in Leadership und
Anpassung (S. 203-216). Wiesbaden: Springer Gabler.

Werther, S./Jacobs, C./Brodbeck, F. C./Kirchler, E./Woschée, R. (Hrsg.). (2014). Organisationsentwicklung – Freude am Change. Berlin: Springer.

Wiswede, G. (1977). Rollentheorie. Stuttgart: Kohlhammer.

3 Ein agiles Reifegradmodell für Organisationen

Tillmann Seidel

3.1 Der Kontext bestimmt das Zielbild

Wie bereits beschrieben, ist Agilität weder Selbstzweck noch Allheilmittel, sondern eine Antwort auf eine immer komplexer und dynamischer werdende Um- und Inwelt. Sie bezeichnet die Fähigkeit eines Unternehmens, sich kontinuierlich an seine komplexe, turbulente und unsichere Umwelt anzupassen, hierbei wirtschaftlich erfolgreich zu sein, Mehrwert für den Kunden zu schaffen und den Wandel offensiv als Chance zu nutzen.[141]

Hierzu ist es nötig, schnell sinnvolle Entscheidungen zu treffen und diese, wenn nötig, anpassen zu können. Wie wir in diesem Kapitel sehen werden, geschieht dies auf der einen Seite durch Verkürzung der Planungszyklen, iterativ-inkrementelle Prozesse und kontinuierlichen »Inspect & Adapt«. Auf der anderen Seite durch die Erhöhung der Vernetzungsdichte und Förderung der Kommunikation und Befähigung sowie Ermächtigung der Mitarbeitenden und Teams, autonom zu entscheiden und zu handeln.

Durch die Entwicklung der Organisation hin zu mehr Agilität erhöhen wir die interne Komplexität und werden somit, wie bereits in Kapitel 1 angeführt, Ashbys Gesetz der erforderlichen Varietät gerecht. Dies besagt, dass komplexe Herausforderungen Lösungen erfordern, die mindestens ebenso komplex sind.[142]

Unterschiedliche Organisationen haben aber unterschiedliche komplexe Herausforderungen. Unterschiedliche Produkte und Dienstleistungen sind in unterschiedlichem Maße von der Digitalisierung und Technologisierung betroffen. Auch Disruptionen haben in gewissen Märkten größere Auswirkung als in anderen und die Herausforderungen in Bezug auf Globalisierung und eine veränderte Mitarbeiterschaft sowie der generelle gesellschaftliche Wertewandel sind in bestimmten Branchen spürbarer als in anderen.[143] Mit anderen Worten: Organisationen befinden sich in unterschiedlichen Umfeldern, die mitunter im Komplexitätsgrad stark variieren. Es ist insofern notwendig, sich Gedanken darüber zu machen, wie viel Agilität tatsächlich benötigt wird, denn ein Höchstmaß an Agilität ist nicht für jedes Unternehmen in gleichem Maße sinnvoll. Es braucht daher wie in Kapitel 2 ausgeführt ein Modell, welches zwischen unterschiedlichen Reifegraden bzw. Agilitätstypen differenziert.

---

141 Vgl. Goldman et. al. 1996; Dove, 2001.
142 Vgl. Ashby, 1956.
143 Vgl. Deloitte/Heads!, 2015.

Ein solches Reifegradmodell ist das von Häusling 2018 veröffentliche Transformations-modell, das Pioneers Trafo-Modell[TM].[144] Um die agile Entwicklung von Organisationen systematisch und zielgerichtet zu betreiben, betrachtet das Pioneers Trafo-Modell[TM] diffe-renziert die sechs organisationalen Dimensionen *Strategie*, *Struktur*, *Prozesse*, *Führung*, *HR-Instrumente* und *Kultur*. Jede Dimension lässt sich darüber hinaus auf der *Mikro-*, *Meso-* und *Makroebene* betrachten und kann einen von *fünf Reifegraden* annehmen.

Dem Modell liegt ein Agilitätsverständnis zugrunde, welches von vier grundlegenden Faktoren ausgeht: *Menschenzentrierung*, *Machtverteilung*, *Entwicklungsorientie-rung* und *Systemdenken*. Diese haben Auswirkungen auf jede der Dimensionen des Pioneers Trafo-Modells[TM], auch wenn sie sich in den unterschiedlichen Dimensionen unterschiedlich äußern. Generell ist das Pioneers Trafo-Modell[TM] eine Operationalisie-rung der vier grundlegenden Agilitätsfaktoren.

Wie jedes Modell versucht auch dieses, einen komplexen Sachverhalt zu vereinfachen und handhabbar zu machen. Es ist im Prinzip eine Landkarte, die Orientierung auf der agilen Reise geben soll. Diese Landkarte darf nicht mit dem eigentlichen Terrain ver-wechselt werden, denn die Realität ist weitaus komplexer, als jegliches Modell jemals sein könnte. Die Simplifizierung durch ein Modell hat sich für die Transformationspra-xis aber bewährt, da ein Modell einen Orientierungsrahmen bietet und somit Anfan-gen ermöglicht. Je weiter eine Organisation jedoch voranschreitet, umso wichtiger wird es, dass die Karte detaillierter wird. Wenn zu Beginn noch die grobe Orientierung gereicht hat, so braucht es mit voranschreitender Entwicklung ein immer differen-ziertes Modell. Um auch für die fortschreitende Agilisierung adäquate Antworten und Hilfestellungen zu liefern, wird das Pioneers Trafo-Modell[TM] von uns kontinuierlich verfeinert und verbessert. Es befindet sich also in ständiger Weiterentwicklung[145]. Im Folgenden wird der aktuelle Entwicklungsstand kurz ausgeführt.

3.2   Vier grundlegende Agilitätsfaktoren

Sowohl theoretisch wie auch praktisch ist in den letzten Jahren sehr viel im Bereich Agilität passiert. Es gibt zahlreiche Forschungsarbeiten, die sich mit der Thematik aus-einandergesetzt haben; es erscheinen regelmäßig Bücher, die erklären, was Agilität ist und wie man sie erzeugt. Auch in unserer praktischen Arbeit als Beratungskollek-tiv, welches tagein, tagaus Unternehmen dabei begleitet, agiler zu werden, haben wir eine Menge Erfahrung damit gesammelt, wie sich Agilität äußern kann und in welchen unterschiedlichen Erscheinungsformen sie auftritt. Nimmt man all die theoretischen

---

144   Vgl. Häusling, 2018; das Pioneers Trafo-ModellTM wurde von HR Pioneers in Zusammenarbeit mit Prof. Dr.
        Stephan Fischer entwickelt.
145   Vgl. ebda.; Seidel/Sievers/Zeppenfeld, 2019.

Arbeiten und praktischen Erfahrungen zusammen, zeigen sich mit auffallender Regelmäßigkeit immer wiederkehrende Muster und Aspekte, die Agilität ausmachen.

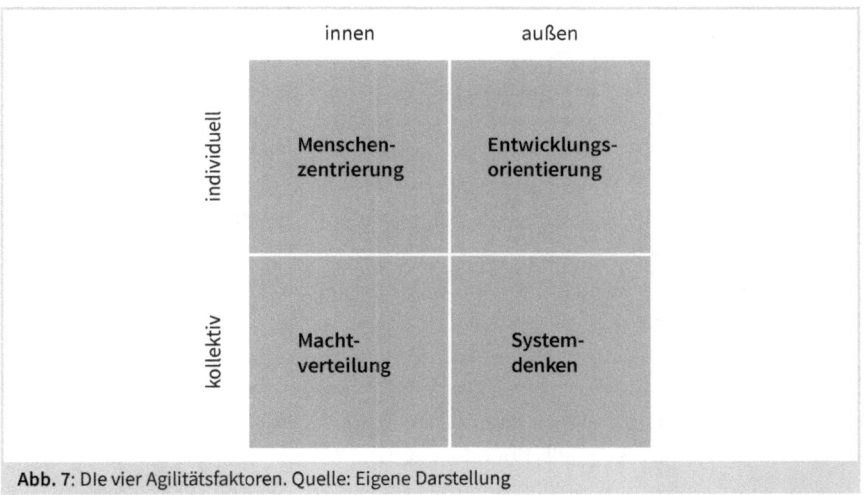

Abb. 7: Die vier Agilitätsfaktoren. Quelle: Eigene Darstellung

Auf der Grundlage von Ken Wilbers integralem Quadrantenmodell (AQAL: all quadrants, all levels)[146] haben wir die auftretenden Aspekte zu den in Kapitel 3.1 bereits benannten und im Folgenden näher beschriebenen vier grundlegenden Agilitätsfaktoren zusammengefasst:[147]

1. *Menschenzentrierung*

   Im Kern der Menschenzentrierung bzw. einer menschenzentrierten Denkweise steht ein Grundgedanke: Der Mensch wird in seiner Ganzheit als Mensch betrachtet. Das hat verschiedene Implikationen.
   – Sei es, dass der Kunde nicht ausschließlich in seiner Rolle als Kunde – also Zielgruppe und geldgebendes Etwas – gesehen wird, sondern als menschliches Wesen mit Bedürfnissen, Hoffnungen und Wünschen, die es zu befriedigen gilt.
   – Sei es, dass der Mitarbeitende nicht nur in seiner Rolle als Mitarbeitender gesehen wird; nicht als »Humankapital« bzw. Human Resource, sondern als Mensch, der auf Augenhöhe und partnerschaftlich behandelt werden möchte. Es geht um den Respekt vor der Unterschiedlichkeit eines jeden einzelnen Menschen.

---

146 Vgl. Wilber, 2001.
147 Ken Wilber versucht mit seinem Quadrantenmodell ein Raster zu erstellen, welches alle Aspekte eines Themas möglichst überschneidungsfrei und vollständig beleuchten soll. Er generiert hierfür eine 4-Felder-Matrix mit den Zeilen *Individuum* und *Kollektiv* sowie den Spalten *Innen* und *Außen*. So ergeben sich die vier Quadranten Individuum-innen (oben links), Kollektiv-innen (unten links), Individuum-außen (oben rechts), Kollektiv-außen (unten rechts). Die Agilitätsfaktoren Menschenzentrierung (Individuum-innen), Machtverteilung (Kollektiv-innen), Entwicklungsorientierung (Individuum-außen) und Systemdenken (Kollektiv-außen) verteilen sich über diese Quadranten.

Der Agilitätsfaktor »Menschenzentrierung« dreht sich um das, was wir in den Mittelpunkt unseres Tuns stellen. Um uns auf das Wesentliche zu konzentrieren, müssen wir einerseits vom Kunden her denken, und andererseits den Mitarbeitenden in den Mittelpunkt stellen und alles an Prozessen weglassen, was ihn behindert, sich auf den Kunden zu fokussieren.

Wir sprechen im Kontext von Agilität oft von einer sogenannten Outside-In-Denkweise. Outside-In, also »von außen nach innen«, bezeichnet die Denkrichtung. Wenn wir von einer hohen Kundenorientierung bzw. von »Customer Centricity« sprechen, dann ist dies Ausdruck einer Outside-In-Denkweise. Der Startpunkt der Überlegung liegt hier außerhalb des Unternehmens, nämlich bei dem, für den wir Wert erzeugen wollen. Es geht darum, seine Bedürfnisse und Probleme zu verstehen und sich dann zu überlegen, was ihm einen Nutzen stiften und wie die Organisation diese Bedürfnisse befriedigen könnte. Erst die zweitrangige Überlegung beschäftigt sich mit der Wirtschaftlichkeit, weil die Wirtschaftlichkeit eine Konsequenz bzw. eine Folge aus der Kunden- und Mitarbeiterzentrierung ist.

In klassischen Unternehmen ist die Denkrichtung hingegen oft eher Inside-Out. Dort steht am Anfang der Überlegung, was die Kernkompetenz ist, welches Geschäftsmodell funktionieren könnte und wie die eigenen Leistungen bzw. die Produkte am besten verkauft werden können. Bei einer Outside-In-Denkweise geht es eher um Individualisierung, bei einer Inside-Out-Denkweise eher um Standardisierung. Die Grundfrage, die sich hier stellt, ist die Frage nach dem Zweck des Unternehmens. Geht es in erster Linie um Kundennutzen- oder Gewinn- und Umsatzmaximierung?

Insofern dreht es sich bei der Denkweise stark um Nutzen. Wenn in der Agilität der Begriff »Wertstromorientierung« fällt, so geht es auch hier um Outside-In. Und um die Frage, was an Prozessen, Regeln, Berichten etc. eigentlich einen Nutzen stiftet und hilft – und was ggf. eher behindert. Durch eine Outside-In-Denkweise werden Sinnhaftigkeit einiger Gewohnheiten und der Bürokratisierungsgrad des Unternehmens hinterfragt. Gleichzeitig bedeutet dies Fokussierung und Priorisierung auf allen Ebenen.

2. *Machtverteilung*

Der Umgang mit Macht bzw. ihre Verteilung ist – wenn man sich über die Anpassungsfähigkeit, Flexibilität und Geschwindigkeit einer Organisation Gedanken macht – ein Aspekt, um den man nicht herumkommt. Konkret verstehe ich in diesem Zusammenhang unter Machtverteilung die Aufteilung von Führungsverantwortung, das Maß an Empowerment sowie die generelle Partizipation aller an der Organisation.

Wenn sich Unternehmen mit dem Umgang mit Macht beschäftigen, steht im Kern die Frage, wie verteilt die Macht in der Organisation ist. Hängt Macht an einzelnen zentralen Personen oder Rollen oder verteilt sich diese auf unterschiedliche Schultern? Im Agilen gibt es den Begriff der verteilten Führung. Die Führungsverantwortung zu verteilen – z. B. durch ein Rollenkonzept – ist Ausdruck einer zunehmenden Dezentralisierung von Macht (vgl. hierzu beispielsweise das Scrum-Rollen-Konzept mit verteilter, aber klarer Verantwortlichkeit von Product Owner, Scrum Master und Entwicklungsteam vs. die kumulierte Verantwortlichkeit eines »klassischen« Teamleiters). Des Weiteren hängt das Thema mit dem vorhandenen Maß an Empowerment zusammen, betrifft also die Frage, wie befähigt und bemächtigt die Mitarbeitenden sind, eigenverantwortlich Entscheidungen zu treffen und sich selbst zu organisieren. Zu Ende gedacht geht es irgendwann nicht mehr um Empowerment als die Verleihung von Macht, wie es konventionell häufig verstanden wird, denn etwas Verliehenes kann zurückgefordert werden. Vielmehr handelt es sich um die konsequente Machtabgabe und -verteilung in einem Maß, das nicht so einfach zurückgenommen werden kann.

Somit geht es bei diesem Agilitätsfaktor eben auch um die generelle Partizipation aller an und in der Organisation. Hierzu sind Commitment, Eigenverantwortung und Augenhöhe wichtig, aber auch Achtsamkeit mit sich selbst und im Umgang mit anderen, um dies zum Leben zu bringen.

Nicht zuletzt geht es um die Wertepole Kontrolle und Absicherung auf der einen sowie Vertrauen auf der anderen Seite. Stephen Covey schrieb dazu bereits 2008, dass Kontrolle Zeit koste und Vertrauen Geschwindigkeit erzeuge.[148]

3. *Entwicklungsorientierung*

Wie bereits zuvor geschrieben, ist es der Grundzweck von agilem Arbeiten, die Anpassungsfähigkeit eines Unternehmens in immer unvorhersehbareren Umfeldern zu gewährleisten. Im Kern geht es bei Anpassungsfähigkeit um Veränderungsbereitschaft und Beweglichkeit auf der einen, sowie um Gestaltungswillen und Innovationsfähigkeit auf der anderen Seite. Es geht um die Entwicklung auf allen drei Ebenen (Mikro, Meso und Makro, vgl. Kap. 3.4), von der organisationalen bis zur individuellen. Diese Entwicklungsorientierung beinhaltet sowohl die drei von Windhausen und Reifferscheidt propagierten Arten von Entwicklung (Wachsen, Reformieren, Transformieren)[149] als auch kurzfristige und langfristige sowie reaktive und proaktive Veränderungen. Von Wachsen spricht man, wenn wir uns in einen Entwicklungsraum hinein ausdehnen und Potenziale wecken. Stoßen wir an die Grenzen des Wachstums, beginnt das Reformieren. Hierbei werden Prozesse optimiert und korrigiert. Wird die Komplexität zu groß und stoßen wir auch mit den verbesserten Lösungsmustern an Grenzen, beginnen wir mit der Transformation, dem Prozessmusterwechsel.[150]

Neben der langfristigen Entwicklungskompetenz der Organisation, also der Fähigkeit, sich organisch-evolutionär an eine sich ändernde Umwelt anzupassen, geht es zudem um das kurzfristige Reagieren auf (innovative wie disruptive) Veränderungen. Da wir als Menschen und Organisationen immer auch Teil eines größeren

---

148 Vgl. Covey, 2008.
149 Vgl. Windhausen/Reifferscheidt, 2019.
150 Vgl. ebda.

Systems sind, geht es nicht zuletzt auch darum, nicht nur auf Veränderungen in diesem größeren System reagieren zu können, sondern diese größere systemische Umwelt proaktiv durch wirtschaftliche wie gesellschaftliche Innovationen zu gestalten. Dafür ist es wichtig, kontinuierlich Resonanz über das eigene Tun und Schaffen einzuholen. Nur so kann man überprüfen, ob es das richtige ist.

Zum anderen gilt es, seine Prozesse und Arbeitsweisen so zu gestalten, dass ein Reagieren auf kurzfristige Anforderungsänderungen möglich ist. Iterativ-inkrementelles Arbeiten, regelmäßige öffentliche Reviews und Retrospektiven auf allen Ebenen sind hier gute Mittel. Darüber hinaus sind hypothesengestütztes Vorgehen sowie gut vorbereitetes, experimentelles Ausprobieren mit fest etablierten Rückkopplungsschleifen Arbeitsweisen, die das agile Grundprinzip »Inspect & Adapt« zum Leben bringen. Hierzu sind die Rahmenbedingungen so zu gestalten, dass nicht nur jeder Einzelne sein volles Potenzial entfalten kann, sondern dass für ganze Teams und Organisationen Lernen und Entwicklung ermöglicht und dass Innovationsdenke und Pioniergeist befördert werden.

Für all das sind vor allem Transparenz über das, was geschieht, die Offenheit, sich auf Ideen einzulassen, und der Mut, sie auszuprobieren, immens wichtig.

4. *Systemdenken*
    Bei dem Faktor »Systemdenken« geht es immer um die Betrachtung der Einzelteile im Verhältnis zum Ganzen. Liegt der Fokus auf dem Einzelnen als abgeschottetes Ego oder auf dem Einzelnen im Kontext des Ganzen? Werden Erfolg und Leistung als individuelle oder als kollektive Phänomene verstanden? Wird individuelle oder Gruppenleistung gefördert? Wird versucht, einzelne Individuen direkt zu steuern oder das ganze System zu beeinflussen? Wie stark wird Arbeit zerteilt und wie ganzheitlich werden Wertschöpfungsprozesse betrachtet? Wie stark werden Team- und Netzwerkgedanken sowie End-to-End-Denken und Verantwortung gefördert? Wird hauptsächlich Expertentum geschätzt oder bekommt daneben Generalismus eine Wertigkeit? Ist Kollaboration oder Wettbewerb das handlungsleitende Motiv?

    In einer immer stärker vernetzten Welt sind die Herausforderungen, mit denen sich unsere Organisationen konfrontiert sehen, dergestalt, dass sie nicht mehr von Einzelnen gelöst werden können. Kreative Lösungsfindung und Innovation sind Gruppenprozesse, bei denen durch das Zusammenkommen verschiedener Erfahrungen, Sichtweisen und Expertisen gemeinsam Lösungen entstehen. Es geht darum, möglichst alle Kompetenzen nah zusammenzubringen, sodass die Einzelnen kollaborativ Lösungen erarbeiten können. Es geht darum, Zusammenarbeit, Kommunikation und Miteinander auf eine solche Art und Weise vernetzt zu organisieren und zu kultivieren, das übersummative Effekte entstehen können. Gleichzeitig geht es im Miteinander stark darum, Abhängigkeiten zu reduzieren und einzelne Einheiten so autonom wie möglich arbeiten zu lassen. Das mag jetzt zunächst wie ein Widerspruch klingen. Aber die größten Einbußen in der Geschwindigkeit haben wir für gewöhnlich durch Wartezeiten und diese entstehen im Normalfall durch Abhängigkeiten, weil ein Team beispielsweise auf die Zulieferung eines anderen wartet.

Es geht also darum, möglichst Multiperspektivität auf der einen Seite und End-to-End-Verantwortung auf der anderen Seite zu fördern. Die häufig als Allheilmittel gepriesenen cross-funktionalen Teams sind eben genau so ein Versuch, dies zu tun. Es gibt oft genug Produkte oder Leistungen, an denen aufgrund ihrer Größe und Komplexität deutlich mehr als ein Team arbeitet, aber auch hier geht es darum, diese Wertschöpfung als Ganzes zu betrachten und den Fokus auf die Zusammenarbeit aller daran Beteiligten zu legen.

Konsequent zu Ende gedacht verschwimmen die Grenzen der Organisation bei diesem Agilitätsfaktor. Kunden werden zu Partnern, die Organisation sieht sich als Teilsystem einer Um-Welt und gesellschaftliche Verantwortung und Nachhaltigkeit werden entscheidende Grundwerte.

Wenn wir im Folgenden das Pioneers Trafo-Modell™ in seinen Dimensionen, Ebenen und Reifegraden betrachten, werden uns dort diese vier Agilitätsfaktoren immer wieder in unterschiedlicher Äußerung und Erscheinungsform begegnen.

3.3   Sechs Dimensionen der agilen Organisation

Agilität wird oft mit agilen Methoden und Prozessen gleichgesetzt. Nicht selten begegnet uns die (latente) Vorstellung, Agilität sei gleich Scrum und Scrum sei gleich Agilität.[151] Agile Methoden und Prozesse bilden aber nur einen kleinen Teil einer agilen Organisation ab. Es müssen, um in der agilen Transformation voranzukommen, weitere Dimensionen betrachtet werden.

Das Pioneers Trafo-Modell™ besteht wie bereits benannt aus sechs Dimensionen, die jeweils in ihrer Reife gesteigert werden können: *Prozess*, *Struktur*, *Strategie*, *Führung*, *HR-Instrumente* und *Kultur*. Diese Dimensionen hängen eng zusammen und sind voneinander abhängig, d. h., Änderungen in der einen Dimension haben auch immer Auswirkungen auf die anderen. Um ein praktisches Handwerkzeug für die Transformation zu haben und ein ganzheitliches Verständnis von Agilität zu bekommen, ist es allerdings sehr sinnvoll, die sechs Dimensionen separat zu betrachten.

---

151 Oft ist in dieser Vorstellung vor allem der prozessuale, organisatorische Aspekt von Scrum gemeint. Scrum ist natürlich sehr viel mehr, und richtig gelebt und angewendet finden sich viele Aspekte aus den anderen Dimensionen, wie zum Beispiel verteilte Führung und Empowerment, auch hier wieder.

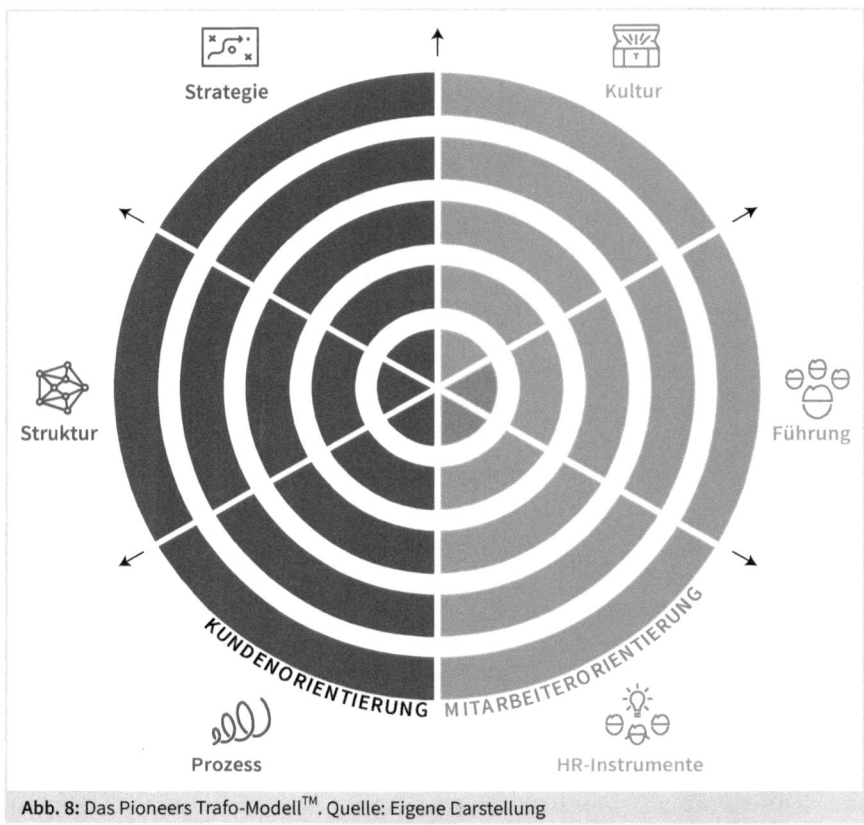

Abb. 8: Das Pioneers Trafo-Modell™. Quelle: Eigene Darstellung

3.3.1   Die Dimension Prozess

Zuerst wäre die Prozessdimension zu nennen, denn viele Unternehmen beginnen eben hier ihre agile Reise. Die Gründe, warum ein Unternehmen agiler werden möchte, sind vielfältig. Dennoch begegnen uns häufig ähnliche Aussagen: »Wir haben eine zu lange Time-to-Market in der Entwicklung.«, »Unsere Wettbewerber sind einfach schneller.«, »Wir schaffen es nicht, schnell genug zu reagieren«. Es ist verständlich, dass deshalb zunächst versucht wird, etwas an den Prozessen zu ändern, und das ist auch durchaus sinnvoll.

Das klassische Verständnis von Projektmanagement und Produktentwicklung ist oft sequenziell über den gesamten Prozess. Alle Phasen eines Projektes bzw. der Produktentwicklung werden im Vorfeld vollständig und detailliert geplant, bevor mit dem operativen Teil begonnen wird. Und jede einzelne Phase muss zunächst vollständig abgeschlossen sein, bevor das Projekt in die nächste Phase geht. Nutzenstiftende Ergebnisse, die an den Kunden ausgeliefert werden, stehen bei einer derartigen, sogenannten Wasserfallplanung erstmalig am Ende des Projektes. Es wird hierbei versucht, den Weg zum Ziel im Vorfeld komplett und detailliert vorzuzeichnen. Das beinhaltet zum einen die Annahme, dass dieser Weg, mit allen Aufgaben, Rahmenbedingungen und Eventualitäten, bekannt ist und zum anderen, dass sich diese Aufgaben, Rahmenbedingungen und Eventualitäten im Laufe des Projektes bzw. der Produktentwicklung nicht mehr ändern.[152]

In einem Umfeld, in dem diese Annahmen (wenigstens größtenteils) zutreffen, also einem tendenziell eher komplizierten oder einfachen Umfeld, ist ein solch klassisches Vorgehen ein gangbarer Weg, der gut funktioniert und hoch effizient sein kann. Nun haben wir es aber zunehmend mit einer Umwelt zu tun, die immer komplexer, dynamischer und unvorhersehbarer wird. Es kann nicht mehr davon ausgegangen werden, dass die Annahmen zutreffen. Immer häufiger lässt sich feststellen, dass Wasserfallprojekte gar nicht oder nur mit gehörigem Zusatzaufwand und -einsatz ihr geplantes Ziel erreichen, bzw. dass das erreichte Ziel nach Beendigung eines Langzeitprojektes keine Relevanz mehr hat.[153] Das Wasserfallvorgehen zeigt hier seine fehlende Flexibilität.[154]

Agile (Entwicklungs-)Prozesse hingegen verfolgen einen explorativen Ansatz, der sich vor allem im sogenannten iterativ-inkrementellen Arbeiten äußert. Die strenge, sequenzielle Phasenaufteilung eines klassischen Wasserfallprojektes wird im Agilen durch wiederkehrende, iterative Schleifen ersetzt. In jeder Iteration findet sich (quasi im Kleinen) eine kurze Version der klassischen Projektphasen wieder. Nur eben weniger langfristig, sodass die Möglichkeit gegeben ist, auch kurzfristig auf etwaige Veränderungen zu reagieren und sich schrittweise der besten Lösung zu nähern. Am Ende einer jeden Iteration steht ein Inkrement, also ein potenziell auslieferbares Zwischenergebnis, welches selbst bereits einen Kundennutzen stiftet. Dieses hat den Vorteil, dass nicht erst am Ende des Projektes Wert generiert wird und dass anhand des Inkrements bereits gelernt werden kann, um ggf. anzupassen. Dafür muss selbstverständlich der Kunde bzw. der Nutzer eingebunden werden und Feedback geben.[155] Bei agilen Prozessen, die nicht für die Entwicklung, sondern z.B. für den Betrieb genutzt werden, geht es vor allem darum, den Arbeitsfluss zu steuern und möglichst sinnvoll zu gestalten.[156] Darüber hinaus ermöglichen agile Prozesse durch fest verankerte, regelmäßige Feedbackloops wie z.B. Retrospektiven, bei Bedarf auch den Prozess selbst anzupassen bzw. kontinuierlich zu verbessern.[157]

---

152 Vgl. Häusling/Kahl-Schatz, 2019.
153 Vgl. Seidel/Sievers/Zeppenfeld, 2019.
154 Vgl. Maximini, 2013.
155 Vgl. Häusling, 2018.
156 Vgl. Leopold, 2018.
157 Vgl. Häusling/Kahl-Schatz, 2019

Iterativ-inkrementelles Arbeiten sowie die in den Prozessen verankerten Rückkopplungsschleifen sind ein prozessualer Ausdruck der in den Agilitätsfaktoren beschriebenen Entwicklungsorientierung. Gleichzeitig sehen wir hier eine Denkweise, die von außen nach innen gerichtet ist. Es findet eine starke Fokussierung auf das statt, was Wert bzw. Nutzen für den Kunden generiert. Nach diesem Nutzen wird konsequent priorisiert und daran gearbeitet. Die Fokussierung bezieht sich nicht nur darauf, woran inhaltlich gearbeitet wird, sondern auch auf den Prozess selbst, der auf das Wesentliche reduziert wird. Bei agilen Prozessen geht es darüber hinaus vor allem um Kommunikation und darum, den Fokus auf Zusammenarbeit zu legen und gemeinsam das große Ganze nicht aus dem Blick zu verlieren. Daher gibt es im Agilen eine Reihe von Meetings, welche die Prozesse und die Zusammenarbeit unterstützen bzw. sie erst ermöglichen. Aktuelle Arbeitsstände, Prozessschritte sowie Verantwortlichkeiten sind für alle Teammitglieder und Stakeholder transparent. Die Prozessverantwortung und Entscheidungsgewalt liegen darüber hinaus nicht mehr im Management, sondern im Team.

3.3.2 Die Dimension Struktur

Klassische Organisationen sind für gewöhnlich hierarchisch organisiert. Das Bild, das für eine klassische Aufbauorganisation normalerweise verwendet wird, ist die Pyramide.[158] Es soll verdeutlichen, dass es verschiedene Hierarchieebenen gibt, die nach oben hin immer schmaler werden. Macht und Entscheidungsgewalt kumulieren immer auf der nächsthöheren Ebene, und es gibt klare Berichtslinien. Mitarbeitende arbeiten für ihre jeweiligen Vorgesetzten, diese wiederum für ihre und so weiter, bis wir im Topmanagement angelangt sind. Die Loyalität gilt der Linie. Es wird top-down vorgeschrieben, was getan werden muss, und heruntergekaskadiert.[159]

Oft sind klassische Organisationen darüber hinaus nach funktionalen Bereichen geschnitten. Dieser Schnitt wurzelt in einem tayloristischen Verständnis von Arbeitsteilung, ist in vielen Organisationen darüber hinaus historisch gewachsen und hat sich entsprechend manifestiert. Da jeder Bereich seine eigenen Ziele und Berichtslinien hat, herrscht oft ein ausgeprägtes Silodenken vor. Für die meisten Produkte oder Dienstleistungen ist allerdings mehr als eine Funktion vonnöten. Eine vom Kunden gedachte End-to-End-Verantwortung im Sinne der Wertschöpfung ist in einer solchen Struktur also faktisch nicht oder nur mit gehörigen Reibungsverlusten möglich.[160]

---

158 Vgl. Laloux, 2014.
159 Vgl. Häusling, 2018.
160 Vgl. Häusling/Kahl-Schatz, 2019.

Wie sehen aber agile Strukturen aus? Auch hier geben die Agilitätsfaktoren eine Orientierung. Eine menschenzentrierte Denkweise auf der strukturellen Ebene bedeutet, dass die Dominanz der Aufbauorganisation zugunsten einer dem Menschen dienenden, wertschöpfungsorientierten und sinnstiftenden Ablauforganisation abnimmt. Dabei geht es darum, die Macht zu dezentralisieren und auch strukturell die Entscheidungsgewalt dort zu verankern, wo sie sinnvollerweise anzusiedeln ist. Funktionsübergreifende Zusammenarbeit und ausgeprägtes Systemdenken müssen nicht nur bereichsübergreifend gefördert werden. Wo immer es geht, muss zudem End-to-End-Verantwortung innerhalb einer Organisationseinheit zusammengefasst werden. Das kann sich darin äußern, dass sich die klassischen Funktionsbereiche in letzter Konsequenz auflösen und sich neue, ggf. cross-funktionale, aber auf jeden Fall wertstromorientierte Organisationseinheiten bilden. Diese Organisationseinheiten müssen eine gewisse Fluidität behalten, um sich bei Bedarf anpassen zu können.

Darüber hinaus ist es wichtig, dass ein hoher Austausch auch zwischen neuen Organisationseinheiten gefördert wird. Denn selbst wenn es gut gelingt, funktionale Silos abzubauen, ist nicht viel gewonnen, wenn sich stattdessen cross-funktionale Silos manifestieren. Außerdem ist eine hohe Vernetzungsdichte alleine schon deshalb für die Organisation wichtig, als dass dadurch Informationsaustausch und Lernen befördert werden. Die Organisation wird damit zu einem komplexen, adaptiven System.[161]

In letzter Konsequenz bedeutet das, dass agile Strukturen in ihrem höchsten Reifegrad in einer Netzwerkorganisation münden.[162] Zwischen einer klassischen, pyramidalen Struktur und einer Netzwerkorganisation gibt es allerdings viele weitere Stufen. Im folgenden Kapitel 3.5 werden die Reifegrade noch einmal ausführlicher erläutert.

3.3.3   Die Dimension Strategie

Um als Organisation agiler zu werden, muss neben der prozessualen und der strukturellen Dimension die strategische beachtet werden. Die Strategie soll vor allem Orientierung geben über die Ausrichtung des Unternehmens und für alle Beteiligten handlungsleitend sein. Klassischerweise funktioniert das, indem zunächst die Unternehmensführung Unternehmensziele festlegt, welche dann operationalisiert und kaskadiert werden. Klassische Strategien haben insofern vor allem im Fokus, *was* die Mitarbeitenden *wie* machen sollen. Das impliziert aber zum einen die Annahme, dass die Unternehmensführung genau weiß, wie die Ziele zu erreichen sind, und zum anderen die Annahme, dass die Vergangenheit auf die Zukunft übertragbar ist.[163]

---

161 Vgl. Scheller, 2017.
162 Vgl. Pfläging, 2014.
163 Vgl. Mintzberg, 1994.

In immer komplexeren und dynamischeren Zeiten erweisen sich aber eben diese beiden Annahmen immer häufiger als nicht zutreffend. Es wird insofern zunehmend schwieriger, tatsächlich im klassischen Sinne strategisch zu planen. Im Kontext einer agilen Strategie gilt es also, den Mythos des einen planenden Genies, welches die Zukunft vorhersagen kann und genau weiß, was zu tun ist, zu überwinden. Aber dennoch Orientierung zu geben, damit gemeinsame Ausrichtung und Handlungs-leitung möglich ist. Es gilt zunächst, insbesondere in der Strategiedimension, nicht ausschließlich das *Wie* und das *Was* zu beleuchten, sondern vor allem das *Wozu*. Im Kern der Beschäftigung mit der Strategie steht daher die Frage nach dem eigentlichen Zweck des Unternehmens. Dieser Zweck muss klar, einleuchtend und gut erkennbar sein. Nur so kann er richtungsweisend funktionieren.

In klassisch geprägten Unternehmen sind die obersten Unternehmensziele oft die Gewinnmaximierung und der wirtschaftliche Erfolg.[164] Dieser Erfolg wird vor allem an finanziellen Kennzahlen gemessen, welche auch als Steuerungsinstrumente dienen. Dabei verlässt sich die klassische Organisation häufig auf Altbewährtes: auf das, was sie kann, was in der Vergangenheit gut funktioniert und schon immer den größten Nutzen geliefert hat. Das ist eine starke Inside-Out-Denkweise. Was können wir und wie können wir es verkaufen? Entscheidungs- und Planungszyklen drehen sich dabei um sich selbst, die Begebenheiten innerhalb der Organisation werden nach außen übertragen. Wirklich vom Kunden her gedacht wird dort nicht, und die Erfahrungen der Vergangenheit werden vollständig auf die Zukunft übertragen.[165]

Je agiler ein Unternehmen wird, umso stärker rückt das Schaffen von Kundennutzen in den Fokus des Unternehmenszwecks. Alles dreht sich dann um die Frage: Was benö-tigt unser Kunde wirklich und wie können wir es befriedigen? Wirtschaftlicher Erfolg wird als Ergebnis, nicht mehr als Zweck verstanden. Es geht nicht mehr um Gewinn-maximierung, sondern um Kundennutzenmaximierung.[166] Wirtschaftlicher Erfolg ist wichtig für das Überleben und die Gesundheit des Unternehmens, so wie Essen für das Überleben und die Gesundheit des Menschen. Aber es ist nicht sein Sinn und Zweck.

Sowohl bei der eigentlichen Entwicklung der daraus resultierenden Strategie als auch bei ihrer Ausgestaltung gilt es im Agilen, ein hohes Maß an Selbstorganisation und Partizipation zu fördern. Gute Lösungen lassen sich in komplexen Umfeldern selten alleine ableiten. Es braucht viele Perspektiven und Expertisen, damit sich passende und gute Lösungen finden.

---

164 Vgl. Fink/Moeller, 2018.
165 Vgl. Häusling, 2018.
166 Vgl. Häusling/Kahl-Schatz, 2019.

Neben der absolut grundlegenden Kundenorientierung geht es in der Strategiedimension darum, die Veränderungsbereitschaft und Innovationsfähigkeit eines Unternehmens in der Strategie zu verankern, also den Agilitätsfaktor Entwicklungsorientierung zu befördern. Hierzu ist es wichtig, einen gewissen Anteil an Kapazität in Entwicklung und Exploration zu stecken, d. h., zum einen in die eigene organisationale und personelle Weiterentwicklung und Entwicklung, zum anderen in die Weiterentwicklung des eigenen Portfolios. Diese Entwicklung darf nicht ausschließlich bedarfsgetrieben sein, sondern muss antizipieren.[167]

3.3.4 Die Dimension Führung

Was bedeutet Führung im agilen Kontext? Ein weit verbreiteter Mythos ist es, dass Agilität keine Führung mehr brauche. Es ginge ja schließlich um Selbstorganisation. Dieser Trugschluss führt dazu, dass in Unternehmen, die sich auf die agile Reise begeben, nicht selten zunächst ein Führungsvakuum entsteht[168]. Die grundlegenden Funktionen, wie Rahmenbedingungen gestalten und Orientierung geben, sind aber im Agilen nicht weniger wichtig[169]. Richtig ist allerdings, dass sich die Rolle von Führung ändert – und damit auch die Art und Weise, wie Führung organisiert ist.

In klassischen Unternehmen haben wir häufig eine Kumulierung von Macht und Verantwortung bei wenigen Schlüsselrollen – seien es Team-, Abteilungs- oder Bereichsleitung. Diese sind oft über ihre fachliche Expertise zu ihrer Führungsposition gekommen. Da in klassisch geprägten Unternehmen das fachliche Weiterkommen zumeist an Führungsverantwortung geknüpft ist, muss, wer Karriere machen möchte, meistens eine Führungskarriere einschlagen, ganz gleich ob er führen möchte oder nicht. In diesen Rollen kumulieren daher neben der fachlichen Expertise auch der Aspekt der Menschenführung und die disziplinarische Verantwortung. Zumeist sind darüber hinaus an diese Führungsrollen Status und Privilegien geknüpft.[170] Das führt dazu, dass versucht wird, diese Positionen zu erhalten, und dass Wissen als ein Machtinstrument missbraucht wird. Mitarbeitende und Teams sind und bleiben lediglich die ausführende Kraft.[171]

Im agilen Kontext zeigt sich auch bei dem Thema Führung eine Outside-In-Denkweise. Führung ist Aufgabe und wird als Dienstleistung verstanden. Sie ist dafür da, die

---

167 Als Modelle seien an dieser Stelle unter anderem das 3-Horizonte-Modell wie von Jürgen Hoffmann und Stefan Roock dargestellt (Hoffmann/Roock, 2018) oder ein agiles, iteratives Portfoliomanagement, wie es Klaus Leopold (Leopold, 2018) vorschwebt, erwähnt.
168 Vgl. Häusling, 2018.
169 Vgl. Gloger, 2017.
170 Vgl. Gloger/Häusling, 2011.
171 Vgl. Pfläging, 2014.

Rahmenbedingungen so zu gestalten, dass die Organisation möglichst optimal Wert für den Kunden schaffen kann.[172] Man spricht hier von dem Konzept der *dienenden Führung* oder auch *servant leadership*. Hauptaugenmerk liegt gerade am Anfang darauf, die Mitarbeitenden dahingehend zu befähigen und zu ermächtigen, d. h. »können und dürfen« zu ermöglichen (empowerment), sodass Selbstorganisation und Eigenverantwortung möglich werden.[173]

Ein Aspekt ist im Kontext agiler Führung besonders wichtig: die Aufteilung von Führungsverantwortung. Die unterschiedlichen Verantwortungsbereiche, die Führung hat – also fachliche, funktionale und prozessuale Führung sowie Menschenführung und Entwicklung –, verteilen sich auf mehrere Köpfe. Es geht eben nicht darum, dass im Agilen niemand führt, sondern dass Verantwortung klar verteilt und mandatiert ist. Wang et al. haben 2014 in einer Metaanalyse den positiven Effekt des Konzeptes *verteilte Führung* nachgewiesen.[174] Dabei ist es wichtig, Status von Führungsrollen zu entkoppeln. Führung ist eine Aufgabe wie jede andere auch, die nötig ist, um Kundennutzen zu generieren.

3.3.5   Die Dimension HR-Instrumente

Spricht man mit Mitarbeitenden und Führungskräften in Organisationen, die agiler werden wollen, so hat HR oftmals keinen allzu guten Ruf. Häufig werden HR-Instrumente und -Prozesse als eher hinderlich denn dienlich wahrgenommen, als zu bürokratisch, langsam und einschränkend. Die Frage, ob die bestehenden Instrumente tatsächlich einen Kundennutzen generieren, ist dabei durchaus berechtigt. Häufig verfestigen HR-Prozesse und -Instrumente vor allem klassische Machtstrukturen und haben einen stark administrativen Fokus.[175]

- Seien es individuelle Zielvereinbarungen, die offensichtlich auf individuelle Leistungserbringung abzielen und internen Wettbewerb befördern, obwohl wir Kooperation und Zusammenarbeit benötigen;
- seien es klassische Stellen-, Karriere- und Gehaltsmodelle, die den Status quo verfestigen und Hierarchiedenken begünstigen, obwohl flexible Rollenübernahme, Empowerment und Selbstorganisation gebraucht werden, oder
- seien es Mitarbeiterjahresgespräche in einer Zeit, in der kontinuierliche Resonanz wichtig ist.

---

172 Vgl. Wolf et al., 2014.
173 Vgl. Zhang/Zhou, 2014.
174 Vgl. Wang/Waldman/Zhang, 2014.
175 Vgl. Häusling, 2018

Wenn es darum geht, agil zu werden, müssen diese Instrumente und Prozesse ebenfalls agil gedacht und gestaltet werden. Es wird auch in Bezug auf HR und von HR ein
radikales Umdenken benötigt, welches Komplexität anerkennt, Steuerung aufgibt,
Individualität zulässt und den Kunden in den Mittelpunkt stellt.[176] Insbesondere die
HR-Wertschöpfungsprozesse beleuchten wir in Kapitel 4 dezidiert.

3.3.6 Die Dimension Kultur

Man kann Kultur als das kollektive Gedächtnis eines sozialen Systems verstehen.[177]
Sie ist die Summe aller expliziten und impliziten Regeln, systemischen Rahmenbedingungen und Rituale bzw. deren organisationsspezifischer Interpretation. Dieser
spezifische Kontext befördert gewisse Verhaltensweisen. Unser menschliches Verhalten hängt zum einen von unserer Persönlichkeit ab, zum anderen aber auch von den
Umständen, in denen wir uns verhalten.[178] Verhalten wiederum führt zu Erfahrungen,
die individuell und kollektiv gemacht werden. Diese Erfahrungen manifestieren sich
im (kollektiven) Gedächtnis und damit in der Kultur. Durch diese Abhängigkeit von der
eigenen Geschichte wird jede Unternehmenskultur hochgradig individuell und kontextabhängig und prägt sich selbst zirkulär.[179]

Möchte man an seiner Unternehmenskultur arbeiten, besteht die Herausforderung
eben in dieser starken, zirkulären Kontextabhängigkeit. Kultur ist somit eine indirekte
Variable, die nicht direkt verändert werden kann.[180] Um an seiner Kultur zu arbeiten,
müssen insofern die Rahmenbedingungen ganzheitlich so gestaltet werden, dass neue
Erfahrungen gemacht werden und dadurch neue Kulturmuster entstehen können. Die
Abhängigkeit zu den anderen Dimensionen ist dementsprechend sehr stark, denn
Kultur resultiert aus den anderen Dimensionen und bildet gleichzeitig ihre Grundlage.
Trotz dieser starken Abhängigkeit ist es sinnvoll, spezifisch auf die Kulturdimension
zu schauen und Stellschrauben zu identifizieren, die eine agile Kultur befördern bzw.
Aspekte zu betrachten, die diese auszeichnen.[181]

Um, wie oben beschrieben, zu einer Organisation zu werden, die sich kontinuierlich an
ihre komplexe, turbulente und unsichere Umwelt anpassen kann, sind ein paar spezifische Kulturmuster förderlich. Im Kern ist Anpassungsfähigkeit nichts anderes als
das Vermögen, schnell zu lernen und das Gelernte konsequent anzuwenden. Je komplexer und dynamischer die Umwelt ist, desto weniger kann auf vorhandenes Wissen

---

176 Vgl. Gloger/Häusling, 2011.
177 Vgl. Halbwachs/Maus/Lhoest-Offermann, 1991.
178 Vgl. Lewin, 1936.
179 Vgl. Luhmann, 2000.
180 Vgl. ebda.
181 Vgl. Häusling, 2018.

zurückgegriffen werden. Lernen funktioniert hier also nicht durch die Reproduktion vorhandenen Wissens, sondern durch das Generieren neuer Erfahrungen. Dafür braucht es hypothesengeleitetes Vorgehen und Experimentierfreude. Je komplexer die Herausforderungen, umso weniger können sie von einzelnen Experten bewältigt werden. Kreative Lösungen werden benötigt, die vor allem dadurch entstehen, dass Menschen mit unterschiedlichen Fähigkeiten und Erfahrungshintergründen gemeinsam und aufeinander aufbauend selbstorganisiert daran arbeiten.[182]

Hierzu ist eine Kultur der Zusammenarbeit notwendig, in der Kollaboration und Kommunikation höher bewertet werden als Wettbewerb und Informationsmonopole. In der immer der Blick für das große Ganze und die Zusammenhänge als wichtig erachtet wird. Transparenz über Arbeitsstände und Geschäftszahlen sind ebenso wichtig wie kontinuierliche Rückkopplungsschleifen und Zeit, Raum und Wille zur Reflexion. So kann sich eine ausgeprägte Entwicklungsorientierung etablieren.

Wenn der Mensch im Mittelpunkt steht und ihm als verantwortungsbewusstes, vernunftbegabtes und freies Wesen auf Augenhöhe begegnet wird, werden Werte und Prinzipien für die Zusammenarbeit wichtiger als Regeln und Methoden zur hierarchischen Steuerung. Im Gegenteil: Ein zu enges Regelkorsett verhindert, dass sich Menschen die Freiheit nehmen, innovative Lösungen zu entwickeln.

Hierfür braucht es eine Kultur, in der hohes Vertrauen vorherrscht. Ein Vertrauen darauf, dass jeder für die Organisation und seine Kollegen das Beste will und das Beste gibt. In dieser Kultur kann jeder darauf bauen, dass Fehler und Irrtümer als Lernchance gesehen werden. Neben dem bereits erwähnten Covey[183] sei hier das Aristoteles-Projekt von Google erwähnt, welches psychologische Sicherheit als einen der fünf wichtigen Erfolgsfaktoren, den Hochleistungsteams gemeinsam haben, identifiziert.[184] Psychologische Sicherheit ist das, was man umgangssprachlich weitestgehend mit Vertrauen, Respekt und Achtsamkeit vergleichen kann. Zusammenfassend kann eine agile Kultur also am ehesten als *vertrauensvolle Lernkultur* bezeichnet werden.

Zwischenfazit
Wie bereits erwähnt – und was vermutlich beim Lesen auch sehr klar geworden ist – haben Änderungen in einer Dimension immer Auswirkungen auf die anderen Dimensionen. Transformation ist insofern nicht ausschließlich in einer Dimension zu vollziehen. Gleichzeitig können Blockaden in einer speziellen Dimension ihre Ursache in einer der anderen Dimensionen haben. So kann es passieren, dass die Wertschöpfungsprozesse (Dimension Prozess) in einigen Teams oder Bereichen stark am Kunden ausgerichtet

---

182 Vgl. Kruse, 2011.
183 Vgl. Covey, 2008.
184 Vgl. Duhigg, 2016.

werden, iterativ-inkrementell gearbeitet wird und Kunden durch regelmäßige Reviews einbezogen werden – aber die erhofften Effekte ausbleiben bzw. geringer ausfallen als erhofft. Auch wenn zunächst eine klare Verbesserung beobachtet werden kann, stockt irgendwann die Veränderung und es geht nicht weiter: die gefürchtete »gläserne Decke«, welche uns immer wieder in Transformationen begegnet. Doch die Ursache hierfür liegt womöglich gar nicht in der Prozessdimension. Denn häufig entwickelt sich eine Dimension schneller als die anderen. Sie wird dann ab einem gewissen Punkt von den anderen Dimensionen zurückgehalten. In dem beschriebenen Fall liegt die Ursache ggf. darin, dass die Organisation noch sehr stark an der Hierarchie orientiert ist. Die Aufbauorganisation ist hier das dominierende Prinzip und die vertikal funktionierenden Anforderungen dieser Aufbauorganisation überschreiben die langsam aufkeimenden horizontal funktionierenden Anforderungen der wertstromorientierten Ablauforganisation immer wieder.

3.4 Drei Ebenen

Darüber hinaus beobachten wir häufig, dass nicht nur in Bezug auf die Dimensionen zu kurz gedacht wird. Jede der zuvor beschriebenen Dimensionen kann auf drei unterschiedlichen Ebenen betrachtet werden, die – ähnlich wie die Dimensionen – eng zusammenhängen und voneinander abhängig sind. Wir unterscheiden hier zwischen der *Mikro-*, *Meso-* und *Makroebene*.

- **Die Mikroebene:** Hier finden sich neben Fragestellungen, welche die Teams betreffen, auch individuelle Aspekte wieder. Der Geltungsbereich der Mikroebene betrifft insofern Themen wie Arbeitsweisen innerhalb der Teams, Teamzusammensetzungen, Mitarbeiterführung, Kompetenzaufbau von Teams und Individuen, persönliche Weiterentwicklung sowie der individuelle Reifegrad der Mitarbeitenden.
- **Die Mesoebene:** Die Mesoebene bildet die Zwischenebene zwischen Mikro und Makro – die Ebene der die Gesamtorganisation unterstützenden sowie koordinierenden Funktionen. In klassischen Unternehmen sind dies oft die Funktionsbereiche bzw. das Funktionieren dieser Bereiche. Es geht hier also um die teamübergreifende Zusammenarbeit und Koordination. Mit zunehmendem Reifegrad kann es durchaus passieren, dass sich die klassischen Funktionsbereiche auflösen. Das ändert aber nichts an der grundsätzlichen Rolle, die die Mesoebene hat.
- **Die Makroebene:** Hier befinden wir uns auf der Ebene der Gesamtorganisation. Es geht um Fragen der generellen Ausrichtung des Unternehmens, der Unternehmensführung, der Organisationsstrukturen, der organisationalen Wertschöpfungsprozesse und des Zusammenspiels der einzelnen Bereiche.

Abb. 9: Makro-, Meso- und Mikroebene, Makro-, Meso- und Mikroebene. Quelle: Eigene Darstellung

Die Ebenen werden in der Betrachtung häufig vermischt. Ähnlich wie zwischen den Dimensionen können Blockaden, die verhindern, dass die Transformation vorangeht, auch innerhalb einer Dimension zwischen diesen drei Ebenen auftreten. So kann es durchaus sein, dass eine Organisation viele gut funktionierende agile Teamprozesse hat. Die Organisation selbst aber wird nicht agiler, im Gegenteil: Die erhofften Effekte des Geschwindigkeitszuwachses sind sogar eher rückläufig.[185] Das kann daran liegen, dass in diesem Fall nur die Mikroebene beachtet worden ist. Die koordinierende Meso-ebene mag hingegen noch eher klassisch, auf Stabilität und Steuerung ausgerichtete Prozesse unterstützen.

Ein negativer Effekt auf organisationaler Ebene kann insofern auftreten, als dass gut funktionierende, schnell liefernde Teams das übergeordnete System mit fertig wer-dender Teilarbeit überlasten – und so die Leistungsfähigkeit der Gesamtorganisation eher reduzieren. Denn nur, weil die Teamprozesse der Mikroebene kundenorientiert, nutzenstiftend und schnell sind, müssen die Bereichs- oder Organisationsprozesse dies noch lange nicht sein. Ein anderes Beispiel sind in sich gut vernetzte, interdis-ziplinär arbeitende Bereiche, die aber in der Gesamtorganisation als Silo auftreten. Hier haben wir eine Diskrepanz zwischen Team- und Bereichsstrukturen auf der einen Seite und Organisationsstruktur auf der anderen.

3.5   Fünf Reifegrade

Im Folgenden werden die fünf agilen Reifegrade explizit im Hinblick auf ihr unter-schiedliches Vorkommen/Auftreten in Organisationen kurz beschrieben, indem eine Organisation auf dem jeweiligen Reifegrad idealtypisch dargestellt wird. In der Realität kommen diese jedoch niemals in Reinform vor. Insbesondere die einzelnen zuvor beschriebenen Dimensionen können durchaus unterschiedliche Reifegrade

---

185 Vgl. Leopold, 2018.

annehmen. Es ist daher umso wichtiger, sich den Status quo der einzelnen Dimensionen bewusstzumachen, um die Veränderung der Gesamtorganisation zu befördern.

3.5.1   Reifegrad 1

Die Macht in der Organisation ist sehr zentriert auf eine oder einzelne Personen bzw. immer auf die jeweilige Führungskraft. Dort werden die wichtigen Entscheidungen getroffen und deren Umsetzung auch kontrolliert. Es herrscht ein ausgeprägtes Top-down-Führungsverständnis vor. Anweisung und Kontrolle sind gängige Mittel der Steuerung. Das Menschenbild und die Denkweise in der Organisation sind auf diesem Reifegrad maschinell, mechanistisch und technisch geprägt. Menschen werden als Arbeitsmittel (Human Resource) verstanden und dementsprechend behandelt und verwaltet. Es gibt klare Abstufungen in der Auffassung der Wertigkeit einzelner Mitarbeitergruppen und Individuen.

Die Struktur der Organisation auf dem ersten Reifegrad ist pyramidal. In kleinen Organisationen äußert sich das für gewöhnlich in dem Vorhandensein von nur einem oder wenigen Geschäftsführern und einer überschaubaren Führungsmannschaft; in größeren Organisationen durch eine Strukturierung in klare, funktionale, silohafte Bereiche und ein ausdifferenziertes Organigramm in der Aufbauorganisation.

Eine Zusammenarbeit zwischen Bereichen und Teams findet wenig statt und die Struktur ist auch nicht darauf ausgelegt. Die nötige Zusammenarbeit wird zentral entlang der Linie koordiniert und kontrolliert. Eigenmächtige Kooperation und Kollaboration sind eher nicht gewollt, da sie potenziell die Macht und Stabilität des Systems gefährden. Jeder Bereich, jedes Team und jeder Einzelne hat ausschließlich den eigenen Teilbereich vor Augen, das große Ganze und die Zusammenhänge bzw. den Wertstrom sieht unterhalb des Topmanagements niemand. Der Fokus liegt klar auf einzelnen Einheiten (Individuum, Team, Bereich).

Arbeit ist funktional arbeitsteilig, die Arbeitsweise ist stark regel- und prozessgetrieben. Es gibt klar definierte, aber relativ starre und ggf. bürokratische Abläufe. Die formalen Prozesse sind unidirektional und dienen der Stabilität der Pyramide. Es wird wenig aus Kundenperspektive betrachtet. Darüber hinaus sind die Prozesse auf eine langfristige Planung und eine hohe Stabilität der Umwelt wie Inwelt ausgerichtet.

Das aktuelle Geschäft steht im Fokus der Betrachtung und kurzfristige Gewinnmaximierung ist der Zweck des Unternehmens. Strategische Betrachtungen, was der Markt braucht oder gar zukünftig gebrauchen könnte, werden selten oder gar nicht vorgenommen. Organisationen auf diesem Reifegrad sind veränderungsavers und stabilitätssuchend.

3.5.2   Reifegrad 2

Auf Reifegrad 2 finden wir Organisationen, die von einem gewissen Effizienzdenken beherrscht sind. Der Kunde bzw. das effiziente Wertschaffen ist stärker in den Fokus gerückt und das Unternehmen richtet sich teilweise daran aus. Die Prozesse werden zwar immer noch nicht wirklich aus Kundenperspektive gedacht und gestaltet, orientieren sich jedoch stärker an der Wertschöpfungskette. Die Funktionen, die zum Wertgenerieren nötig sind, rücken enger zusammen. Dies kann sich in funktionsübergreifenden Projekten oder strategischen, z.B. nach Produkten ausgerichteten, Geschäftseinheiten äußern. Das gängige Strukturmodell dieses Reifegrads ist nach der eindimensionalen Pyramide von Reifegrad 1 die zweidimensionale Matrixorganisation.

Hier findet ein erstes Auftrennen der Führungsverantwortung und somit eine erste, leichte Verteilung der Macht in der Organisation statt. Die disziplinarische Führungsverantwortung liegt oft weiterhin in der klassischen, funktionalen Linie; die fachliche Leitung findet sich in der horizontalen Projekt- oder Produktorganisation. Diese beiden Linien stehen meistens in Konkurrenz zueinander.

Expertentum wird auf diesem Reifegrad hochgeschätzt. Experten, die als fachlich kompetent gelten, entscheiden bzw. beraten bei Entscheidungen, was und wie es gemacht werden soll, und kontrollieren die Umsetzung. Es wird längerfristig geplant und Fehler in der Umsetzung werden sanktioniert. Projektleiter und Produktmanager sind oft auch funktional die besten in ihrem Fach. Darüber hinaus sind das Menschenbild und die Denkweise auf diesem Reifegrad zum einen formalistisch-funktional und zum anderen von Wettbewerb geprägt. Menschen sind klar verortet in einer mitunter komplizierten, zweidimensionalen Matrix und ihnen obliegen damit klare Aufgaben, die sie zu erledigen haben. Sie haben aber dadurch auch mehrere Rollen inne bzw. mehrere Funktionen in der Matrix, die gegebenenfalls in Konkurrenz stehen und denen sie dennoch gerecht werden müssen.

Die Zusammenarbeit ist kompetitiv zwischen Einheiten (Teams, Bereichen, Individuen, aber auch Dimensionen und Rollen). Die Anwendung von Instrumenten ist auf Individuen ausgerichtet und ein teambezogener Blickwinkel ist nur bedingt ausgeprägt. Auch das permanente Spannungsverhältnis, in dem jeder steht, führt eher dazu, dass jeder sich selbst der Nächste ist.

Stabilität und Sicherheit stellen auch auf diesem Reifegrad einen hohen Wert dar. Veränderungen werden – soweit es geht – vermieden.

3.5.3   Reifegrad 3

Auf Reifegrad 3 beginnt die immer noch relativ starre, komplizierte zweidimensionale Struktur aufzuweichen und an Komplexität zu gewinnen. Es bilden sich Graswurzel-Bewegungen für neue Arbeitsweisen, die die starre Struktur umgehen. Es entstehen inoffizielle Communities, die nicht über formelle Macht, aber über Vernetzung beeinflussen. Hier zeigt sich nach der eindimensionalen Pyramide und der zweidimensionalen Matrix das erste Aufkeimen dreidimensionaler Netzwerke. Diese formalisieren sich auf einem späteren Reifegrad 3 in separierten Einheiten, wie z. B. Labs, in denen Lernen und Innovationen gefördert und ermöglicht werden, ohne dabei die Stabilität der Gesamtorganisation zu gefährden. Die Dominanz des Formalismus und der Bürokratie lassen nach, Prozesse werden dort umgangen bzw. individualisiert, wo es notwendig ist.

Die Denkrichtung ist stärker outside-in und hier auf einem mittleren Reifegrad. Die Organisation hat erkannt, dass es unabdingbar ist, den Kunden ins Zentrum des Handelns zu stellen, um wirtschaftlich erfolgreich zu sein. Es wird von außen gedacht (vom Kundennutzen, den Märkten etc.) und der Mensch wird stärker ins Zentrum der handlungsleitenden Überlegungen gestellt (der Kunde, der Mitarbeitende etc.), aber immer als Mittel zum Zweck der eigenen Zielerreichung und des eigenen Vorteils. Ähnlich wird auf diesem Reifegrad auch Veränderung gesehen: Sie wird als Programm oder Initiative verstanden und gesteuert, muss zielgerichtet sein und in die Richtung des Unternehmensziels weisen.

Auf Reifegrad 3 wird über Ziele gesteuert. Die Rahmenbedingungen (z. B. Strategie) werden zentral vorgegeben und die Umsetzung entsprechend delegiert. Die Art und Weise, wie Ergebnisse erzielt werden sollen, wird abgegeben, die Ergebnisse werden kontrolliert. Eine wichtige Führungsaufgabe ist es, Orientierung zu geben.

Nach dem relativ rudimentären Aufteilen von Führung in disziplinarisch und fachlich, wie es auf Reifegrad 2 der Fall war, sind hier etwas bewusstere Konzepte der Verteilung von Führung entstanden. Es gibt erste laterale Rollenkonzepte, wie zum Beispiel agile Coaches.

Zusammenarbeit ist opportunistisch und wird situationsbezogen betrachtet. Sie ist auf diesem Reifegrad ein Stück näher an einem kollaborativen Verständnis und wird vor allem als Mittel zum Zweck verstanden. Die Anwendung von Instrumenten basiert auf Dialog und wird je nach Kontext auf Individuum oder Team ausgerichtet. Der Mensch wird nicht mehr vollständig als Ressource angesehen, sondern bekommt auch einen anderen Stellenwert als Investition.

3.5.4   Reifegrad 4

Auf Reifegrad 4 ist der Kunde fast vollständig ins Zentrum der Bemühungen gerückt. Wirtschaftlicher Erfolg wird nicht mehr als Zweck angesehen, sondern als Ergebnis. Zweck des Unternehmens ist es, dem Kunden Nutzen zu stiften. Prozesse werden im ersten Schritt aus Nutzer- bzw. Kundenperspektive betrachtet und erst im zweiten Schritt aus Effizienzgesichtspunkten. Wir finden hier eine deutlich stärkere und authentischere Menschenzentrierung vor. Dies äußert sich neben der Kunden- auch in einer stärkeren Mitarbeiterorientierung. Die Partizipationsmöglichkeiten sind auf diesem Reifegrad hoch, was sich zum Beispiel darin äußert, dass viele Menschen in zentrale und erfolgskritische Unternehmensprozesse, wie etwa die Strategieentwicklung, einbezogen werden.

Der Fokus liegt auf diesem Reifegrad weniger auf einzelnen Entitäten (Individuen, Teams, Einheiten), sondern verstärkt auf deren Zusammenwirken. Es herrscht das Verständnis, dass Leistung und das Schaffen von Wert immer aus dem Zusammenspiel mehrerer entstehen. Die Anwendung von Instrumenten wie Zielsystemen und dergleichen ist daher gruppenbasiert ausgerichtet. Es herrscht ein stärkeres Bewusstsein für eine Gesamtverantwortung und die Gesamtwertschöpfungskette. Teams und Gruppen stellen sich, wo es geht, nach End-to-End-Verantwortung auf. Wo es nicht geht, behalten sie diese zumindest im Blick.

Hier wird angefangen, die informellen Strukturen zu »legalisieren« und separierte Organisationsteile fest zu integrieren. Es entstehen formelle Netzwerke, die im Sinne eines zweiten Betriebssystems neben der stabilen Struktur bestehen. [186] Diese werden partiell und über Schnittstellen in die Matrix eingegliedert. Es entstehen offizielle Parallelwelten, die aber nicht wie auf Reifegrad 3 als abgeschottete Bereiche gesehen und geführt werden. Vielmehr sind sie fester Systembestandteil und ein regulärer Austausch mit ihnen ist gewollt. Auf Reifegrad 4 kann man von struktureller Ambidextrie sprechen. [187] Ambidextrie (auch Beidhändigkeit genannt) bezeichnet die Fähigkeit einer Organisation, sowohl Innovationen und Neues zu fördern (Exploration) als auch das bestehende Kerngeschäft effizient und erfolgreich stabil zu halten (Exploitation). [188] Bei der strukturellen Ambidextrie ist für die exploitativen Aufgaben die »klassische« zweidimensionale Struktur zuständig. Diese wird um ein dreidimensionales, auf Exploration spezialisiertes Netzwerk ergänzt. Hierdurch entstehen auch in der Zusammenarbeit unterschiedliche »Betriebssysteme«, zu denen es regelmäßiger Reflexion bedarf.

---

186 Vgl. Kotter, 2015.
187 Vgl. Birkinshaw/Gibson, 2004.
188 Vgl. March, 1991.

In der gesamten Organisation wird Macht verteilt und Entscheidungen werden immer dezentraler getroffen. Die integrierten Netzwerke sind hochgradig autonom, aber auch in der stabilen Struktur werden einzelne Einheiten immer autonomer in ihren Entscheidungen. Dabei orientieren sie sich an der zentralen und gemeinschaftlichen Strategie.

In der Entscheidungsfindung wird auf alles zurückgegriffen, was unterstützt. Hier herrscht eine verstärkte Evidenzbasierung vor und es wird alles an Daten herangezogen, was in der Entscheidungsfindung helfen könnte; darüber hinaus auch auf vermeintlich nicht messbare Größen, wie Intuition und Emotionen.

Hierarchieebenen haben sich stark verflacht und das Maß an Empowerment und Selbstorganisation ist deutlich gestiegen. Es gibt ausgeklügelte Rollenkonzepte für verteilte Führung, in denen unter anderem zwischen menschlicher, prozessualer, funktionaler, fachlicher und strategischer Führung unterschieden wird. Verantwortlichkeiten sind klar und transparent verteilt. Führung wird als Aufgabe verstanden, die es braucht, um Wert zu generieren, und die vor allem die gute Zusammenarbeit von allen ermöglichen soll. Moderation und Coaching sind daher die wichtigsten Führungsaufgaben. Führung wird darüber hinaus deutlich weniger als Privileg verstanden und sukzessive von Status entkoppelt.

3.5.5   Reifegrad 5

Auf Reifegrad 5 ist die gesamte Organisation eine Netzwerkorganisation. Ein Netzwerk hat keine feste, beschreibbare Struktur mehr, sondern nimmt diese kontextabhängig, bedarfsgerecht und lösungsorientiert an. Diese jeweils temporäre Struktur dient vollständig der Wertschöpfung und richtet sich dementsprechend zu hundert Prozent an der Ablauforganisation aus. Nach einem Organigramm im klassischen Sinne wird man in einer Organisation auf dem fünften Reifegrad vergebens suchen. Nach der strukturellen Ambidextrie von Reifegrad 4 sprechen wir hier von einer kontextuellen Ambidextrie[189] bzw. von Multidextrie. Bei der kontextuellen Ambidextrie haben sich unterschiedliche Knotenpunkte des dreidimensionalen Netzwerkes relativ stabil auf unterschiedliche exploitative und explorative Aufgaben spezialisiert. Bei der Multidextrie sind die Knotenpunkte des Netzwerkes generalistisch. Da diese Form der Multidextrie nicht mehr strukturell-organisatorisch bedingt ist, wird der persönliche, individuelle Aspekt umso relevanter.[190] Es benötigt multidexte Menschen und Teams, die in der Lage sind, unterschiedliche Modi anzunehmen.[191]

---

189 Vgl. Birkinshaw/Gibson, 2004.
190 Vgl. Biemann/Weckmüller, 2018.
191 Vgl. O'Reilly/Tushman, 2004.

Die Prozesse der Ablauforganisation orientieren sich konsequent daran, was Nutzen stiftet, und werden daher konsequent von außen nach innen gedacht. Es wird hier immer die gesamte Wertschöpfungskette beachtet. Die Prozesse unterliegen einem kontinuierlichen Monitoring und werden bei Bedarf angepasst.

Die Macht ist hochgradig dezentral. Entscheidungen werden dort getroffen, wo die Kompetenz liegt. Die Teams bzw. die wie auch immer gearteten Organisationseinheiten haben größtmögliche Autonomie. Eine gemeinsame Ausrichtung erlangen die Organisationseinheiten und Menschen in der Organisation über geteilte Werte, eine gemeinsame Vision und Mission. Die Strategien zum Vorgehen und Erreichen dieser Vision entstehen ebenfalls dezentral. Daher ist es nötig, dass Sinn und Zweck der Organisation auf Reifegrad 5 sehr klar und transparent sind. Daneben kommt eine gemeinsame Ausrichtung auch durch sich selbst gegebene, gemeinsame Rahmenbedingungen zustande, wie zum Beispiel die Verpflichtung zu einer bestimmten Governance.[192]

Führung wird konsequent als Aufgabe wie jede andere verstanden und ist sinnvoll verteilt. Wenn es auf Reifegrad 4 noch weitgehend stabile Rollen für verteilte Führungsaufgaben gab, lösen sich Rollen hier mitunter wieder auf und es findet eine temporäre und situative Verantwortungsübernahme statt. Disziplinarische Personalverantwortung ist konsequent von jeglicher Führung entkoppelt.

Auf Reifegrad 5 ist die Organisation hochgradig menschenzentriert. Jeder wird hier in seiner Ganzheit und als Persönlichkeit verstanden und nicht auf einen Teilbereich reduziert.[193] In einer Reifegrad-5-Organisation gibt es insofern selten dezidierte Stellen- und Funktionsbeschreibungen, in die sich ein Mensch besser oder schlechter einfügen muss. Es gibt hier zu erledigende Aufgaben und Tätigkeiten, die von den Menschen bzw. von Konstellationen von Menschen ausgeführt werden, welche dafür in der jeweiligen Situation am besten geeignet sind.

Die Reifegrad-5-Organisation ist hochgradig entwicklungsorientiert. Lernen und Weiterentwicklung sind wichtige Werte und werden in jeglicher Ausprägung gelebt. Es herrscht hier ein evolutionäres Entwicklungsverständnis vor. Iterativ-inkrementelle Vorgehensweisen ermöglichen Ausprobieren und Lernen. Prozessual etablierte Rückkopplungsschleifen ermöglichen eine kontinuierliche Anpassung an sich verändernde Umstände. Um Hypothesen zu testen, werden gut vorbereitete Experimente und Studien durchgeführt, durch die spezifische Erkenntnisse gewonnen werden.

Die Verantwortung für die Weiterentwicklung und kontinuierliche Verbesserung der Organisation liegt ebenfalls dezentral und wird von allen gelebt. Jeder Einzelne strebt

---

192 Vgl. Fink/Moeller, 2018.
193 Vgl. Laloux, 2014.

danach, sich selbst weiterzuentwickeln, und entwickelt dadurch die gesamte Organisation. Das Engagement für das Unternehmen ist auf diesem Reifegrad sehr ausgeprägt. Die Grenze zwischen Arbeitgeber und Arbeitnehmer verschwindet auf diesem Reifegrad. Ebenso verschwimmen hier die Außengrenzen der Organisation. »Dienstleister« und »Kunden« werden als Partner verstanden, mit denen gemeinsam das große Ganze angestrebt wird.

3.6   Und was ist mit HR?

Die Anforderungen an die Gesamtorganisation bestimmen den Agilitätsbedarf. Ebenso bestimmen diese Anforderungen und die agile Reife der Organisation den Agilitätsbedarf von HR. HR kann entweder versuchen, mit der Organisation Schritt zu halten, oder sich als Treiber verstehen und die agile Transformation vorantreiben. So oder so muss sich HR auf dem Weg zu einer agilen Organisation selbst transformieren.

Je nach Reifegrad unterscheidet sich die konkrete Ausgestaltung der HR-Wertschöpfungsprozesse. Die unterschiedlichen Ausprägungen je Reifegrad werden im nächsten Kapitel anhand von sechs zentralen HR-Wertschöpfungsbeiträgen jeweils theoretisch und dann anhand entsprechender Praxisbeispiele beschrieben.

Literatur:

Ashby, W. R. (1956). An introduction to Cybernetics. New York: John Wiley & Sons.

Biemann, T./Weckmüller, H. (2018): Organisationale Ambidextrie und Unternehmenserfolg, in: PERSONALquarterly 03/2018, 70. Jahrgang, (S. 44-47).

Birkinshaw, J./Gibson, C. (2004): Building Ambidexterity Into an Organization – A company's ability to simultaneously execute today's strategy while developing tomorrows arises from the context within which its employees operate, in: MIT Sloan Management Review, June 2004, (S. 47-55).

Brynjolfsson, E./McAfee, A. (2012). Research Brief – Race Against The Machine: How The Digital Revolution Is Accelerating Innovation, Driving Productivity, and Irreversibly Transforming Employment and The Economy.

Covey, S. M. R. (2008). The Speed of Trust: The One Thing that Changes Everything, Simon & Schuster Ltd.

Deloitte Digital GmbH/Heads! Executive Consultancy (2015). Überlebensstrategie »Digital Leadership«, https://www2.deloitte.com/content/dam/Deloitte/at/Documents/strategy/ueberlebensstrategie-digital-leadership_final.pdf (Abegrufen am 05.08.2019).

Dove, R. (2001). Response Ability: The Language, Structure, and Culture of the Agile Enterprise. New York: John Wiley & Sons.

Duhigg, C. (2016), What Google Learned From Its Quest to Build the Perfect Team. In: The New York Times Magazin. https://www.nytimes.com/2016/02/28/magazine/

what-google-learned-from-its-quest-to-build-the-perfect-team.html (Abgerufen am 23.08.2019).

Fink, F./Moeller, M. (2018). Purpose Driven Organizations, Schäffer-Poeschel, Stuttgart.

Fischer, S./Weber, S./Zimmermann, A. (2017). Agilität heißt … . Personalmagazin, 4, S. 40-43.

Gloger, B./Häusling A. (2011). Erfolgreich mit Scrum – Einflussfaktor Personalmanagement. Carl Hanser Verlag, München.

Gloger, B./Rösner, D. (2017). Selbstorganisation braucht Führung – Die einfachen Geheimnisse agilen Managements. Hanser Fachbuchverlag.

Goldman, S. L./Nagel, R. N./Preiss, K./Warnecke, H. J. (1996). Agil im Wettbewerb: die Strategie der virtuellen Organisation zum Nutzen des Kunden. Berlin Heidelberg New York: Springer.

Halbwachs, M./Maus, H./Lhoest-Offermann, H. (1991). Das kollektive Gedächtnis. Fischer-Taschenbuch.

Häusling, A. (2018). Agile Organisationen. Transformationen erfolgreich gestalten – Beispiele agiler Pioniere. Freiburg, Haufe-Lexware GmbH.

Häusling, A./Kahl-Schatz, M. (2019). Agiles Human Resources Management – der entscheidende Katalysator. In: Lang, M./Scherber, S. (2019). Der Weg zum agilen Unternehmen – Wissen für Entscheider: Strategien, Potenziale, Lösungen. Carl Hanser Verlag GmbH Co KG. (S. 107-127).

Hoffmann, J./Roock, S. (2018). Agile Unternehmen: Veränderungsprozesse gestalten, agile Prinzipien verankern, Selbstorganisation und neue Führungsstile etablieren. dpunkt. verlag.

Kniberg, H. (2014a). Spotify Engineering Cultur. https://labs.spotify.com/2014/03/27/spotify-engineering-culture-part-1/ (Abgerufen am 21.10.2019).

Kniberg, H. (2014b). Spotify Engineering Cultur. https://labs.spotify.com/2014/09/20/spotify-engineering-culture-part-2/ (Abgerufen am 21.10.2019).

Kotter, J. (2015): Accelerate – Strategischen Herausforderungen schnell, agil und kreativ begegnen, 1. Auflage, München, Vahlen.

Korn Ferry Institute. (2016). People on a Mission. https://www.kornferry.com/institute/purpose-powered-success. (Abgerufen am 11.09.2019).

Kruse, P. (2004). Next practice-erfolgreiches Management von Instabilität: Veränderung durch Vernetzung. Offenbach, Gabal.

Laloux, F. (2014). Reinventing organizations: A guide to creating organizations inspired by the next stage in human consciousness. Nelson Parker.

Leonhard, G. (2016). Technology vs. Humanity: The coming clash between man and machine. FutureScapes.

Leopold, K. (2018). Agilität neu denken – Warum agile Teams nichts mit Business-Agilität zu tun haben, LEANability GmbH, Wien.

Lewin, K. (1936). Grundlagen der topologischen Psychologie. Huber, Bern (Nachdruck 1969).

Luhmann, N. (2000). Organisation und Entscheidung. Westdeutscher Verlag, Opladen.

Maximini, D. (2013). Scrum – Einführung in der Unternehmenspraxis. Springer, Berlin.

March, J. G. (1991): Exploration and Exploitation in Organizational Learning. Organization Science, 2(1), 7187.

McKenzie, I./Aitken, P. (2012): Learning to lead the knowledgeable organization: developing leadership agility. Strategic HR Review, Vol 11, Iss. 6, S. 329-334.

Mintzberg, H. (1994). The fall and rise of strategic planning. Simon and Schuster.

O'Reilly III, C. A./Tushman, M. L. (2004): The Ambidextrous Organization. Harvard Business Review, 82(4), 74-81.

Pfläging, N. (2014). Organisation für Komplexität: Wie Arbeit wieder lebendig wird-und Höchstleistung entsteht. Redline Wirtschaft.

Scheller, T. (2017). Auf dem Weg zur agilen Organisation: Wie Sie Ihr Unternehmen dynamischer, flexibler und leistungsfähiger gestalten. Vahlen.

Seidel, T./Sievers, J./Zeppenfeld, N. (2019). Die Wichtigkeit von Personalentwicklung für die organisationale Transformation, In: Laske/Orthey/Schmid (Hrsg.). PersonalEntwickeln 240. Erg.-Lfg., April 2019, Deutscher Wirtschaftsdienst.

Senge, P. M. (1990). The fifth discipline: The art and practice of learning organization. New York, Doubleday Currency.

Wang, D./Waldman, D.A./Zhang Z. (2014). A Meta-Analysis of Shared Leadership and Team Effectivenes. In: Journal of Applied Psychology 2014, Vol. 99, No. 2, 181-198.

Wilber, K. (2001). Eros, Kosmos, Logos: Eine Jahrtausend-Vision. Fischer-Taschenbuch-Verlag.

Windhausen, C./Reifferscheidt, B. R. (2012). Das flüssige Ich: Führung beginnt mit Selbstführung. BoD–Books on Demand.

Wolf, H. et al. (2014). Die Kraft von Scrum: Inspiration zur revolutionärsten Projektmanagementmethode. dpunkt, Heidelberg.

Zhang X./Zhou, J. (2014): Empowering leadership, uncertainty avoidance, trust and employee creativity: Interaction effects and a mediating mechanism. In: Organizational Behavior and Human Decision Processes 124, S. 150-164.

4 Die sechs zentralen HR-Wertschöpfungsprozesse

4.1 Darstellung ausgewählter Modelle zu HR-Wertschöpfungsprozessen und ihre Entwicklung bis heute

Stephan Fischer

Modelle zu HR-Wertschöpfungsprozessen gibt es viele. Mit Blick auf die Entwicklung in diesem Bereich können dabei wissenschaftliche, praxisnahe und rein ablauforientierte Perspektiven auf das HR unterschieden werden. Mit dem Michigan- und dem Harvard-Ansatz wurden zwei zentrale und gleichsam wissenschaftlich fundierte HR-Modelle bereits in den 80er Jahren publiziert.

Der *Michigan*-Ansatz des HR hat das Ziel, die HR-Elemente in die Organisationsstrategie und -struktur einzubinden, um dabei eine bestmögliche Passung herbeizuführen. So soll HR den Markterfordernissen gerecht werden. Die Integration der HR-Elemente ist hier nicht vorrangig mitarbeiterorientiert, sondern betont die Perspektive des Managements. Basierend auf einer instrumentellen Sichtweise wird angestrebt, die Mitarbeitenden – ebenso wie alle anderen Ressourcen – so ökonomisch wie möglich einzusetzen, um maximalen Unternehmenserfolg zu erzielen. Daraus ergibt sich ein bestimmter Zyklus des HR und daraus abgeleitet entsprechende Wertschöpfungsprozesse.

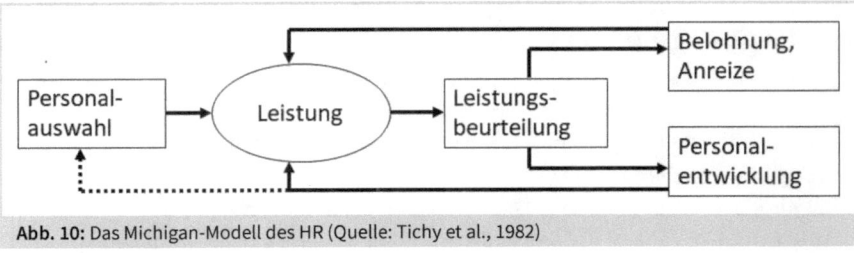

Abb. 10: Das Michigan-Modell des HR (Quelle: Tichy et al., 1982)

Im Gegensatz dazu liegt die Betonung des *Harvard*-Ansatzes der Tradition der Human-Relations-Bewegung folgend auf den Human Resources, wobei das Management dieser Ressourcen als elementare Aufgabe in Organisationen angesehen wird. Der Ansatz stellt das Einflusspotenzial des Managements bezüglich der Beziehungen zwischen

Organisationen und ihren Mitarbeitenden in den Mittelpunkt (alle Mitarbeitenden werden einbezogen). Er berücksichtigt dabei die Interessen von Anspruchsgruppen (»Stakeholder«) sowie weitere situative Einflüsse (z. B. Einflüsse der Märkte, technologische Entwicklung, Geschäftsstrategien). Die Mitarbeitenden werden als »soziales Kapital« betrachtet, in das mit Langzeitwirkung investiert wird. Von zentraler Bedeutung sind daher Kommunikation, Teamarbeit und die Nutzung und Förderung des individuellen Talents sowie die persönliche Entwicklung der Mitarbeitenden. Mit Hilfe eines partizipativen Führungsstils, der eine Beteiligung der Mitarbeitenden bei der Gestaltung der Arbeitsbedingungen und der Arbeitsorganisation miteinschließt, soll die Kooperation erhöht und eine stärkere Einbindung im Hinblick auf die Unternehmensziele erreicht werden. Aus diesen Grundannahmen ergibt sich ein spezifischer HR-Zyklus mit eigenen HR-Wertschöpfungsprozessen.

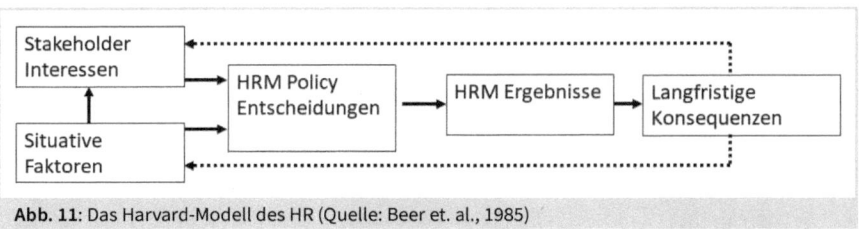

Abb. 11: Das Harvard-Modell des HR (Quelle: Beer et. al., 1985)

Beide Modelle haben den Vorteil der wissenschaftlichen Herleitung und bilden den damaligen Stand der Forschung ab. Sie beinhalten auch einige zentrale Elemente des HR im Fokus von Abläufen. Zu kritisieren ist aber, dass keines der beiden HR-Modelle die Bandbreite der HR-Arbeit vollständig beschreibt.

Unter den eher *praxisnahen HR-Modellen* existiert seit vielen Jahren mit dem »**Pforzheimer 3-Säulen-Modell** des Personalmanagements« ein Ordnungsschema, das es sich zum Anspruch gemacht hat, die komplette HR-Arbeit abzubilden. Die Idee dahinter besteht darin, die drei Hauptsäulen des HR – »Personalarbeit und Mitarbeiterbetreuung«, »Personalentwicklung und Veränderungsmanagement« und »Mitarbeiterführung und Zusammenarbeit« – ins Zentrum zu rücken. Wie in der nachfolgenden Abbildung des Modells sichtbar, befinden sich darunter fachliche wie IT-technische Unterstützungsprozesse. Oberhalb der drei Säulen sind die strategischen Rahmenbedingungen des HR angesiedelt.

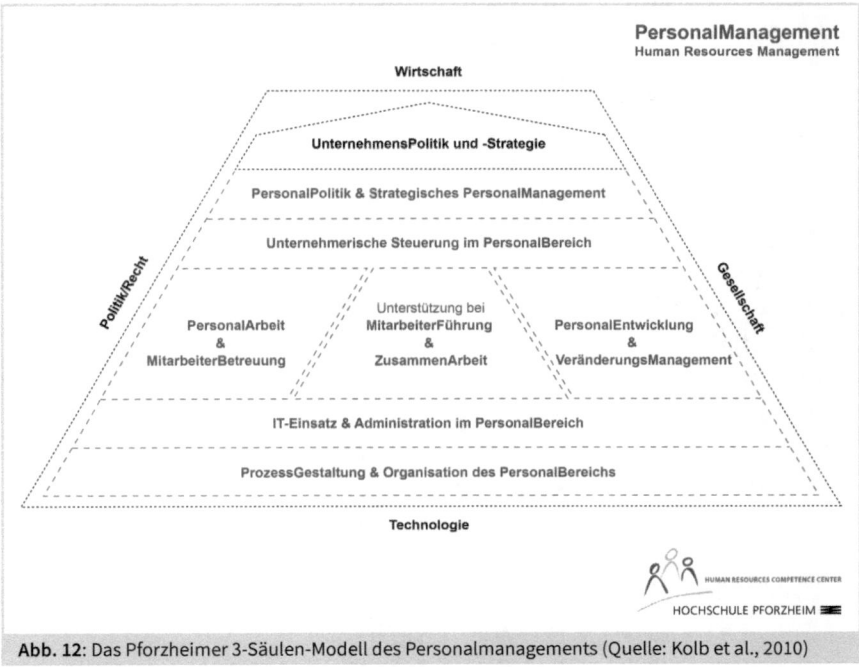

Abb. 12: Das Pforzheimer 3-Säulen-Modell des Personalmanagements (Quelle: Kolb et al., 2010)

Das Pforzheimer 3-Säulen-Modell des HR hat den Vorteil, dass es die komplette Bandbreite moderner HR-Arbeit abbildet. Die Abbildung erfolgt allerdings in Form von Säulen und ist damit eher statisch. Das entspricht dem Anspruch des Modells als Ordnungsschema, die Betrachtung als Ablauf mit einer Prozesslogik bleibt in diesem Modell aber aus.

In den letzten Jahren wurden zur Beschreibung der HR-Wertschöpfungsprozesse vermehrt eher ablauforientierte Perspektiven genutzt. Ein in Deutschland viel beachtetes Modell ist der *Deutschen Gesellschaft für Personalführung (DGFP)* zuzuschreiben. Die Grundlogik in diesem Modell ist, die HR-Prozesse anhand der »Reise der Mitarbeitenden durch die Organisation« (Employee Journey) zu beschreiben. Dabei werden insgesamt fünf zentrale Wertschöpfungsprozesse definiert: das Personalmarketing und die Personalauswahl, die Personalbetreuung und Mitarbeiterbindung, das Leistungsmanagement und die Vergütung, die Personal- und Managemententwicklung sowie die Personalfreisetzung.

Abb. 13: Das DGFP-Referenzmodell des HR (Quelle: DGFP, 2011: 6)

Diese fünf zentralen Wertschöpfungsprozesse bilden vollständig die moderne HR-Arbeit ab und sind zudem in Form eines Ablaufs mit Prozesslogik konzipiert. Damit können sie auch aktuell noch als Grundlage zur Systematisierung dienen. Kritisch zu betrachten ist bei dem Modell aber, dass es aus unserer Sicht an zwei Stellen nicht mehr den aktuellen Anforderungen entspricht: Vor dem Hintergrund der in Kapitel 1 beschriebenen Herausforderungen steigender Komplexität und dem daraus abgeleiteten steigenden Anpassungsbedarf von Organisationen sollte ein sechster zentraler HR-Wertschöpfungsprozess ergänzt werden: »die Organisationsentwicklung und Organisationstransformation.« Damit rückt dieses Handlungsfeld vom übergeordneten Gestaltungsfeld in den Kernbereich moderner HR-Arbeit.

Mit Blick auf die Erkenntnisse aus Kapitel 3 ist es aus unserer Sicht für ein umfassendes Modell der HR-Wertschöpfungsprozesse zudem wichtig, darin zusätzlich die Logik unterschiedlicher Reifegrade aufzunehmen. Dies basiert auf der Vermutung, dass sich die konkrete Ausgestaltung der sechs zentralen HR-Wertschöpfungsprozesse je nach agilem Reifegrad von HR voneinander unterscheiden dürften. Aus diesem Grund nutzen wir für das vorliegende Kapitel 4 das »*Pioneers Agile HR-Framework*«, das alle sechs zentralen HR-Wertschöpfungsprozesse und die Logik agiler Reifegrade beinhaltet. Des Weiteren müssen aus unserer Sicht auch die HR-Organisationsmodelle (Verweise auf Kapitel 2) an die jeweiligen Reifegrade angepasst werden. Diesen Aspekt werden wir in Kapitel 5 ausführen.

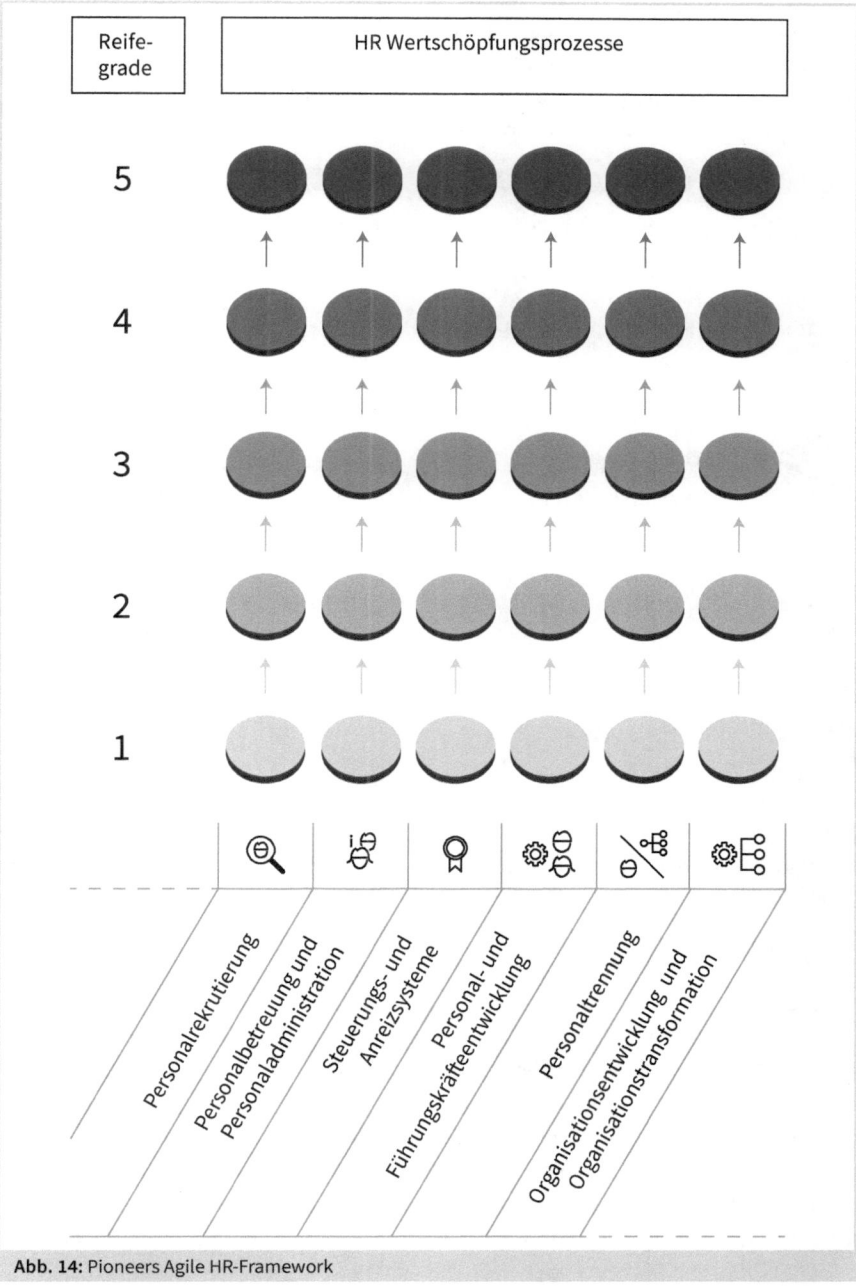

Abb. 14: Pioneers Agile HR-Framework

Kapitel 4 ist im Folgenden nach zwei inhaltlichen Schwerpunkten aufgebaut: Zum einen gibt es die Übertragung des Modells der fünf agilen Reifegrade auf jeden der sechs zentralen HR-Wertschöpfungsprozesse. Dabei werden wir diese zunächst im

Sinne einer intuitiven Einführung kurz darstellen. Zum anderen gibt es für jeden HR-Wertschöpfungsprozess zusätzlich zwei Beispiele aus der Praxis. Diese Praxisbeispiele beschreiben die jeweils unterschiedliche Interpretation der HR-Wertschöpfungsprozesse in verschiedenen Organisationen.

4.2   Der erste HR-Wertschöpfungsprozess: Die Personalrekrutierung

4.2.1   Die fünf Reifegrade der Personalrekrutierung

Kati Oimann und Nina Zeppenfeld

Wir beginnen mit dem ersten Wertschöpfungsprozess, der Personalrekrutierung. Dieser Wertschöpfungsprozess umfasst das Personalmarketing, die Personalauswahl sowie das Onboarding. Beim Personalmarketing kann dabei zwischen dem externen und internen Personalmarketing unterschieden werden: Beim externen Personalmarketing geht es primär darum, potenzielle neue Mitarbeitende am externen Arbeitsmarkt zu gewinnen, beim internen Personalmarketing steht die langfristige Bindung, Motivation und Entwicklung der bereits vorhandenen Mitarbeitenden im Fokus.[194] Die Personalauswahl basiert auf einer Analyse der Aufgaben und der Ableitung eines Anforderungsprofils. Dies ist die Basis für eine eignungsdiagnostisch fundierte Auswahl der für die Anforderung (Person-Job-Fit) sowie für die Organisation (Person-Organisation-Fit) passenden Kandidaten. Die Personalauswahl endet letztlich mit dem Ablauf der Probezeit und damit verbunden mit dem entsprechenden Onboarding. Diesen ersten HR-Wertschöpfungsprozess Personalrekrutierung werden wir im Folgenden nach der Logik der fünf agilen Reifegrade aus Kapitel 3 weiter differenzieren.

Reifegrad 1

In einer Organisation auf dem ersten Reifegrad dient die Personalrekrutierung vor allem der Erhaltung der Stabilität und der Sicherung des Unternehmens. Dies wird u. a. durch kompetente und qualifizierte Mitarbeitende gewährleistet. »Organisationen stehen im intensiven Wettbewerb um geeignete Mitarbeitende für ausgewählte Fach- und Führungspositionen bzw. Engpassberufe.«[195] Daraus ergibt sich, dass das Erkennen und die Bindung von gutem Personal einen hohen Wettbewerbsfaktor zu anderen Unternehmen darstellen [196].

---

194 Vgl. Kauffeld/Grohmann, 2011.
195 Werther/Bruckner, 2018, S. 168.
196 Vgl. Beck, 2008.

Die Personalrekrutierung ist auf diesem Reifegrad allerdings kein fester Bestandteil der Unternehmensstrategie. Häufig gibt es keine klaren strategischen Personalmarketingmaßnahmen, sodass bei Bedarf die Suche nach geeigneten neuen Mitarbeitenden eher ad hoc und teilweise ungesteuert verläuft. Personalplanungen werden vor allem durch das Management und vereinzelt durch HR (sofern vorhanden) getrieben und eine Einbindung anderer Teams und Fachbereiche findet nur bedingt statt. Die strategische Denkweise ist stark von innen nach außen ausgerichtet, das bedeutet, dass sich das suchende Unternehmen auf seine Außenwirkung verlässt, um neue Mitarbeitende auf sich aufmerksam zu machen, aber weniger aus Bewerbersicht denkt. Teilweise herrscht auch noch das Verständnis vor, dass die Entscheidungsgewalt, im Sinne einer Einstellung, ausschließlich beim Unternehmen und nicht beim Bewerber liegt.[197] Der erste Schritt zur Besetzung vakanter Stellen kann häufig über externe und interne Empfehlungen erfolgen. Des Weiteren werden Methoden wie klassische Stellenanzeigen genutzt, um neue Mitarbeitende auf das Unternehmen aufmerksam zu machen.

Im Rahmen der Personalauswahl liegt die Verantwortung wiederum beim Management und bei HR. Personalauswahlgespräche werden mit Vertretern des Managements und HR durchgeführt, dabei sind Geschäftsführer und Personalleiter wesentliche Protagonisten des Gesprächs, da sie die wichtigsten Einstellungsentscheidungen treffen sowie alle dazugehörigen Prozesse verantworten. Eine partizipative Einbindung von anderen Teams und Bereichen bei der Personalbedarfsplanung und im Auswahlprozess findet nicht statt. Die Potenzialerkennung von Seiten des Unternehmens erfolgt vor allem auf der Basis der fachlichen Kompetenz, die ein Bewerber mitbringt. Werte der Organisation und Wertvorstellungen des Bewerbers sind kein Entscheidungskriterium. Vielmehr beruhen die Entscheidungen für oder gegen einen Kandidaten auf persönlichen Empfehlungen und Qualifikationen.[198]

Nachdem eine Einstellungsentscheidung getroffen wurde, finden formelle und rechtliche Einarbeitungsprozesse statt. Dabei liegt der Schwerpunkt vor allem auf einer schnellen fachlichen Integration des neuen Mitarbeitenden, damit dieser seine Arbeit zügig aufnehmen kann, und somit die Stabilität und die Wirtschaftlichkeit der Organisation wieder gewährleistet wird. Weiterführende und tiefergreifende Einarbeitungen im Sinne einer wertorientierten und sozialen Integration (vor allem kulturell) werden nicht angeboten, da von dem neuen Mitarbeitenden erwartet wird, dass er sich schnell einarbeitet und Leistung zeigt.

---

197 Vgl. ebda.
198 Vgl. Riedel, 2017

Reifegrad 2

Organisationen, die sich im Reifegrad 2 befinden, sind tendenziell stabilitätssuchend und erleben wenig Veränderung. Dies lässt sich auch bei der Personalrekrutierung erkennen, denn übergeordnet steht die schnelle Personalbeschaffung im Fokus, um Bedarfe zu decken. Allerdings wird auf diesem Gebiet wenig experimentiert, was zur Folge hat, dass im Bereich des Personalmarketings und in der Personalsuche und -auswahl wenig Innovation und Veränderungsbereitschaft erkennbar ist. An Vorgehensweisen, die in der Vergangenheit funktioniert haben (z. B. Schalten von Stellenanzeigen), wird festgehalten und nach wie vor besteht ein hohes Vertrauen in die Ausstrahlungskraft des Unternehmens auf den potenziellen Bewerber mit einem starken Inside-out-Blickwinkel. Allerdings findet erstmals eine Art Rekrutierungsprozess statt. Prozessuale Standards werden durch HR festgelegt, um die Qualität sicherzustellen. Des Weiteren finden erste Ansätze einer Verknüpfung der Marketingstrategie der Organisation mit dem Personalbereich statt.

Die Steuerung der Personalthemen wie Marketing, Personalrekrutierung und Onboarding verlaufen zentral und werden von Experten übernommen, denen die fachliche Kompetenz zugeschrieben wird. In ersten Ansätzen findet allerdings auf diesem Reifegrad eine dezentrale Umsetzung statt. Ein Beispiel dafür ist die Personalauswahl. Die Prozesse werden zwar von HR standardisiert, gesteuert und kontrolliert, dennoch werden teilweise Fachbereiche einbezogen und z. B. wird die erste Auswahl geeigneter Kandidaten an die Führungskräfte der jeweils suchenden Fachbereiche weitergeleitet.

Die Verantwortung für die Personalbedarfsplanung, -suche und -auswahl liegt konzentriert im Management bzw. bei der HR-Abteilung, welche sich auch um die Standardisierung und Qualität der Prozesse kümmert. So werden zur besseren Auswahl geeigneter Bewerber z. B. Kompetenzmodelle als Basis verwendet und standardisierte Interviewleitfäden geben Beteiligten am Auswahlprozess mehr Sicherheit.

Zur Eingliederung eines neuen Mitarbeitenden wird häufig auch auf einen standardisierten Einarbeitungsprozess zurückgegriffen. In der Einarbeitung ist vor allem der Inhalt der Tätigkeit des neuen Mitarbeitenden der zentrale Faktor. Klare und formelle Standards helfen den Teams bei einer schnellen Eingliederung des neuen Mitarbeitenden.

Reifegrad 3

HR-Organisationen im dritten Reifegrad durchlaufen einen gewissen Paradigmenwechsel, indem die Personalrekrutierung kundenorientierter und strategischer aufgestellt ist und indem eine systematische Zusammenarbeit mit den jeweiligen Bereichen ermöglicht wird.

Das Personalmarketing wird somit ganzheitlich gedacht und ist Teil der Unternehmensstrategie. In Zusammenarbeit mit den Fachbereichen und Teams wird eine mittel- bis langfristige Personalbedarfsplanung aufgesetzt, um frühzeitig strategisch sinnvolle Personalmarketingkampagnen zu etablieren. Hierbei gilt es vor allem, eine effiziente und effektive Ausrichtung auf die kritischen Kompetenzen zu ermöglichen, die wesentlich zum Unternehmenserfolg beitragen. Sowohl bei dieser Ausrichtung als auch bei der zielgruppengerechten Umsetzung einer Personalmarketingstrategie sind die jeweiligen Fachbereiche wertvolle Partner, denn wenn davon ausgegangen wird, dass das Personalmarketing kundenorientiert gestaltet wird, kennen die Teams ihren »Kunden« – also den Bewerber –, seine Bedürfnisse, Wünsche und Befindlichkeiten am besten. Dementsprechend finden Experimente im Bereich Personalmarketing in Absprache mit den Fachbereichen statt. Initiativen wie Messen, Werksführungen und Öffentlichkeitsarbeit werden gestartet, um potenzielle Bewerber auf die Organisation aufmerksam zu machen. Das Karriereportal auf der Homepage wird verbessert, Rekrutierungsveranstaltungen werden ins Leben gerufen, Jobportale werden ausprobiert und Plakate und Broschüren werden gedruckt.[199] Intern werden ebenfalls Kampagnen entwickelt, die die Arbeitgeberattraktivität steigern sollen. Diese ganzheitliche Arbeitgebermarkenbildung (das Employer Brand) ist erstmals ein strategischer Erfolgsfaktor in der Personalrekrutierung und gewinnt an Relevanz in der Organisation. Die Positionierung einer zielgruppengerechten und langfristigen Arbeitgebermarke und die Versorgung mit qualifizierten und motivierten Mitarbeitenden wird zwar zunehmend in Kooperation mit den Fachbereichen erarbeitet, die strategische Verantwortung und Umsetzung sowie schlussendlich auch das Effektivitätscontrolling obliegt weiterhin der HR-Abteilung.[200]

Auch im Prozess der Personalauswahl findet eine übergreifende Zusammenarbeit mit den jeweiligen Fachbereichen statt, die Steuerung erfolgt durch die HR-Abteilung. Nachdem der Personalbedarf und die entsprechenden Stellenbeschreibungen gemeinsam mit den Teams entwickelt wurden, kümmert sich HR um deren Veröffentlichung. Ebenso koordiniert die Personalabteilung die eingegangenen Bewerbungen, prüft diese auf fachliche Passung. Werden Bewerber anschließend zu Vorstellungsgesprächen eingeladen, wird der Prozess für andere Fachbereiche geöffnet. Dabei ist HR stets engagiert, einen persönlichen und zügigen Kontakt zu den Bewerbern herzustellen und ein nachhaltiges Beziehungsmanagement während des gesamten Rekrutierungsprozesses zu gewährleisten. Die Ausgestaltung und der Inhalt der stattfindenden Bewerbungsgespräche werden oft individuell und bedarfsorientiert mit den jeweiligen Bereichen abgestimmt. Als grober Rahmen wird in einem ersten Gespräch zumeist stärker auf die Fachlichkeit eingegangen, während das zweite Interview die Werteübereinstimmung prüfen soll. Die finale Entscheidung, ob ein Bewerber für ein

---

199 Vgl. Brenner, 2014.
200 Vgl. Beck, 2008.

nächstes Interview eingeladen wird oder ob es gar zur Einstellung kommt, obliegt am Ende aber wieder der HR-Abteilung. Diese holt sich zwar Meinungsbilder von den Beteiligten ab, fällt die Einstellungsentscheidung aber intern bzw. in einigen Fällen auch mit den jeweiligen Führungskräften anderer Fachbereiche.[201]

So ist HR auch für einen erfolgreichen Integrations- und Einarbeitungsprozess verantwortlich. Dazu ist ein formales Konzept implementiert, welches die einheitliche und ganzheitliche Vermittlung von Informationen, Praxiswissen und das Kennenlernen der Organisation – der Werte, Menschen und der Kultur – beinhaltet. Dabei zeigen alle Beteiligten ein hohes Engagement, denn schließlich wurde viel Zeit und Energie in die Einstellungsphase investiert, um einen qualifizierten Mitarbeitenden zu finden. Das soll sich nun auszahlen. So gibt es Pläne und Checklisten für die ersten Tage, die einen gut vorbereiteten Arbeitsplatz, das Kennenlernen der Kollegen, die Erledigung der Formalitäten und die Zuweisung zu einem direkten Ansprechpartner in der Probezeit beinhalten. In den folgenden Wochen geht es für den neuen Mitarbeitenden darum, so viel wie möglich »aufzusaugen«, Projekte und Menschen kennenzulernen und Kollegen in ihrem Arbeitsalltag zu begleiten, bis es dann sukzessive und in Abstimmung mit der jeweiligen Führungskraft erste eigenverantwortliche Arbeitseinsätze gibt. Für eine erfolgreiche Integration ist HR auf alle Kollegen in der Organisation angewiesen und sollte demnach die Relevanz dieser Phase vorleben und vermitteln, um keine Verschwendung von Zeit, Geld und Talenten zu riskieren.[202]

Reifegrad 4

Eine Organisation, welche dem Reifegrad 4 angehört, gestaltet die Personalrekrutierung und die entsprechenden Prozesse sehr partizipativ und kollaborativ zwischen allen Beteiligten. Dafür werden Bewerber gerne in Bedürfnisgruppen (Personas) unterteilt, um sie in ihren Merkmalen zu charakterisieren und sich in die Lage der Kunden – also der Bewerber – zu versetzen und diese Perspektive während des gesamten Rekrutierungsprozesses einzunehmen.

Innerhalb des Personalmarketings sind die Teams aus den Fachbereichen selbst dafür verantwortlich, auf die Organisation als Marke aufmerksam zu machen. Die HR-Abteilung unterstützt dabei gerne mit strategischen Personalmarketingkampagnen, die Verantwortung und Umsetzung dafür liegen aber wieder bei den Teams. Dabei geht es sehr kollaborativ zu. Die Teams unterstützen und helfen sich gegenseitig. Für das Marketing nutzen sie Kanäle, die die Bedürfnisgruppen möglichst gut erreichen. So kann es mitunter passieren, dass das Personalmarketing sehr divers über viele ver-

---

201 Vgl. Pogorzelski/Harriott/Hardy, 2009.
202 Vgl. Brenner, 2014.

schiedene Kanäle umgesetzt wird. Klassische Stellenausschreibungen, Print- oder Online-Medien in Form der eigenen Homepage oder Jobbörsen, persönliche Kanäle wie die Face-to-Face-Empfehlung des Arbeitgebers, offensive Personalrekrutierung durch Hochschulkontakte und die gezielte Nutzung von Social Networks sprechen die Bedürfnisgruppen aus unterschiedlichsten Generationen, mit unterschiedlichsten Gewohnheiten, Vorstellungen und Wünschen an. [203] Ein großes Augenmerk wird außerdem auf Arbeitgeberbewertungsportale gelegt, da den Mitarbeitenden in einer Organisation des vierten Reifegrads die Wirkung einer solchen Bewertung auf potenzielle Bewerber bewusst ist.

Deshalb agieren die Teams innerhalb des gesamten Rekrutierungsprozesses sehr kundenzentriert und sind darauf bedacht, ein positives Bewerbererlebnis zu gewährleisten. Dies beinhaltet eine persönliche Begleitung der Bewerber durch die Teams während der gesamten Personalrekrutierung, in der ein authentischer und detaillierter Eindruck der Organisation entsteht. Die Candidate Experience endet aber nicht mit der Einstellung bzw. mit dem Ende der Probezeit eines neuen Mitarbeitenden. Vielmehr wird Personalmarketing in einer Organisation des vierten Reifegrads ganzheitlich auch für alle aktuellen Mitarbeitenden gedacht. Denn diese stellen ihre Zufriedenheit mit dem aktuellen Arbeitgeber jeden Tag aufs Neue auf den Prüfstand. Auch hier wird mit Bedürfnisgruppen und Personas gearbeitet, um die unterschiedlichen Bedürfnisse der Menschen in einer Organisation zu befriedigen. [204]

Während der Phase der Personalauswahl versteht sich die HR-Abteilung als Sparringspartner und Unterstützer, um die Teams zu befähigen. So gibt es Auswahlinstrumente sowie Bewerber-Soll-Profile mit fachlichen und kulturellen Merkmalen, die die Teams in dem Auswahlprozess nutzen können. Dabei ist die Denkweise bewerberzentriert, die Teams sehen die Bewerber als ihre Kunden an und gestalten den Prozess dementsprechend fair, wertschätzend und werteorientiert. Die Entscheidungsgewalt wird anschließend verteilt, häufig sind viele Personen aus unterschiedlichen Teams und zum Teil auch Verantwortliche aus HR involviert. Gemeinsam und im Konsens wird dann darüber entschieden, ob ein Kandidat fachlich und vor allem kulturell zu der Organisation passt und ein Angebot erhält. Durch regelmäßige Reflexionen wird außerdem das gemeinsame Lernen, bedarfsorientierte Anpassen und Innovieren im Bereich der Personalrekrutierung ermöglicht. Während des gesamten Rekrutierungszyklus herrscht ebenfalls ein starkes Vertrauen in alle beteiligten Personen – sowohl in die Kandidaten als auch in die Prozessbeteiligten selbst.

Eine wertschätzende und erfolgreiche Onboarding-Phase ist den Mitarbeitenden in Organisationen des vierten Reifegrads sehr wichtig. Hier geht es vor allem darum,

---

203 Vgl. Wald et al., 2018.
204 Vgl. ebda.

den neuen Mitarbeitenden bedarfsorientiert einzuarbeiten und ein Kennenlernen mit allen Teams und Kollegen sowie eine gute Zusammenarbeit durch schnelles Empowerment zu ermöglichen. Neben der fachlichen Einarbeitung ist hier die soziale und werteorientierte Integration von Relevanz. Um ein erfolgreiches Onboarding gewährleisten zu können, wird noch vor der Einstellung ein Pate festgelegt, der sich hauptverantwortlich um die Einarbeitung des neuen Kollegen kümmert. Meist gibt es relevante Einarbeitungspläne und Checklisten, die für den Paten von Nutzen sind. Weiterhin sorgt er dafür, dass der neue Kollege an vielen Events, Meetings und anderen Treffen teilnehmen kann, um die soziale Eingewöhnung sicherzustellen.

Die Werte der Organisation laufen wie ein roter Faden durch den Prozess des Onboardings. Nichtsdestotrotz sind auch hier wieder alle Kollegen teamübergreifend gemeinsam verantwortlich dafür, dass sich der neue Kollege schnell einfinden kann. Weiterhin sind für das Onboarding einige feste Feedbackgespräche terminiert, in denen der neue Kollege direktes Feedback in der Probezeit bekommt, aber auch Feedback, Wünsche und Anregungen äußern kann.

Die HR-Abteilung fungiert während der gesamten Personalrekrutierung als Prozessbegleiter, Sparringspartner und Experte. Mit Instrumenten, Kampagnen und Strategien geben sie wertvolle Impulse und können die Teams beim Thema Personalrekrutierung unterstützen. Die Teams selbst entscheiden aber über Bedarfe, schneiden Instrumente individuell auf Kandidaten zu und treffen letztendlich die Entscheidung. Die Organisation vertraut darauf, dass so die geeignetsten Kandidaten gefunden und begleitet werden können.

Reifegrad 5

Betrachtet wird nun die Personalrekrutierung in einer Organisation, die sich auf dem fünften Reifegrad befindet. Hier wird vor allem ein Wandel in der Denkweise festgestellt. Das Unternehmen besitzt eine hohe Strahlkraft nach außen und es wird davon ausgegangen, dass es die richtigen Menschen sind, die auf die Organisation und die entsprechenden Stellenausschreibungen aufmerksam werden. Die Marke der Organisation und wie diese nach außen präsentiert und kommuniziert wird, ist die wichtigste Grundlage für ein erfolgreiches Personalmarketing. Dafür wird einiges getan: Netzwerkveranstaltungen, Meetups, Tag der offenen Tür und andere Events sind wichtiger Bestandteil des Arbeitsalltags und werden kontinuierlich von den Mitarbeitenden weiterentwickelt. Ebenso ist die Personalrekrutierung – angefangen vom Personalmarketing bis hin zum Onboarding und Begleitung der Mitarbeitenden – Teil der Unternehmensstrategie. Es findet eine menschenfreundliche, generationsübergreifende und stellenunabhängige Kommunikation auf Augenhöhe sowie eine glaubwürdige Wertschätzung statt. Der Bewerber soll sich von Beginn des Prozesses an gut aufgehoben und wertgeschätzt (auch bei einer Absage) fühlen. Damit Bewerber ein positives Erlebnis haben, zählt vor allem eins: Authentizität! Authentizität der Organisation, der Werte, Vision und Mission, ebenso wie authentische Mitarbeitende und Teamkollegen, die den Rekrutierungsprozess federführend in der Hand haben.

HR – sollte dieser Bereich noch gesondert existieren – obliegt eine strategische, weniger eine operative Aufgabe. Organisationen des fünften Reifegrads beschäftigen sich vor dem Hintergrund der VUCA-Welt und den veränderten Kandidatenerwartungen und Bedürfnisgruppen auch mit digitalen Personalmarketinginstrumenten. Demnach sind Algorithmen, Softwareprogramme und Robot-Rekrutierung keine Fremdwörter für Menschen in diesen Organisationen. Trotzdem wird davon ausgegangen, dass digitale Kanäle die Auseinandersetzung mit den wahren Bedürfnissen und Kommunikationsgewohnheiten der potenziellen Kandidaten nicht ersetzen. Vielmehr erfordert die Auswahl digitaler Kanäle eine angemessene und qualifizierte Bedarfsanalyse. Außerdem herrscht die Denkweise vor, dass ein persönlicher, wertschätzender, individueller und bedürfnisorientierter Kontakt die digitalen Tools um Längen schlägt. [205]

Diese Authentizität spiegelt sich auch im weiteren Bewerbungsprozess wider. Nicht die Führungskraft oder ein Personaler entscheiden darüber, ob ein Kandidat eingestellt wird, sondern das Team selbst. Die Menschen, die am besten beurteilen können, ob derjenige zum Team, den Aufgaben und der Kultur passt. Die Kultur ist ein gutes Stichwort, denn genau das ist der entscheidende Faktor. Es geht insbesondere um die persönliche Passung des Bewerbers zur Kultur, den Werten und der Vision der Organisation und des Teams. Denn die fachlichen Komponenten können erlernt werden, Werte sind dagegen weitaus stabiler und weniger veränderbar. Organisationen des fünften Reifegrads achten deshalb besonders auf die Haltung der potenziellen neuen Mitarbeitenden, welche von Offenheit, Veränderungswillen und -bereitschaft sowie Lern- und Entwicklungsbereitschaft geprägt sein sollte. Querdenkende Menschen mit ungeraden Lebensläufen und der Lust nach einem hohen Gestaltungsfreiraum sind in Unternehmen des fünften Reifegrads gut aufgehoben.[206]

Die Teams sind soweit befähigt, dass sie HR-Tätigkeiten – so also auch den Rekrutierungsprozess und die Entscheidung über eine Einstellung – gemeinsam im Team bearbeiten. Dabei herrscht eine ausgeprägte kollaborative und netzwerkartige Zusammenarbeit, auch über die Teamgrenzen hinaus. So unterstützen sich die Teams gegenseitig bei der Suche nach geeigneten Bewerbern und dem Personalgewinn. Bei schwierigen Situationen steht ihnen aber auch ein entsprechender Coach zur Seite.

---

205 Vgl. Petry/Jäger, 2018.
206 Vgl. Herde, 2019.

Kommt es nun zur Einstellung eines Bewerbers, erwartet diesen eine sehr enge und wertschätzende Begleitung von Beginn an (Integration auf allen drei Ebenen, siehe Kapitel 3.4). Das Team ist dafür verantwortlich, den neuen Mitarbeitenden gut abzuholen und einzuarbeiten. Dabei folgt das Onboarding in den seltensten Fällen einem starren Prozess, sondern wird bedarfsorientiert aufgesetzt. Eine enge Zusammenarbeit mit dem Team ermöglicht es dem neuen Mitarbeitenden, sich schnell einzuarbeiten und einzuleben. Das Vertrauen, welches ihm von Anfang an entgegengebracht wird, ermöglicht ihm, schnell eigene Projekte zu übernehmen. Selbstverständlich erfährt er hierbei viel Unterstützung und genügend Feedback, um zu lernen. Einige Elemente, wie die Vermittlung von kulturellen Unternehmenswerten, sind aber trotz der Individualität Teil eines jeden Onboardings. Außerdem herrscht in Organisationen des fünften Reifegrads die Denkweise vor, dass die Integration keinesfalls nach der Probezeit einfach abgeschlossen ist. Feedback, Unterstützung und bedürfnisorientierte Gestaltung der Arbeit sind zeitlebens Teil der Integration eines Mitarbeitenden in einem Unternehmen auf dem fünften Reifegrad.[207]

4.2.2   Praxisbeispiel: Peer Recruiting bei sipgate – So haben wir die Personalverantwortung in die Hände der Teams gelegt

Von Carina Visser und Thu Pakasathanan

Gestatten – sipgate!

Mit 180 Kollegen arbeiten wir bei sipgate im Düsseldorfer Medienhafen an außergewöhnlicher Telefonie-Software. Der Blick über den Tellerrand und raus aus der Komfortzone, Dinge anders zu machen – das sind die Faktoren, die uns antreiben und jeden Tag besser werden lassen.

2018 haben 15.000 Menschen unser Büro besucht, dieses Jahr werden es sogar noch mehr sein. Sie kommen, um sich Kunst und Konzerte anzusehen, um spannenden Vorträgen zu lauschen, aber vor allem, um zu verstehen, wie wir arbeiten. Manchmal fragen wir uns selbst, was diese Anziehungskraft genau ausmacht. Offensichtlich gibt es in vielen Unternehmen und Organisationen den Wunsch, Strukturen zu verändern und den Status quo auf den Prüfstand zu stellen. Aufgrund von Digitalisierung, Fachkräftemangel und Co. heute vermutlich mehr als je zuvor.

---

207 Vgl. Wald et al., 2018.

Als erster deutscher Anbieter von Internettelefonie wurde sipgate 2004 gegründet. Unser Grundstein wurde aber bereits sechs Jahre zuvor in einem Studentenwohnheim gelegt – mit dem Tarifvergleich »billiger-telefonieren.de«. Seitdem wachsen wir ohne Investoren, sind durchgängig profitabel und arbeiten in cross-funktionalen Teams an gemeinsamen Zielen.

Und es hat Scrum gemacht

Als wir 2009 unsere Telefonanlage sipgate team auf den Markt gebracht haben, wurde schnell klar, dass sich etwas ändern muss. Denn nicht nur die Entwicklung gestaltete sich unerwartet langsam, auch der Fehleranteil war nach der Veröffentlichung unverhältnismäßig hoch. Aus einem einst schnellen Start-up war ein langsames, ineffizientes Unternehmen geworden. Wie konnte das sein? Noch nie hatten so viele gute Entwickler bei sipgate gearbeitet wie zum Zeitpunkt des Launchs. Aber genau hier lag ein Teil des Problems.

Wir waren davon ausgegangen, dass unser Wachstum uns schneller und besser machen würde. Es klang logisch: mehr Hirn, mehr produktiver Output. Dass das Ergebnis das Gegenteil unserer Erwartungen war – eine ernüchternde Erkenntnis. Mit einer Unternehmensgröße von 70 Leuten brauchte es eine neue Organisationsstruktur. Zwar gab es ein paar Teamleiter, aber irgendwie passte Hierarchie schon damals nicht zu unserer Unternehmenskultur. Also machten wir uns auf die Suche. Auf die Suche nach Gleichgesinnten und Antworten. Wir wälzten Bücher und stießen letztlich auf Scrum. Nicht nur, dass es Unternehmen gab, die die gleichen Probleme hatten wie wir, sie hatten auch die passende Lösung parat. Das Beste daran: Die Lösung bestand aus klaren und überschaubaren Handlungsanweisungen. Nicht zu theoretisch und definitiv umsetzbar.

Unsere Gründer Tim und Thilo hatten immer eine andere Art von Unternehmensführung im Sinn als das herkömmliche Top-down. Nach und nach wurden unsere Organisationsstrukturen auf Scrum ausgerichtet. Die Kommunikation verbesserte sich immens. Aus vielen Einzelkämpfern und Wissensinseln wurden transparente Teams, die auch heute noch gemeinsam und nachhaltig an sinnvoll gesetzten Zielen arbeiten.

Damals trafen Tim und Thilo, also unsere Geschäftsführer, die Entscheidung: Wir probieren das jetzt aus. Und wir ziehen das durch, auch wenn es wehtut. Das ist der ganz wesentliche Punkt, der uns von vielen anderen Unternehmen unterscheidet. Unsere Geschäftsführung treibt die Transformation mit voran, mit allen Konsequenzen auch für ihre eigene Rolle. Es gehört auf jeden Fall zum Erfolgsfaktor von sipgate. Agilität gilt nicht als Nice-to-have, um als Arbeitgeber gut dazustehen, sondern erweist sich bei uns in vielen Fällen als essenziell, um schneller bessere Produkte zu entwickeln.

Heute arbeiten alle unsere Teams eigenverantwortlich und selbstorganisiert. Nicht jedes Team setzt dabei heute noch auf Scrum, manche arbeiten mit Kanban oder suchen sich aus allem das für sie Wertvollste heraus. Diese Freiheit haben wir aber nur, weil leane und agile Prinzipien bereits ganz tief in unserer Unternehmens-DNA verankert sind. Allein der Gedanke des Continuous Improvements verhindert, dass wir stagnieren. Wir entwickeln uns konstant weiter und überprüfen regelmäßig den Status quo.

Die Entwicklung unseres Peer Recruitings

Während es in allen anderen Bereichen des Unternehmens immer darum ging, möglichst kurze Kommunikationswege zu haben und schnell Fehler zu machen, lag die Personalarbeit 2012, als Thu ins Unternehmen kam, noch weitgehend in den Händen der erweiterten Geschäftsführung. Thu hat als Personalerin ihren Job gemacht, administrative Aufgaben übernommen, aber die Geschäftsführung führte in den meisten Fällen die Bewerbungsgespräche – auch noch mit knapp unter 100 Mitarbeitenden. Nicht der effizienteste Weg.

Unter anderem durch Impulse von Tim fingen wir langsam an, Peers mehr und mehr in die Personalarbeit einzubeziehen. Ohne konkreten Plan, was passieren sollte, veränderte sich die Arbeit immer mehr, es entwickelte sich etwas Neues. Niemand hat konkret von leaner oder agiler Personalarbeit gesprochen, aber es ging darum, Waste zu vermeiden. Dafür sorgte das in den Köpfen bereits verankerte Prinzip, Dinge dort zu entscheiden, wo sie sinnvollerweise am besten entschieden werden können. Thu, die vom Studium gekommen war und noch nie etwas mit agilem Arbeiten zu tun hatte, ging immer mehr in den Austausch mit den Scrum Mastern. Und wie das so ist, wenn man Dinge nicht allein macht: Durch gemeinsame Überlegungen entstanden neue Ideen. Thu erfuhr immer mehr über Agilität, über die Prinzipien und »wie man das so macht«. Wobei sie noch nie allein dagesessen und sich ein Konzept überlegt hatte: Schon immer entstand alles aus einer Reihe von Menschen, die mit dem etwaigen Thema in Berührung gekommen sind. Bei uns waren schon immer jeweils diejenigen dabei, die Sinnvolles beitragen konnten.

Wenn wir von unserem Peer Recruiting berichten, denken Menschen oft, wir hätten das von einem Tag auf den anderen laut Plan umgestellt. Aber das stimmt nicht. Es hat sich über einen längeren Zeitraum nach und nach entwickelt. Die leanen Prinzipien waren nirgendwo an die Wand getackert, aber unterschwellig haben sie in alles hineingewirkt. Ohne dass jemand das explizit erwähnt hat, haben wir uns immer um kurze Kommunikationswege bemüht sowie darum, schnell Fehler zu machen und zu sagen, wo wir stehen, um herauszufinden, wie wir uns verändern müssen.

So entwickelte sich das Recruitung also nach und nach dahin, dass die Peers – die Fachkollegen – in den Teams, in denen Personalbedarf bestand, immer mehr Verantwortung übernahmen. Wir vom Personalteam »Nur Gutes« unterstützen die Peers beim Recruiting. Das beginnt damit, dass wir den gemeldeten Bedarf zunächst hinterfragen. Vielleicht gibt es ja eine bessere Möglichkeit, den Engpass im Team zu beenden als eine Einstellung. Falls es aber tatsächlich die beste Lösung ist, dann wird ausgeschrieben. Den Text dafür überlegt sich das Team selbst, denn nur die direkten Peers wissen, was genau gebraucht wird. Wir wiederum schalten die Anzeige. Passt eine Bewerbung, wird zum Vorstellungsgespräch eingeladen. In Alltagskleidung. Wir möchten den Menschen wirklich kennenlernen – und er soll sich wohlfühlen. Das ist bei vier, fünf gesprächsführenden Peers dadurch gegeben, dass wir zum einen die Kandidaten über die Anzahl der Gesprächsteilnehmer »vorwarnen«, zum anderen auch in einer Runde sitzen, nicht als Jury gegenüber. Nach dem Gespräch klären wir, ob derjenige zum Probearbeiten eingeladen wird – mit echten Aufgaben im echten Team. Oder ob eine Absage sinnvoller ist. Die Entscheidung wird den Kandidaten umgehend telefonisch mitgeteilt. Auch das übernehmen die Peers. Das Probearbeiten erfolgt über zwei Tage und am darauffolgenden Tag wird die frohe oder unfrohe Botschaft wieder telefonisch überbracht – von einem Peer, der das Probearbeiten mit begleitet hat. Bis zum Tag X bleiben wir mit dem »Neuling« in Kontakt, z. B. durch eine von vielen Kollegen unterschriebene Willkommenskarte oder eine Einladung zu unseren Veranstaltungen. Vor allem aber wird ein Porträt des neuen Mitarbeitenden am Willkommens-Board aufgehangen. Damit können die alten Hasen den Newbie bereits am ersten Tag mit Namen begrüßen. Zur Beruhigung steht dem neuen Mitarbeitenden von Anfang an ein Pate zur Seite, der über die sechs Monate Probezeit für Fragen zur Verfügung steht, den Newbie begleitet und dafür sorgt, dass die Feedbackgespräche stattfinden – das erste nach zwei, das zweite nach vier Monaten. Wir vom Personalteam moderieren diese Gespräche. Geführt werden sie von einem Team aus Peers – aus dem eigenen Team, anderen Teams, der Rolle. Sie diskutieren zunächst die Keeps, Ideas und Highlights – Was läuft gut? Wo gibt es Entwicklungspotenzial? Was macht sie/er toll und einzigartig? – und teilen das Ergebnis dann gemeinsam mit. Wir begleiten den gesamten Prozess eher aus einer Coaching-Rolle heraus.

Abb. 15: Bewerbungsgespräch

Der Kontakt zu unseren Bewerbern hat sich im Laufe der Zeit stark verändert. Im Jahr 2017 haben wir zum Beispiel angefangen, individuelles Feedback auf Bewerbungen zu geben – sowohl bei Direktabsagen als auch bei den Menschen, die vielleicht auch beim Gespräch oder zum Probearbeiten da waren. Dafür bekommen wir sehr gute Rückmeldungen von unseren Bewerbern.

Zurückblickend lässt sich sagen, dass früher in der Probezeit selten die Frage aufkam, ob jemand bleibt oder nicht. Die Verantwortung hierfür lag nämlich bei der Geschäftsführung. Über die letzten sechs bis sieben Jahre ist allen sipgate-Mitarbeitenden klar geworden: Das Recruiting hört nicht mit der Einstellung auf. Den neuen Kollegen gut onzuboarden und in der Probezeit zu entscheiden, ob sich der neue Kollege bewährt, gehört auch dazu.

Mittlerweile haben wir im Personalteam angefangen, unsere Arbeit als Produkt zu sehen, um uns noch mehr am Kunden zu orientieren. Wir diskutieren, für wen wir unsere Prozesse und Tools bauen; stellen uns konkret vor, für wen was Wert hat, aus welcher Perspektive wir etwas angehen sollten. Das führt zu vielen Diskussionen, da wir auch im Team dazu nicht immer einer Meinung sind. Aber die Diskussion ist sachlich und wir halten dadurch die Balance. Wir fragen uns, wie wir die Sichtweisen der anderen mit einbeziehen können. Wir entwickeln User Stories und Customer Journeys: Wie verläuft der Weg eines Bewerbers von »sipgate – kenne ich nicht« über die Einstellung bis zur Ausstellung? Obwohl wir sehr offen sind, ist es wirklich eine Herausforderung, aus unserer Denke herauszukommen. Wir probieren viele Methoden aus und holen uns Ratschläge von Kollegen. Ein Lean Canvas haben wir beispielsweise zu der Frage entwickelt, was wir mit Kollegen machen, die häufig oder dauerhaft krank sind. Auch da stellte sich die Frage, wer der Kunde ist: der Kranke oder das Team, das die Auswirkungen des Ausfalls zu tragen hat?

Mit Ausprobieren zum Erfolg

Wir entwickeln uns immer weiter, wollen immer noch tiefer rein, die agile Arbeitsweise noch stärker im Personalteam »Nur Gutes« umsetzen. Aus dieser Art, Personalarbeit zu leben, ergeben sich ganz andere Prioritäten in der täglichen Arbeit. So ist für uns mittlerweile das zentrale Element, das Peer-Verantwortungskonzept weiter zu stärken. Also die Kollegen darin zu unterstützen, bessere Entscheidungen zu treffen und dem ganzen Prozess sowie den Menschen darin Raum zu geben. Es hat unsere Arbeit komplett verändert, dass die Peers selbst Verantwortung – und zwar End-to-End – übernehmen, statt dass Personaler das machen oder Prozesse für Führungskräfte gebaut werden. Das unterscheidet uns sicher stark von anderen Unternehmen.

Meist erfolgt unsere Personalarbeit im Alltag, wenn Fragen aufkommen. Wir begleiten Peers in den Fragen: Wen sucht Ihr für Euer Team? Was ist Euch wichtig? Wir unterstützen anhand von aktuellen Problemen, wenn sie da sind. Wir stellen einen Rahmen, in dem Probleme angesprochen werden können.

Abb. 16: Sichtung der Bewerbungsunterlagen

Die besten Lernerfahrungen haben Peers tatsächlich in Konflikten, in denen sie Verantwortung spüren und übernehmen. Da sind wir immer ganz nah dran und begleiten, damit sie gut damit umgehen können und daran erstarken. Es braucht viel Bauchgefühl, um zu erfassen, inwieweit man reingeht, wie weit das Team ist. Das entwickelt man über die Zeit. Und manchmal muss man einfach nur als Unterstützung dabei sein und geduldig warten. In Zweierkonflikten gehen wir bisweilen in die moderierende Rolle, vermitteln, damit das Gespräch in eine gute Richtung läuft. Auch hier durchlaufen wir einen ständigen Prozess.

Das letzte Lean Canvas, das wir bearbeitet haben, drehte sich darum, einen Rahmen zu schaffen, in dem Probleme mit Kollegen besser angesprochen und bearbeitet werden können. Unsere regelmäßigen Feedbackgespräche sind hierzu nicht geeignet, da hier die persönliche Weiterentwicklung im Fokus liegt und man bei Problemen auch nicht auf ein solches Gespräch warten sollte. Mittlerweile haben wir ein paar Wochen an dem Rahmen gearbeitet und probieren jetzt aus, den Peers Tools an die Hand zu geben, um da Verantwortung zu übernehmen.

Doch unsere Art, Personalarbeit zu leben, fühlt sich nicht nur richtiger an – wir erzielen damit auch sehr gute Ergebnisse: Im Zeitraum von 2013 bis 2019 konnten wir den Prozentsatz der Kolleginnen und Kollegen, von denen wir uns insgesamt getrennt haben, von 8,6 auf 5,8 senken. Und von sich aus kündigten in 2013 noch 7,8 Prozent, in 2019: null. Insgesamt haben wir die Fluktuation von 16,4 auf 5,8 Prozent gesenkt.

Was sind die Erfolgsfaktoren? – Wir achten schon in der Bewerbung darauf, dass die Bewerber unsere Art, zu arbeiten, auch wirklich wollen, und fragen zum Beispiel: Wie würdest Du ein Konfliktgespräch mit einem Kollegen führen? Für manche ist Pair Programming zum Beispiel eine Prüfungs- und Drucksituation. Es ist keine Schande, wenn man das nicht kann oder will. Nur weil die Arbeitsweise nicht die eigene ist, ist man ja kein schlechter Programmierer. Es muss sich nicht jeder dem beugen, nur weil es gerade Trend ist. Aber wir wollen keinen unglücklichen Kollegen haben. Daher schauen wir sehr genau hin, ob jemand passt. Wir wollen Bewerbern deshalb im Recruiting einen möglichst authentischen Eindruck von unserer täglichen Arbeit vermitteln. Es kostet viel Geld, jemanden einzustellen, den man wieder gehen lassen muss, es lohnt sich also an der Stelle, sehr konsequent zu sein.

Doch so weit, wie wir bereits sind: Wir können uns nicht ausruhen. Der Arbeitsmarkt im Tech-Bereich wird immer umkämpfter und andere Unternehmen entwickeln sich auch weiter. Wie können wir die besten Leute bekommen – und auch halten, das ist die Herausforderung, der wir uns stellen müssen.

Zurzeit erhalten wir circa 80 Bewerbungen im Monat. Diese Menschen wollen häufig zu uns, weil sie von unserer Art zu arbeiten gehört haben. Aber es gilt noch viel Potenzial zu heben. Angefangen haben wir damit, im Bereich der Softwareentwicklung eigenen Nachwuchs »heranzuziehen«. Es war nicht immer einfach, Auszubildende Fachinformatiker im selbstorganisierten Procedere entsprechend unserer Ansprüche auszubilden. Nun gibt es das Team »Hacking Talents«, das mittlerweile aus ca. 15 Informatikstudierenden und weiteren Auszubildenden besteht. Drei UXler machen das Ganze cross-funktional. In diesem Team können sie auf Augenhöhe lernen. Zwei langjährige Softwareentwickler koordinieren das Ausbildungsprogramm, versorgen die Teams mit Arbeit und stehen auch sonst für die meisten Fragen zur Verfügung. Es kommen mehr als 1.500 Bewerbungen für eine Auszubildendenstelle pro Jahr zusammen, damit haben wir eine Marktlücke getroffen. Es ist ein tolles Angebot, das hervorragende Rahmenbedingungen bietet, um neben dem Studium spannende Arbeiten machen zu können und dabei von der Unternehmenskultur und dem Können der Kollegen zu profitieren.

Unser Onboarding ist davon geprägt, dass wir unsere Kultur ganz stark vorleben und dadurch auch weitergeben. Wenn es in der Probezeit doch mal scheitert, liegt es häufig daran, dass es in Sachen Kultur nicht passt. Wer bei uns glücklich werden will, muss Lust auf Teamarbeit, Veränderung und Weiterentwicklung haben.

Es hilft, sich die Arbeit sichtbar zu machen

Was uns in der Weiterentwicklung der Personalarbeit sehr geholfen hat, war unser Kanban Board. Damit haben wir unsere Arbeit sichtbar gemacht. Wir sahen sehr genau, welche Arbeit da ist und was davon wirklich wertschöpfend ist. Denn wir haben zwei verschiedene Arten von Arbeit: Dinge, die getan werden müssen, aber nur einmal Wert schaffen (wie zum Beispiel die Erstellung eines Arbeitszeugnisses für einen Kollegen), und Dinge, die uns wirklich voranbringen und die Kollegen unterstützen. Mit den Aufgaben, die einfach nur abgearbeitet werden müssen, lässt sich unser Arbeitstag locker füllen, aber die anderen sind viel wertvoller. Und nur, wenn man sich vor Augen führt, welche Aufgaben alle anfallen und diese reflektiert, kann man sinnvoll priorisieren – das ist das A und O. Als Team war es für uns ein großer Entwicklungsschritt in eine Richtung, die uns und dem Unternehmen guttut. Wir versuchen, die nur einmal wertschaffenden Dinge kleinzumachen und uns nicht mehr auf alle Dinge gleichzeitig zu stürzen. Damit fokussieren wir uns auf Themen, entwickeln sie weiter und schaffen am Ende viel mehr Wert.

Natürlich muss man dazu viel diskutieren und sich darüber einig sein, was man wirklich machen möchte, um Ziele zu erreichen. Dieses gemeinsame Denken und Arbeiten ist extrem wertvoll. Weil man sich immer wieder hinterfragt und pusht. So kann man nicht den einfachsten Weg wählen, sondern geht an die Wurzeln: Wie kann man das Problem so lösen, dass es nächste Woche nicht nochmal auftritt?

Klarheit ist dabei ein wichtiger Faktor. Dazu haben uns die Vorträge verholfen, die wir immer wieder gehalten haben und halten. Man muss sich auf ein Wording einigen, wodurch die Dinge greifbarer werden; viele Fragen tauchen auf. Die Vorträge zum Peer Recruiting oder Peer Feedback zeigten uns erst, worum es uns dabei wirklich geht. Durch diese Klarheit konnten wir Entscheidungen viel zielgerichteter treffen und die Prozesse weiterentwickeln.

Abb. 17: Feedbackgespräch

Ein Workhack, der momentan im Beta-Stadium ist, ist unser Buddy-System: Wir stellen jedem Bewerbenden, der zum Gespräch oder zum Probearbeiten kommt, einen Buddy aus derselben Rolle zur Seite. Der meldet sich beim Bewerber, macht den Termin aus, gibt Rückmeldung. Seitdem wir das machen, sind wir viel mehr außen vor. Weil der Rahmen so gut gesteckt ist, läuft der Prozess auch ohne uns reibungslos. Die Peers können den ganzen Einstellungsprozess wie ein Paket nehmen und einsetzen. Das geht natürlich nur, wenn man sich beim Bauen des Prozesses ständig Feedback einholt und Verbesserungen vornimmt. Wir haben die Verantwortung für das Gesamtsystem, die Ownership liegt bei uns. Deswegen dürfen wir auch den Bezug nicht verlieren. Wir stehen inzwischen nicht mehr so stark in direktem Kontakt zu den Bewerbern, sind oftmals auch in den Bewerbungsgesprächen nicht mehr dabei. Seitdem steht für uns die Frage im Raum, wie der Prozess wohl für die Bewerbenden ist. Wenn Menschen zum Probearbeiten kommen, setzen wir uns daher meist noch auf einen Kaffee zusammen und fragen, welchen Eindruck sie hatten, wie der Prozess für sie war.

Der Wert, den das Personalteam schafft, hat sich total verändert und das prägt auch das Unternehmen. Alle fühlen sich viel verantwortlicher für ihre Peers und das Unternehmen.

Seid mutig!

Eines steht fest: Es braucht Mut. Den Mut, Dinge laufen zu lassen; andere Menschen Fehler machen zu lassen.

Wir benötigen zudem Mut, da loszulassen, wo es für das Unternehmen wichtig ist. Wir dürfen keine Angst davor haben, als Personaler nicht mehr gebraucht zu werden. Wir können darauf vertrauen, genügend Kompetenzen und Skills mitzubringen, die wertvoll sind für das Unternehmen. Und dass es genug Spielraum gibt, um anderes zu machen. Sich auf Neues einzulassen, ohne zu wissen, wohin es führt.

Überhaupt ist es in erster Linie eine Haltungsfrage. Viele Menschen aus dem Personalbereich sind in ihrer Rolle im Zwiespalt, wie sie sich verhalten sollen, und grenzen sich ab: Wir sind HR und das sind die Mitarbeitenden. Dadurch begegnen sie ihnen nicht auf Augenhöhe. Uns ist wichtig, viel mit Kollegen im Gespräch zu sein – um ein Gefühl für die Menschen zu bekommen, für die man dann Prozesse baut. Oder besser noch: die Prozesse mit ihnen zu bauen.

Dabei gilt es, die Dinge so zu gestalten, dass die Masse davon profitiert. Es kann keine Option sein, auf den Einzelfall zu optimieren, um sich zu schützen. Natürlich muss man sich über den Worst Case Gedanken machen, damit einem nichts auf die Füße fällt. Aber in erster Linie wollen wir unser Produkt »Arbeiten bei sipgate« – für unsere Kunden, den Kollegen bei sipgate und denen, die es noch werden könnten – attraktiv gestalten.[208]

---

208 Dieses Kapitel basiert größtenteils auf der Transkription eines Gesprächs mit Carina Visser und Thu Pakasathanan, Mitglieder des Personal-Teams »Nur Gutes« bei sipgate, im Oktober 2019.

4.2.3   Praxisbeispiel: metafinanz – radikale Kundenorientierung mit dem Shop-Modell

Rainer Göttmann, Carina Seubert, Marcus Berghoff, Michael Fleischmann

Das Unternehmen

Die Transformation von Business in neue Modelle für die Wirtschaft 4.0 ist das Kerngebiet von metafinanz Business & IT Consulting. Das Unternehmen berät Kunden unter anderem in den Themenfeldern Digitale Business Modelle, Geschäftsprozesse, Business Analytics, IT-Transformation, Risk und Security und begleitet sie mit interdisziplinären Teams über die gesamte Wertschöpfungskette in die digitale Welt. Das in München, Stuttgart und Frankfurt ansässige Beratungshaus schöpft als Inkubator für neue Technologien dabei aus 30-jähriger Business-Erfahrung. metafinanz ist fast ausschließlich in komplexen Abläufen und Veränderungsprozessen von Großkonzernen zu Hause. Das Unternehmen selbst hat bei einem Umsatz von 200 Millionen Euro knapp 800 Mitarbeitende mit einem Durchschnittsalter von 38 Jahren. Als Unternehmen eines weltweit agierenden Versicherungskonzerns vereint es die Vorteile des Konzernumfelds mit einer lebendigen Start-up-Kultur, bei der stets der Mensch im Mittelpunkt steht.

Aufbruch in die agile Transformation

Der Grund: Nah am Kunden sein

Woher wissen wir, was unsere Kunden wirklich brauchen? Wie können wir unsere Wettbewerbsfähigkeit erhalten? Wie unsere Reaktionsfähigkeit erhöhen und flexibel auf die Bedürfnisse unserer Kunden eingehen? Das waren die entscheidenden Fragen, vor denen wir – bedingt durch das extrem dynamische Marktumfeld – im Jahr 2016 gestanden haben. Zu diesem Zeitpunkt waren die gesamte Wirtschaft sowie die IT-Branche bereits in enormer Bewegung und uns war klar: Man kann nicht starten, wenn man mit dem Rücken an der Wand steht – jetzt müssen wir loslegen. Wir müssen die Entwicklungen auf dem Markt schneller erkennen, unsere Kunden besser verstehen, um sie in die digitale Welt zu führen und sie nicht zu verlieren. Dieser große externe Treiber wurde befeuert durch interne Treiber im Unternehmen: Schon zuvor haben wir uns immer wieder damit auseinandergesetzt, ob wir eigentlich richtig aufgestellt sind mit der klassischen Organisation in Sales, Projektabwicklung, Professional Service, Corporate Functions und HR. Denn ist es so wirklich möglich, die richtigen Themen zu platzieren? Und wissen wir, was unsere Mitarbeitenden wollen? Auch hier ging es also um das Bestreben, am internen wie auch externen Kunden künftig näher dran zu sein.

Die Transformation zu einem agilen Unternehmen ist unsere Antwort auf die vielen gestellten Fragen. Sie war kein Vorhaben, mit dem wir bewusst dem allgemeinen Ruf nach mehr Agilität gefolgt sind. Vielmehr hat sich angesichts all der beschriebenen Veränderungen Agilität für uns als das richtige Mittel zum Zweck herausgestellt. Denn wir wollten schnell agierende Einheiten etablieren, hierfür unternehmerisch handelnde Mitarbeitende an Bord haben und die richtigen neuen Talente gewinnen. Um diese Ziele zu erreichen, mussten und müssen wir fundamental anders arbeiten. Wir brauchen nicht nur kundenorientierte Prozesse, sondern eine kundenorientierte Organisation. Das schließt eine veränderte Strategie und den Abschied von einer als klassisch bezeichneten Unternehmensstruktur ein, die hierarchisch gegliedert ist.

Radikale strukturelle Veränderungen gleich zu Beginn: Bildung von Business Areas und Shops als dezentrale Teams
Ende 2016 fiel der offizielle Beschluss, unsere Struktur im Unternehmen zu verändern, und bereits am 1. Mai 2017 haben wir eine neue Struktur in Form des integrierten Business Target Modells (iBTM) bei der metafinanz eingeführt: Statt wie früher in Abteilungen ist unser Unternehmen jetzt in circa 50 Business Areas gegliedert. Diese setzen sich aus dezentralen Teams zusammen, die jeweils autonom arbeiten und deren Ziel es ist, unsere Kunden bestmöglich zu unterstützen. Diverse Serviceeinheiten, die wir als Shops bezeichnen, unterstützen wiederum die Business Areas bei ihrer Arbeit.

Im Zuge dieser radikalen strukturellen Veränderung blieb nicht aus, dass wir auch Führung und Kultur auf die Change-Agenda genommen haben. Durch den Wegfall von Hierarchien ist klassische Führung obsolet geworden. Im Fokus stehen stattdessen Leadership durch Könnerschaft, die Befähigung von Teams zur Selbstorganisation und die Förderung jedes einzelnen Mitarbeitenden zu Unternehmertum und Eigenverantwortung.

Der Agilitätsprozess bei HR: Grundlegende Änderungen in sechs Dimensionen

Wir haben uns im HR das Ziel gesetzt, Produkte zu bauen, die von unseren Kunden – den Mitarbeitenden – wirklich gebraucht und nachgefragt werden. Unsere Produkte sollen echten Business Value erzeugen und wir wollen die Dinge abschaffen, die die Organisation unnötig beschäftigen. Wir sind auch hier iterativ, aber radikal vorgegangen und hinterfragen immer noch konsequent: Was müssen wir (gesetzliche und regulatorische Anforderungen) und was wollen wir tun (Produkte im Shop, die einen klaren Wertbeitrag liefern)?

Strategie: Weg von der Personalabteilung hin zum Kundencenter mit dem Ziel einer radikalen Kundenorientierung

Kundenzentrierung schreiben sich fast alle Unternehmen seit vielen Jahren auf die Fahne. Und auch die HR-Abteilungen sprechen inzwischen von ihren Mitarbeitenden als interne Kunden. Doch meist ist die angebliche Kundenorientierung für den Mitarbeitenden selbst gar nicht spürbar. Genau das wollen wir anders machen. Hier setzen wir an: Unsere Idee ist, wirklich immer vom Kunden aus zu denken. So steht für HR auch die Frage im Mittelpunkt, was der Wert ist, den eine HR-Abteilung in den täglichen Business-Prozessen beim Kunden erzeugen kann? Das schließt ein, genau hinzuschauen: Was sind das eigentlich für Menschen, die bei der metafinanz arbeiten? Was macht sie aus und was brauchen sie von HR? Die radikale Kundenorientierung schließt dabei Compliance-Aufgaben nicht aus – und darf es auch nicht. Eine gute Balance zwischen den mit der Kundenzentrierung verbundenen Aufgaben (und somit dem Wertschöpfungs-Mindset) und den Compliance-Aufgaben zu finden, ist die größte Herausforderung bei unserer Transformation zur agilen HR-Organisation.

Struktur: In Shops und Produkten denken

In der Struktur findet unsere radikale Kundenzentrierungsstrategie ihren Ausdruck. Denn wir haben das HR-Kundencenter tatsächlich wie einen Shop gestaltet, der attraktive Produkte für unsere Mitarbeitenden bereithält. Konkret umfasst der Staff Development (SD) Shop folgende vier Produkte:

1. Career Coaching
2. Team Empowerment
3. Search
4. HR Solutions

Das Denken in Shops und Produkten nehmen wir sehr ernst: War früher die HR-Abteilung unter sich in einem Büro, sind wir heute nicht mehr so weit weg von den Menschen, sondern sitzen in einem Open Space und haben unsere räumliche Gestaltung an die Bedürfnisse unserer Kunden angepasst. Für die Mitarbeitenden ist es so einfacher, in den Shop zu kommen und die von ihnen gewünschten Produkte und Beratungsleistungen einzukaufen. Zudem ist diese Aufstellung die Reaktion auf den Anspruch nach höherer Qualität: Wir reflektieren und besprechen jedes einzelne Produkt im Shop regelmäßig, ob es wirklich gefragt oder eher ein »Ladenhüter« ist, und ersetzen es bei Bedarf durch ein neues innovativeres Produkt.

Prozesse: Weg von Kontroll- hin zu Fürsorgeprozessen

Da unsere Mitarbeitenden eigenverantwortlich und selbstorganisiert arbeiten, sind Kontrollprozesse nicht mehr gefragt. Dennoch muss HR auf die Mitarbeitenden »aufpassen«, denn selbstbestimmtes Arbeiten birgt zum Beispiel auch die Gefahr der Selbstausbeutung. Doch auch hier geht es wiederum nicht um Vorgaben, vielmehr kommt es auf ein hohes Maß an Fürsorge für die Mitarbeitenden an: Früher haben wir beispielsweise kontrolliert, wann und wie viel Urlaub der Mitarbeitende nimmt, heute sorgen wir dafür, dass entsprechende Erholungszeiten von Mitarbeitenden eingeplant und genommen werden.

Auch Beteiligungsprozesse spielen bei der metafinanz eine große Rolle. Durch unsere agile Arbeitsweise werden die Kunden und Teams in die Entwicklung unserer Produkte, z. B. die Einführung der Vertrauensarbeitszeit 2.0, neue HR-Self-Services sowie die Neugestaltung des Gehaltsüberprüfungsprozesses, sehr früh eingebunden und zu Reviews eingeladen.

Leadership: Unternehmertum etablieren

Der Mitarbeitende bei der metafinanz übernimmt Verantwortung und Intrapreneurship. Er ist wie ein eigener Unternehmer im Unternehmen. Das bedeutet auch: Der Mitarbeitende gehört sich selbst – nicht seiner Führungskraft. So kümmert er sich auch eigenverantwortlich um sein Gehalt, seine Karriere und seine Weiterentwicklung. Der Staff Development Shop unterstützt ihn dabei, wann auch immer der Mitarbeitende dies anfordert – und wirkt so letztlich mit, Intrapreneurship im Unternehmen zu festigen.

Kommunikation: Von Push zu Pull

Entsprechend des vorangegangenen Gedankens vom unternehmerisch denkenden und agierenden Mitarbeitenden gilt auch für die Staff-Development-Produkte und -Tools, dass die Personaler diese nicht propagieren und zu den Mitarbeitenden tragen. Vielmehr kommen die Mitarbeitenden von sich aus auf den Staff Development Shop zu, sofern sie einen Bedarf haben. Dabei wählen sie sich im übrigen ihren Staff-Development-Ansprechpartner selbst aus und werden nicht wie früher einem Personalverantwortlichen zugeteilt, der zum Beispiel durch eine alphabetische Ordnung für sie zuständig ist.

Kultur: Vertrauenskultur schaffen

Wie bereits erwähnt: Der Mitarbeitende gehört sich selbst! Dieser Gedanke prägt die Kultur von der metafinanz ganz wesentlich. Wir glauben, dass unter den richtigen Bedingungen Mitarbeitende in der Lage sind, sich selbst zu führen und Verantwortung zu übernehmen. Selbstbestimmtes Arbeiten und als Basis hierfür Vertrauen und Transparenz stehen im Fokus. Essenziell ist, auf die Fähigkeiten, das Engagement und den Willen der Mitarbeitenden zu vertrauen – und das bereits dann, wenn der Weg gerade erst beschritten wurde.

Das Arbeiten auf Augenhöhe, das Treffen von gemeinsamen Entscheidungen sowie die ressourcen- und kompetenzbasierte Projektaufteilung sind Bestandteil unserer Arbeitsweise im Staff Development Shop heute.

Recruiting bei metafinanz nach der agilen Transformation

Wen wir suchen

Wer den Schutz einer Linienorganisation benötigt, ist bei der metafinanz nicht gut aufgehoben. Basierend auf unserer Unternehmenskultur suchen wir Mitarbeitende, die in der Lage sind, Verantwortung für sich zu übernehmen. Pioniergeist, Can-Do-Spirit, die Lust am Entdecken und Netzwerken sind weitere Eigenschaften, die in unserem Unternehmen wichtig sind. Daher achten wir bei der Mitarbeitendenauswahl gezielt auf die passende Attitude der Bewerber und weniger auf die Skills. Letztere sind ebenfalls wichtig, aber man kann sie erlernen. Haltung jedoch lässt sich nur schwer verändern. Diese Einstellung macht die metafinanz auch nach außen sichtbar: So präsentieren wir auf unserer Karriereseite keine Rollenbeschreibungen, sondern die von uns gelebte Haltung – und dies in anschaulicher Form von Menschen, die bei uns arbeiten.

Wie wir suchen

1. **Das Produkt »Search« als Ausdruck eines neuen Selbstverständnisses**
   Die Mitarbeitersuche, die gemeinhin als Recruiting bezeichnet wird, ist eines der vier Produkte in unserem Staff Development Shop, die wir als »Search« bezeichnen. Diesem Produktnamen liegt ein Erkenntnisprozess zugrunde, der einmal mehr deutlich macht, wie wichtig es ist, sich mit dem Bedarf, der Einstellung und den Wünschen der internen Kunden auseinanderzusetzen.
   Wir haben das Produkt zunächst Recruiting genannt, mussten aber erfahren, dass es großen Widerstand der Teams gegen das Produkt gab. Sie haben das Produkt quasi boykottiert. Warum? Nach einem intensiven Austausch mit unseren Kunden haben wir festgestellt, dass die Teams das Rekrutieren von neuen Mitarbeitenden als ihre Aufgabe sehen und nicht als Aufgabe von Staff Development. Die Begründung war: Der Mitarbeiterbedarf entsteht in den Teams, nicht im Shop. Sie sind es, die neue Mitstreiter für ihre Themen gewinnen wollen. Doch was ist nun die Aufgabe von Staff Development? Nach einem längeren Reflexionsprozess haben wir unser Selbstverständnis für Recruiting neu definiert. So sehen wir uns heute nicht mehr in der Verantwortung, die richtigen Leute zu rekrutieren. Wir sehen uns aber in der Verantwortung, die Teams bei ihrer Besetzung bestmöglich zu unterstützen – und zwar, indem wir ihnen die entsprechenden Marktzugänge eröffnen und potenzielle Kandidaten vorschlagen. Dieses neue Selbstverständnis im Recruiting soll auch der Produktname »Search« zum Ausdruck bringen.
2. **Der Recruiting-Prozess in der Praxis**
   Nach der Differenzierung der Aufgaben im Recruiting läuft der Prozess bei der metafinanz fortan folgendermaßen ab: Ein Team hat einen Bedarf an einem neuen Mitarbeitenden. Mit diesem Anliegen – der Recruiting-Anforderung – kommt es in den Staff Development Shop. Hier lässt sich das Team zunächst beraten, ob seine Vorstellungen bezüglich des neuen Mitarbeitenden tatsächlich seinem Bedarf entspre-

chen. In der Regel geht es hierbei nicht um fachliche, sondern um weiche Skills und die für die metafinanz richtige Haltung. So wird der Bedarf konkretisiert und das Kompetenzprofil des potenziellen Kandidaten gemeinsam festgelegt. Im Anschluss platziert der Staff-Development-Mitarbeitende die Suchanfrage auf den relevanten Plattformen und Märkten. Neben den externen sind auch die internen Marktzugänge, wie Mitarbeiterempfehlungen oder Best Friends, eine wertvolle Quelle. Ungefähr die Hälfte unserer Mitarbeitenden kommt auf diese Weise zur metafinanz. Im nächsten Schritt findet ein Erstgespräch in Form eines Telefon-Interviews statt. Darin erhält der Staff-Development-Mitarbeitende einen ersten Eindruck von dem Kandidaten, klärt seine Fragen und geht auf grundsätzliche Rahmenbedingungen ein (wie z. B. Eintrittsdatum, Wechselmotivation, Reisebereitschaft, Gehaltswunsch und Kündigungsfrist). Anschließend legen die Shop-Mitarbeitenden, analog zu einem externen Headhunter, dem Team eine qualifizierte Vorschlagsliste mit potenziellen Kandidaten vor. Nach Sichtung des Teams starten die ausgewählten Personalgespräche. In einem ersten Gespräch vor Ort möchte das Team einen persönlichen Eindruck gewinnen, ob der Kandidat fachlich und menschlich passt. Wichtig für metafinanz ist darüber hinaus, ob wir für den Bewerber eine Langfristperspektive in unserer Organisation sehen. Entsprechend wird hier auf dessen Persönlichkeit, auf seine Werte und Haltung geschaut. Dies wird in einem zweiten persönlichen Gespräch, in dem auch ein Staff-Development-Kollege mit dabei ist, überprüft sowie eine faire und marktgerechte Entlohnung festgelegt. Stehen alle Zeichen auf Positiv, wird entsprechend der Compliance-Anforderungen der Arbeitsvertrag in der digitalen Personalakte durch den Staff Development Shop nach den Unternehmensrichtlinien erstellt.

Eine weitere Option ist die Besetzung durch einen vorhandenen Mitarbeitenden. Dieser Prozess ist sehr schlank, er ist auf einen Knopfdruck reduziert. Dabei gelten die beiden Prinzipien: Der Mitarbeitende entscheidet selbst, in welchem Team er arbeiten möchte, und er organisiert den Wechsel businessverträglich. Hierbei unterstützt das Staff-Development-Team mit Empfehlungen. Fazit: Kein administrativer Aufwand in »HR« und keine Mitbestimmung durch »Hierarchien«.

Erfahrungen und Empfehlungen

Sich auf den Weg zu einer agilen Organisation zu machen, bedeutet eine Kompletterneuerung. So war es zumindest für die metafinanz. Kein leichtes Vorhaben, uns war nicht klar, wo es hingeht – und schon gar nicht, wo der Weg enden wird. Er war gesät mit Herausforderungen, Schmerzen, Tränen und Widerständen. Aber: Es hat sich gelohnt. Das heißt wiederum nicht, dass unser Weg zu Ende ist. Wir befinden uns im ständigen Beta und haben erkannt, dass die Agilitätsreise nie wirklich enden wird. Das heißt, Geduld und Ausdauer werden benötigt. Doch was ist noch wichtig für die Rolle von HR bei der agilen Transformation? Unsere Empfehlungen dazu:

1. **Radikale Kundenzentrierung**

   Vom Kunden her zu denken – und das in aller Konsequenz vom Anfang bis zum Ende. Das ist unserer Erfahrung nach der Schlüssel zum agilen Unternehmen – und ebenso zu agiler HR. Beschäftigt man sich einmal mit echter Kundenzentrierung, merkt man, dass Vieles, was man zuvor in HR gemacht hat, eigentlich nur dem Selbstzweck der Organisation beziehungsweise der Abteilung diente. Denn die Debatte um die Kundenzentrierung wird viel zu oft aus der eigenen Perspektive heraus geführt. Folglich ergibt sich daraus, dass man zu wissen meint, was für den Mitarbeitenden gut ist. Tatsächlich aber ist dies nicht der Fall, der Mitarbeitende fühlt sich vielmehr gezwungen, das Angebot von HR anzunehmen. Es gilt daher zu hinterfragen, was dem internen Kunden echten Nutzen bringt beziehungsweise was auf dessen Bedarf abzielt. Zudem muss dem Mitarbeitenden als internen Kunden im Sinne einer Wahlfreiheit begegnet werden. Ihn einzuladen und ihm die Wahl zu lassen, zu HR zu kommen oder eben nicht, ist fundamental wichtig.

2. **Völliges Bewusstsein der HR-Mitarbeitenden über die Wahlfreiheit der Mitarbeitenden und die damit verbundenen Konsequenzen**

   Unserer Meinung und Erfahrung nach geht die radikale Kundenzentrierung nur, wenn sich die HR-Abteilung zu einem Shop entwickelt. Denn einen Shop kann der Kunde von sich aus besuchen, er kann sich anschauen, was HR bietet und – wenn er mag – aus dem Angebot etwas auswählen.

   Wichtig ist, dass das richtige Selbstverständnis bei den Personalern vorhanden ist. Sie müssen die Gedanken der Wahlfreiheit des Kunden voll durchleben und sich über die Konsequenzen im Klaren sein. Wenn der Shop zum Beispiel zu schlechte Karrieregespräche führt, werden auch keine Mitarbeitenden mehr zu ihm kommen und er wird irgendwann arbeitslos sein. Der Shop ist also ein echtes Geschäft, und die HR-Mitarbeitenden sind gefordert, unternehmerisch zu handeln.

3. **HR-Mitarbeitende sollten sich als Coach und Berater verstehen**

   Die Mitarbeitenden der HR-Abteilung müssen vom Administrator zum Coach und Berater werden. Das heißt: Sie dürfen für die Anliegen ihrer Kunden nicht schon von vornhinein Lösungen im Kopf haben. Stattdessen tun sie gut daran, den Mitarbeitenden erstmal zu verstehen und ihm dann Raum für Lösungen zu eröffnen. Kommt beispielsweise ein Mitarbeitender, der ein Sabbatical machen möchte, dann hinterfragen wir erst einmal: »Warum möchtest du eine Auszeit nehmen, und was stellst du dir vor?« Dann zeigen wir auf, was alles möglich ist, statt gleich fertige Lösungen zu präsentieren. Nicht mehr als Verwalter, sondern als Coach und Berater zu agieren, benötigt Zeit und entsprechende Kompetenzen. Rund 50 Prozent der Mitarbeitenden unseres Staff Development Shops kommen aus der Beratung und haben eine Coaching-Ausbildung.

4. **Mutig sein**

   Wer die agile Transformation von HR in Angriff nimmt, braucht auch Mut. Denn es müssen alte Zöpfe abgeschnitten werden. Viele Prozesse, Tools und Angebote, die wir in den vergangenen Jahren etabliert hatten, haben wir im Zuge der

Transformation wieder aufgeben. Bestehende Entscheidungen mussten revidiert werden. Das heißt, neben Mut war auch die Angst vor Gesichtsverlust ein ständiger Begleiter. Wie erklärt man schließlich, dass man erkannt hat, dass Dinge, die man jahrelang gemacht hat, nicht mehr hilfreich sind? So ging es uns beispielsweise mit unseren Fortbildungskatalogen, die wir heute sehr gezielt auf den Markt ausrichten und permanent hinterfragen und optimieren. Ladenhüter fliegen sehr schnell wieder aus dem Katalog.

Fazit

Blicken wir auf Anfang 2017 zurück, wird die Entwicklung von metafinanz mehr als sichtbar: Innerhalb kürzester Zeit haben wir unser Unternehmen komplett auf den Kopf gestellt. Heute ist unser gesamtes Organisationsmodell agil. Das Fundament für die Veränderung im HR-Bereich ist dabei im Grunde ein tragender Gedanke: Statt der HR-Prozesse soll der Kunde, also der Mitarbeitende, im Mittelpunkt von HR stehen. Daraus ergaben sich die weiteren prägenden Veränderungen für die metafinanz: Wir legen Wert auf die Fürsorge für unsere Mitarbeitenden statt auf Kontrolle. So gehören auch Vorschriften der Vergangenheit an.

Stichwort Empowerment: Wir befähigen unsere Mitarbeitenden, eigenverantwortlich zu handeln. Hierzu ist wiederum Transparenz seitens HR nötig. Geheimnistuerei und Machtspiele sind Tabu.

Und schließlich gilt Unternehmertum in HR statt Verwaltung und Administration. Unsere HR-Mitarbeitenden sind Gestalter, keine Verwalter. Die sich daraus ergebene Konsequenz ist, dass permanente Reflexion und Weiterentwicklung von HR unerlässlich sind. Rechtfertigung und Stillstand waren gestern.

4.3   Der zweite HR-Wertschöpfungsprozess: Die Personalbetreuung und Personaladministration

4.3.1   Die fünf Reifegrade der Personalbetreuung und Personaladministration

Maike Goldkuhle

Nach der Auswahl der passenden Kandidaten (dem ersten HR-Wertschöpfungsprozess) werden die Mitarbeitenden in der Organisation durch HR betreut. So ist der zweite HR-Wertschöpfungsprozess die Personalbetreuung und Personaladministration. Unter Personalbetreuung werden alle unmittelbar auf die Mitarbeitenden in der

Organisation bezogenen Tätigkeiten von HR verstanden. Hierzu zählen etwa die Ausgestaltung der Arbeitsbedingungen, der Arbeitssysteme, der Arbeitsorganisation und des Arbeitsorts. Damit verbunden sind typischerweise alle Aufgaben rund um die Personalabrechnung, das Berichtswesen, die HR-Prozesse und das Systemmanagement sowie die HR-Kommunikation. Sie beinhalten die Gesamtheit aller administrativen, routinemäßigen Tätigkeiten in HR.

Unter der Personaladministration können wiederum alle Vorgänge rund um die Entgeltabrechnung, Reisekostenabrechnung, Darlehen, Werksverkäufe etc. subsumiert werden. Das Berichtswesen beinhaltet die Erfassung und Auswertung von Daten zur Fluktuation, Krankenstand, Arbeitszeit, Überstunden oder Urlaub. Bei den HR-Prozessen und dem Systemmanagement lassen sich interne und externe Prozesse unterscheiden. Externe Schnittstellen sind z. B. Meldungen für das Finanzamt, die Krankenkasse, die Agentur für Arbeit. Interne Meldungen beschreiben z. B. den Ablauf der Probezeit, Jubiläumsmeldung oder die Meldung von Sonderzahlungen. Die HR-Kommunikation umfasst schließlich alle relevanten Informationen, die einen einzelnen Mitarbeitenden, dezidierte Mitarbeitergruppen oder die gesamte Belegschaft betreffen.[209] Wie die Personalbetreuung und Personaladministration auf unterschiedlichen Reifegraden organisiert sind, betrachten wir nun im Detail.

Reifegrad 1

Auf Reifegrad 1 gibt es dezidierte Kapazitäten für die Personalbetreuung und Personaladministration, die sich explizit um diese Themen kümmern. Fachliche Entscheidungen werden anhand von gesetzlichen, tarifvertraglichen oder sonstigen Vorgaben beurteilt und gemäß den formalisierten standardisierten Prozessen abgearbeitet. Es gibt wenig Spielraum für individuelle Vereinbarungen. Da eine klare und starke Hierarchie in der gesamten Organisation vorherrscht, liegt das Hauptaugenmerk in der Personalbetreuung zunächst auf den Führungskräften. Diese werden stark unterstützt, etwaige Systeme sind darauf ausgerichtet, ihnen administrative und verwaltungstechnische Themen abzunehmen. Die Personaladministration sieht sich in dem Sinne als »Erfüllungsgehilfe« für die Führungskräfte der Fachbereiche.

Die Personaladministration setzt standardisierte Prozesse eigenständig um und hat die volle Hoheit darüber, diese effektiv und effizient in ihrem Sinne zu gestalten. Ihre Leitlinie ist die Risikominimierung und Compliance in Bezug auf gesetzliche und steuerrechtliche Vorgaben.

---

209 Vgl. Knemeyer, 2018; Olfert, 2015

Die Grundlage für die Zusammenarbeit innerhalb von HR als auch mit den Fachbereichen ist meistens ein Referentenmodell. In diesem Modell sind die Personalreferenten dem Personalleiter unterstellt und für die Betreuung dezidierter Unternehmensgruppen oder Bereiche ganzheitlich zuständig.[210] Die Personalbetreuung unterstützt die Führungskräfte und Mitarbeitenden in der Anwendung von Personalprozessen und Personalinstrumenten, um deren Einhaltung sicherzustellen. Die Instrumente der Personaladministration unterstützen vor allem die Personalbetreuung. Gute Beispiele hierfür sind Formulare, Vordrucke, Betriebsanweisungen und Regelwerke, wie zum Beispiel ausführliche und rechtssichere Reisekostenrichtlinien. Sie sollen möglichen Missbrauchsfällen vorbeugen.

Die Denkweise der Personalbetreuung und Personaladministration ist eher technisch und maschinell geprägt. Mensch- oder Kundenorientierung findet noch kaum statt. Es werden Themen und Prozesse umgesetzt, nicht aber strategisch weitergedacht. Häufig werden Anfragen und Aufträge allerdings noch als Einzelfälle behandelt, was die Bearbeitung aufwändig macht, hohe Kosten verursacht und für Intransparenz sorgt.[211] Die Personaladministration ist vor allem ausführendes Organ.

Die Veränderungsbereitschaft ist gering ausgeprägt. Es werden vor allem die operativen Themen getrieben und umgesetzt. Die Personaladministration wird vom Tagesgeschäft gesteuert und sieht sich selbst eher als Verwalter.

Reifegrad 2

In einer Organisation, die sich auf Reifegrad 2 befindet, kann die Personalbetreuung erste Berührungspunkte mit agilen Ansätzen über die Fachbereiche haben. Durch das Umstellen auf agile Methoden und insbesondere durch erste Experimente mit neuen Formen der Führung fordern die Fachbereiche häufig mehr Flexibilität vom HR-Bereich ein. Konflikte kann man in agiler werdenden Teams oder Abteilungen zum Beispiel bei Freigabeprozessen beobachten. Im klassischen HR-System ist die direkte Führungskraft die Person, die laut Organigramm und Systemarchitektur Freigaben aussprechen kann. Wenn sich nun die Verantwortlichkeiten in Fach-, Führungs-, und Prozessverantwortlichkeit aufteilen, ergeben sich dadurch mitunter andere Freigabeanforderungen.

Hierzu ein Beispiel: Sofern ein Team mehr Verantwortung in Bezug auf seine Selbstorganisation einfordert, ist häufig eine der ersten Maßnahmen, dass es Urlaub, Überstundenregelungen und Weiterbildungen eigenständig organisieren und bestim-

---

210   Vgl. Olfert, 2015.
211   Vgl. Armutat et al., 2015.

men möchte. Laut Prozessvorgabe und HR-Systemarchitektur ist aber nur die direkte Führungskraft zu Freigaben berechtigt. Es entstehen zwei Konflikte, der erste in Bezug auf das Regelwerk oder die Prozessvorgaben. Die Personalabteilung muss sich flexibel bei den eigenen Vorgaben zeigen und diese entweder umschreiben oder zunächst dulden, dass in bestimmten Teams nicht mehr die Führungskraft die Freigaben übernimmt. Egal wie sie das löst, sie muss sich mit der Materie beschäftigen, um überhaupt verstehen zu können, warum die alten Regelungen in den neuen Systemen nicht mehr sinnvoll bzw. sogar hinderlich sind. Eine zweite nicht zu unterschätzende Herausforderung ist die des HR-IT-Systems. Die meisten IT-Systeme sind hierarchisch aufgebaut. Ein Mitarbeitender kann nur einen direkten Vorgesetzen haben. Es ist technisch schlicht nicht vorgesehen, dass Mitarbeitende in Bezug auf Urlaubsfreigaben mit einem Teamkollegen, also einer Person auf der gleichen Hierarchieebene, verknüpft sind und in Bezug auf Weiterbildungsfreigaben mit einer Führungskraft.

Es ist also gut vorstellbar, dass neu entstehende Teams oder agilere Fachbereiche HR-Prozesse für sich einfordern, um diese in ihrem eigenen Kosmos agiler zu gestalten oder einen Workaround zu finden. Die Personaladministration setzt vor allem die eigene Personalstrategie um. Dabei gestaltet sie hauptsächlich die Themen, die in ihrem eigenen Fokus liegen.

In Organisationen des Reifegrads 2 basiert die Zusammenarbeit je nach Unternehmensgröße auf einem HR-Modell, das als HR-Service-Delivery-Modell organisiert sein kann. Dabei kann man beobachten, dass sich die Personalbetreuung zunehmend auf die Führungskräfte ausrichtet und professionalisiert. Die Personaladministration fokussiert sich stärker auf die relevanten Prozesse rund um die Mitarbeitenden. Dadurch entsteht eine neue Wettbewerbssituation für die Personaler zwischen dem Aufwand für Betreuung und dem für die Administration, welcher immer neu ausbalanciert werden muss.

Im neu erkannten Spannungsfeld setzen beide Bereiche verstärkt auf den Dialog mit den relevanten Stakeholdern der Fachabteilungen. Betreuung und Administration werden in separate Einheiten überführt und weiterentwickelt. Ohne größere Risiken für die Arbeit der Gesamtorganisation einzugehen, finden auch hier erste Experimente mit agilen Herangehensweisen statt. In agilen Piloten werden die eigenen Prozesse untersucht und weiterentwickelt, um die Personalbetreuung und die Personaladministration für die Business-Bereiche agiler zu gestalten.

Um mehr Transparenz zu erreichen sowie Aufwand und Kosten zu reduzieren, entwickelt sich der Personalbereich zunehmend in Richtung Standardisierung.[212] Das bedeu-

---

212 Vgl. ebda.

tet für HR gleichzeitig die Professionalisierung ihrer Prozesse.[213] Entsprechend ist die Denkweise geprägt von Wettbewerb zwischen den einzelnen Einheiten im HR-Bereich (Kompetenzcenter, Business Partner und Shared Services). Das Selbstbild des HR-Bereichs verändert sich in der Denkweise, die Außenwirkung bleibt häufig identisch.

Die Personalbetreuung und Personaladministration wollen etwas verändern, können es aber meist nicht, weil ihnen Macht, Einfluss und Business-Akzeptanz fehlen.

Reifegrad 3

Auf Reifegrad 3 entstehen zunehmend Unklarheiten in der Machtverteilung bei der Personalbetreuung und Personaladministration. Zu den bisherigen Ansätzen kommen nun weitere Projekte hinzu, in denen innerhalb des HR-Bereichs gearbeitet und bei denen das Business in Teilen miteinbezogen wird. Die Verantwortlichkeiten und Entscheidungswege werden dadurch für die Mitarbeitenden unklarer, es kristallisiert sich ein stärkerer Business-Fokus heraus.

Die Zusammenarbeit zwischen Personalbetreuung und Business wird mehr und mehr pragmatisch und bedürfnisorientierter gestaltet. Die formalisierten und standardisierten Wege in der Zusammenarbeit mit dem Business kommen an die Grenzen und es werden neue Möglichkeiten genutzt, das bisherige System durch alternative Wege und Lösungsansätze zu ergänzen. Der Einsatz von HR-fremden digitalen Lösungen steigt und wird zunehmend relevanter, um schneller zu werden und eine höhere Nähe und Relevanz zum Business zu erreichen. »HRM muss sie [digitale Technologien] zum einen selber einsetzen, um mehr Freiraum für kreatives Gestalten zu finden und fundierte Personalentscheidungen treffen zu können.«[214]

Die Denkweise wird kundenzentrierter. Die eigene HR-Governance verschwimmt in der Personalbetreuung und es werden individuelle Lösungen für die jeweiligen Business-Units gesucht. Die persönliche Beziehung zwischen Personalbetreuer zum Business nimmt nach und nach einen höheren Stellenwert ein und wird in Teilen stärker wahrgenommen als die Verpflichtung dem eigenen HR-Bereich gegenüber. Es kann ein starker Trend hin zu Modularisierung beobachtet werden, sowohl in Bezug auf die Shared Service Center als auch in Bezug auf das »Produktportfolio« selber. Im DGFP-Praxispapier wird Folgendes über das SSC 2.0 geschrieben: »Bei einer Modularisierung existieren Prozessstandards, die auf der Basis standardisierter Elemente individuelle

---

213 Vgl. ebda.
214 Bruch/Lohmann,/Szlang/Heißenberg, 2019.

Lösungen ermöglichen. Modularisierte HR SSC definieren Dienstleistungskomponenten, die nach festen Regeln individuell eingesetzt werden.«[215]

Äquivalent beobachten wir Veränderungen im Rahmen von Standardleistungen. Ein Beispiel dabei ist das Baukastensystem bei der Vertragsgestaltung. Unternehmen definieren basierend auf den unterschiedlichen Ansprüchen und Lebensphasen der Mitarbeitenden Module zur Vertragsgestaltung. Diese können unabhängig voneinander in den Arbeitsvertrag hineingewählt werden. Die Idee ist, dass es ein Bruttopaket gibt, in dessen Rahmen der Mitarbeitende sich die Komponenten zusammenklickt, die für ihn lebensphasenabhängig am passendsten sind. Hierzu zählen zum Beispiel Langzeitarbeitszeitkonten, Rentenversicherungen, Kredite, Firmenwagenregelungen, Weiterbildungsbudgets und mehr. Alles, was rechtlich möglich ist, soll administrativ einfach und leicht möglich gemacht werden.

Insgesamt kann man feststellen, dass die Veränderungsbereitschaft in der Personalbetreuung und Personaladministration deutlich ansteigt. Es wird durch kleinere Projekte mehr »am System« gearbeitet. Teilbereiche und Systeme der Personaladministration werden im Sinne der Kunden optimiert. Es starten erste Versuche mit mitarbeiterzentrierten Tools und Systemen, die neue Bereiche in der Administration einfacher abdecken und attraktiver machen.

Reifegrad 4

Auf Reifegrad 4 werden die Aufgaben der Personalbetreuung und Personaladministration partizipativ gestaltet. Alles, was im Sinne der Employee Experience Sinn macht, wird ausprobiert und nach Möglichkeit umgesetzt. Die Personalbetreuung arbeitet bei hoher Akzeptanz mit dem Business verzahnt zusammen.

Die Personalbetreuung ist auf einzelne Bereiche ausgerichtet und die HR-Governance wird dem untergeordnet, sofern es rechtlich keine Bedenken gibt. Die Personaladministration stellt dem Business Informationen zur Verfügung und hat eine hohe Effizienz in den Hintergrundprozessen. Es wird keine Unterscheidung mehr zwischen Führungskräften und Mitarbeitenden unternommen, um keine Verlangsamung in Bezug auf Entscheidungsfindungen hinzunehmen. Der Nutzen von Personalbetreuungsprozessen wird an die Gesamtentwicklung des Unternehmens gekoppelt. Neue Kennzahlen und Systeme zur Messbarkeit und Wirksamkeit werden in der Gesamtentwicklung des Unternehmens verankert.

---

215 Armutat et al., 2015.

Es wird stark aus der Businessperspektive heraus gedacht. Die Personalbetreuung wird zunehmend Teil des Business-Teams. Damit einher geht eine komplette Umgestaltung der Arbeitsorganisation und mitunter der Abteilungsstrukturen von HR. Alles dient dem Zweck, Routine-HR-Aufgaben flexibler und schneller zu bearbeiten und qualitative Aufgaben der Betreuung kompetenter und menschenzentrierter durchzuführen. Die Personalbetreuung ist stark darauf ausgerichtet, die Mitarbeitenden zu befähigen, neue Technologien anzunehmen und zur Steigerung der persönlichen Produktivität zu nutzen. Dies ist gleichzeitig ein Fokus für die Personalverantwortlichen selbst, um hierbei als Vorbild zu fungieren. [216] Die Personaladministration fungiert hingegen geräuschlos als Dienstleister für die Mitarbeitenden, ist hoch standardisiert, schlank und schnell. Vor allem neue digitale Tools, der Einsatz von Automatisierungslösungen und Lösungen der künstlichen Intelligenz rücken in den Vordergrund.

Der Gestaltungswille und die Risikobereitschaft steigen, da sie vom Business auch klar eingefordert werden, um einen Mehrwert und Beitrag im Wertschöpfungsprozess zum Kunden hin zu leisten.

Reifegrad 5

Auf Reifegrad 5 wird die Personalbetreuung ganzheitlich vom Business übernommen. Der Mitarbeitende ist befähigt, sich selbst zu betreuen, und nutzt entsprechend Systeme und Tools, um dies zu bewerkstelligen. Im Sinne einer zukunftsfähigen Vision sind die Führungskräfte, sofern es diese noch gibt, oder speziell hierfür geschaffene Rollen Sparrings- und Ansprechpartner für persönliche, früher HR-relevante Belange. Alles kann selber entschieden und mitbestimmt werden.

Die personaladministrativen Prozesse werden stark automatisiert gestaltet und aufbereitet. Die Führungskräfte und Mitarbeitenden arbeiten selbstverantwortlich mit den Tools, um administrative Themen zu lösen. Dabei werden die Prozesse in der Betreuung und Administration vor allem aus Nutzer/Anwenderperspektive betrachtet. Bei Bedarf werden neue Prozesse und Werkzeuge mit dem Business weiterentwickelt und immer wieder neue innovative Elemente eingebracht. Sofern es noch eigene HR-Manager gibt, fungieren diese als Moderatoren und Prozessgestalter zur Entwicklung neuer menschenzentrierter Lösungen. Der Nutzen von Personalbetreuungsprozessen ist komplett an der Gesamtentwicklung des Unternehmens ausgerichtet. Es wird ausschließlich realisiert, was wertbringend ist. Entsprechende Kennzahlen sind verankert, um im Rahmen der Gesamtentwicklung des Unternehmens eine eindeutige Relevanz für die Förderung von Innovations- und Agilitätskompetenzen aufzuweisen.

---

216 Vgl. Bruch/Lohmann/Szlang/Heißenberg, 2019.

Es herrscht unternehmensweit eine Outside-n-Denkweise, also eine Denkweise, die einzig auf die Nutzersicht und Kundenperspektive fokussiert. Es wird nur gemacht, was einen Mehrwert erzeugt. Dieser Mehrwert leitet sich von der Vision des Unternehmens ab. Entsprechend ist die oberste Leitlinie für alle relevanten Prozesse und Instrumente der Personaladministration stark davon geprägt, Tools, Systeme und Informationen so zur Verfügung zu stellen, dass die Nutzer damit wirkungsvoll, eigenverantwortlich und mit minimalem Aufwand arbeiten können. Die Idee des Self-Service hat den obersten Reifegrad erreicht, ohne eine Belastung im Alltag darzustellen.

Veränderungen sind in die DNA des Unternehmens übergegangen und finden dort statt, wo sie einen Nutzen erzeugen. Sofern eine dezidierte Verantwortlichkeit für die Personaladministration noch verankert ist, werden Veränderungen und Verbesserungen durch Business-Nutzen getrieben und die Messbarkeit auch an diesen direkt gekoppelt.

4.3.2   Praxisbeispiel: Avira – Einführung eines HR Service Desk in Jira

Loretta Thurau

Das Unternehmen

Avira ist mit ca. 100 Millionen Kunden und fast 500 Mitarbeitenden ein weltweit führender Anbieter selbst entwickelter IT-Sicherheitslösungen für den professionellen und privaten Einsatz. Durch OEM-Partnerschaften schützt Avira insgesamt über 500 Millionen Kunden weltweit. Das Unternehmen gehört mit mehr als 30-jähriger Erfahrung zu den Pionieren in diesem Bereich. Als führender deutscher Sicherheitsspezialist ist Avira in Tettnang am Bodensee einer der größten regionalen Arbeitgeber mit weiteren Niederlassungen in München, Berlin, Bukarest, San Francisco und dem asiatisch-pazifischen Raum.

Unser Avira-Leitbild repräsentiert unsere Unternehmenskultur und wird aktiv gelebt. So findet es sich nicht nur im jährlichen Mitabeitergespräch, sondern auch im Recruitingprozess als »Leitbildinterview« wieder, das einen wichtigen Stellenwert bei der Auswahl der Mitarbeitenden einnimmt.

Das Avira-Leitbild besteht aus vier Säulen:

Abb. 18: Leitbild

Dabei wird gleichwertig auf zwischenmenschliche Werte sowie Innovation und exponentielles Wachstum geachtet. Gelebt wird dies in der alltäglichen Arbeit durch Teamwork in funktionsübergreifenden Produkt-Units, einer stetigen Feedback- und Lernkultur sowie durch moderne Arbeitsplätze und den neuesten Technologien.

Unsere People Vision lautet dabei wie folgt:

Abb. 19: HR-Vision von Avira

Speziell für HR ergibt sich daraus unsere Mission, die mehrere Rollen miteinander verknüpft:

1. Als »People Experts« bieten wir eine menschenzentrierte und einprägsame Candidate und Employee Experience, damit diese sich für uns als Unternehmen entscheiden und bei uns bleiben.
2. Als strategischer Partner unterstützen wir die Flexibilität der Organisation und ermöglichen zukunftsorientierte Personalentwicklung, damit unsere Mitarbeitenden immer hervorragend qualifiziert sind.
3. Als HR-Spezialisten machen wir unsere Kern-HR-Arbeit schnell und professionell und nutzen dabei die neuesten Technologien.

Agilität im Unternehmen

Gerade in der schnelllebigen IT-Branche, in der Tech-Start-Ups wie Pilze aus dem Boden schießen und immer schnellere und smartere Lösungen auf den Markt bringen, kann man nur überleben, wenn man sich stetig an den Markt und die immer schneller wechselnden Kundenbedürfnisse anpasst. Eine differenzierte User Experience hat hierbei einen besonders hohen Stellenwert.

Avira versucht nicht nur mit seinen Produkten auf dem neuesten Stand und damit der Konkurrenz einen Schritt voraus zu sein, auch für die Mitarbeitenden selbst ist es selbstverständlich, sich stetig weiterzuentwickeln, um den Anforderungen der Umgebung gerecht zu werden. Dafür nehmen sie neue Ideen und Best Practices im Austausch mit Communities oder auf Konferenzen auf und haben bei Avira die Möglichkeit, diese in einer offenen und innovativen Unternehmenskultur direkt auszutesten und anzuwenden.

Agilität und agile Methoden im Allgemeinen sind bei Avira kein Modewort, sondern werden schon seit langem in den Produktteams im Alltag verwendet. Ziel dieser Methoden ist es vor allem, Abläufe schneller und kundenorientierter zu gestalten. Tools wie z. B. Jira helfen dabei, Prozesse, Aufgaben und Verantwortlichkeiten aufzuzeigen und zu koordinieren. Jira ist eine von Atlassian entwickelte Anwendung, die überwiegend von Entwicklerteams genutzt wird und für verschiedene Anforderungen innerhalb eines Projektes Aufgaben in Form eines Tickets erstellt. Jedes Ticket beinhaltet dabei Informationen zum Projekt, Priorität, Bearbeiter und dem zu Grunde liegenden Workflow. Jedes Ticket, also jede Aufgabe, kann durch Kommentare und Statusmeldungen nachverfolgt und von festgelegten Personen bearbeitet werden.

Auch Unternehmen, die nicht aus der IT-Branche kommen, nutzen Jira bereits und können diese in ihren Prozessen und ihrer Personaladministration anwenden.

Agilität in HR und Umsetzung eines HR Service Desk

Agilität in HR bedeutet für uns, unsere Prozesse kundenorientiert auszurichten, schnell auf die Anforderungen unserer Mitarbeitenden zu reagieren und unsere Arbeitsweise stetig anzupassen.

Im Juli 2017 führten wir dazu einen HR Service Desk, basierend auf Jira, ein. Zuvor waren die von HR bereitgestellten Dienstleistungen hauptsächlich an einzelne bestimmte Personen gebunden. Die Kommunikation mit HR verlief überwiegend über bestimmte Emailadressen oder bestimmte Personen. Wer etwas von HR benötigte, musste also wissen, wer dafür zuständig war, um z. B. seine Krankmeldung einzureichen oder ein Zwischenzeugnis zu beantragen. Das ist natürlich für ein kleines bis mittelständisches Unternehmen logistisch noch zu bewältigen, allerdings fehlt hierbei jede Transparenz.

Ganz im Sinne unserer HR Mission möchten wir unsere Leistungen schnell und professionell mit Hilfe der neuesten zur Verfügung stehenden Technologien bereitstellen. Folgende Ziele waren deshalb für uns bei der Einführung eines HR Service Desk besonders wichtig:

1.   Einbindung gewohnter, administrativer Prozesse in die bestehende IT-Landschaft
2.   Transparenz für den Mitarbeitenden über den Bearbeitungsstand als auch HR-Aufgabenverteilung
3.   Effizienz und Schnelligkeit
4.   Dienstleistungsorientierte und persönliche Betreuung
5.   Dashboards zur Auswertung von z. B. Art und Anzahl der Tickets

Der Fokus lag hierbei darauf, einen Mehrwert für unsere Kunden, die Mitarbeitenden, zu schaffen, indem wir einfache Services automatisieren und gleichzeitig transparent halten. Die HR-Services sollten nicht mehr an eine einzelne Person gebunden sein. Vielmehr wollten wir gewährleisten, dass zu jeder Zeit für eine Vertretung gesorgt ist. Der Mitarbeitende hat Zugriff auf den Stand seiner Anfrage, ohne hierfür extra persönlich bei HR nachfragen zu müssen.

Das heißt aber nicht, dass wir von HR den persönlichen Kontakt mit unseren Mitarbeitenden verringern möchten. Vielmehr wollten wir eine schnelle und einfache Lösung für die Mitarbeitenden bieten, damit sie zu jeder Zeit auf dem aktuellsten Stand ihrer Anfragen sind. Durch das Ticketsystem wird jeder angeforderte Service sichtbar, auch wenn dieser nur einen geringen Aufwand bedeutet. Für die Einführung des HR Service Desk wurde auf das im Unternehmen bereits etablierte Tool Jira von Atlassian gebaut. Avira hatte dies bereits als Projektmanagementtool in der Softwareentwicklung genutzt und auch die interne IT-Abteilung nutzte Jira bereits u. a. in Form eines Service Desk. Hierbei konnten die Mitarbeitenden mittels eines »Service Portals« per Mausklick Anfragen bzw. Tickets erstellen, die dann je nach Servicekategorie und Eingangszeitpunkt priorisiert und dadurch vom geeignetsten Mitarbeitenden bearbeitet werden können.

Als ich im HR-Team anfing, arbeitete ich mit meiner Kollegin im Admin-Bereich. Wir waren also viel mit dem Tagesgeschäft und wiederkehrenden Aufgaben beschäftigt. Meine Kollegin war zu dem Zeitpunkt schon mehrere Jahre im Unternehmen beschäftigt und daher auch sehr gut vernetzt. Die Mitarbeitenden vertrauten ihr und kamen mit ihren Fragen und Problemen direkt zu ihr. Natürlich wollte ich auch meinen Beitrag leisten, war zu dem Zeitpunkt aber im Unternehmen noch nicht bekannt genug, dass sich die Mitarbeitenden auch mir anvertrauten. So kam es, dass sie mit Emails und Nachrichten im Chat überhäuft wurde, während ich immer wieder nachfragen musste, was ich davon übernehmen konnte.

Daher war es für uns eine große Erleichterung, als die Idee für einen HR Service Desk aufkam. Nach einer Abstimmung mit den anderen HR-Kollegen übernahm ich zusammen mit einem Kollegen aus der IT die Verantwortung für die Anforderungen und das Set Up des neuen HR Tools. Die Anwendung sollte dabei vor allem folgende Kriterien erfüllen:

1. Beschränkung der Zugriffsrechte nur für HR-Mitarbeitende
2. Gewährleistung der Vertraulichkeit und dennoch hohe Transparenz
3. Einfache Anwendung, auch für nicht-technische Mitarbeitende
4. Messbarkeit und aussagekräftige Daten für interne Planung

In dem Tool wurden alle Anfragen der Mitarbeitenden über das Service Portal zentral an einem Ort gesammelt. Daraus konnte ich nun täglich neue Aufgaben übernehmen. Dies war nicht nur für mich eine enorme Steigerung der Transparenz, sondern auch für das globale HR-Team, denn nun konnten wir endlich sehen, welche Anliegen unsere rumänischen Kollegen in Bukarest hatten.

Als ersten Schritt vor Einführung des Service Desk haben wir uns zunächst mit der internen IT-Abteilung abgestimmt. Da dieses Team schon einen Service Desk führte, haben wir uns von ihnen Inspiration geholt, wie der IT Service Desk aufgebaut ist und wie wir das Tool vereinfacht für unsere HR-Prozesse umsetzen konnten. Wichtig für den HR-Bereich waren hier besonders die Zugriffsrechte. Jeder sollte zwar den Service Desk nutzen und den Status seiner Anfragen abrufen, aber nicht hinter die Kulissen sehen können. Schließlich besitzt HR vertrauliche Daten, die von niemandem sonst eingesehen werden dürfen. Jira setzt dies dank User-basierter Rechteverwaltung leicht um. Mitglieder des HR-Teams haben Zugriff auf alle Anfragen bzw. Tickets, Mitarbeitende nur begrenzt auf ihre eigenen Tickets, dazu mit einer limitierten und einfacheren Benutzeroberfläche. Auch wurde die Verantwortlichkeit innerhalb des HR-Teams mit verschiedenen Rollen und Personas festgelegt.

Für die Services, die in den Service Desk eingeführt werden sollten, kamen nur diese infrage, die regelmäßig und mit geringer Komplexität bearbeitet werden konnten. Darunter fielen u. a. Krankmeldungen, Zeugnisse und Arbeitgeberbescheinigungen.

Die Umgewöhnung der Mitarbeitenden auf den HR Service Desk war ein schrittweiser Übergang. Es ist nicht einfach, einem ganzen Unternehmen eine neue Art und Weise der Kommunikation beizubringen, vor allem wenn es davor gewöhnt war, den kurzen Dienstweg zu nehmen, sei es beim Plausch an der Kaffeemaschine oder durch direkte Chatnachrichten. Hier brauchte es vor allem auch Disziplin der HR-Mitarbeitenden, die Mitarbeitenden der einzelnen Bereiche wieder und wieder daran zu erinnern, ihre Anfragen doch über das zentrale Service Portal zu stellen. Auch wenn die Mitarbeitenden dieses Vorgehen von der IT schon kannten, war es eine große Herausforderung, von der persönlichen Betreuung zu einem automatisierten Prozess zu wechseln. Der HR Service Desk musste hierfür den Mitarbeitenden immer wieder ins Gedächtnis gerufen werden. Wie aber bei jeder Veränderung, kommt mit der Zeit der Alltag, und die Mitarbeitenden nutzen Jira nun regelmäßig für ihre Anfragen. Mittlerweile bekommen wir in HR monatlich zwischen 250 und 450 Anfragen über den Service Desk herein.

Als datengetriebenes Unternehmen möchten wir natürlich weiter hinter diese Zahl schauen, sodass wir einige Monate nach Anlauf des HR Service Desk unseren Fokus auf das Reporting ausgeweitet haben. Auch hierfür liefert Jira schon eine eingebaute Lösung. Man kann sich einfache Statistiken mittels Filter bauen und sie direkt in einem Dashboard visualisieren (siehe Abb. 20).

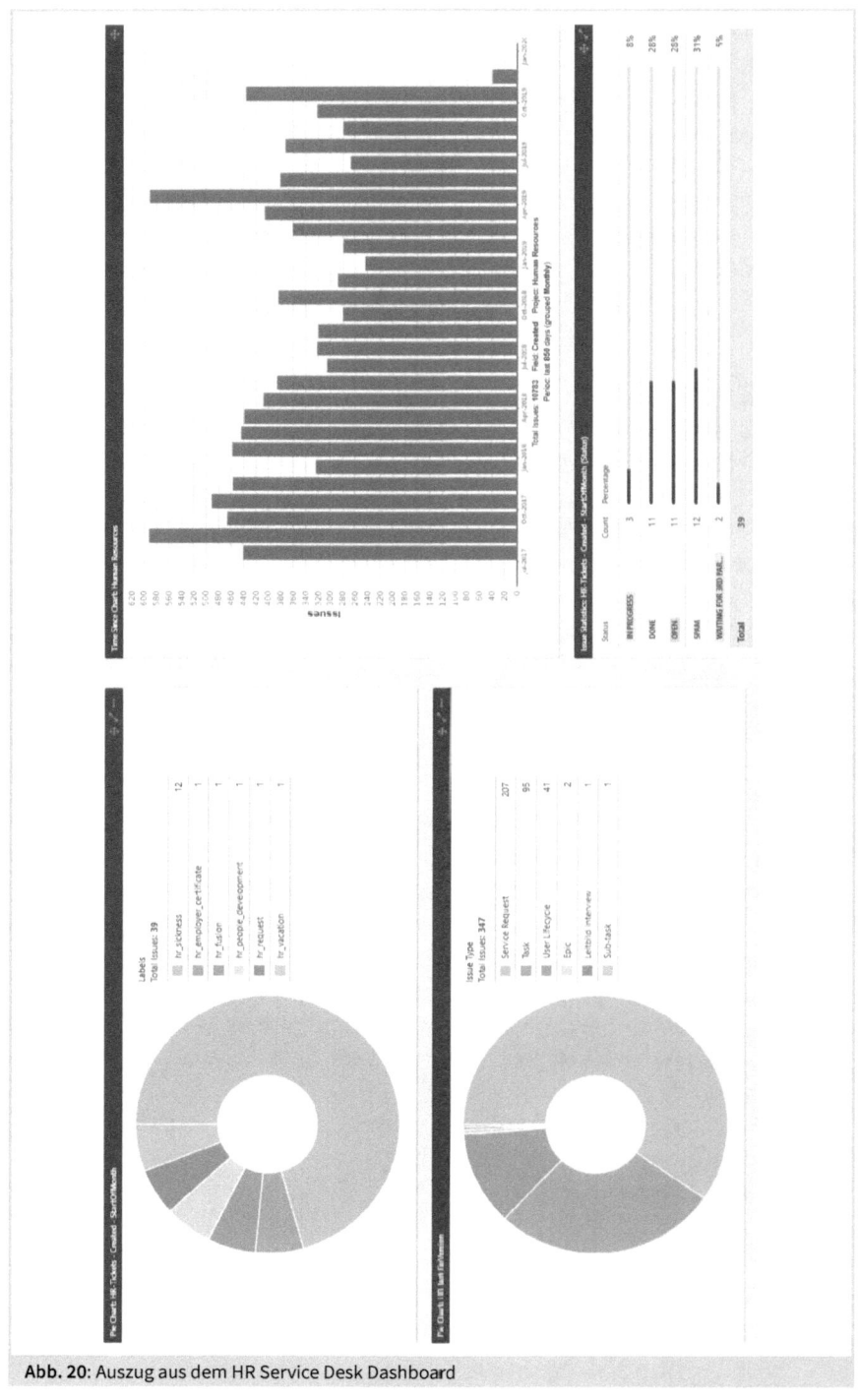

Abb. 20: Auszug aus dem HR Service Desk Dashboard

Personaladministration ist ein Bereich, der sich leicht in Zahlen ausdrücken lässt, jedoch ist die Datenerhebung mit viel manueller Arbeit und dadurch mit großem Aufwand verbunden. Neben den bekannten Kennzahlen wie Anzahl der neuen oder ausscheidenden Mitarbeitenden oder Anzahl der Krankheitstage, lässt sich anhand des HR Service Desk noch vieles mehr analysieren. Jedem bearbeiteten Service ist gleichzeitig auch ein HR-Vertreter zugeordnet. Diese Informationen zusammen mit dem regelmäßigen Arbeitsanfall lassen sich auch für die Ressourcenplanung innerhalb des HR-Bereichs nutzen. Man erkennt die Trends der Anfragen und kann den Personaleinsatz im HR danach einrichten.

Wie beim Servicelebenszyklus nach ITIL, steht »Continuous Improvement« zu jeder Zeit an der Tagesordnung. Auch wir von Avira haben unseren Service Desk seit der Einführung im Juli 2017 weiterentwickelt. Inzwischen bilden wir nicht nur standardisierte Services über Jira ab, sondern pflegen hierdurch auch ein »User Lifecycle Board«, d. h. Informationen zu eintretenden und ausscheidenden Mitarbeitenden, Einsatz von Freelancern sowie Wechsel innerhalb der Organisation. Ein weiterer Teil des HR-Projektes innerhalb von Jira ist mittlerweile unsere Projektarbeit, denn jeder HRler weiß: Mit Recruiting und Mitarbeiterbetreuung ist es nicht getan. Auch innovative Projekte gehören zum täglichen Geschäft dazu. Diese geplante Arbeit lässt sich mit Hilfe unseres »HR Projects« Kanban Board abbilden. Hierbei werden die Projekte und Teilaufgaben je nach geplantem Aufwand in »Epic«, »Story« oder »Task« eingeordnet. Dies führt dazu, dass wir unsere Projekte in kleinere Teilaufgaben einteilen können und diesen einen geplanten Zeithorizont einräumen, in dem wir die Aufgaben erledigen. Hierdurch sieht man auf einen Blick, welche Aufgaben zueinander gehören, wo Abhängigkeiten bestehen und welche Priorität diese haben.

Erfolge und Schwierigkeiten

Die Einführung des HR Service Desk war für unser HR-Team ein bedeutender Schritt zu unserer HR-Mission und vor allem zu mehr Agilität. Wie bei jedem (Change-)Projekt, zieht man in der Nachbereitung wichtige Schlüsse und erkennt Vorgehensweisen, die man im Nachhinein betrachtet anders angegangen wäre. Hilfreich bei der Fehleranalyse ist dabei immer eine zuverlässige Dokumentation. Diese ist zwar im Service Desk durch Kommentarfunktionen und Statusmeldungen leicht umsetzbar, jedoch bedeutet das auch immer eine zusätzliche manuelle Arbeit. Schon allein die Verweisung der Mitarbeitenden auf das Service Portal war in der Wahrnehmung von HR ein großer Zeit- sowie Mehraufwand.

Eine der größten Herausforderungen seitens von HR war es daher, auch bei einfachen, vermeintlich schnellen Anfragen die Mitarbeitenden zuerst bestimmt, aber freundlich auf das Service Portal zu verweisen, bevor wir die Anfragen tatsächlich angingen. Der

Vorteil einer direkten Bearbeitung der simpleren Aufgaben, ohne die Mitarbeitenden vorher auf einen anderen Kanal verweisen zu müssen, ist sicherlich, dass die persönlichen Beziehungen trotzdem geschätzt und gepflegt werden. Auf der anderen Seite ist hierdurch allerdings nicht mehr eine lückenlose Dokumentation aller Anfragen garantiert. Die Wichtigkeit von einer zuverlässigen und vollständigen Dokumentation wurde von uns auch erst später erkannt, als wir unsere Arbeit anhand von Reports darstellen wollten.

In den 28 Monaten seit Einführung des HR Service Desk wurden ca. 10.600 Tickets erstellt. Das sind zwischen 350 und 400 Anfragen pro Monat. Anhand von aussagekräftigen Statistiken konnten wir damit unseren Ressourceneinsatz innerhalb des HR begründen und unsere Arbeit zusätzlich intern sehr viel einfacher und transparenter aufteilen. Auch jede noch so kleine operative Tätigkeit wird wahrgenommen und trägt zum großen Ganzen bei.

Doch nicht nur für administrative Aufgaben, auch für unsere rumänischen Kollegen hat sich die Sichtbarkeit und das Verständnis mit dem HR Service Desk verändert. Wir können nicht nur unsere Prozesse besser aufeinander abstimmen, wir erkennen auch deutlich, wo Unterschiede in den Arbeitsabläufen sind und wo wir verschiedene Services anbieten müssen. Beispielsweise gibt es für uns sehr häufig die Anfrage nach einem Zeugnis, in Rumänien existiert so etwas allerdings nicht. In Rumänien wurde daher der HR Service Desk nicht im gleichen Maß angenommen und genutzt wie hier in Deutschland. Dies liegt vor allem an der Struktur des dortigen HR-Teams, denn es gibt nur eine Person, die alle administrativen Tätigkeiten und auch die Gehaltsabrechnung übernimmt. Anfragen dort über ein zentrales System zu organisieren, macht daher weniger Sinn. Auch ist es dort noch mehr als bei uns in Deutschland üblich, den persönlichen Kontakt zu pflegen und direkt ins HR-Büro zu gehen, statt ein Ticket zu öffnen.

Fazit

Trotz einiger Startschwierigkeiten und Limitierungen ist der HR Service Desk ein Tool, das einen hohen Mehrwert für die Personaladministration schaffen kann und dennoch eine einfache Umsetzbarkeit und einen geringen Aufwand generiert. In diesem Sinne wird der HR Service Desk bei Avira immer weiterentwickelt und beinhaltet demnächst neben den HR Services z. B. auch Prozesse zu Trainings.

Bekannte und bereits im Unternehmen etablierte Infrastrukturen können genutzt und weiterentwickelt werden, sodass sich die technische Implementation schnell realisieren lässt. Dies führt zum einen zu einer schnellen Einsetzbarkeit und zum anderen zu einer höheren Akzeptanz unter den Mitarbeitenden.

Man darf aber dabei nicht vergessen, dass sich die Lösung mit dem Unternehmen und den Teams stetig weiterentwickeln muss. Ganz im Sinne der Agilität geschieht die Hauptarbeit parallel zu den bereits laufenden Geschäftsprozessen und passt sich regelmäßig den äußeren, sich ändernden Bedingungen an.

Personaladministration über Jira abzubilden, ist eine einfache und trotzdem agile Methode, gerade für den Mittelstand, jedoch keine Lösung für jedermann. Die Größe und Zusammensetzung des HR-Teams sind dabei entscheidend. Zu kleine HR-Teams werden in der erhöhten Transparenz keinen Mehrwert finden, sondern können besser auf persönliche Betreuung bauen. Unternehmen, die allerdings mehrere HR-Mitarbeitende mit verschiedenen Themenschwerpunkten beschäftigen, kann der Service Desk in Jira einen großen Vorteil bringen. Durch die transparente Arbeitsverteilung und konsistente Dokumentation wird jeder Mitarbeitende in seiner individuellen Arbeitsleistung wertgeschätzt und gleichzeitig kann das Team in Zeiten der Abwesenheit die Services lückenlos zur Verfügung stellen, da das Wissen an einem Ort verfügbar ist.

Unsere Empfehlung für alle Unternehmen, die agiler in ihrer Personaladministration arbeiten möchten, lautet daher, sich an schon bestehenden Infrastrukturen im Unternehmen zu versuchen und seine Prozesse Schritt für Schritt an die Bedürfnisse der Mitarbeitenden anzupassen. Dies kann aber nicht über Nacht passieren, sondern muss iterativ und kontinuierlich integriert werden. Nicht nur die Mitarbeitenden müssen ihre gewohnten Arbeitsabläufe verändern, auch HR muss sich von alten Strukturen trennen, um Raum für neue Ideen und Abläufe schaffen zu können.

4.3.3   Praxisbeispiel: Mehr Business-Impact durch innovative Personalbetreuung und -administration am Beispiel Unitymedia

Felix Schumann und Roman Schachtsiek

Das Unternehmen

Unitymedia mit Hauptsitz in Köln ist einer der führenden Kabelnetzbetreiber in Deutschland und ein Unternehmen der Vodafone Deutschland, der größten Landesgesellschaft der Vodafone Gruppe. Der Vodafone Konzern betreibt eigene Mobilfunknetze in 24 Ländern und unterhält Partnernetze in weiteren 42 Nationen. In 19 Ländern betreibt die Gruppe eigene Festnetz-Infrastrukturen. Vodafone hat weltweit rund 640 Millionen Mobilfunk-, 21 Millionen Festnetz- sowie 14 Millionen TV-Kunden.

Unitymedia erreicht in Nordrhein-Westfalen, Hessen und Baden-Württemberg 13,1 Millionen Haushalte mit seinen Breitbandkabeldiensten. Neben dem Angebot von Kabel-TV-Dienstleistungen ist Unitymedia ein führender Anbieter von integrierten Triple-Play-Diensten, die digitales Kabelfernsehen, Breitband-Internet und Telefonie kombinieren. Unitymedia hat im Jahr 2018 mit 2.900 Mitarbeitenden 7,2 Mio. Kunden bedient und einen Umsatz von ca. 2,5 Mrd. Euro erwirtschaftet. Weitere Informationen unter www.unitymedia.de und www.vodafone-deutschland.de.

Die HR-Abteilung von Unitymedia umfasst 45 Mitarbeitende und berichtet als eigenständiger Geschäftsbereich direkt an den CEO. Der Auftrag der HR-Abteilung umfasst neben dem klassischen HR-Kerngeschäft die Unternehmens- und Organisationsentwicklung. So werden strategische Organisationsentwicklungs- und Restrukturierungsprojekte aus der HR-Abteilung geleitet und umgesetzt.

Somit versteht sich die HR-Abteilung als Auslöser, Treiber und Gestalter von Veränderungsprozessen, mit dem Ziel, das Erreichen der strategischen Ziele zu unterstützen. Durch die große Nähe zum Business und zu den Mitarbeitenden werden die Bedürfnisse der Kunden und Mitarbeitenden verstanden, sodass der Status quo hinterfragt und entsprechende Veränderungsprozesse angestoßen werden können.

Das HR-Kerngeschäft, die kundenorientierte Zurverfügungstellung von Personaldienstleistungen, wird mit standardisierten und digitalisierten Prozessen auf Basis einer vertrauensvollen Zusammenarbeit mit dem Betriebsrat erbracht.

Warum Agilität?

Als Telekommunikationsunternehmen steht Unitymedia einer Reihe von branchentypischen Herausforderungen gegenüber. Dies sind u. a.:
- Der steigende Wettbewerb um Breitbandinternet und Entertainment, verstärkt durch neue Marktteilnehmer wie Netflix, Apple, Amazon & Co.
- Eine starke Konsolidierung im Markt der traditionellen Telekommunikationsdienstleistungen (Festnetz, Mobilfunk und Internet) bei stetigem Preisdruck
- Die Digitalisierung aller Kunden-Services und Kanäle durch Bots, Social Media und Apps

Dadurch nimmt der Druck auf das Unternehmen zu, schnell, innovativ, serviceorientiert und auf Augenhöhe mit den und für die Kunden zu agieren. Speziell für Unitymedia kam die Weiterentwicklung von einem rein transaktional orientierten zu einem kundenfokussierten Unternehmen hinzu, welches sich dabei mit globalen Matrixstrukturen und bestehenden funktionalen Silos auseinandersetzen musste.

Das Umfeld, in dem sich Unitymedia bewegt, ist also von zunehmender Unbeständigkeit, Unsicherheit, Komplexität und Mehrdeutigkeit geprägt. Klassische Projektmethoden, die auf hohe Arbeitsteilung sowie langfristige Planung ausgelegt waren, funktionierten immer weniger bzw. verursachten Lieferstaus und Unzufriedenheit aller Beteiligten. Konkret manifestierte sich das darin, dass z. B. neue Produktvarianten nicht schnell genug eingeführt werden konnten oder Neuerungen nicht mit allen involvierten Abteilungen abgestimmt waren, was im Nachhinein zu Fehlern, Überraschungen und einer negativen Kundenerfahrung führte. Die ersten Versuche, diese »Lieferengpässe« durch agile Methoden aufzulösen, wurden in den digitalen und technischen Fachbereichen unternommen, später im Marketing und bei Customer Operations.

Die Rolle von HR musste aber bereits vor dem »Agilitäts-Trend« bei Unitymedia reformiert werden. Denn der typische Konflikt zwischen dem Center of Expertise und den businessnahen HR BP drohte uns auch gegenüber den internen Kunden in einen Lieferengpass zu führen, da der One-fits-all-Ansatz eben nicht ausreichte, der Individualität des Fachbereichs gerecht zu werden. Unsere Aufgabe war, HR als kundenorientierte Organisation aufzustellen, um funktionsübergreifendes Arbeiten zu unterstützen, den Trend von der Linien- zur Projekttätigkeit zu fördern und für eine Kapazitätsauslastung zugunsten dynamischer, sich schnell ändernder Anforderungslagen zu sorgen. Das bedeutete:

*   HR musste sich von einer rein verwaltenden Rolle zu einer ebenso gestaltenden Personalabteilung wandeln
*   HR musste seine eigene Strategie an der Unternehmensstrategie (stets) neu ausrichten
*   HR musste als Vorbild und Enabler agiler Arbeitsmethoden wirken

Der Weg zur Agilität: Von Dave Ulrich zur »agilen« Personalbetreuung und -administration

In den folgenden Unterkapiteln wird die Entwicklung der Personalbetreuung und -administration von Unitymedia beschrieben, die sich grob in drei Iterationen unterteilen lässt.

*   Der erste Schritt, der Übergang von einer transaktional orientierten Betreuung mit Personalreferenten in das Drei-Säulen-Modell in Anlehnung an Dave Ulrich (HR Business Partner, Center of Excellence und HR Service Delivery/Shared Services) erfolgte 2012. Dieser Entwicklungsschritt wird nicht weiter beschrieben, um den Fokus auf die letzten Schritte zur agilen HR-Abteilung zu legen.
*   Im zweiten Entwicklungsschritt wurde 2014 das Drei-Säulen-Modell aufgelöst zugunsten einer stärker businessorientierten HR-Business-Partner-Organisation.

Im Vordergrund stand vor allem die Auflösung des Konfliktes zwischen Center of Excellence (CoE) und HR Business Partner. Dem CoE fehlte die nötige Businessnähe, um maßgeschneiderte Lösungen zu kreieren. Auf der anderen Seite fehlte den HR Business Partnern teilweise die methodischen und fachlichen Qualifikationen, um Anforderungen des Business zu erkennen und eigenständig passende Lösungen zu erarbeiten. Zuletzt stand die starre Arbeitsteilung den dynamischen Anforderungen des Unternehmens im Weg, sodass es zu Auslastungsproblemen kam.

- Der dritte Schritt in 2017 beschreibt die Auflösung des klassischen hierarchischen Teamaufbaus der HR Business Partner zugunsten einer selbstgesteuerten, agilen Teamaufstellung. Die HR-Abteilung wollte als Pionier und Vorbild für die gesamte Organisation als erstes Team in einem »agilen Setup« arbeiten, getreu dem Motto »Walk the talk«.

Dabei war unser Grundverständnis einer agilen Personalbetreuung und -administration weniger, dass man ein Best-Practice-Modell, welches sich in anderen Unternehmen etabliert hat, übernimmt (z. B. das »Spotify-Modell«), sondern dass wir selber herausfinden, wie wir kundenzentrierter und effektiver werden. So setzen wir auf selbstorganisierte Teams, prüfen aber regelmäßig die Passung und das Verständnis von Führung. Worauf wir besonders große Aufmerksamkeit verwenden, sind die Werte der agilen Welt wie Commitment, Feedback, Fokus, Mut, Offenheit, Respekt, weil sie uns als Kompass für die Arbeit dienen.

Die Auflösung des 3-Säulen-Modells
In den Jahren 2012 bis 2014 haben unsere CoEs viel Aufbauarbeit geleistet und neue oder überarbeitete Prozesse in den Fachbereichen Performance Management, Talent Management, Recruiting, Compensation & Rewards und Organisationentwicklung etabliert. Da diese Prozesse zum Teil nur rudimentär entwickelt waren, konnten die damals neu geschaffenen CoE-Teams ausgiebig wertschöpfend aktiv werden.

Nachdem die Grundlagen geschaffen waren, änderten sich die Anforderungen aus dem Business. Es ging fortan um die bereichsspezifische Ausgestaltung und Anwendung der Personalprozesse sowie die vorangestellte Analyse des konkreten Bedarfs. Dabei zeigte sich, dass die CoE-Teams zu wenig Kontakt zum Business hatten und die HR Business Partner zum Teil ohne oder am CoE vorbei mit dem Business arbeiteten.

Demzufolge wurden 2014 drei der CoEs, und zwar Learning & Development, Talent und Organisationsentwicklung, aufgelöst und in die HR-Business-Partner-Teams überführt. Das Recruiting Team wurde aufgeteilt in Recruiting Beratung und Recruiting Services. Das Recruiting-Beratungs-Team wurde ebenfalls nach Business Units untergliedert. Lediglich die CoE Compensation & Rewards und Labor Relations blieben bestehen.

Innerhalb der nun vergrößerten HR-Business-Partner-Teams, aufgeteilt nach den Business Clustern Commercial & Cross, Customer Operations und Technik & IT, wurden drei neue Kompetenzdimensionen etabliert:

- HR-Betreuung für Führungskräfte (vormals klassisches HR Business Partnering)
- Organisationsentwicklung und Transformation Management
- Projektmanagement und (Workshop) Facilitation, u. a. mit agilen Methoden wie Scrum, Design Thinking etc.

Jeder HR Business Partner innerhalb des Teams sollte in jeder Kompetenzdimension Fähigkeiten und Fertigkeiten besitzen, wenn auch mit unterschiedlichen Schwerpunkten.

Die Kenntnisse für die HR-Betreuung von Führungskräften waren im Team vorhanden. Für die anderen beiden Dimensionen galt dies nicht in gleichem Maße. Daher wurden neue Mitarbeitende eingestellt, wie ehemalige Consultants aus den großen Beratungshäusern (Roland Berger, BCG und Accenture) mit Know-how in Projektmanagement, Transformation und Restrukturierung. Zeitgleich wurde das Team mit Organisationsentwicklern und Coaches mit Ausbildungen in der Transaktionsanalyse und vergleichbaren Methoden ergänzt. Parallel wurde ein HR-internes Ausbildungsprogramm entwickelt, bei dem jeder seinen »blind spot« bearbeiten musste, d.h. die Kompetenzdimension, die er am wenigsten beherrschte.

Das Ziel war, für jedes Business Cluster eine »agile« Einsatztruppe zu schaffen, die je nach Bedarf und Projektanforderung dynamisch zusammengestellt werden konnte. Nachdem die Grundlagen geschaffen waren, mussten wir noch die internen Kunden vom erweiterten Dienstleistungsportfolio überzeugen. Dabei half, dass die allermeisten Mitarbeitenden der Personalabteilung selber hoch motiviert waren und die Erweiterung des eigenen Horizonts als Chance und Bereicherung wahrnahmen. Jeder hatte nun mehr Tools in seiner Toolbox und war besser ausgestattet, um dem Business zu helfen und so eine höhere Relevanz für den internen Kunden zu erreichen.

Die weiterhin bestehenden HR-Prozesse dienten als Leitplanken. Diese wurden jedoch zielgruppengerechter auf den jeweiligen Business-Kontext angewendet. Die HR-Abteilung wurde somit mehr als Möglichmacher und weniger als Verhinderer oder Polizei wahrgenommen. Trotz der Agilisierung blieben einige Konstanten für alle gültig, um Komplexität zu reduzieren. Insbesondere in den Mitarbeiter-Lifecycle-Prozessen wurde erst durch ein gewisses Maß an Standardisierung eine Automatisierung und Digitalisierung möglich.

Wandel zum agilen HR-BP-Team

Einerseits haben wir rund um das Jahr 2017 den Eindruck gehabt, die wesentlichen Hürden genommen und Pflichtaufgaben wie die Integration von Unitymedia und KabelBW sowie drei nachfolgende unternehmensweite Transformationsprojekte erfolgreich gemeistert zu haben. Andererseits war das natürlich nicht genug! Denn wieder einmal ging es um Neuausrichtung und Reformation der HR-Business-Partner-Organisation. Diese hatten im Wesentlichen drei Auslöser:

- Der Head of HR BP und Organisationsentwicklung verließ das Unternehmen
- Die kundenorientierten HR-Business-Partner-Teams wollten immer selbstständiger arbeiten
- Die fachliche Zusammenarbeit aufgrund von Kompetenz anstatt aufgrund von Organisationszugehörigkeit hatte zugenommen

Insofern begannen wir im Selbstversuch, mehr Selbstorganisation im HR-BP-Team zu erproben. Dazu etablierten wir ein Modell für die Bereiche Commercial, Cross, Technik & IT und Customer Operations, wobei ein Koordinator das Team fachlich, aber nicht disziplinarisch führt. Disziplinarische Aspekte wie Gehalt, Karriere, Urlaubsfreigaben etc. besprachen die HR BPs mit der HR-Leitung. So wollten wir der Selbstorganisation entsprechenden Raum geben, viel Mitspracherecht in einer flachen Hierarchie ermöglichen und großen Entscheidungsspielraum für das »Wie« geben. Das sahen wir als Ausdruck unseres Selbstverständnisses, dass nicht die Hierarchie, sondern das Ergebnisziel und die passende Teamkonstellation dafür entscheidend sind.

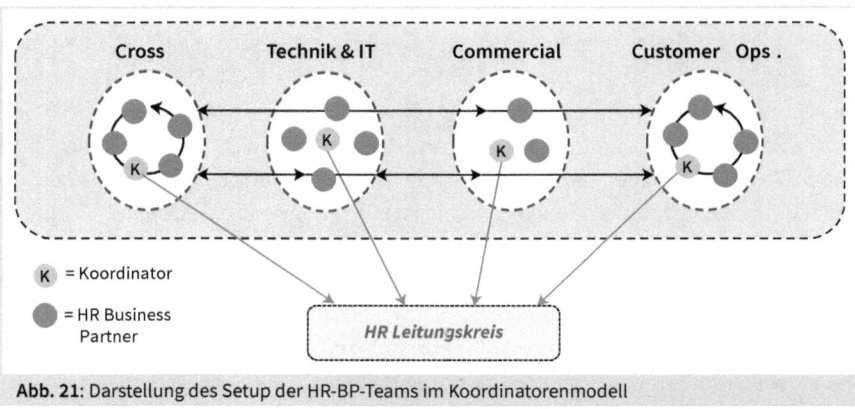

Abb. 21: Darstellung des Setup der HR-BP-Teams im Koordinatorenmodell

Dadurch wurde das »Über den Tellerrand schauen« noch selbstverständlicher und der Schulterschluss mit den Coaches, Organisationsentwicklern, Scrum Mastern, Agile Coaches bei Unitymedia ganz natürlich. Dieses Netzwerkarbeiten wurde immer wichtiger, weil wir gemerkt haben, dass die Dinge nicht besser werden, wenn man sie an sich zieht, sondern dass Wandel dort entsteht, wo die Energie in der Organisation hinfließt. Und als immer mehr Fachbereiche das Thema New Work & Agilität entdeckt und erprobt hatten, stellten wir fest, dass die Verantwortung genau dort bestens verankert war. So resultierten für die HR Business Partner vielfältige cross-funktionale Arbeitsgruppen bzw. Communities of Practice (Trainings Board, Coaching Community, Scrum Master CoP, Teambegleiter CoP, Digital Academy, Mediation Arbeitskreis etc.). Aber dort war HR nun auf Augenhöhe und nicht als Vortänzer, Einpeitscher oder Prophet unterwegs.

Insgesamt lassen sich mit diesem Entwicklungsschritt substanzielle Erfolge und Fortschritte verzeichnen:

- Aufbau eines Grundverständnisses von »New Leadership«
- Intensivierung der Nutzung von Co-Creation als Arbeitsweise bei Unitymedia
- Die Steuerung des unternehmensweiten Effizienz- und Reorganisationsprogramms »Fit for Growth«
- Die Steuerung der Reorganisation der Marketing- und Vertriebsorganisation im Projekt »Kommerzielle Spielverbesserer«
- Die Re-Integration der Techniksparte aus der globalen Liberty Global Organisation, der vorherigen Konzernmutter
- Aufbau einer digitalen Kundenserviceeinheit im Form eines vom Konzern unabhängigen Start-ups in Berlin
- Die Vorbereitung der Integration mit Vodafone durch Storytelling-Ansätze

Andererseits gab es auch neue Herausforderungen innerhalb der von den Koordinatoren »geführten« HR-BP-Teams. Immer wieder entstand ein Vakuum bzgl. Vorgabe einer Richtung, Priorisierung der Roadmap, wo vorher eine enge Führung geherrscht hatte. Das machte die Definition der Rolle »Koordinator« schwierig, einerseits kam er aus der Mitte des Teams, andererseits hat er durch den Führungszirkel Zugang zu anderen Informationen und daher einen »höheren« Status. Die HR-Instrumente kamen zudem deutlich an ihre Grenzen: Gehaltsgespräche liefen nicht so einfach wie im klassischen Modell, denn Transparenz ist nicht für alle leicht auszuhalten. Die Zielvereinbarungen mit der HR-Leitung waren zu Beginn über die vergleichsweise hohe Entfernung und die wenigen Berührungspunkte im Alltag eher formell als nützlich.

In diesem Zusammenhang haben wir gelernt, dass auch verteilte Führung klare Klammern und das Treffen von oft unangenehmen Entscheidungen zu komplexen Themen wie Entwicklungsdialog und Beförderung benötigt. Offene Strukturen bedeuten nicht, dass diese wegfallen, sondern immer wieder ausgehandelt werden müssen. Dies muss in die Arbeit »eingepreist« werden, sonst kommt die Organisation ins Stocken.

Konsequenzen für den HR-Wertschöpfungsprozess

Im Verlauf der skizzierten Entwicklungsschritte der Personalbetreuung und -administration hat sich der Arbeitsauftrag und Wertschöpfungsbeitrag von HR verändert. Der Fokus, der zuvor auf der Bearbeitung transaktionaler HR-Prozesse entlang des Mitarbeiter-Life-Cycles lag, hat sich erweitert hin zur Begleitung von Transformations- und Entwicklungsprozessen.

Im bestehenden Team mussten Kapazitäten für die neuen Aufgabengebiete geschaffen werden. Dies gelang u. a. durch ein Projekt im HR-Operations-Bereich, welches die Standardisierung, Simplifizierung und nachfolgende Automatisierung von HR-Prozessen verfolgte. Dabei haben wir jeden einzelnen HR-Prozess auf seinen Wertbeitrag hin überprüft und die Notwendigkeit jedes Prozessschrittes hinterfragt.

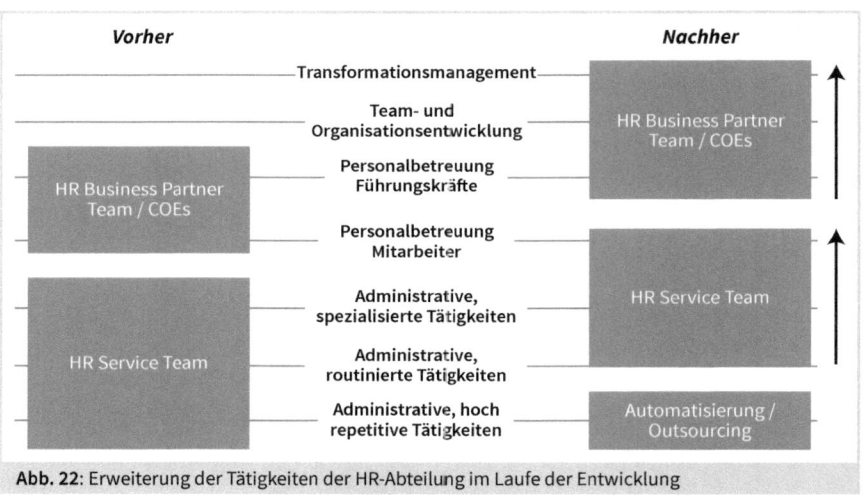

Abb. 22: Erweiterung der Tätigkeiten der HR-Abteilung im Laufe der Entwicklung

Vor der Umstellung haben die HR Service Partner einen signifikanten Anteil ihrer Arbeitszeit verbracht mit
- Bearbeitung von zeitwirtschaftlichen Vorgängen (insb. manuellem Abgleich zwischen dem Zeitwirtschaftssystem und dem SAP-HR-System)
- Einholen von Unterschriften als Genehmigung in papierbasierten Prozessen (z. B. für Personalanforderungen, Trainingsmaßnahmen, Budgetfreigaben)
- Verfassen von E-Mails mit relevanten Informationen an alle Prozessbeteiligte (Vorgesetzte, IT, Facility Mgmt., Finance) bei Mitarbeitereintritten und -austritten

Diese Tätigkeiten sind im Verlauf des Projektes weggefallen, da sie weitestgehend automatisiert wurden:

- Der Abgleich zwischen dem Zeitwirtschaftssystem und SAP HR läuft nun über eine automatische Schnittstelle
- Alle genehmigungspflichtigen Prozesse sind über Online-Workflows abgebildet worden
- In diesen Workflows werden alle Prozessbeteiligten mit automatisiert versendeten E-Mails versorgt und informiert

Zudem sind etliche Betriebsvereinbarungen harmonisiert und neue HR-IT-Systeme eingeführt oder bestehende Systeme miteinander verbunden worden. Zuletzt haben wir Teilaufgaben, die als weniger wertschöpfend galten, an externe Dienstleister übergeben, wie das Scheduling von Vorstellungsgesprächen, die Administration der Arbeitsunfähigkeitsbescheinigungen oder das operative Veranstaltungsmanagement für Weiterbildungsmaßnahmen.

Mit der so gewonnenen Kapazität konnten weitere Teile der Personalbetreuung der Mitarbeitenden vom HR-Service-Team übernommen werden. Zugleich hatte das Team noch Kapazität, um neue Themen zu be- und erarbeiten, wie die Einführung eines dualen Studiums, die Integration Geflüchteter, Optimierung des Onboarding-Tages für neue Mitarbeitende, die Einführung einer neuen psychologischen Gefährdungsbeurteilung oder der Aufbau einer neuen Geschäftseinheit im Vertriebsbereich.

Die HR-Business-Partner-Teams wiederum nutzten die gewonnenen Kapazitäten und die neu erworbenen Kompetenzen, um Veränderungs- und Transformationsprozesse im Unternehmen zu begleiten sowie einen stärkeren Fokus auf die Team- und Organisationsentwicklung zu legen. Diese Kapazitäten wurden auch durch gezieltes Zurückgreifen auf Outsourcing-Partner im Bereich Recruiting und im Bereich Seminarmanagement gewonnen. Vor der Umstellung verbrachten die HR BPs einen großen Anteil der Arbeitszeit mit

- Bearbeitung von Einstellungsformularen, die über einen mehrstufigen, papierbasierten Prozess erhebliche Aufwände verursachten. Zudem gab es kaum Spielraum hinsichtlich Gehaltsverhandlungen mit Kandidaten
- Pflegen von Personalwirtschaftslisten, um die Transparenz für die Geschäftsbereiche zu gewährleisten
- Kontinuierliches Nachhalten von Stellenprofilen, um den Unitymedia-Jobkatalog zu aktualisieren

Angebote wie Team- und Organisationsentwicklung sowie Transformationsmanagement wurden ursprünglich gar nicht erbracht.

Mit dem Wandel zu einem agilen HR-BP-Team wurden die neuen Freiräume in doppelter Hinsicht genutzt. Zum einen durch die höhere Autonomie des HR Business Partners, die sich auch für seinen Betreuungsbereich bemerkbar machte:

- Durch die Digitalisierung des Einstellungsprozesses ergab sich ein nahezu papierloser Workflow, der auf hohe Akzeptanz beim internen Kunden stieß. Zudem wurde der HR BP mit neuen Entscheidungsfreiheiten ausgestattet (finale Gehaltsverhandlung mit Bewerbungskandidaten)
- Die händische Arbeit an Personalwirtschaftslisten verschwand zugunsten eines digitalen Portals, in dem die Führungskraft selber ihre Stellenwirtschaft einsehen konnte – der HR BP kann sich auf seine beratende Rolle fokussieren
- Stellenprofile wurden nicht »per se« nachgehalten, sondern gezielt im Employee Lifecycle aktualisiert (Einstellung, Stellenbewertung), was den bürokratischen Aufwand erheblich verringerte

Zum zweiten entstanden ganz neue Angebote für die Betreuungsbereiche:
- Methodische Beratungskompetenz, um mit Führungskräften auf Augenhöhe zu agieren, und dadurch der Aufbau eines Grundverständnisses von »New Leadership« bei Unitymedia
- Die intensive Nutzung von Co-Creation-Arbeitsweisen bei Unitymedia und die Entwicklung von Organisationskultur je nach Fachbereichsbedarf
- Die Steuerung von unternehmensweiten Effizienz- und Reorganisationsprogammen (Marketing, Technik, Vertriebsorganisation)
- Schaffung einer neuen Service GmbH über Team- und Organisationsentwicklung

Zu einem früheren Zeitpunkt wären diese Tätigkeiten von externen Beratern durchgeführt worden, durch die passgenaue Aufgabenabstimmung von Personaladministration und -betreuung haben wir es geschafft, die wesentlichen Wertschöpfungsaspekte aus dem eigenen Team heraus zu bewerkstelligen und so erheblich Geld einzusparen.

Erfahrungen und Empfehlungen

Wenn man die Brille des internen Kunden aufsetzt und auf eine Neuausrichtung von HR abzielt, empfiehlt sich Folgendes:

In HR Skills investieren
Die notwendigen neuen Kompetenzen (Beratung, Moderation, Agile Frameworks, Projektmanagement, Transformation, Restrukturierung etc.) müssen sowohl extern vom Markt in Form von neuen Mitarbeitenden beschafft, in Form von Weiterbildung an die bestehende Mannschaft weitergegeben oder über zeitlich beschränkte Begleitung durch Berater eingekauft werden.

Verteilte Führung leben

Führung bleibt in agilen Arbeitsformen hochrelevant, aber sie wird zunehmend situativ und kontextuell. Deswegen empfiehlt es sich, ein gemeinsames Mindset und Systemverständnis zu schaffen und dies kontinuierlich weiterzuentwickeln – durch gemeinsame Workshops, Pulse Checks und kollegiale Beratung.

Fokussieren auf wertschöpfende Tätigkeiten

Gerade in der Personalbetreuung gilt es genau abzuwägen, wie Kundennutzen gestiftet werden kann. Verwaltende Tätigkeiten, die viel Zeit binden, gehören daher auf den Prüfstand. Über ein partnerschaftlich gesteuertes Outsourcing holt man sich entsprechende ungebundene Kapazitäten, die man in Beratung, Projektmanagement und Transformation stecken kann.

Cross-Silo-Austausch stärken

Um eine gemeinsame Arbeitsgrundlage für die Personalbetreuung und -administration zu schaffen, benötigt es kontinuierlichen, persönlichen Austausch über Teams hinweg. Dazu helfen übergreifende Meetings, Abstimmungskreise sowie der wechselseitige Besuch von HR Services bei HR BPs Jour Fixe und vice versa.

Reformation der HR Angebote

Der Köder muss nicht dem Angler schmecken, oder? Das bedeutet übersetzt, dass man sein Personalbetreuungs- und Personalverwaltungsangebot regelmäßig überprüfen sollte, um überfällige Veränderungen anzustoßen. Dieser Reformationsprozess ist mitunter schmerzhaft, aber sinnvoll, wenn man dafür ein Stückchen Effektivität und Kundenbegeisterung gewinnt.

Fazit

Die Erfahrungen, die wir gemacht haben, zeigen, dass dem Unternehmen eine agile HR zunächst egal ist, wenn sie nichts liefert. Nicht egal ist den Mitarbeitenden und Führungskräften jedoch, ob die Personalbetreuung und -administration ihre Probleme löst.

Der Erfolg des neuen Ansatzes stellte sich nicht sofort ein. Im ersten Jahr herrschte noch Skepsis und zum Teil auch Gegenwehr. Doch mit der Zeit gab es vermehrt positive Rückmeldungen aus den Fachbereichen. Das motivierte das Team, das die Aufgabenerweiterung selbst als positives Job Enrichment empfand. Auf Basis der ersten guten Erfahrungen wurden die HR-Kollegen immer häufiger von den internen Kunden zu Rate gezogen und involviert. Im Bereich der Team- und Organisationsentwicklung fanden sogar bei den »harten« Sales Managern die »weichen Methoden« Anklang. Der jährlich gemessene HR NPS (basierend auf der Net-Promoter-Score-Methode) stieg deutlich.

Die Tätigkeit in einem stärker selbstbestimmten und agilen Setup funktionierte bei uns nicht ohne klare Klammern und Leitplanken sowie ein aktives Treiben von Entscheidungen zu komplexen Themen wie Entwicklungsdialog und Gehaltsdiskussion – ganz ohne Führung klappt es nicht. Doch die neue Führung ist umdefiniert, kommt aus mehreren Richtungen, ist situativ und mehr begleitend als bestimmend – die Führungskraft als Held hat im agilen Kontext ausgedient. Insofern braucht Agilität nicht weniger, sondern mehr Organisation, aber proaktiv unterstützt durch viele Beteiligte vs. Vorgaben von einem.

Das klingt einfach, ist es aber nicht. Eine jahrelange Sozialisation in anderen Führungskontexten lässt sich nicht so schnell ablegen. Doch Konflikte können, wenn richtig geführt, produktiv sein. Dabei ist Geduld gefragt – unser Motto lautete: »strive for progress, not perfection« – der Weg ist das Ziel.

Was hat es dem Business gebracht? Wir sehen unsere Arbeit als einen wichtigen Baustein des Erfolges von Unitymedia. Dafür sprechen ca. 6 % Umsatzwachstum fast jedes Jahr und eine steigende Mitarbeiterzufriedenheit, trotz Restrukturierungen und einschneidenden Ereignissen wie dem Verkauf an Vodafone in 2019. Die spannende Reise ist nicht zu Ende – denn es kann gar kein Ende geben, es geht immer weiter: Die Anforderungen ändern sich und der Kontext, in dem wir handeln, ebenfalls.

4.4   Der dritte HR-Wertschöpfungsprozess: Die Steuerungs- und Anreizsysteme

4.4.1   Die fünf Reifegrade der Steuerungs- und Anreizsysteme

André Häusling

In einer immer komplexer werdenden Welt stellen die Steuerungs- und Anreizsysteme für die Organisationen eine weitere Herausforderung dar. Viele bisher genutzte Systeme, wie das Mitarbeiterjahresgespräch, stehen auf dem Prüfstand.[217] Die herkömmlichen Zielvereinbarungssysteme bekommen unter anderem durch sogenannte OKRs (objective and key results) Konkurrenz.[218] Darüber hinaus überprüfen viele Unternehmen ihre existierenden Bonussysteme mit stark individualisierten Komponenten. Erste große Konzerne rücken davon bereits ab. Das gesamte Performance Manage-

---

217 Vgl. Trost, 2015.
218 Vgl. Doerr, 2018.

ment offenbart viele Schwächen.[219] Bei den Steuerungs- und Anreizsystemen ist aktuell viel im Umbruch.[220]

Deshalb wollen wir uns in diesem Kapitel die Steuerungs- und Anreizsysteme etwas näher anschauen. Darunter verstehen wir sämtliche Elemente, die das Verhalten von Mitarbeitenden systematisch beeinflussen sollen, um die Ziele des Unternehmens zu erreichen.[221] Hierunter subsumieren wir auch die Themen des Performance Managements und der Vergütung. Unter Performance Management fallen sämtliche Instrumente und Prozesse der Zielvereinbarungen, Leistungsbeurteilungen, Mitarbeitergespräche, Feedback und Karrieresysteme. Als Vergütung verstehen wir im Sinne eines Total-Compensation-Ansatzes sämtliche Anreiz- und Wertschätzungssysteme. Darunter fallen materielle wie immaterielle Anreizsysteme.[222]

Zudem betrachten wir das Thema Führung als Teil dieses HR-Wertschöpfungsprozesses, weil es eine weitere zentrale Einflussgröße auf das Verhalten der Mitarbeitenden ist. Damit ist Führung ein wesentlicher Faktor, um Leistung in Unternehmen zu sichern. Die Parameter, die wir uns bei Führung anschauen, sind das Menschenbild in Bezug auf Motivation und Leistung und der sich daraus ableitende Grad der Machtverteilung auf verschiedene Rollen sowie vor allem der Grad an Beteiligung und Befähigung der Mitarbeitenden. Auch bei den Steuerungs- und Anreizsystemen interessiert uns nun, wie sich diese auf den fünf Reifegraden unterscheiden lassen.

Reifegrad 1

In den Organisationen, die sich auf Reifegrad 1 befinden, ist Macht stark zentralisiert. Für die Steuerungs- und Anreizsysteme in den Unternehmen bedeutet dies, dass Führung und die Verantwortlichkeiten zentralisiert sind. Sämtliche disziplinarischen Führungsverantwortlichkeiten wie Urlaubsfreigaben, Budgetfreigaben sowie viele fachliche Entscheidungen sind hier zentral zusammengefasst. Die Mitarbeitenden sind es gewohnt, ihre Führungskraft um Erlaubnis zu fragen oder bestimmte Dinge zu beantragen. Somit haben sie einen zentralen Ansprechpartner für jegliche Art von Entscheidungen, die aufgrund der formalen Hierarchie gegebenenfalls immer weiter nach oben delegiert werden. So liegt auch die Verantwortung für die Steuerungs- und Anreizsysteme in diesen Organisationen meistens beim CEO oder der ranghöchsten HR-Führungskraft. Von hier aus werden Ziele top-down kaskadiert[223], dabei können Ziele der Funktionseinheiten gewollt oder ungewollt kompetitiv wirken. Die Leistungs-

219 Vgl. Gloger/Häusling, 2011.
220 Vgl. Rahn, 2018.
221 Vgl. Wild, 1973.
222 Vgl. Redmann, 2019 (hat vor allem auch die nicht monetären Elemente näher beschrieben).
223 Vgl. Eyer/Haussmann, 2005.

beurteilungen werden von den Linien-Führungskräften übernommen. Dieser Prozess, der in Form von Mitarbeitergesprächen stattfindet, wird einmal jährlich durchgeführt und durch HR ausgelöst und nachgehalten.

Auf Reifegrad 1 werden individuelle Bonussysteme an die Leistung der einzelnen Mitarbeitenden geknüpft. Status und Wertschätzung sind eng mit der Hierarchie verbunden. Die Gehaltsfindung erfolgt meist intransparent und wird von der Führungskraft vorgenommen. Die Anreiz- und Steuerungssysteme sind formalisiert und standardisiert (gelten für alle Bereiche gleich).

Karriere bedeutet hier Führungskarriere in der Linien-Organisation. Entweder gibt es in den Reifegrad-1-Organisationen keine Fachkarriere oder wenn es eine Fachkarriere gibt, hängen die Anreize und der Status trotzdem nur an der Linien-Organisation. So erhalten vielleicht Teamleiter einen Firmenwagen, bei der Übernahme einer fachlichen Expertenrolle gibt es diesen Anreiz vielleicht eher nicht.

Die Denkweise, die den Organisationen auf Reifegrad 1 zugrunde liegt, basiert stark auf einem technisch-maschinellen Menschenbild: Es werden Ziele gesetzt und Belohnungen für die Erreichung versprochen, nach dem Motto: »Wenn Du das tust, bekommst Du jenes.« Wer in solchen Organisationen viel leistet, bekommt auch viel. Auch das Unternehmen wird als Maschine gesehen, in dem jedes Einzelteil optimiert wird, verknüpft mit der Vorstellung, dass dadurch ebenfalls das Ganze optimiert wird. Das Leistungsverständnis hat das Individuum im Fokus und alles, was dem Unternehmen dient und Umsatz bringt.

Die Veränderungsbereitschaft ist sehr gering ausgeprägt. Es werden bei den Steuerungs- und Anreizsystemen Verfahren gesucht, die für alle gleichermaßen gelten. Sie dürfen nicht verändert werden, sondern gelten als Standard.

Reifegrad 2

Auch in den Reifegrad-2 Organisationen ist die Macht noch stark bei der Linien-Führungskraft gebündelt. Die Rahmenbedingungen und die Governance kommen aber nun sehr stark aus den HR-Bereichen, was für die Fachbereiche in Teilen als hinderlich und einschränkend wahrgenommen wird. So liegt die Entscheidungsmacht über Vergütungshöhen vor allem bei den Führungskräften der jeweiligen Mitarbeitenden. Sie entscheiden aber in dem von HR vorgegebenen Rahmen (z. B. Gehaltsbänder). Dabei wird die Entscheidungsfreiheit für die Führungskräfte zunehmend größer. Je nach Unternehmensgröße, Branche und Tarifzugehörigkeit spielen Systeme wie beispielsweise ERA zusätzlich eine relevante Rolle.

Individuelle Bonussysteme kommen erstmals an ihre Grenzen, weil auf Reifegrad 2 häufig mit agilen Elementen in der Organisation experimentiert wird. Für die HR-Bereiche bedeutet dies, dass die bisherigen Standards in den agil arbeitenden Bereichen eingeschränkt wirksam sind, aber in vielen nicht agil arbeitenden Bereichen noch sehr gut funktionieren. Somit steigt die Komplexität für die HR-Bereiche und es wird zunehmend schwerer, die heterogenen Anforderungen zu bewältigen.

Bei den Anreiz- und Steuerungssystemen werden in den ersten Bereichen größere Ausnahmen gemacht oder sie werden außer Kraft gesetzt. Dies ist ein Symptom für den Umgang mit der Unterschiedlichkeit der verschiedenen Fachbereiche.

Auch die Zielvereinbarungssysteme kommen an ihre Grenzen. In ersten Bereichen wird mit alternativen Lösungen experimentiert, weil nun stärker als bisher in cross-funktionalen Teams oder Projekt-Teams gearbeitet wird. Die Leistungsbeurteilung wird von den Führungskräften übernommen, sie bekommen aber Unterstützung von den agilen Rollen, weil die Beurteilung für die Führungskräfte selbst zunehmend schwieriger wird.

Die Mitarbeitergespräche werden dialogorientierter. Dennoch werden auch hier strukturelle Hürden in den agileren Bereichen sichtbar. Viele Führungskräfte klagen, zu weit von den Mitarbeitenden weg zu sein, weil sie nun in agilen Teams arbeiten. Grundsätzlich entstehen in diesem Reifegrad neue Anforderungen an HR und die Steuerungs- und Anreizsysteme.[224]

Die Denkweise ist immer noch stark »Command and Control« geprägt. Erste Führungskräfte und Bereiche nehmen aber Änderungen vor und entwickeln einen anderen Blick. Die Veränderungsbereitschaft richtet sich stark an den Fachbereichen aus. Es wird dabei aber an Standards und Governance festgehalten, sodass umfassendere Veränderungen selten sind.

Reifegrad 3

Im Reifegrad 3 wandert die Entscheidungsmacht zunehmend in die Teams und zu den Mitarbeitenden. Dies kann zu Unklarheiten im Gesamtgefüge führen, wer für was nun verantwortlich ist. Denn bisher gab es klare Standards in den Reifegrad-2-Organisationen, die nun aber sehr viele Ausnahmen und Anpassungen beinhalten. Es entsteht eine gewisse Unklarheit und auch Unsicherheit bei Führungskräften, Mitarbeitenden sowie in den HR-Bereichen.

---

224 Vgl. Gloger/Häusling, 2011.

Auch bezüglich der Bonus- und Wertschätzungssysteme verändert sich nun einiges. Auf Reifegrad 3 wird der individuelle Bonus häufig für erste komplette Mitarbeitergruppen abgeschafft. Die bisherigen Statuselemente werden als hinderlich wahrgenommen, es wird nach neuen Lösungen gesucht. Die Gehaltsfindung basiert stärker auf der externen und internen Vergleichbarkeit und wird transparenter gestaltet. Ebenso die Gehaltsanpassungsprozesse.

Die herkömmliche Leistungsbeurteilung weicht zunehmend Feedbackinstrumenten und die Kulturen entwickeln sich von Beurteilungskulturen zu Feedbackkulturen. Das Feedback wird nun stärker in die Teams gegeben. Hierfür werden entsprechende IT-Systeme und Apps etabliert, um die Prozesse abzubilden. Die Gehaltsfindungsprozesse werden zunehmend diskutiert, aber meistens noch nicht angepackt. Die Zielvereinbarungsprozesse werden neu gedacht. Häufig kommen OKR oder andere neue Ansätze in Teilen der Organisation zum Einsatz. Die Mitarbeitergespräche werden in kürzeren Zyklen geführt (z. B. quartalsweise) und die Inhalte haben sich verändert. Es kommt mehr zu einem Dialog zwischen Führungskräften und Mitarbeitenden, ggf. auch Teams.

Die Denkweise wird stärker auf die Mitarbeitenden und Teams ausgerichtet. Es werden zunehmend Systeme geschaffen, die die Mitarbeitenden fordern oder sich wünschen. Die HR-Bereiche erkennen, dass sie sich stärker auf die Nutzer und Anwender konzentrieren dürfen. Häufig werden neue Lösungen mit Hilfe von agilen Methoden nutzerzentriert entwickelt und dafür die Führungskräfte wie Mitarbeitenden wesentlich stärker in die Entwicklung von Instrumenten und Lösungen eingebunden.

Damit geht auch eine zunehmende Veränderungsbereitschaft einher. Die Bereiche werden individueller betrachtet, sodass neben den klassischen Steuerungs- und Anreizsystemen auch erste Alternativen entstehen. HR wird experimentierfreudiger, um die verschiedenen Anforderungen bei den Steuerungs- und Anreizsystemen zu bedienen.

Reifegrad 4

Die Entscheidungsmacht ist nun in Reifegrad 4 zunehmend verteilt. Wir sprechen hier von sehr verteilten Führungssystemen. Bei Scrum haben wir verteilte Führungsrollen wie Product Owner, Scrum Master und Teams. Mit dem entsprechenden Empowerment dieser Rollen kann dies ein Beispiel von verteilter Führung sein. Macht ist nicht mehr zentral gebündelt, sondern sehr dezentral organisiert. Die bisherigen disziplinarischen Führungsverantwortlichkeiten sind verteilt. Viele Entscheidungen über die Nutzung und Anwendung werden von und mit den Teams getroffen. Die Personalauswahl übernimmt ggf. das Team selbst, ebenso die Organisation von Urlaub,

Feedback und Personalentwicklung. Zusätzliche verteilte Rollen kümmern sich um die Teamentwicklung (z. B. Scrum Master) oder die strategische Ausrichtung (Product Owner). In der Praxis stellt sich dann häufig die Frage, warum wir Führung verteilen (müssen). Dies hat verschiedene Gründe:

- Viele Werte und Prinzipien wie Selbstorganisation und Selbstverantwortung entfalten erst ihre volle Wirkungskraft in verteilten Führungssystemen.
- Führung wird professionalisiert, weil nun explizite Rollen existieren, die sich um Elemente von Führung kümmern. Bei den zentralen Mechanismen wird Führung in den bisherigen Reifegraden meist sehr fachlich umgesetzt und für viele Führungsaspekte wie Mitarbeiterführung oder die strategische Ausrichtung fehlt aufgrund des operativen Drucks die Zeit.
- In einem zentralen Führungssystem ist es schwer, mit Komplexität umzugehen. Zentrale Ansätze starten mit einem zentralen Steuerungsansatz, der im komplexen Umfeld an seine Grenzen kommt.

Durch die verteilten Führungssysteme werden auch sämtliche Elemente der Vergütung und des Performance Managements angepasst und es werden neue Lösungen entwickelt. Hier einige Beispiele für Reifegrad-4-Lösungen: Die Retrospektiven in den Teams werden zunehmend erweitert oder ergänzt, um ein kollegiales Feedback zu nutzen.[225] Auch Teams, die nicht mit Vorgehensmodellen wie Scrum arbeiten, nutzen regelmäßig Retrospektiven, um im Kollektiv als auch individuell an der kontinuierlichen Verbesserung zu arbeiten. Zielvereinbarungen werden auf die verteilten Führungsrollen differenziert. Dabei erhalten die verteilten Führungsrollen allerdings Rahmenbedingungen durch ein Managementteam. Diese werden je nach Unternehmenskultur auch partizipativ entwickelt. Mitarbeitergespräche werden zunehmend auf Augenhöhe geführt. Das Feedback kommt aus dem Team, die Gespräche führen aber häufig noch die Führungskräfte mit den Mitarbeitenden.

In Reifegrad 4 werden neue Möglichkeiten zu Vergütungsansätzen gesucht. Die Gehaltsfindung basiert stärker auf der externen und internen Vergleichbarkeit und wird transparenter gestaltet. Ebenso die Gehaltsanpassungsprozesse.

Die Denkweise ist stark menschlich geprägt. Reflexion, Feedback und kontinuierliche Entwicklung sind selbstverständlicher Bestandteil in der Denkweise. Zudem wird viel experimentiert und in kurzen Zyklen weiterentwickelt. Die Veränderungsbereitschaft ist hoch. Themen werden alternativ gelöst, es wird nach Beispielen gesucht und die Organisation ist bereit, auch Risiken einzugehen und Fehlschläge hinzunehmen.

---

225 Vgl. Kaltenecker, 2017.

Reifegrad 5

Im Reifegrad 5 werden die Steuerungs- und Anreizsysteme in enger Zusammenarbeit mit dem Business und für das Business gestaltet. Die verteilten Führungssysteme und die damit verbundene Machtverteilung sind etabliert und darauf aufbauend werden nun sehr kundenzentrierte Lösungen je Team, Einheit oder Cluster in der Umsetzung gesucht. Die Macht hat der Kunde und Anwender der Systeme. Möglicherweise habe diese sich noch aus eigenem Antrieb heraus Rahmenbedingungen oder Prinzipien gegeben, die sie gemeinsam berücksichtigen wollen. HR hat die Rolle zu befähigen, Ideen zu geben und ggf. Werkzeuge und Ansätze zur Verfügung zu stellen, die bei der Umsetzung und Anwendung bestmöglich unterstützen.

Wenn wir uns auch hier wieder die einzelnen Elemente der Steuerungs- und Anreizsysteme anschauen, sehen wir eine entsprechende Veränderung. Bei den Vergütungssystemen in Reifegrad 5 existiert eine hohe Verfahrensgerechtigkeit durch neue Vergütungssysteme bei der Gehaltsfindung und der Gehaltsanpassung. Es wird mit neuen Ansätzen experimentiert.[226] In Teilen werden Formeln bzw. Algorithmen entwickelt, um die Verfahrensgerechtigkeit zu erhöhen und auch den dezentralen Organisationsanforderungen gerecht zu werden. [227] Dabei sind die Teams stark in die Vergütungsprozesse eingebunden. Grundsätzlich werden die materiellen Werte zunehmend gezielt unwichtig gemacht, um sich auf die Kundenanforderungen und die Arbeit zu konzentrieren. Die Wertschätzungskulturen entstehen viel mehr durch immaterielle Werte. Arbeitsumfelder werden entsprechend gestaltet und die Arbeitsbedingungen auf die Wertschätzungswünsche der Mitarbeitenden ausgerichtet. Es findet hier viel Dialog statt, um die Wertschätzungsbedürfnisse der Teams und Mitarbeitenden auch zu treffen.

Die Mitarbeitergespräche werden von den Mitarbeitenden initiiert, wenn sie benötigt werden. Das bedeutet, dass die Mitarbeitenden entscheiden, wann sie ein Entwicklungsgespräch und in einigen Unternehmen auch, mit wem sie das Entwicklungsgespräch haben wollen. Die Grundlage – also das Feedback zu ihrer Entwicklung – erhalten die Mitarbeitenden nun nicht mehr von einer zentralen Führungskraft, sondern aus dem Team. Der Mitarbeitende geht mit seinen Fragestellungen in das Gespräch und nutzt eine Führungskraft lediglich als Coach.

Die Denkweise ist davon geprägt, dass die Mitarbeitenden leistungswillig und leistungsfähig sind. Der Fokus liegt vor allem auch auf immateriellen Steuerungs- und Anreizsystemen. Werte wie »Sinn« und »Beitrag leisten« nehmen noch weiter an Bedeutung zu. Die Veränderungsbereitschaft ist sehr stark ausgeprägt. Es werden

---

226 Vgl. Franke/Hornung/Nobile, 2019.
227 Vgl. ebda.

viele neue Steuerungs- und Anreizsysteme erprobt und getestet. Der Mut, neue Werkzeuge und Ansätze auszuprobieren, ist sehr hoch und wird am Erfolg und Nutzen pragmatisch gemessen.

4.4.2   Praxisbeispiel: Das Ideal »Selbstorganisation« – Der Hypoport-Weg

Björn Schneider

Das Unternehmen

Mit ihren rund 1.700 Mitarbeitenden ist die Hypoport-Gruppe ein Netzwerk von Technologieunternehmen für die Kredit-, Immobilien- und Versicherungswirtschaft. Sie gruppiert sich in vier voneinander profitierende Segmente: Kreditplattform, Privatkunden, Immobilienplattform und Versicherungsplattform.

Im Segment Kreditplattform befindet sich der größte deutsche B2B-Kreditmarktplatz für Immobilienfinanzierungen, Bausparprodukte und Ratenkredite. Unabhängige Finanzvertriebe beraten unsere Endkunden zu Immobilien- und Ratenfinanzierungen und Vorsorgeprodukten im Segment der Privatkunden. Alle immobilienbezogenen Aktivitäten für gewerbliche Kunden sind im Segment der Immobilienwirtschaft verortet. Jüngstes Mitglied der Hypoport-Gruppe ist das Segment der Versicherungsplattform, welches alle B2B-Aktivitäten im Bereich Versicherungen bündelt.

Die Hypoport AG übernimmt als Muttergesellschaft innerhalb der Hypoport-Gruppe die Aufgaben einer Strategie- und Managementholding mit entsprechenden Zentralfunktionen (z. B. HR und People & Organisation). Ihr Ziel ist die Förderung und Erweiterung des Unternehmensnetzwerkes. Die Hypoport AG ist an der Deutschen Börse im Prime Standard gelistet und seit 2015 im SDAX vertreten.

Warum Agilität?

Agilität ist bei uns wie in vielen Unternehmen aus der IT entwachsen. Schon seit ca. 2005 werden dort alle Projekte agil vorangetrieben. Damals fing es mit Scrum und Kanban »by-the-book« an. Mit externer Unterstützung wurden die bisherigen Bemühungen inkrementeller und iterativer Entwicklung zu einem gemeinsamen Vorgehen zusammengeführt. Zehn Jahre später waren alle Teams gewohnt, agil zu arbeiten, und wollten auch nichts anderes mehr machen. Nun zeigten sich verschiedene Tendenzen:

1.   Die Zusammenarbeit mit den Fachbereichen gestaltete sich zunehmend schwieriger.

2. Die Scrum-Routinen in den Teams gingen mehr und mehr in Fleisch und Blut über, der Scrum-Master verhinderte eher die Übernahme von Eigenverantwortung der Teammitglieder.
3. Der Ruf nach agilen Methoden im gesamten Unternehmen wurde größer.

Als erste Maßnahme wurde noch im selben Jahr die Rolle des Scrum-Masters ersetzt durch die des Agile Coaches. Es hatte sich gezeigt, dass der Scrum-Master häufig, gerade wenn er seinen Job gut machte, weitere Veränderung verhinderte. Oft wurde bei Problemen der Scrum-Master in die Problemlösung geschickt, anstatt dass sich einzelne Teammitglieder eigenverantwortlich um Lösungsversuche bemühten. Die neugeschaffene Rolle des Agile Coaches konnte nun, nachdem es kaum mehr Scrum-Master gab, von Teams »ge-pull-t« werden, d. h., bei z. B. schwierigen Retrospektiven konnte sich ein Team entscheiden, diese von einem Agile Coach moderieren zu lassen. Scrum- und Kanban-Prozessoptimierungen und auch das Moderieren von Konfliktlösungen innerhalb des Teams waren nun tägliche Aufgaben des Agile Coaches.

Ein Jahr später war dem Vorstand klar, dass er das agile Mindset gerne in ganz Hypoport ausbauen möchte. Dies geschah nicht ausschließlich aus der Notwendigkeit, an der damaligen Zusammenarbeit etwas verbessern zu müssen, sondern in dem vollen Verständnis, dass es sich um eine Zukunftsinvestition handelte. Denn nur wenn wir in die Weiterentwicklung von Menschen und deren Zusammenarbeit investieren, werden wir uns auch in Zukunft den Herausforderungen des Marktes stellen können bzw. diesen bestimmen.

Diesem Wunsch folgend entstand der neue Bereich »People & Organisation« (PnO), der aus Agile Coaches und allen bisherigen HR-Funktionen aufgebaut wurde, die maßgeblichen Einfluss auf die Kultur hatten. So waren Themen wie Agiles Mindset, Recruiting, Personal- und Organisationsentwicklung in einem Team und konnten eine gemeinsame Richtung in der Unterstützung von Hypoport auf dem Weg zu einer agilen Organisation entfalten. Eine intern veranstaltete Konferenz mit 90 Führungsinteressierten (nicht nur Führungskräfte!) gab Sicherheit und das Thema »Selbstorganisation« als neues Ziel war geboren.

Der bisherige Weg zu mehr Agilität in HR

Um die neue Richtung »Selbstorganisation« zu unterstützen, haben wir bei PnO die Hypoport-Prinzipien[228] entwickelt. Sie beschreiben in den Dimensionen Führung, Organisation, Team und Mensch, welche Grundhaltung wir in unserem gemeinsamen

---

228 Siehe https://blog-pno.hypoport.de/?s=hypoport+prinzipien.

Wirken einnehmen, um uns immer mehr in Richtung einer funktionierenden Selbstorganisation zu entwickeln. Die Prinzipien sind aus einem Story-Telling-Prozess hervorgegangen: Wir haben uns Geschichten von Vorfällen erzählt, die wir in unser bisherigen Arbeit bei Hypoport erlebt haben, um uns daraufhin zu überlegen, mit welcher Haltung diese Vorfälle nicht passiert wären. Daraus haben wir die Prinzipien kondensiert.

Die neue Zielsetzung »Selbstorganisation« hat auch die Personalarbeit grundsätzlich verändert. Aus der für HR üblichen Ordnungsfunktion ist eine neue zur Selbstorganisation passende Haltung entstanden:

- »Stören und Unterstützen«
  Wir bei PnO geben Impulse über Recruiting, jegliche Art von Zusammenarbeit, moderne Führung, Personal- und Organisationsentwicklung usw. an den Stellen, wo wir der Meinung sind, dass der Bereich, das Team oder ganz Hypoport einen Schritt mehr in Richtung Selbstorganisation gehen könnte. Wenn dann Hypoport-Kollegen diese Impulse wertvoll finden und um Hilfe bei der Umsetzung fragen, unterstützen wir mit Begeisterung.

- »Subversives Einmassieren«
  Wir bei PnO rollen die Prinzipien nicht mit Trainings und Workshops aus, sondern bauen die zugrunde liegende Haltung in alle Maßnahmen, die wir von PnO aus anbieten, mit ein. So findet sie sich in Führungsfeedbacks, Mitarbeiterentwicklungsgesprächen, Kultur-Feedback-Maßnahmen usw. wieder und alle Mitarbeitenden werden so immer wieder mit den Prinzipien konfrontiert.

Diese neue Taktik führte uns tatsächlich weg von der tradierten Ordnungsfunktion einer HR-Abteilung, hin zu einem Bereich, der immer mehr auf seine Kunden, also die Hypoport-Kollegen in den Wertschöpfungsketten, hörte und ihnen hoch individualisierte Maßnahmen anzubieten versuchte.

Nach ca. 2 Jahren zeigte sich nun allerdings, dass wir es übertrieben hatten. Die meisten Maßnahmen waren sehr abstrakt und wir taten unser Bestes, um sie den Hypoport-Kollegen zu erklären und mit ihnen an für ihre Bedürfnisse maßgeschneiderten Maßnahmen zu arbeiten. Doch das klappte mal besser und mal schlechter und es zeigte sich schließlich, dass wir zu stark in Richtung Individualisierung abgebogen waren. Im Grunde waren unsere Angebote oft beliebig und der Aufwand der kundenspezifischen Anpassung zu aufwendig und kompliziert für unsere Kollegen.

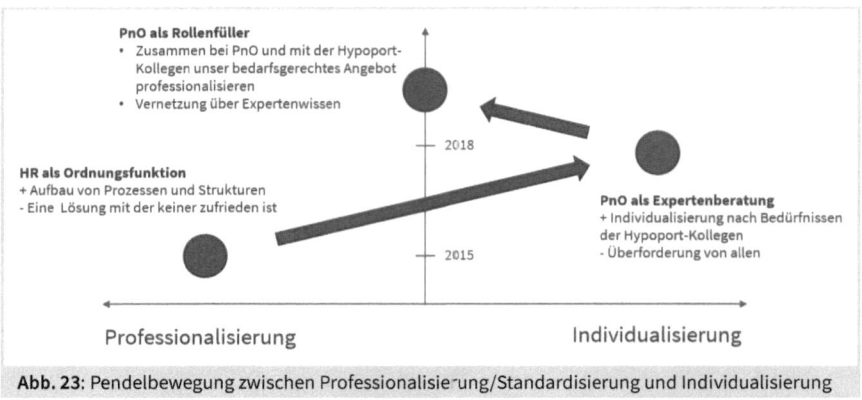

Abb. 23: Pendelbewegung zwischen Professionalisierung/Standardisierung und Individualisierung

Mit den Erfahrungen der beiden Extreme machen wir uns nun auf, feste Maßnahmen zu entwickeln, die wir dann in unterschiedlichen Situationen anbieten können. Es ist quasi so, als ob wir einen Werkzeugkasten mit vordefinierten Werkzeugen zusammenbauen, der auf der einen Seite sehr gut für die Bedürfnisse von Hypoport ausgelegt ist und gleichzeitig fest definierte und durch Erfahrung »ausgehärtete« Werkzeuge anbietet. Erste Erfahrungen zeigen, dass das genau den Bedarf unserer Hypoport-Kollegen trifft. Erfahrung, Stabilität und Nachvollziehbarkeit bei der Auswahl sind nun gleichzeitig mit auf die Bedürfnisse maßgeschneiderten Maßnahmen möglich.

Des Weiteren befinden wir uns in der Transition auf das »Organisationsbetriebssystem« Holakratie™[229]. Das bietet u.a. die Unterscheidung von Services und Experten durch die Einnahme von verschiedenen Rollen:

- Zentrale Angebote:
  Services sind Dienstleistungen, die für den größten Teil der Hypoport-Kollegen an den einzelnen Hypoport-Unternehmen gleich gestaltet und deswegen zentral vorgehalten werden können (z.B. Bewerbermanagementsystem, Führungskräfteentwicklungsprogramm, Kulturfeedback(-system), Akademie, Arbeitgebermarke usw.). Des Weiteren sind alle Innovationsthemen zentral angesiedelt (z.B. Hypoport oder-Recruiting-Prinzipien, Holakratie usw.)
- Dezentrale Unterstützung:
  Experten nehmen Rollen in den Teams/Kreisen der Hypoport-Kollegen ein, unterstützen die Hypoport-Kollegen in ihrer jeweiligen Wertschöpfungskette mit ihrem Können (z.B. Recruiting, Organisationsentwickler, Teamcoach usw.) und vernetzen sich über die einzelnen Hypoport-Unternehmen miteinander zum Zweck des Erfahrungsaustausches.

---

229 https://www.holacracy.org/.

So denken wir, dass auch das Problem der Skalierung von zentralen Angeboten in unserem Netzwerk von Hypoport-Unternehmen in den Griff zu bekommen ist. Und das, ohne einen Elfenbeinturm zu bauen, der Unterstützung anbietet, die keinem hilft.

Konsequenzen für den HR-Wertschöpfungsprozess »Steuerungs- und Anreizsysteme«

Auch in den angewendeten Rahmenwerken, die die Machtverteilung im Unternehmen bestimmen, haben wir erkannt, dass die Richtung »Selbstorganisation« eine zu unkonkrete ist, und sind so mit der Einführung der Holakratie in Richtung eines bereits sehr ausformulierten und auf viel Erfahrung basierenden Rahmenwerkes aufgebrochen.

Bestimmte Führungsaufgaben sind in der Holakratie fest an Rollen gebunden (LeadLink, RepLink, Facilitator, Secretary) und andere stellen die Basis für jegliche Rollen dar (Pflichten jeder Rolle). Die fachliche Führung wird so zum einen basierend auf der Holakratie-Verfassung auf mehrere Menschen verteilt und zum anderen entsteht über den stetigen Governance-Prozess der Holakratie die Möglichkeit, alle weiteren, benötigten Führungs-rollen entstehen zu lassen, wenn sie gebraucht werden. Letzteres wird sogar in gruppenbasierten Entscheidungsprozessen durchgeführt, in den sogenannten Governance-Meetings der Holakratie. Dieser Prozess ermöglicht tatsächlich das erste Mal in der Hypoport-Firmengeschichte, dass eine Gruppe von Kollegen zusammen – ohne einen Chef oder externe Organisationsberater – über ihre Struktur (holakratisch: Rollen/Kreise/Domänen) selber entscheiden. So setzen wir auch bei der Arbeit *an* der Organisation das Prinzip »Entscheiden, wo gehandelt wird«[230] konsequent um. Das bildet die Grundlage für eine agile Organisationsstruktur, die sich der dynamischen, komplexen Umwelt schnell anpassen kann.

Insgesamt ermöglicht uns die Holakratie einen wichtigen Schritt in Richtung einer funktionierenden Selbstorganisation und fördert dabei den stärkenorientierten Ansatz bei der Besetzung der Rollen.

Besonderes Augenmerk verdient die Rolle der »disziplinarischen Führungskraft« (dFK), da sie nicht standardmäßig in der Holakratie vorgesehen, gleichzeitig aber für uns sehr wichtig ist. Alle Hypoport-Unternehmen haben diese Rolle und experimentieren mit dem Namen und ihren Zuständigkeiten. Folgende Entwicklung und Erfahrungen ergeben sich bei uns bzgl. der Zuständigkeiten der dFK:

* **Feedback**
  Es zeigt sich, dass sich unterschiedliche Modelle für das Erzeugen und Überbringen von Feedback eignen und in Abhängigkeit zur Verträglichkeit im Team zur Anwendung

---

230 Siehe auch https://www.nielspflaeging.com/books/.

kommen. Das geht von einem eher klassischen Ansatz: »Die dFK sammelt Feedback und übergibt es«, über: »Der Feedbacknehmer sammelt sein Feedback selber ein und bespricht es dann mit der dFK«, bis hin zu: »Der Feedbacknehmer hört als stiller Beobachter den Teammitgliedern zu, wie diese Feedback zu ihm/ihr entwickeln.«

Eine grundsätzliche Tendenz ist erkennbar: Je mehr Kollegen, die operativen Kontakt zum Feedbacknehmer haben, bei der Zusammenstellung des Feedbacks mitwirken, desto mehr steigert sich die Qualität des Feedbacks. Die dFK wird so mehr und mehr zum Moderator eines Feedback-Prozesses als denn zum einzigen Feedbackgeber.

- **Fachliche und persönliche Entwicklung**
  Mit dem Thema Entwicklung verhält es sich ähnlich zu dem Thema Feedback, da häufig die zu entwickelnden Potenziale eines Kollegen auch auf seinem Feedback fußen. Für die Entwicklung ist es zusätzlich hilfreich, wenn die dFK dem Kollegen hilft, sich über seinen persönlichen Purpose klar zu werden, und gleichzeitig eine große Schnittmenge mit den Purposes der Rollen anstrebt, die der Kollege in der Organisation besetzt. Daraus resultieren erfahrungsgemäß eine hohe intrinsische Motivation des Kollegen und bestmögliche Arbeitsergebnisse. Der persönliche Purpose ist damit auch ein guter Wegweiser für die stärkenorientierte Entwicklung des Kollegen.

  Auch hier haben wir Formate entwickelt, in denen das Team sich im stillen Dabeisein des Kollegen über seine Entwicklungspotenziale austauscht und konkrete Vorschläge für diesen entwickelt. Diese kann der Kollege dann als Entscheidungsgrundlage nehmen, um sich über seine Entwicklung klar zu werden, und dieses dann anschließend mit seiner dFK zu besprechen.

- **Gehalt**
  Wir haben schon einige Experimente mit der Gehaltsfindung im Team gemacht. Bei allen zeigt sich, dass der Kern für alle Kollegen die Verteilungsgerechtigkeit ist. In erster Linie geht es also nicht um die Höhe eines Gehaltes, sondern um den gefühlten Abstand zu den anderen Kollegen und ob sich dieser Abstand in angemessener Weise in Gehaltsunterschieden widerspiegelt. Da komplette Gehaltstransparenz bei uns bisher nur in den wenigsten Teams möglich ist, bedienen wir uns unterschiedlicher Werkzeuge, um Informationen zur Verteilungsgerechtigkeit zu erhalten (z. B. die Abfrage von relativen Gehältern á la »Kollege X sollte 500 EUR mehr als ich, Kollege Y aber 200 EUR weniger als ich bekommen«). Am Ende entscheidet aber die dFK in den allermeisten Fällen und mindestens dann, wenn Uneinigkeit herrscht, und führt persönliche Gespräche mit allen Kollegen.

  Letztendlich ist die Gehaltfindung ein komplexer Prozess, in den viele unterschiedliche Faktoren hineinfließen und so wird er wohl bis auf Weiteres nur von Menschen durchgeführt werden können. Da ändern auch Gehaltsformeln wenig, die als Größen u. a. sowas wie z. B. den Skill-Level eines Kollegen berücksichtigen, der aber wieder von Menschen möglichst nachvollziehbar eingestuft werden muss. Und so glauben wir, dass der komplett automatisierte und als gerecht empfundene Gehaltsfindungsprozess vorerst nur eine weiterhin erstrebenswerte Vision ist.

- **Fürsorgepflicht**

  Die Fürsorgepflicht[231] ist gesetzlich sehr schwammig geregelt, muss aber von der juristischen Person der Organisation auf Rollen im Unternehmen delegiert werden, um ihr in mittleren bis großen Unternehmen gerecht zu werden. Diese Aufgabe übernimmt bei uns auch die dFK. Umgesetzt wird sie meistens in regelmäßigen, persönlichen Rücksprachen zwischen der dFK und den von ihr geführten Kollegen. Das Zeitintervall kann sich von Kollege zu Kollege unterscheiden und richtet sich häufig nach den Bedürfnissen des jeweiligen Kollegen. Letztendlich geht es darum, bei schwerwiegenden Störungen der Leistungsfähigkeit des Kollegen als Zuhörer dazusein und hilfreiche Schritte, evtl. auch mit externer Unterstützung, einzuleiten.

Erfahrungen und Empfehlungen

Die wichtigste Änderung in der Haltung der Personalarbeit ist es, sich von der Ordnungsfunktion zu verabschieden, da sie in immer komplexeren Umfeldern in Summe keinem mehr gerecht werden kann. Stattdessen muss Personalarbeit wieder auf die Kollegen und ihre Bedürfnisse hören und mit ihnen individualisierte Maßnahmen entwickeln. Eine Aufgabe ist es, anschließend diese Maßnahmen im Sinne von wiederverwertbaren Werkzeugen zu standardisieren und professionalisieren. Durch die Integration von Individualisierung und Professionalisierung entsteht dann ein gefüllter Werkzeugkasten mit für das Unternehmen angepassten Personalmaßnahmen.

Komplizierte Personalprozesse können dabei zentral angeboten werden und komplexe Prozesse sind in die Verantwortung der Kollegen zu übergeben, die von uns in PnO mit unserem Expertenwissen unterstützt werden.

Auf diese Art und Weise beschäftigen sich mehr Kollegen mit Personalthemen und helfen dabei, die für ihren Bereich passenden Maßnahmen zu entwickeln. Eine Gefahr dabei ist (und bei uns auch schon aufgetreten), dass zu viele Kollegen zu wenig in ihrer eigentlichen Wertschöpfung tätig sind und wegen großem Interesse an den Personalthemen zu viel Zeit und Aufwand investieren. Hier muss eine Balance gefunden werden.

Wir stellen fest, dass sich durch unsere Maßnahmen unsere Kultur wie erhofft mehr in Richtung einer funktionierenden Selbstorganisation weiterentwickelt. Dabei merken wir aber auch, dass dies in den allermeisten Fällen für die Systeme, die außerhalb von Hypoport

---

231 Vgl. Wikipedia, 2019.

sind, nicht oder nicht so stark zutrifft. Wenn sich also unsere Kunden und Partner nicht in der gleichen Geschwindigkeit mitentwickeln, entsteht innerhalb von Hypoport immer mehr Aufwand, um die unterschiedlichen Systeme zu synchronisieren. Als weiteres Beispiel für externe Systeme, die sich nicht im gleichen Maße entwickeln, identifizieren wir zunehmend auch die privaten Umfelder unserer Kollegen: ihre Familien und Freundeskreise. Dort können sich auch Spannungen durch die starke Änderung und das Weiterentwickeln unseres Miteinanders innerhalb von Hypoport ergeben, die wir bisher noch gar nicht adressieren.

Zusätzlich finden wir immer weniger Unternehmen, mit denen wir uns über unsere Erfahrungen austauschen können. Schon alleine der Einsatz von Holakratie im Unternehmen ist so neu, dass sich nur wenige Unternehmen in unserer Größenordnung konsequent damit auseinandersetzen. Das bedeutet an vielen Stellen, dass wir Pioniere sind und viel ausprobieren müssen. Wir (und damit sind auch gerade unsere Vorstände gemeint) sind uns aber sicher, dass wir den Weg weiterverfolgen wollen, weil wir es als notwendige Investition in die Zukunft von Hypoport sehen.

Kurzes Fazit zum HR-Wertschöpfungsprozess

Aus unserer bisherigen Erfahrung können wir folgende Empfehlungen aussprechen:

1. Den Auftrag zu mehr Selbstorganisation vom Vorstand und die finanziellen Mittel dafür zur Verfügung haben!
2. Weg von der HR-Ordnungsfunktion! Bedürfnisse der Kollegen verstehen!
3. Integration von Individualisierung und Professionalisierung der Maßnahmen!
4. Services zentral und Experten dezentral anbieten!
5. Mit dem stärkenorientierten Aufteilen von disziplinarischer und fachlicher Führung experimentieren und Erfahrungen sammeln!
6. Ein Rahmenwerk zur Unterstützung von mehr Selbstorganisation und Eigenverantwortung einsetzen (z. B. Holakratie)!

4.4.3   Praxisbeispiel: Vergütung in agilen Teams – Erfahrungen in einem Großkonzern am Beispiel Robert Bosch

Dr. Uwe Schirmer

Die Bosch-Gruppe

Die Bosch-Gruppe ist ein international führendes Technologie- und Dienstleistungsunternehmen mit weltweit rund 410.000 Mitarbeitenden (Stand: 31.12.2018). Sie erwirtschaftete im Geschäftsjahr 2018 einen Umsatz von 78,5 Milliarden Euro. Die Aktivitäten gliedern sich in die vier Unternehmensbereiche Mobility Solutions, Industrial Technology, Consumer Goods sowie Energy and Building Technology. Als führender Anbieter im Internet der Dinge (IoT) bietet Bosch innovative Lösungen für Smart Home, Smart City, Connected Mobility und Industrie 4.0. Mit seiner Kompetenz in Sensorik, Software und Services sowie der eigenen IoT-Cloud ist das Unternehmen in der Lage, seinen Kunden vernetzte und domänenübergreifende Lösungen aus einer Hand anzubieten. Die Bosch-Gruppe umfasst die Robert Bosch GmbH und ihre rund 460 Tochter- und Regionalgesellschaften in mehr als 60 Ländern. Inklusive Handels- und Dienstleistungspartnern erstreckt sich der weltweite Fertigungs-, Entwicklungs- und Vertriebsverbund von Bosch über fast alle Länder der Welt. Basis für künftiges Wachstum ist die Innovationskraft des Unternehmens. Bosch beschäftigt weltweit rund 68.700 Mitarbeitende in Forschung und Entwicklung an rund 130 Standorten und bietet »Technik fürs Leben«.

Was waren die wesentlichen Treiber für Bosch HR, sich mit dem Thema Agilität zu befassen?

Extern ist hier insbesondere der Wandel von zahlreichen Bereichen des Unternehmens in Richtung IoT company zu nennen. Die Unternehmensleitung hat bereits zu einer sehr frühen Phase erkannt, dass neben dem Smartphone auch alle anderen physischen Gegenstände mit dem Internet vernetzt werden können und aus dieser Verbindung heraus neue Anforderungen an die Entwicklung von »things and services« sowie Geschäftsmodellen entstehen werden. Deshalb hat Bosch bereits zu Beginn des letzten Jahrzehnts begonnen, internetspezifische Kompetenz aufzubauen. Dies erfolgte teilweise durch Akquisition kleinerer IT-Unternehmen, teilweise auch durch Einstellung entsprechender Spezialisten.

Diese Weiterentwicklung brachte die Erkenntnis mit sich, dass neben der evolutionären Weiterentwicklung von bereits im Unternehmen verfügbaren Technologien auch die Entwicklung völlig neuer, disruptiver Technologien und disruptiver Geschäftsmodelle erforderlich sein werden. Hierzu bedurfte es der oben bereits erwähnten digitalen Kompetenz. Es stellte sich nach kurzer Zeit heraus, dass dies allein noch nicht wettbewerbsentscheidend sein wird. Hinzukommen muss vielmehr die Fähigkeit, diese neu zu entwickelnde digitale Kompetenz auch mit den bisherigen Kompetenzen auf dem Feld der Weiterentwicklung von körperlichen Gegenständen zu verbinden. Erst aus dieser Verbindung entsteht eine erfolgreiche IoT company.

Dieser externe Treiber hatte und hat unmittelbare Konsequenzen für interne Prozesse. Die Neuentwicklung eines Brems- oder Lenksystems für einen Automobilhersteller mit fest vorgegebenem start of production muss anders organisiert werden als die Neuentwicklung einer App oder eines Elektrowerkzeuges für den Endkunden. Für letzteres muss neben der technischen und digitalen Kompetenz ein intensives Nutzerverständnis entwickelt werden. Während im ersten Fall eine starke Projektorganisation benötigt wird, ist im zweiten Fall in iterativen und agilen Arbeitsformen vorzugehen. Damit war klar, dass wir in unserem Unternehmen diese Arbeitsformen erfolgreich anwenden müssen. Softwareentwicklung erfolgt heute standardmäßig mittels SCRUM-Methoden. Aber auch für auf den Endnutzer ausgerichtete Entwicklungsprozesse von Hardware sind agile Arbeitsformen der hierarchischen Organisation deutlich überlegen. Deshalb hat sich z. B. unsere business unit Power Tools innerhalb weniger Jahre nahezu komplett von einer klassischen hierarchischen Organisation transformiert in eine konsequent am Nutzer ausgerichtete Teamstruktur mit flachen Hierarchien und Gesamtverantwortung für das jeweilige Segment.

Daneben ist eine weitere Entwicklung zu beachten: Die Herausforderungen in unseren Märkten sind mit einer stark ansteigenden Komplexität verbunden. Dies liegt auch daran, dass durch die neuen digitalen Technologien ständig neue Wettbewerber entstehen und etablierte Geschäftsmodelle infrage gestellt werden. Aber auch politische Entwicklungen tragen dazu bei (z. B. Handelskonflikte, Zwang zur schnellen und nachhaltigen Reduzierung von Kohlendioxid etc.). In einem solchem Umfeld, das zusätzlich schnellen Veränderungen unterliegt, erfordern ausreichend schnelle und inhaltlich fundierte Reaktionen ein intensiveres Arbeiten in funktionsübergreifenden Netzwerken. Eine stark hierarchisch aufgebaute Organisation ist hierfür weniger gut geeignet.

Wie war unser bisheriger Weg zu mehr Agilität in HR?

Ein wesentlicher Ansatz war die Bildung eines sogenannten HR Lab in unserer bereits erwähnten business unit Power Tools. Mit der dort stattfindenden fundamentalen Transformation der gesamten Organisation haben wir eine kleine Gruppe von HR-Nachwuchstalenten eingerichtet, die für die Menschen in dieser Organisation die passenden HR-Instrumente entwickelt haben. Diese Gruppe wiederum hat selbst agil in Sprints und mit Anlehnung an die SCRUM-Methode gearbeitet. Die dabei entwickelten Instrumente können nun auch außerhalb dieser Business Unit im gesamten Bereich der Bosch-Gruppe eingesetzt werden, sofern dies die jeweilige Organisation erfordert. Teilweise sind allerdings noch Prozesse der Betriebsratsbeteiligung zu beachten. Dabei ist generell festzustellen, dass die Rolle des Betriebsrats in einer agilen Organisation nicht mehr mit dem Rollenbild übereinstimmt, das 1972 bei Inkrafttreten des BetrVG vorherrschte. Hier besteht dringender Bedarf, das Gesetz angemessen anzupassen.

Interessanterweise hatten weder die Mitarbeitenden im HR Lab, noch die betroffenen Mitarbeitenden in der business unit Power Tools ein großes Interesse, auch das

Thema der Entgeltfindung einer grundlegenden Reform zu unterziehen. Da Vergütung ein sehr persönliches und sensibles Thema ist, handelt es sich bei derart grundlegenden Veränderungen um ein sehr großes Change-Thema. Es besteht bei den Mitarbeitenden die große Sorge, dass Besitzstände infrage gestellt werden könnten. Hinzu kommt, dass es sehr schwer ist, für das kleine Team Entgeltspezialisten zu gewinnen. Es war daher einfacher, zunächst alles beim Alten zu belassen. Andererseits liegt es auf der Hand, dass auch in dem Bereich der Vergütung zahlreiche Fragestellungen dahingehend entstehen, was ein wirkungsvolles System für eine agile Organisation leisten müsste. Nachfolgend möchte ich einige Fragen herausgreifen, ohne den Anspruch zu erheben, dass diese vollständig sind oder auch eindeutig beantwortet werden können.

- Welche Kriterien werden herangezogen, um die sachgerechte Vergütung zu finden? Werden diese für eine Gruppe von Mitarbeitenden einheitlich festgelegt oder für jeden Einzelnen innerhalb dieser Gruppe? Falls innerhalb der Gruppe unterschieden werden soll: Kommt es auf die Wertigkeit der konkret ausgeübten Aufgabe, die Wertigkeit der Position im Arbeitsmarkt, die dem Team zur Verfügung gestellte Kompetenz, den Beitrag zur Zielerreichung oder auf eine relative Einschätzung der Leistung im Quervergleich an? Sind nur harte Kriterien oder auch weiche Faktoren, wie z. B. Sozialverhalten, heranzuziehen?
- Wie ist ein Prozess innerhalb eines agilen Teams zu gestalten, um zu einer Entscheidung zu gelangen? Wer ist wann in diesem Prozess zu beteiligen? Nur die Teammitglieder oder auch Personen außerhalb des Teams? Wer trifft die Letztentscheidung, falls kein Einvernehmen erzielt werden kann?
- Wie ist ein Regelwerk zu gestalten, in dem die zuvor aufgeworfenen Fragen beantwortet werden? Wie ist ein Betriebsrat zu beteiligen? Wie flexibel ist dieses Regelwerk? Wer hat die nötige Kompetenz, um mit dem Regelwerk sachgerecht umzugehen?
- Welchen Reifegrad im Hinblick auf Vertrauen und Zusammenarbeit brauchen die Teammitglieder für einen solchen veränderten Prozess und wie werden sie darauf vorbereitet?

Ich denke, die Auflistung der Fragen macht bereits deutlich, dass es sich bei der Vergütung in agilen Arbeitsformen um ein sehr komplexes Thema handelt. Daher ist es nachvollziehbar, dass im HR Lab dieses Thema zunächst hintenangestellt wurde.

Bei Bosch HR haben wir daher neben dem HR Lab zusätzlich einen weiteren Schritt unternommen. Im corporate department, das sich mit der weltweiten Gestaltung von Vergütungsfragen beschäftigt, wechselte der Abteilungsleiter auf eine andere Stelle. Diesen Wechsel nahmen wir zum Anlass, die Abteilung selbst, die aus knapp 20 Mitarbeitenden besteht, in ein agiles, selbstorganisiertes Team zu überführen. Damit konnte versucht werden, quasi mit den Spezialisten in Eigenerfahrung die zuvor aufgeworfenen Fragen besser zu verstehen.

Nach gut drei Jahren Erfahrung in diesem Modell haben wir durchaus Fortschritte in der fachlichen Durchdringung der Thematik erreicht, wir haben aber noch keine endgültige Lösung aller Fragen gefunden. Vielmehr versuchen wir, in kleinen Schritten Erfahrung zu sammeln. Dabei müssen wir aber auch immer wieder erkennen, dass in einer großen Organisation wie Bosch im Gegensatz zum agilen Start-up die Verantwortung für den Gesamterfolg sehr begrenzt ist. Das wirtschaftliche Risiko eines Scheiterns trägt das Unternehmen und dies wirkt sich auch auf die Haltung aus, wenn es um Vergütung geht. Solange ich persönlich meine Leistung erbracht habe (wie immer diese dann genau definiert wird), erwarte ich meine Vergütung und das große Kollektiv Bosch hat dafür auch jederzeit zu sorgen. Im Unterschied dazu muss ich in einem agilen Unternehmen, in dem der Arbeitsplatz direkt vom Markterfolg dieses Unternehmens abhängt, auch die eigene Vergütung immer wieder daran messen, ob der Markt bereit ist, diese Vergütung zu bezahlen, mag sie der Einzelne für angemessen halten oder nicht.

Welche Konsequenzen für den HR-Wertschöpfungsprozess Vergütung ergeben sich daraus?

Bevor diese Fragestellung näher beleuchtet wird, stelle ich zunächst dar, wie sich die Vergütungsstrukturen bei Bosch in den letzten Jahren grundsätzlich entwickelt haben.

Ausgangslage

Bei der Vergütung wurde bei Bosch bereits seit vielen Jahren grundsätzlich zwischen dem Tarifbereich und den außertariflichen Fach- und Führungskräften unterschieden. Diese Unterscheidung wurzelt letztlich zwar in der für Deutschland typischen Systematik eines in der Metall- und Elektroindustrie tarifgebundenen Unternehmens. Sie kann aber vom Prinzip her auch für IT-Bereiche, die üblicherweise auch in Deutschland nicht tarifgebunden sind, oder für Unternehmen außerhalb Deutschlands ohne Tarifbindung angewendet werden. Wesentliches Unterscheidungskriterium besteht darin, dass für außertarifliche Mitarbeitende bei Bosch ein weltweit einheitliches Vergütungssystem besteht, während im Tarifbereich unterschiedliche lokale, regionale oder branchenspezifische Systeme zur Anwendung kommen.

Außertariflicher Bereich

Betrachten wir zunächst den *außertariflichen Bereich* näher. Dort wird für die jeweilige Vergütungsgruppe (insgesamt gibt es fünf dieser Gruppen) ein Grundentgeltband festgelegt, das sich in etwa im Marktmedian des jeweiligen Landes bewegen soll. Das Band selbst muss eine Spreizung aufweisen, die eine ausreichende Differenzierung innerhalb des Bandes ermöglicht. Mitarbeitende, die im Spitzenbereich des Bandes liegen, müssen auch zur Spitzengruppe der jeweiligen Marktvergleichsgruppe gehören. Je nach individueller Lage im Band wird das Grundentgelt durch 12 Monate geteilt und ist dem Mitarbeitenden garantiert.

Zusätzlich gibt es einen variablen Bonus. Dieser orientierte sich bis 2015 an drei Stellgrößen: Ertrag der gesamten Bosch-Gruppe, Ertrag der Business Unit des Mitarbeitenden sowie individuelle Zielerreichung des Mitarbeitenden. 2015 haben wir entschieden, die individuelle Zielerreichung nicht mehr mit dem Bonus zu verknüpfen und den variablen Teil damit zu je 50 % vom Ertrag der Bosch-Gruppe und dem Ertrag der Business Unit abhängen zu lassen. Der maximale Prozentsatz, der über den Bonus erreicht werden kann, blieb unverändert. Vorausgegangen war eine durchaus intensive und kontroverse Diskussion. HR konnte aber nachweisen, dass es keinerlei echte Korrelation zwischen dem Geschäftserfolg einer Business Unit und der individuellen Zielerreichung gab. In schlecht performenden Units lag der individuelle Faktor teilweise sogar über dem Durchschnitt, weil die Mitarbeitenden sich in dieser Unit ja auch stark engagiert hatten und einen Ausgleich für die niedrigen Business-Unit-Anteil erhalten sollten. Dies folgt keiner betriebswirtschaftlichen Logik und bestätigt die in dem vorangegangenen Abschnitt aufgestellte Hypothese, dass in großen Unternehmen – auch im Bereich der Top-Führungskräfte – keine echte Korrelation zwischen Markterfolg und gerecht empfundener Vergütung hergestellt wird. Durch die neue Systematik ist die Abhängigkeit der Gesamtvergütung vom Geschäftserfolg und als Folge auch die Volatilität der Gesamtvergütung deutlich angestiegen. Nach einigen guten Jahren wird 2019 der Gesamtbonus für die Mehrzahl der außertariflichen Mitarbeitenden deutlich zurückgehen.

Mit dem Systemwechsel war aber ein weiterer Effekt verbunden. Durch die starke Fokussierung auf individuelle Ziele wurde das Arbeiten in Netzwerken behindert. Zudem hat Daniel H. Pink in seinem Buch »Drive« anschaulich dargestellt, dass eine »Wenn-Dann-Belohnung« von individuellen Zielen die Kreativität behindert. Schließlich ist in einem agil arbeitenden Team eine dem Individuum zuordenbare Zielerreichung in der Regel nicht mehr möglich. Damit hatte dieser Schritt auch unmittelbare Wirkung auf unseren Weg zu einem stärker agil handelnden Unternehmen. Dieser Effekt war zwar nicht der wesentliche Grund für den Systemwechsel, sollte im Rückblick aber in seiner Wirkung auch im Bereich der Agilität nicht unterschätzt werden. Er kann zwar nicht für sich allein garantieren, dass in einem Unternehmen in Netzwerken und agil gearbeitet wird (hierzu sind zahlreiche weitere Faktoren erforderlich). Aber die finanzielle Incentivierung von individuellen Zielen ist definitiv ein Hindernis für eine solche Entwicklung und dieses sollte von einem HR-Bereich, der sein Unternehmen auf dem Weg zu einer agilen Organisation begleiten möchte, beseitigt werden.

Tarifbereich

Demgegenüber ist die Ausgangslage für *Mitarbeitende des Tarifkreises* ganz überwiegend geprägt durch Regelungen in Tarifverträgen und Betriebsvereinbarungen.

Für mehr als 90 % dieser Beschäftigtengruppe gelten in Deutschland die Regelungen der jeweiligen regionalen Flächentarifverträge in der Metall- und Elektroindustrie. Im Folgenden konzentrieren sich die Ausführungen auf die Ausgangslage in Baden-Württemberg. Eine weltweit differenzierte Betrachtung würde den hier zur Verfügung stehenden Rahmen erheblich sprengen. Andererseits ist dieses Gebiet für Bosch sehr repräsentativ, da hier die Mehrzahl der Forschungs- und Entwicklungsaktivitäten angesiedelt sind und daher für unsere Frage, inwieweit Agilität durch Vergütung begleitet wird, sehr relevant ist.

Der Flächentarifvertrag besteht im Kern aus 17 sogenannten ERA-Entgeltgruppen, aus denen das feste Grundentgelt abgeleitet wird. Hinzu kommt ein Leistungsentgelt, welches zwischen 0 % und 30 % beträgt, allerdings im Betriebsdurchschnitt 15 % erreichen muss und nur unter sehr engen Rahmenbedingungen abgesenkt werden kann. Außerdem gibt es einige jährliche Sonderzahlungen, die ebenfalls fix sind. Um eine betriebliche Tätigkeit leichter den 17 ERA-Entgeltgruppen zuordnen zu können, gibt es auf tariflicher und betrieblicher Ebene sogenannte Niveaubeispiele. Entspricht eine betriebliche Tätigkeit weitgehend diesem Niveaubeispiel, ist die Eingruppierung des Mitarbeitenden durch die zugeordnete Entgeltgruppe fixiert. Hier beginnt bereits die Problematik, agile Arbeitsformen in einem solchen System abzubilden. Es gibt bisher schlichtweg keine solchen Niveaubeispiele für agile Rollen, wie z. B. einem SCRUM Master. Als der Tarifvertrag geschaffen wurde, gab es derartige Rollen in der Metall- und Elektroindustrie noch nicht. Betriebsräte kommen heute noch in aller Regel aus dem klassischen hierarchischen Teil des Unternehmens, fühlen sich nur dort sicher und treffen Regelungen für diesen Bereich. Man muss sich daher mit analogen Beispielen behelfen, die vom Niveau her einigermaßen passen mögen, aber eben nicht das geforderte Tätigkeitsprofil wirklich abbilden.

Parallel dazu gibt es im Tarifkreis gerade für internetbasierte IT-Aufgaben relativ häufig Gesellschaften, die nicht unter den Geltungsbereich der Metall- und Elektrotarifverträge fallen. Teilweise wurden diese Gesellschaften in den letzten Jahren von Bosch gekauft, um die entsprechende Kompetenz zu sichern. Teilweise beruhen sie auch auf Ausgründungen aus der Bosch-Gruppe heraus, um völlig neue Marktsegmente zu erschließen. In diesen Gesellschaften hatte sich zunächst ein starker Wildwuchs an unterschiedlichen Entgeltregelungen entwickelt, teilweise gab es in zugekauften Einheiten gar kein System, sondern der frühere Eigentümer hatte in jedem Einzelfall Entgeltvereinbarungen mit den Mitarbeitenden getroffen. Um dies innerhalb der Bosch-Gruppe zu systematisieren, haben wir in einem ersten Schritt für diese tariffreien Gesellschaften ein System von 6 Entgeltbändern geschaffen, welches in Analogie zu den Entgeltbändern des außertariflichen Bereichs gestaltet wird. In diesen Bändern besteht eine deutlich größere Flexibilität bezüglich der individuellen Entgelthöhe und die dahinterliegenden Tätigkeiten sind weniger detailliert beschrieben als die ERA-Niveaubeispiele.

Im Rahmen der Umsetzung der Bosch-Strategie hin zu einem führenden Anbieter im Bereich Internet of things zeigt sich in den vergangenen drei Jahren, dass eine Zusammenarbeit zwischen Mitarbeitenden aus beiden Fachgebieten erforderlich wird. Wir benötigen ein Zusammenwirken von Kompetenzen rund um die Domänen der Dinge (z. B. Mobilität, Industrie, Home devices) mit den Kompetenzen internetbasierter Technologien. Hieraus abgeleitet haben wir sehr gute Rahmenbedingungen zur künftig führenden Gestaltung von z. B. autonomem Fahren, connected Industry, Smart Home. Dies brachte es allerdings mit sich, dass Mitarbeitende in einer Gesellschaft oder zumindest in einem Projekt eng zusammenarbeiten mussten, die zum Teil aus der Welt der Flächentarifverträge Metall- und Elektroindustrie und zum Teil aus der tariffreien IT-Welt kamen. Dies hat gerade im Rahmen der unterschiedlichen Entgeltsysteme zu großen Schwierigkeiten geführt, da die eine Gruppe nicht in einen tariffreien Bereich wechseln wollte und die andere Gruppe nicht die engen Regelungen der Flächentarifverträge anstrebte. Um einen Weg aus diesem Dilemma zu finden, haben wir vor rund drei Jahren Gespräche mit der IG Metall aufgenommen, um einen für diese Konstellation passenden Tarifvertrag zu vereinbaren. Dies war ein langer Weg, auch verbunden mit einigen Rückschlägen, aber letztlich ist es dann Ende 2018 gelungen, einen solchen Tarifvertrag zu vereinbaren. Im Bereich der Vergütung haben wir nun das sogenannte 6-Band-System (alternativ wurde auch ein 10-Band-System vereinbart, falls eine größere Differenzierung notwendig ist), welches wir bereits zuvor in tariffreien Gesellschaften eingesetzt haben, vereinbart und gemeinsam mit der IG Metall eine entsprechende Entgeltlinie hinterlegt. Diese Linie kann allerdings je nach spezifischer Ausgangssituation des Geschäfts, das in der Geschäftseinheit betrieben wird, variieren. Die Entgeltbänder steigen grundsätzlich im Rahmen der Entgeltentwicklung der Flächentarifverträge an. Die Erhöhung der Vergütung der Mitarbeitenden wird dann aber nicht pauschal für alle gleich, sondern im Rahmen des vorgegebenen Gesamtbudgets in jedem Einzelfall individuell festgelegt. Damit nähert sich dieses System stark dem für den außertariflichen Bereich geltenden System an, was eine bessere Durchlässigkeit ermöglicht. Dies ist gerade im Hinblick auf agile Arbeitsformen ein großer Vorteil. Wir haben diesen Tarifvertrag zunächst für eine kleinere Einheit vereinbart, die sich mit Zukunftsgebieten rund um das Thema Mobilität beschäftigt. Derzeit sammeln wir Erfahrungen mit den neuen Tarifregelungen und werden in den nächsten Monaten gemeinsam mit der IG Metall entscheiden, ob und inwieweit wir diese Regelungen auch auf andere Bereiche anwenden, die vergleichbare Rahmenbedingungen haben.

Übergreifende Fragestellungen für agile Organisationen
Unabhängig von der Frage, mit welchem System Entgeltfestlegung betrieben wird, stellen sich für agil arbeitende Bereiche aber weitere grundlegende Fragen:

Als erstes großes Thema möchte ich in diesem Zusammenhang die Frage nach der *Transparenz über die individuelle Vergütung* aufwerfen. Teilweise ist heute bekannt, wer in welcher Entgeltgruppe eingestuft ist, nicht dagegen, wo der Mitarbeitende innerhalb des Bandes dieser Entgeltgruppe liegt. Letzteres wissen heute üblicherweise nur der HR Business Partner und die Führungskraft des Mitarbeitenden. Aufgrund der Vorschriften im Arbeitsvertrag ist heute sogar zum großen Teil dem Mitarbeitenden aufgegeben, seine individuelle Entgelthöhe vertraulich zu behandeln. Dies mag für ein hierarchisch aufgebautes Unternehmen eine richtige Vorgehensweise sein, für ein Unternehmen mit agilen Organisationsstrukturen ist es aber hinderlich. Je mehr Personen – neben HR Business Partner und Führungskraft – in den Prozess zur Festlegung der individuellen Entgelthöhe einbezogen werden, desto größer wird die Notwendigkeit, mit dieser Information offener umzugehen. Dies stößt gerade in Europa andererseits natürlich auch wieder auf schwierige Fragestellungen zur Einhaltung der Regelungen der Europäischen Datenschutzgrundverordnung. In diesem Feld muss aber ein angemessener Ausgleich zwischen den beiden Interessenlagen gesucht werden. Außerdem ist zu berücksichtigen, dass auf Teamebene der Schritt zu mehr Transparenz eine große Herausforderung für Vertrauen und Zusammenarbeit im Team darstellt und aus diesem Grunde eine Begleitung durch einen erfahrenen Moderator in diesem Prozess dringend zu empfehlen ist.

Ein weiteres Thema im Rahmen agiler Arbeitsmethoden ist die Frage, mit welchem *Prozess* man *zur Festlegung der individuellen Vergütungshöhe* eines Mitarbeitenden in einer agilen Einheit kommt. Während dies in einer streng hierarchisch gegliederten Organisation in der Regel zwischen Führungskraft und HR Business Partner klar festgelegt ist, ist in agilen Organisationseinheiten zu klären, auf welcher Ebene die Führungskraft, die diese Entscheidung treffen kann, existiert. Gerade in dem oben beschriebenen System der Entgeltbänder bedarf es aber eines Prozesses, mittels dessen festgelegt wird, wer welchem Entgeltband zugeordnet wird und wie die individuelle Lage innerhalb des Entgeltbandes fixiert werden soll. Dabei gibt es mehrere Möglichkeiten, wie die Rolle der Führungskraft kompensiert werden kann:

- Alternative 1 besteht darin, die nächstmögliche disziplinarische Führungskraft in der Organisation zu benennen.
- Alternative 2 wäre es, ein Teammitglied zu bestimmen (entweder durch Festlegung oder durch Wahl), welches diese Rolle übernimmt. Dies könnte auch nur jeweils befristet erfolgen, sodass mehrere Mitglieder nacheinander diese Rolle einnehmen können.
- Alternative 3 wäre die Einholung von Feedback seitens aller Teammitglieder zu jedem einzelnen Mitglied. Dies kann auch ergänzt werden durch Feedback von Stakeholdern außerhalb des Teams. Das Ergebnis für den Einzelnen ist dann der Durchschnittswert aller Rückmeldungen zu seiner Person.
- Alternative 4 wäre die Möglichkeit der Selbstfestlegung durch das einzelne Teammitglied innerhalb eines für die Gruppe fest vorgegebenen Budgets. Führt die Summe der Selbsteinschätzungen zu einer Überschreitung dieses Budgets, werden alle so gekürzt, dass es zur Einhaltung des Budgets kommt.

Die genannten Alternativen erheben keinen Anspruch auf Vollständigkeit. HR muss hier auf jeden Fall die Fähigkeit entwickeln, sich von dem einen vorgegebenen Prozess, der aus der hierarchischen Organisation vertraut ist, zu lösen und mit den betroffenen Bereichen alternative Wege zu diskutieren und auszuprobieren. Es ist wahrscheinlich, dass dabei nicht der erste Versuch gleich perfekt gelingt, sodass auch eine weitere Begleitung mit der Bereitschaft zur Anpassung notwendig ist. In unserem Tarifvertrag für agile Einheiten haben wir noch unterstellt, dass es eine Führungskraft gibt, welche die oben genannten Entscheidungen treffen kann. Wir haben aber bereits als zusätzliches Element eingebaut, dass jeder Mitarbeitende eine Eigeneinschätzung darüber abgeben darf, wo er oder sie im jeweiligen Entgeltband liegen sollte. Das sehen wir als einen ersten Schritt, um zumindest einen Diskussionsprozess über die Selbst- und Fremdeinschätzung der Performance und der daraus abgeleiteten Folgen für die Entgelthöhe zu starten. Ob dies dann im nächsten Schritt zu einer weiteren Entwicklung hin zu einer der zuvor genannten Alternativen führt, wird von den Erfahrungen abhängen, die wir mit diesem ersten Schritt machen.

Eine weitere Fragestellung kommt hinzu, wenn Mitarbeitende aus mehreren unterschiedlichen Entgeltgruppen zusammenwirken und sich daher auch die Frage stellt, wer bei der Zuordnung welche Kriterien zugrunde legt. Es ist ja gerade ein wesentlicher Kern einer agilen Organisationsform, dass der Aufgabenzuschnitt schneller verändert werden kann und im Idealfall mehrere Teammitglieder verschiedene Aufgaben übernehmen können. Diese Frage wird insbesondere dann schwierig, wenn die agile Organisationseinheit nicht »auf der grünen Wiese« neu zusammengestellt wird, sondern sich aus Mitarbeitenden rekrutiert, die schon bisher in der Organisation mit bestimmten Entgeltgruppen beschäftigt waren. Dies kann dazu führen, dass in einem agilen Team Mitarbeitende aus bis zu 4 verschiedenen Entgeltgruppen zusammenwirken und gemeinsam ein klar definiertes Ziel verfolgen sollen. Hier kann einerseits die erhebliche Vergütungsdifferenz als ungerecht empfunden werden, wenn die im Team empfundene Leistungsdifferenz nicht den Zuordnungen zu den Entgeltgruppen entspricht. Andererseits werden die Teammitglieder, die mit hohen Entgeltgruppen im Team eingesetzt werden, in der Regel nicht bereit sein, auf ihren jeweiligen Status in der »Entgeltgruppe« zu verzichten, um insgesamt zu einer Nivellierung der Entgeltgruppen im Team beizutragen. Hebt man alle Teammitglieder in die höchste Entgeltgruppe, führt dies zu einem massiven Anstieg der Personalkosten, was ebenfalls nicht tragbar ist. Hier besteht ein Dilemma, welches bisher auch innerhalb von Bosch noch nicht sachgerecht aufgelöst werden konnte.

Empfehlungen für HR

Letztlich ist abschließend in diesem Zusammenhang auch die Frage zu diskutieren, wie sich im Zusammenhang mit den zuvor geschilderten Entwicklungen die Rolle von

HR und – zumindest für Deutschland – die Rolle des Betriebsrats verändern kann. In einem klar hierarchisch strukturierten Unternehmensaufbau haben sich in den letzten Jahrzehnten diese Rollen im Rahmen der Entgeltfindung auf Basis eines relativ stabilen Grundverständnisses nur geringfügig, evolutionär weiterentwickelt. Die Veränderung von größeren Teilen einer bisher hierarchischen Organisation zu agilen Arbeitseinheiten bringen für diese Rollen nun aber grundlegende Veränderungen mit sich. Nach meiner Einschätzung fehlt es bisher in weiten Teilen noch an dem Bewusstsein für diese Veränderung. Dies gilt auch für die jeweiligen Rollen bei Bosch. Dies dürfte gerade bei dem Thema Vergütung auch daran liegen, dass es sich dabei für den einzelnen Mitarbeitenden um ein sehr persönliches und zum großen Teil auch emotionales Thema handelt. Zwar ist Vergütung für sich allein genommen kein wesentlicher Treiber für die Motivation von Mitarbeitenden, aber als Hygienefaktor birgt er ein erhebliches Risiko für die Motivation, wenn die Vergütung im externen oder internen Quervergleich als unfair empfunden wird. Dabei wird in der Regel eine Unfairness zulasten des Mitarbeitenden von diesem sehr viel stärker wahrgenommen als im umgekehrten Fall.

Dies führt nach meiner Beobachtung derzeit noch eher dazu, dass bei Veränderungen zu agilen Organisationsformen das Thema Vergütung eher zögerlich in Angriff genommen wird. Hinzu kommt, dass für die Gestaltung dieses HR-Wertschöpfungsprozesses eine spezifische HR-Vergütungskompetenz hilfreich ist, die bei dem normalen HR Business Partner eher schwach ausgeprägt ist. Um grundsätzliche Vergütungsfragen kümmern sich in größeren Unternehmen meistens Vergütungsspezialisten in Zentralfunktionen, dies entspricht auch der Ausgangslage bei Bosch. Dennoch wird die HR-Funktion nicht umhinkommen, dieses Thema aktiv anzugehen und zu gestalten. Dabei ist in Deutschland eine frühzeitige Einbeziehung des Betriebsrats zu empfehlen. Mit unserem Tarifvertrag für agile Einheiten haben wir einen ersten Schritt auf diesem Gebiet in Angriff genommen. Dieser bietet zwar auf viele der zuvor angesprochenen Fragestellungen noch keine endgültige Antwort. Aber er bietet eine Plattform, auf der die zentralen Vergütungsspezialisten versuchen werden, zusammen mit den für diese Einheiten verantwortlichen HR Business Partnern die Fragestellungen nach und nach anzugehen und gemeinsame Antworten mit IG Metall und Betriebsräten zu suchen.

Dies wird einen längeren Prozess erfordern. Gerade im Rahmen von agilen Veränderungen wird zwar in der Regel der Anspruch an HR formuliert, schnelle Lösungen zu präsentieren. Für den Bereich der Vergütung ist dies aus meiner Sicht aber aus den zuvor genannten Gründen nicht empfehlenswert. Umso wichtiger ist es, das Thema zügig anzugehen und auf Basis einer klar definierten Roadmap einzelne Schritte festzulegen und diese konsequent abzuarbeiten. Dabei ist auch die Einsicht sehr wichtig, dass immer wieder einzelne Fragen nicht eindeutig und abschließend beantwortet werden können und HR damit selbst in die Rolle des agilen Entwicklers schlüpfen muss. Dazu gehört auch die Bereitschaft, einzelne Schritte, die sich nicht als zielführend herausstellen, wieder zu korrigieren, daraus zu lernen und die Erkenntnisse für den nächsten Schritt zu verwerten.

Fazit und Zusammenfassung

Vergütung ist ein relativ komplexer, für den Mitarbeitenden emotional sehr bedeutsamer und den HR-Bereich fachlich sehr anspruchsvoller Wertschöpfungsprozess. Dieser war bisher in hierarchisch gegliederten Organisationen relativ klar strukturiert. Mit dem Wandel zu agilen Organisationseinheiten wird er sich fundamentaler verändern. Besondere Schwierigkeit besteht darin, dass der bekannte Wertschöpfungsprozess in Organisationsteilen, die nach wie vor hierarchisch strukturiert sind, unverändert bleibt, aber dass Mitarbeitende aus diesen Bereichen in agile Organisationsstrukturen wechseln. All dies setzt Mut, Veränderungsbereitschaft und Kompetenz in der HR-Funktion voraus, sich dieser Veränderung zu stellen. Dabei gibt es auf zahlreiche Fragen im Rahmen dieser fundamentalen Veränderung keine eindeutigen, abschließenden Antworten. Lösungen müssen daher explorativ in einzelnen Schritten individuell im Unternehmen entwickelt werden. Es ist sehr wichtig, dabei – zumindest in Deutschland – Betriebsrat und ggf. auch Gewerkschaft in diese Schritte einzubeziehen. All dies setzt einen intensiven und länger andauernden Prozess voraus. Dieser muss zügig angegangen werden. Bei Bosch haben wir sehr wertvolle Erkenntnisse dadurch gewonnen, dass wir das Team der Vergütungsexperten selbst über drei Jahre in eine selbstorganisierte, agile Organisationsform überführt haben. Dort konnten wir in eigener Erfahrung erleben, was es zum Beispiel für Menschen bedeutet, wenn nicht mehr die Führungskraft, sondern andere Kollegen über die Entgeltentwicklung mitentscheiden sollen. Die Erfahrungen damit waren keineswegs nur positiv, aber umso wichtiger sind derartige persönliche Erfahrungen, wenn dann im Anschluss andere Teile der Organisation auf diesem Weg kompetent beraten werden sollen.

4.5   Der vierte HR-Wertschöpfungsprozess: Die Personal- und Führungskräfteentwicklung

4.5.1   Die fünf Reifegrade der Personal- und Führungskräfteentwicklung

Tillmann Seidel

Neben der Steuerung spielt insbesondere die Entwicklung der Mitarbeitenden eine zentrale Rolle bei den HR-Aufgaben. Entsprechend stellt die Personal- und Führungskräfteentwicklung den vierten HR-Wertschöpfungsprozess dar. Personalentwicklung kann dabei allgemein definiert werden als die »systematische Förderung der beruflichen Handlungskompetenz von Menschen, die in einer und für eine Organisation arbeitstätig sind«.[232] Dazu zählen im Grunde alle Maßnahmen der Fort- und Weiterbildung, der Arbeitsstrukturierung sowie der Beratung und Karriereplanung. Diese werden oftmals in die Phasen Bedarfsermittlung, Konzeption, Durchführung und Transfer eingeteilt. Sie werden ab und zu ergänzt durch die Evaluation der PE-Maßnahmen. Insbesondere in Bezug auf Agilität spielen die Themen Entwicklung und Menschenzentrierung eine große Rolle (siehe Kapitel 3.2, Agilitätsfaktoren).

Da mit steigendem Agilitätsgrad neben der Förderung der »beruflichen Handlungskompetenz« auch der Bedarf an genereller Persönlichkeitsentwicklung immer größer wird, stellt sich die Frage, ob der Begriff der Personalentwicklung nicht gänzlich neu, zumindest aber deutlich größer gedacht werden sollte.

Im folgenden Kapitel wird sowohl von Personal- und Führungskräfteentwicklung als Tätigkeit als auch von der (zentralen) Personalentwicklung als Institution gesprochen. Denn an der Entwicklung von Mitarbeitenden (und Führungskräften) ist neben den Mitarbeitenden und den jeweiligen Vorgesetzten normalerweise auch eine institutionalisierte Form der Personalentwicklung beteiligt, gewöhnlich vertreten durch dezidierte Rollen oder Bereiche. Diese »Institution Personalentwicklung« stellt dabei Systeme und Instrumente der Mitarbeiterentwicklung zur Verfügung und ist, je nach Selbstverständnis und Reifegrad, Berater von Vorgesetzten und Mitarbeitenden.

Bei der Beschäftigung mit der Personal- und Führungskräfteentwicklung ist es in Bezug auf ein agiles Reifegradmodell sinnvoll, bei dieser »systematischen Förderung« zwischen Zweck, Form und Inhalt zu unterscheiden. Denn sowohl die Gründe, warum Personal- und Führungskräfteentwicklung durchgeführt wird, als auch die Art und Weise, wie sie funktioniert und was konkreter Inhalt ist, unterscheiden sich je nach Reifegrad.

Reifegrad 1

Auf Reifegrad 1 dient die Personal- und Führungskräfteentwicklung dem Erhalt des Status quo und mehr oder weniger ausschließlich der Sicherung des aktuellen Betriebs. Grund für Personal- und Führungskräfteentwicklung ist eine festgestellte »Diskrepanz zwischen Qualifikationsanforderung der Stellen und den Eignungen der Mitarbeiter«.[233] Diese Qualifikationsanforderungen ergeben sich aus der Vergangenheit und basieren weitestgehend auf Erfahrung. Die Veränderungsaversion und das Stabilitätsbedürfnis von Organisationen im ersten Reifegrad fordern von der Personal- und Führungskräfteentwicklung eben diese Vorhersagbar- und Planbarkeit.

---

232 Vgl. Ryschka et al., 2010, S. 19.
233 Vgl. Olesch, 1992, S. 33.

Und nicht nur der qualitative Inhalt, auch der quantitative Bedarf wird weitestgehend aus der Vergangenheit ermittelt.

Die Verantwortung für bzw. die Macht über die Personal- und Führungskräfteentwicklung liegt zentral bei HR. Hier findet Steuerung statt, wird geplant, verwaltet, durchgeführt und kontrolliert. Personalentwicklung folgt standardisierten und vorgezeichneten Pfaden. Hierfür gibt es klare Ausbildungspläne und Entwicklungswege. Mitarbeitende, Führungskräfte und das Business werden von HR nicht in die Gestaltung der Pläne und Entwicklungswege einbezogen und es herrscht relativ wenig Transparenz darüber, wie die Gestaltung funktioniert. Individuelle Stärken und Schwächen sowie die Vorlieben Einzelner finden relativ wenig bis keine Beachtung, zumindest nicht, wenn sie von den vorgesehenen Pfaden abweichen. Die Interessen von Mitarbeitenden und Unternehmen werden auf diesem Reifegrad, zumindest implizit, als grundsätzlich konfliktär angesehen, insbesondere bei »eine[r] Unternehmung, die ausschließlich das Formalziel der Wirtschaftlichkeit verfolgt«.[234] HR sieht die Mitarbeitenden auf diesem Reifegrad als wenig mündig und ggf. sogar trotzig an, weil die »sich nur widerwillig entwickeln lassen«.[235]

Es gibt eine klare Trennung zwischen Führungskräften und Mitarbeitenden. Wer Karriere machen möchte, der muss eine Führungskarriere einschlagen, denn Führung ist das einzige, was als Karriere angesehen wird. Der Zugang zu Führungskarrieren ist beschränkt und funktioniert über Bewertung und Auswahl, zumeist von den Vorgesetzten. An Führungspositionen sind Status und Privilegien gebunden. Insbesondere Führungskräfteentwicklung dient auf diesem Reifegrad stark als Anreizsystem. Diese harte Trennung zwischen Mitarbeiter- und Führungskräfteentwicklung führt nicht selten dazu, dass es, auch kulturell, grundlegend unterschiedliche Bereiche gibt, die sich um das jeweilige Gebiet kümmern. Dann gibt es Führungskräfteakademien oder -programme, die hochwertig und statusorientiert daherkommen, und stiefmütterlich behandelte Trainingszentren für den »normalen« Mitarbeitenden.

Inhaltlich geht es hier vor allem um fachliche Qualifikation, um den Aufbau von Wissen und das Ausbilden von Kompetenzen, die schon immer gebraucht wurden, um das Kerngeschäft zu sichern. Die Denkweise ist, wie überall auf diesem Reifegrad, stark von innen nach außen: Was ist die Kernkompetenz der Organisation, wie können die Mitarbeitenden und Führungskräfte dafür eingesetzt und notfalls ausgebildet werden, um diese zu erhalten.

---

234 Vgl. Thom, 1989, S. 583.
235 Ebda.

Reifegrad 2

Auf Reifegrad 2 hat die Personal- und Führungskräfteentwicklung eine leichte Zukunftsorientierung bekommen. Sie soll das Unternehmen voranbringen, nicht bloß den Status quo erhalten. Es ist verstanden worden, dass sich Personalentwicklung auch an Marktbegebenheiten und gesellschaftspolitischen Aspekten orientieren muss.[236] Hierbei geht es vor allem um Optimierung, nicht um Disruption. In der Praxis ist die Denkweise immer noch eher von innen nach außen. Was ist die Kernkompetenz der Organisation und was wird benötigt, um diese erfolgreich zu meistern oder zu verbessern, bzw. wie muss sich die Organisation langfristig anpassen, um weiterhin erfolgreich zu sein? Das Business wird in Teilen eingebunden und partizipiert, es fehlt der Personalentwicklung allerdings häufig an Akzeptanz im Business bzw. an der eigenen Expertise, die richtigen Maßnahmen zu ergreifen.

Die Macht und Verantwortung für die Personal- und Führungskräfteentwicklung liegen konzentriert sowohl im Management als auch bei der HR-Abteilung. Bei letzterer teilt sie sich aber langsam auf verschiedene Experten auf, wie z. B. auf ein Kompetenzcenter, ein Service Center oder ähnliche zentrale Spezialistengruppen. Die Steuerung erfolgt hier zentralisiert im Kern von HR, die Ausführung wird dezentral organisiert. Tools, Formate und Methoden zur Entwicklung werden zentral durch HR vorgegeben und müssen genutzt werden, können aber teilweise angepasst werden.

Auf Reifegrad 2 rücken auch die Mitarbeiterinteressen etwas stärker in den Fokus. Es wurde erkannt, dass sowohl Unternehmens- als auch Mitarbeiterinteressen bei der Personalentwicklung berücksichtigt werden müssen, damit sie gut funktioniert. Die beiden Interessen werden immer noch als mitunter konträr angesehen, da davon ausgegangen wird, dass es dem Mitarbeitenden mehr darum geht, den eigenen Marktwert zu steigern.

Individuelle Stärken und Schwächen sowie Bedürfnisse der Mitarbeitenden und Führungskräfte bekommen langsam Gewicht, finden aber vor allem über Beurteilung und Einschätzung von zentralen Stellen wie HR ihre Berücksichtigung. Mitarbeitende können sich eigeninitiativ auf Laufbahnen oder Programme bewerben und/oder werden von ihren Vorgesetzen vorgeschlagen. Die Entscheidung darüber liegt bei der zentralen Personalentwicklung.

Es gibt hier immer noch eine hohe Standardisierung, aber der Möglichkeitsraum hat sich erweitert. Die Aufteilung der Führungsverantwortung fordert neben der klassischen, vertikalen Führungslaufbahn eine fachliche Laufbahn und somit eine

---

236 Vgl. Olesch, 1992.

horizontale Karrieremöglichkeit, auch wenn diese noch als deutlich geringwertiger angesehen wird als die Führungskarriere. Diese Differenzierung ermöglicht eine dezidierte Laufbahnplanung. Inhaltlicher Schwerpunkt ist auch auf diesem Reifegrad die fachliche Expertise und Qualifikation. Allerdings wird stärker antizipiert, was auch in Zukunft gebraucht werden könnte. In der Führungskräfteentwicklung geht es neben der fachlichen Expertise auch um die Entwicklung von Führungskompetenzen.

Reifegrad 3

Auf Reifegrad 3 hat die Personal- und Führungskräfteentwicklung einen ganzheitlicheren und stärker in die Zukunft gerichteten Blick bekommen. Sie hat einen »strategischen Auftrag«[237] und muss sich vor allem an den strategischen Unternehmenszielen orientieren.[238] D.h., im Kern steht hier die Frage: »Was müssen wir tun, um die strategischen Ziele der Organisation zu unterstützen?« Es wird insofern auch stärker übergreifend gedacht. Bezog sich die Betrachtung und der Fokus der Entwicklung auf den Reifegraden 1 und 2 noch zumeist auf den Mitarbeitenden als Einzelperson, so ist der Blick auf diesem Reifegrad deutlich breiter und umfassender geworden und sieht stärker den Kontext. Es kommen hier auch Fragen auf, wie Teams sinnvollerweise zusammengesetzt sein sollten, um gut zu funktionieren. Belbins Teamrollen seien hier als ein Beispiel genannt.[239]

Die zentrale Personalentwicklung versteht sich stärker als Dienstleister. Das liegt sicherlich auch daran, dass sie sich mittlerweile einem »Legitimationsdruck« ausgesetzt sieht.[240] Da Personalentwicklung auf diesem Reifegrad als Treiber für die Zukunftsfähigkeit des Unternehmens verstanden wird, werden Entwicklungsmaßnahmen auf der einen Seite nicht mehr als Kosten, sondern als Investitionen gesehen. D.h. aber auch, dass auf der anderen Seite ihr Nutzen für die betriebliche Wertschöpfung nachgewiesen werden muss. Entwicklungsmaßnahmen werden insofern auf ihre Wirksamkeit[241] und Wirtschaftlichkeit[242] überprüft.

Die Personalentwicklung geht auf diesem Reifegrad unterschiedlich vor, um den Nutzen der Maßnahmen zu erhöhen. Sie arbeitet zum einen stärker mit dem Business zusammen und versucht dabei, die Bedarfe des Business zu beachten. Das Business wird auf diesem Reifegrad als »interner Kunde« angesehen und wird zum Teil in die Entwicklung der Programme einbezogen. Zum anderen hat auch die Personalentwicklung

---

237 Vgl. Weckmüller, 2013, S. 42.
238 Vgl. Ryschka et al., 2011.
239 Vgl. Belbin, 2012.
240 Vgl. Weckmüller, 2013.
241 Vgl. Kirkpatrick, 1994.
242 Vgl. Phillips/Schirmer, 2005.

auf diesem Reifegrad einen stärkeren empirischen, pragmatischen und faktenbasierten Fokus bekommen. Es werden verschiedene empirische Methoden aus anderen Feldern adaptiert und es wird verstärkt auf wissenschaftliche Erkenntnisse gesetzt.[243] Auf dieser Grundlage gibt die zentrale Personalentwicklung die Strategie vor und hat die letzte Entscheidungsgewalt. Die Umsetzung ist delegiert. Die Verantwortung für die Personal- und Führungskräfteentwicklung ist insofern teilweise dezentral, bei den Führungskräften der Bereiche und den Team- bzw. Abteilungsleitern. Diese werden bei der Umsetzung unterstützt.

Auch die Mitarbeitenden sind auf diesem Reifegrad noch stärker ins Zentrum der Betrachtung gerückt. Sie können ihre Entwicklung durch Dialog aktiv mitgestalten und Wünsche und Vorlieben einbringen. Es findet hier ein Aushandeln zwischen Mitarbeitenden und Führungskräften statt. Es gibt für gewöhnlich für alle Mitarbeitenden festgelegte, individuelle Weiterbildungsbudgets, die nach Bedarf und Interesse genutzt werden können. Die Führungskräfte haben hierbei die Verantwortung, die vorgegebene Strategie zu vertreten. Die Budgets können im Einzelfall diskutiert werden.

Die von der zentralen Personalentwicklung gestellten Programme sind zwar weitestgehend standardisiert, können aber in Teilen individuell angepasst werden. Generell haben spezifische Fachkarrieren auf diesem Reifegrad neben der Führungskarriere noch einmal deutlich an Achtung gewonnen. Auch laterale Führungskompetenzen werden auf diesem Reifegrad immer wichtiger.

Reifegrad 4

Auf Reifegrad 4 verstärkt sich vor allem der partizipative und dezentralisierte Aspekt. Der strategische Auftrag für HR besteht auch hier, daher hat die zentrale Personalentwicklung weiterhin die Hoheit über die PE-Strategie. Es ist auf diesem Reifegrad allerdings wahrlich erkannt worden, dass die Mitarbeitenden das Wichtigste für eine Organisation sind. Und es herrscht die Überzeugung, dass erwachsene Menschen sich engagieren und weiterentwickeln möchten, wenn sie nur dürfen.[244]

Die PE-Strategie wird auf diesem Reifegrad zusammen mit dem Business entwickelt und es wird dabei vor allem aus Kunden- bzw. Marktsicht gedacht. Die Entwicklung der Strategie erfolgt hierbei evidenzbasiert, mit datengestützten, antizipierenden Bedarfsanalysen.[245] Was wird an Fähigkeiten und Kompetenzen gebraucht, um vor

---

243 Vgl. Biemann et al., 2012.
244 Vgl. McGregor, 2006; Pink, 2010.
245 Vgl. Lombardo, 2017.

allem auch zukünftig Kundennutzen zu stiften? Damit wird die zentrale Personalentwicklung ein Stück weit Treiber für die organisationale Entwicklung.

Die Verantwortung für Personalentwicklung wird relativ dezentral gehandhabt und liegt teilweise bei den Mitarbeitenden und Teams. Auch Entwicklungsinhalte und -formen werden partizipativ gestaltet.[246] Die zentrale Personalentwicklung unterstützt, koordiniert, moderiert und coacht die Teams und Mitarbeitenden dabei. Formal wird bei der Personal- und Führungskräfteentwicklung bereits damit begonnen, Selbstorganisation und -verantwortung zu fördern. Das betrifft zum einen die inhaltliche Ebene, aber auch die administrative. Meistens gibt es hier vorgegebene Budgettöpfe für Teams, über die diese eigenständig entscheiden können, und die (administrativen) Prozesse sind stark auf die Mitarbeitenden und Führungskräfte ausgerichtet und unterstützen diese bestmöglich.

Darüber hinaus findet viel Investition in Forschung dahingehend statt, was gute Personal- und Führungskräfteentwicklung ausmacht. Der Fokus liegt hierbei nicht bloß auf dem Individuum und den Kompetenzen der Zukunft, sondern auch auf der Gruppe bzw. dem Team.[247] Anders als noch bei Teamrollenkonzepten von Reifegrad 3, wo es um die spezifischen Individuen bzw. Rollen im Team ging, ist hier auch das Team jenseits seiner Zusammensetzung als eigener Betrachtungsgegenstand ins Interesse gerückt. Googles Aristoteles-Projekt, in dem ausführlich erforscht wurde, was Hochleistungsteams ausmacht, sei hier als ein Beispiel genannt.[248]

Generell hat sich auf diesem Reifegrad neben dem ergebnisorientierten Ansatz der Personalentwicklung auch ein beziehungsorientierter etabliert. Es geht neben fachlichen Kompetenzen sowie Führungskompetenzen nun vor allem auch um »weichere« Kompetenzen, die die Beziehungsfähigkeit der Mitarbeitenden fördern[249], insbesondere Konfliktfähigkeit sei hier genannt. Denn je selbstorganisierter eine Organisation wird, umso mehr Konflikte treten für gewöhnlich auf bzw. umso wichtiger ist es, mit Konflikten umgehen zu können. Langfred stellt in einer Langzeitstudie fest, dass bei selbstorganisierten Teams die Gefahr besteht, sich selbst unbeabsichtigt dysfunktional zu reorganisieren, um Konflikten auszuweichen.[250] Darüber hinaus fehlt in selbstorganisierten Teams die klassische Projektionsfigur des Vorgesetzten, der qua Position konfliktäre Entscheidungen trifft und damit die Konflikte »löst«, bzw. gar nicht erst an die Oberfläche gelangen lässt.

---

246 Vgl. Bock, 2011.
247 Vgl. ebda.
248 Vgl. Duhigg, 2016.
249 Vgl. Lombardo, 2017.
250 Vgl. Langfred, 2007.

Führung wird auf diesem Reifegrad mehr und mehr als unterstützende Aufgabe verstanden. Das ursprüngliche Privileg von »Führungskarrieren« nimmt daher stark ab. Führungs- und Fachkarriere gleichen sich in ihrer Wertigkeit an. Der Pfad, den jeder in seiner Entwicklung nehmen kann, ist immer weniger standardisiert und stärker anpassbar.

Entwicklungsmaßnahmen werden auf diesem Reifegrad in Teilen disruptiv. Es gibt erste »alternativere« Formate und vereinzelte Programme beschäftigen sich stark mit Zukunftsthemen, um die Veränderung der Organisation auf Personalentwicklungsebene voranzutreiben. Darüber hinaus wird Personalentwicklung hier übergreifend und vernetzt gedacht. Der Fokus liegt verstärkt auf der Gruppe, d. h., der Entwicklungsbedarf wird immer im Teamkontext betrachtet und ermittelt. Gelerntes wird im Nachhinein mit den anderen Teammitgliedern geteilt. Entwicklungsprogramme werden immer häufiger auch als Vernetzungsplattform in der Organisation betrachtet und bewusst übergreifend angeboten.[251] Sie werden zudem konsequent evaluiert und auf ihre Wirksamkeit und Passung überprüft und, wenn nötig, angepasst.

Reifegrad 5

Auf Reifegrad 5 ist die Organisation eine hochgradig anpassungsfähige und vernetzte Organisation, die sich permanent weiterentwickelt. Das fordert den Mitarbeitenden und der Personalentwicklung eine Menge ab. Es wurde erkannt, wie wichtig die individuelle Entwicklungs- und Veränderungsbereitschaft eines jeden einzelnen Mitgliedes der Organisation für die Weiterentwicklung der Gesamtorganisation ist.[252] Die Weiterentwicklung und persönliche Transformation jedes einzelnen treibt die organisationale Transformation voran und es ist den Beteiligten bewußt, dass es sich hierbei durchaus um einen emotionalen Prozess handelt.[253] Auf Reifegrad 5 herrscht ein radikal menschenzentriertes Verständnis vor. Der Mensch wird auf diesem Reifegrad in seiner Ganzheit gesehen und nicht auf den vermeintlich »professionellen« Teil reduziert.[254] Die zentrale Personalentwicklung, sollte es sie noch dezidiert geben, ist sich dessen bewusst und muss sich ebenfalls evolutionär an die Bedingungen anpassen.[255] Das Business bzw. die Mitarbeitenden werden hier nicht mehr als »interner Kunde« verstanden, sondern als Partner, die es zu unterstützen gilt, damit sie ihr volles Potenzial entfalten.

---

251 Vgl. Henke, 2019.
252 Vgl. Choi/Ruona, 2011.
253 Vgl. Windhausen/Reifferscheidt, 2012.
254 Vgl. Laloux, 2014.
255 Vgl. Raidén/Dainty, 2006.

Auf Reifegrad 5 ist die Macht und die Verantwortung für die Entwicklung vollständig dezentral und liegt in den Teams. Jeder Einzelne übernimmt die Verantwortung, sich und seine Bezugsgruppe im Sinne des großen Ganzen weiterzuentwickeln. Über Inhalt, Form und Budgets für Weiterentwicklung entscheiden die Mitarbeitenden selber unter Beachtung der Wirtschaftlichkeit und Nutzenstiftung für den Kunden bzw. das große Ganze. Die Personalentwicklung unterstützt dabei, wenn nötig, dient als Sparringspartner, Berater, Coach und fokussiert auf den Sinn und Zweck der Organisation.[256] Alles an Prozessen und Tools, die die Mitarbeitenden bei der Entwicklung unterstützen, werden konsequent auf die Mitarbeitenden ausgerichtet und sind streng aus Mitarbeitersicht und zum Teil von den Mitarbeitenden (weiter-)entwickelt worden. Ihr Hauptzweck ist es, die selbstgesteuerte Koordination in Bezug auf Aus- und Weiterbildung zu ermöglichen.

Auf Reifegrad 5 gibt es keine festgeschriebenen Entwicklungs- und Karrierepfade mehr. Inhaltlich geht es neben den fachlichen und zwischenmenschlichen Aspekten auf diesem Reifegrad sehr stark um den Einzelnen in seiner Selbstentwicklung, also um Reflexion, Selbsterkenntnis, Selbstmanagement und Persönlichkeitsentwicklung.[257] Und daher ist hier jeder Weg so individuell wie der Mensch, der ihn geht. Gleichzeitig geht es bei jedem Einzelnen aber auch um das Ausbilden von Systemkompetenz und um den Aufbau eines »gemeinsamen formalen Alphabets«, und damit einer gewissen Standardisierung. Denn um in einem Netzwerk sinnvoll und funktionierend zusammenzuarbeiten, müssen die Beteiligten in ihrem »Interaktionsverhalten hinreichend ähnlich sein«.[258]

Führung ist auf diesem Reifegrad nicht mehr an Positionen gebunden. Führungsrollen sind zumeist nur temporär, zum Teil wechselt Führung je nach Frage und Begebenheit sogar relativ schnell. Eine Führungskarriere im eigentlichen Sinne gibt es hier nicht mehr und dementsprechend auch keine »klassische« Führungskräfteentwicklung. Führungskompetenz ist hingegen von jedem Einzelnen gefragt. Inhaltlich ist daher eine wichtige Aufgabe der Personalentwicklung, Führungskompetenz im System zu entwickeln.[259]

Der Fokus der Mitarbeitenden bei ihrer eigenen Entwicklung ist das große Ganze der Organisation. Jeder Mitarbeitende versteht sich dabei als Teil des Teams und des Unternehmens, es wird immer jedes einzelne Element im Zusammenhang mit dem gesamten System betrachtet. Entwicklungsmaßnahmen werden dabei aus der Gruppe, nicht mehr aus dem Individuum gedacht. Die Entwicklung der Individuen

256 Vgl. Laloux, 2014.
257 Vgl. Fink, 2018.
258 Vgl. Kruse, 2004.
259 Vgl. Fink, 2018.

findet vor allem im Austausch mit den anderen statt. Von Einzelnen gemachte Lerner-fahrungen werden mit allen anderen geteilt. Hierfür gibt es weitestgehend standardi-sierte Systeme. Die oben erwähnte hinreichende Ähnlichkeit gilt insbesondere für die Informationsflüsse, ohne die ein organisationales Lernen nicht möglich wäre.

Lernen und Entwicklung ist auf diesem Reifegrad bei jedem Mitarbeitenden ein wichtiges Thema. Es herrscht das vor, was Dweck als Growth Mindset bezeichnet.[260] Es werden kontinuierlich neue Lernmethoden und -formate entwickelt. Auf diesem Reifegrad ist verstanden worden, dass die heutigen Probleme aus den Lösungen von gestern resultieren und dass die heutigen Lösungen die Probleme von morgen sind.[261] Es gilt daher kontinuierlich weiterzuentwickeln und es herrscht das Credo: »Learn not just in case, but just in time.«

4.5.2   Praxisbeispiel: Agile Leadership – Wie die Deutsche Telekom Führungskräfte zum Treiber der agilen Transformation macht

Christina Schulte-Kutsch

Über die Deutsche Telekom

Die Deutsche Telekom AG setzt als eines der weltweit führenden Dienstleistungsun-ternehmen der Telekommunikations- und IT-Branche international Maßstäbe. Der Konzern bietet seinen Kunden die gesamte Palette der Telekommunikations- und IT-Branche aus einer Hand – egal ob Mobilfunk, Festnetztelefonie, Breibandinternet oder komplexe Informations- und Kommunikationstechnologie-Lösungen (ITC).

Die doppelte Herausforderung

Wir leben im Zeitalter der Digitalisierung. Als Unternehmen der Informations- und Telekommunikationsbranche betrifft uns das besonders: Wir verstehen uns als Vor-reiter in der Digitalisierung. Wir sind diejenigen, die Digitalisierung aktiv gestalten. Wir schaffen Angebote, durch die jeder an den digitalen Möglichkeiten von heute und mor-gen teilhaben soll. Eine zukunftsorientierte Arbeitsweise ist für uns Voraussetzung, um Zukunft gestalten zu können. Somit beschäftigt uns der Themenkomplex »new way of working« schon seit Längerem nicht allein als Agilität, sondern unter verschie-denen Überbegriffen.

---

260 Vgl. Dweck, 2008.
261 Vgl. Senge, 1990.

Dabei haben wir zudem die gleichen Herausforderungen wie alle anderen Unternehmen zu meistern: Unsere Mitarbeitenden sind selbst betroffen von der Digitalisierung. Auch sie müssen erst einmal lernen, wie damit umzugehen ist; wir als HR müssen dafür sorgen, dass unsere Mitarbeitenden ebenfalls für die digitale Zukunft gerüstet sind.

Zunächst hatten wir das unter dem Schlagwort Ambidextrie zusammengefasst: Zum einen müssen wir das, was wir gut machen, aus der alten Welt beibehalten. Zum anderen müssen wir uns aber auch wandeln, um auf die geänderten Herausforderungen der neuen Welt reagieren zu können: zum Beispiel schneller werden und den Kunden mit seinen Bedürfnissen in den Mittelpunkt stellen. Was braucht der Kunde für die digitale Teilhabe? Wie können wir auf diese Bedürfnisse schneller reagieren? Agilität bietet hier eine Lösung. Für einen großen Konzern ist es immer schwierig, schnell zu reagieren, beweglich zu sein. Agilität eröffnet uns hier neue Handlungsoptionen. Dabei ist Agilität für uns nicht die Lösung für jede Herausforderung, aber in Sachen Kundenzentrierung und Schnelligkeit hilft agiles Arbeiten, in die richtige Richtung zu gehen.

Den Schlüsselmoment, woraufhin alles agil wurde, gab es bei uns nicht. Vielmehr ging der Wandel auf sehr vielen verschiedenen Leveln vonstatten. Das Thema Digitalisierung – verbunden mit der Frage, wie man anders, digitaler arbeiten könnte – brachte bei uns im Konzern viele Initiativen hervor, die »Arbeiten der Zukunft« in den Mittelpunkt stellten. Etwa zu Design Thinking oder schon sehr früh auch verschiedene Initiativen, die sich mit Remote und Mobile Working auseinandersetzten. Gleichzeitig entstanden in vielen Einheiten Graswurzelbewegungen, mitarbeitergetriebene Communities, die sich mit dem Thema »Anders arbeiten« beschäftigten. Und es gab einzelne Einheiten oder auch deren Führungskräfte, die sich aus eigener Initiative mit dem Thema auseinandersetzten und Tools einbrachten, die halfen, besser zu arbeiten. Wieder andere stießen auf Mindset-Themen.

So hatten wir an ganz vielen Stellen im Konzern verschiedenste Initiativen, die sich mit »Arbeit in Zukunft« und Kundenzentrierung beschäftigt haben. Dadurch ist natürlicherweise an vielen Stellen das Thema Agilität aufgekommen sowie der Wunsch, anders, eben agil, zu arbeiten. Gleichzeitig hatten wir einige Top-Management-Wechsel. C-Levels, die gekommen sind und als Management ihren Verantwortungsbereich agiler aufstellen wollten. Neben einem ganz starken Pull aus der Organisation wurde das Thema also ebenfalls top-down getrieben. Als Agilität sich in der Organisation immer mehr durchsetzte, kam bei den Führungskräften die Frage auf, wie ihre Rolle im agilen Arbeiten aussieht. Damit rückten auch für uns in der Führungskräfteentwicklung die Themen Ambidextrie und Agilität in den Fokus.

levelUP! – Führungskräfteprogramm für Digital Leadership

Ambidextrie bedeutet Beidhändigkeit, und in unserem Kontext nicht nur die Gleichzeitigkeit der präzisen Abwicklung unseres Kerngeschäfts und der freien Entwicklung von Innovationen, sondern auch das Nebeneinander von klassischer Organisationsstruktur und agiler Welt. Die Kernfragen für Führungskräfte in unserem Unternehmen sind: Wie gehe ich damit um? Wie gestalte ich die Schnittstellen in der ambidexten Unternehmenskultur, zwischen »traditioneller« und »neuer« Welt? Denn nicht jeder muss jetzt bei uns agil werden, und wir glauben auch nicht, dass die Deutsche Telekom irgendwann komplett agil sein wird. Unser Credo lautet vielmehr: Nimm das von den agilen Herangehensweisen, was einen Unterschied macht; ändere dort etwas an deiner Art zu arbeiten, wo es einen Mehrwert bringt. Und so müssen wir lernen, dauerhaft mit Ambidextrie umzugehen.

Folglich lag der Schwerpunkt unseres ersten levelUP!-Programms 2017 auf Ambidextrie. Mit diesem Training unter dem Slogan »leadership for tomorrow« haben wir unseren Führungskräften weltweit Weiterbildung in Sachen Ambidextrie angeboten. levelUP! 2017 bestand aus drei Bereichen: »Educate!«, einem digitalen Lernangebot, das gemeinsam mit Duke Corporate Education (DCE), einem Bereich der Duke University in North Carolina, entwickelt und durchgeführt wurde, sowie den »Inspire!«- und »Transfer!«-Angeboten, verschiedenen F2F- als auch Online-Formaten, bei denen der Fokus auf der Integration des Gelernten in den Alltag lag. »Inspire!« und »Transfer!« boten die Möglichkeit, sich das Trainingsprogramm selbst zusammenzustellen: Wir haben hier einen sogenannten Pick & Mix-Ansatz gewählt. Wer kann besser als der Teilnehmende selber entscheiden, was für den Arbeitsalltag am meisten Sinn macht? Unsere internationalen Executives arbeiteten gemeinsam in 64 sehr diversen Lerngruppen und Buddy-Zweierteams. Das Training ging über vier mal 2,5 Monate. Als HR haben wir den individuellen Lernfortschritt weder getrackt noch bewertet, vielmehr bestätigten sich die Teilnehmenden untereinander ihre Lernfortschritte. Die Programmkonzeption und -implementierung selbst war agil aufgesetzt: Wir entwickelten das Programm gemeinsam mit unseren Partnern »on the run«, d. h. iterativ immer nur wenige Wochen vor dem jeweiligen Programminhalt, um direkt auf Teilnehmerbedürfnisse eingehen zu können.

Die Teilnahme am Programm basiert auf Freiwilligkeit. Wir sind überzeugt davon, dass Agilität mit dem Mindset anfängt. Jemanden in ein Lernprogramm zu nominieren, der eigentlich nicht möchte, bewirkt nichts. Wir stellen selbstbestimmtes Lifelong Learning in den Mittelpunkt unserer Aktivitäten, Zwang wäre da eine völlig entgegengesetzte Aussage. Hinsichtlich der 700 Plätze bei einer Zielgruppe von ca. 2.500 Executives zum damaligen Zeitpunkt hatten wir beim ersten Durchlauf durchaus Sorgen, ob alle Plätze gebucht werden. Das war aber der Fall: Die Führungskräfte wollten dabei sein, das Programm war innerhalb von 24 Stunden ausbucht. Auf jeden Fall nahmen so genau die Menschen teil, die wirklich Lust darauf hatten. Und auch wenn es natürlich Drop-outs gab, hat sich das große Interesse bis heute fortgesetzt.

So waren auch im zweiten Jahr die Plätze sehr schnell vergeben. In 2019, im dritten Jahr, entschieden wir uns für eine inhaltliche Änderung. »levelUP!« 2019 lief unter dem Slogan »Leading Agile« mit drei verschiedenen Phasen ebenso erfolgreich: In Phase eins fand ein zehnwöchiger Onlinekurs mit wöchentlich zwei Stunden Workload und ständigem Zugriff auf agile Coaches statt. Dieses »E-LAB« stand jede Woche unter einem bestimmten Thema, zum Beispiel Purpose, was zunächst vorgestellt und erläutert wurde. Jedes Lernelement war darüber hinaus immer sofort mit der Aufgabe verbunden, dies im eigenen Team auszuprobieren und Feedback zu geben. Jede Woche war daher so aufgebaut, dass das, was vermittelt wurde, direkt im Arbeitsalltag Umsetzung fand. Die Führungskraft erhielt zudem verschiedene Handlungsleitfäden, wie sie das Thema mit ihrem Team oder mit ihrer Schnittstelle umsetzen kann, und darüber wurde dann wiederum in der Lernplattform berichtet. Zudem boten wir zahlreiche »expert open hours« an, bei denen man sich einwählen und die Umsetzung des Themas nochmal mit einem Experten diskutieren konnte.

Auf das E-LAB folgte das Face-to-Face-Event »levelUP! Summit« mit Best Practices, Austausch über Initiativen zwischen den Peers, Workshops, Netzwerken und Inspiration durch agile Coaches und Praktiker. levelUP! ist ein globales Programm. Wir bieten es all unseren Executives weltweit an und dadurch nimmt eine bunte Mischung am Training teil. Denn natürlich wünschen sich unsere Führungskräfte nicht nur digitale Angebote, sondern auch Face-to-Face-Austausch und Begegnungen. Sobald man also eine Veranstaltung macht, die übergreifend konzipiert ist, überwindet das vieles – daher der Summit. Aufgrund der Zeit- und Ortsentgrenzung ist Face-to-Face auf Dauer jedoch schwierig. An dieser Stelle kommt wieder das Thema digital dazu: Für den Zugriff zu den weltweit unterschiedlichen Zeiten gibt es die Plattform, auf der man sich schriftlich unterhalten kann, aber natürlich ist dabei der Emotional Connect nicht so hoch wie bei kontinuierlichen Treffen von Angesicht zu Angesicht. Es gibt aber Gruppen, die das sehr gut hinkriegen. Sie überlegen, was sie vielleicht on-top machen können. Sie stellen zum Beispiel Calls ein oder initiieren Treffen, wenn sie auf gemeinsamen Veranstaltungen sind.

Die dritte und letzte Phase bestand aus bis zu sechs Wochen »Deep Dives«. Das Eintauchen in zielgruppenspezifische persönliche Lernreisen wurde über ein umfangreiches Trainingsangebot in vier verschiedenen Themenfeldern ermöglicht: »Power Agile Working«, »Reinvent Your Organization«, »Lead And Empower Your People« und »Put Your Customer First«. Hierbei ging es darum, an realen Beispielen zu lernen, begleitet durch interne wie externe agile Coaches und auf unterschiedlichen Erfahrungsleveln, sowie variabel eingestellt auf das, was das Business braucht.

»Leading Agile« war darauf ausgerichtet, Führungskräften Handlungsmöglichkeiten aufzuzeigen, wie sie mit ihren Teams gemeinsam die digitale Transformation aktiv gestalten können. Es gibt da nicht den einen Weg, die Reise muss in allen Situationen und Teams individuell angegangen werden. Dabei kommt es nicht nur auf Skills und Methoden an, sondern vor allem auf Mut und eine agile Haltung. Um aber eine konzernweite Basis und Orientierung zu haben, musste zunächst überhaupt ein gemeinsames Verständnis von Agilität geschaffen werden.

Bei levelUP! 2019 drehte es sich neben Agilität aber auch um die Themen Leadership und Mindset. Schließlich muss sich eine Führungskraft im agilen Umfeld ganz anders aufstellen als im klassischen, nämlich als Gestalter und Enabler der agilen Transformation. Sie gibt Rahmen und Orientierung vor sowie Freiraum, sodass ihr Team agil arbeiten kann. Die fachliche Expertise muss nicht mehr bei der Führungskraft liegen, sondern im Team. Die Führungskraft wiederum liefert Vertrauen und Empowerment.

Konsequenzen für den HR-Wertschöpfungsprozess

Die Ziele von levelUP! 2019 haben wir erreicht: Unsere Führungskräfte änderten ihren Blickwinkel auf agile Praktiken, eigneten sich Wissen rund um das Thema Agilität an, um nicht nur aktuelle, sondern auch zukünftige Herausforderungen des Business zu meistern. Wichtig war uns auch, Verständnis dafür zu generieren, dass ein agiles Mindset der Schlüssel ist, um Führungsverhalten zu verändern. Und dass dies der Deutschen Telekom hilft, ihre Vision und ihre Ziele zu erreichen. Unsere Executives sollen die digitale und kulturelle Transformation unseres Unternehmens vorantreiben. Und um schneller zu werden, ist es unabdingbar, dass die Mitarbeitenden selbst Verantwortung übernehmen. So konnten die Führungskräfte bei levelUP! lernen, wie man sein Team mit agilen Tools und Praktiken ermächtigt, eine solide Basis für selbstorganisierte Teams zu bauen und ihre eigene agile Agenda zu kreieren – passend zu unseren drei Führungsmaximen: Collaborate, Innovate, Empower to perform. Das Verständnis der Wichtigkeit von ständigem Besserwerden und Arbeiten in Iterationen ist dabei essenziell.

Wir sind schon sehr weit, was die Unternehmenskultur angeht, und durch das ständige Addressieren dieser Transformation wird auch sehr viel bewirkt. Es gibt eine große Neugier und Offenheit für die Themen und sehr viel Freiraum zum Experimentieren. Das verändert ein Unternehmen. Es entstehen viele Projekte auf Eigeninitiative, was wir auch wollen. Wir versuchen Netzwerke zu schaffen, die dann einfach Themen aufgreifen und anfangen, diese zu bearbeiten. Wir machen Räume auf und hoffen, dass Mitarbeitende, die diese Begeisterung für die Transformation haben, diese Räume auch nutzen und versuchen, einen Unterschied zu machen. Dadurch kommt Veränderung. Es gibt Bereiche, in denen die Teams schon ganz stark selbstorganisiert sind, und dann gibt es Bereiche, bei denen macht es einfach keinen Sinn. Deshalb ist es auch okay, wenn unterschiedlich stark agilisiert wird. Wo Agilität ins Spiel kommt, ist eine gute Fehlerkultur jedoch wichtige Voraussetzung. Wir arbeiten stetig dran – und auch hier kommt HR eine große Vorbildfunktion zu.

Um herauszufinden, was unsere Führungskräfte für ihre neu definierte Führungsrolle benötigen, führten wir Interviews mit unseren Führungskräften. Wir wollten wissen, welche Art von Weiterbildungsprogrammen ihnen helfen würde, was sie brauchten, was sie von uns erwarteten – damit das Programm auch wirklich genutzt werden kann. Dabei stellte sich heraus, dass sich unsere Führungskräfte individuelle und flexible Lernlösungen wünschen. Außerdem war ein hoher Praxisbezug und Austausch zwischen den Lernenden erwünscht. Dazu Unterstützung beim Erlernen und Einführen von neuen Methoden in den Arbeitsalltag – denn das war ein großes Thema: Wie ist dieses aufwändige Programm mit dem Alltagsgeschäft kombinierbar?

Mit den Inhalten von levelUP! waren wir sehr zufrieden. Wir haben sie entsprechend der Themen Mindset und Selbstorganisation in der digitalen Transformation auch digital ausgestaltet. Da wir unsere Führungskräfte als Wegbereiter der digitalen Transformation weiterbilden wollten, war das für uns nur folgerichtig. Ganz konkret mit Tools und der Möglichkeit einer Zertifizierung. Diese Kombination kam sehr gut an, weil viele Führungskräfte dadurch auch im Nachgang noch damit arbeiten und das Programm abschließen konnten, auch wenn sie es in der vorgegebenen Zeit nicht geschafft hatten.

Die levelUP! DeepDives gestalten wir nächstes Mal jedoch ein wenig anders als in 2019. Sie dauerten sehr lange und wir stellten fest, dass einige Führungskräfte beispielsweise zum Ende Prioritätskonflikte wegen des Jahresabschlussgeschäfts hatten. Viele Teilnehmende signalisierten, dass sie nicht mehr die Zeit hatten, das Programm konsequent weiterzuführen. Das heißt, in der nächsten Iteration werden wir das Programm früher starten lassen und deutlich kürzen, sodass Führungskräfte es dadurch besser nutzen können.

Wenn man nun nach den Auswirkungen und der Wertschöpfung fragt, fällt eine Antwort schwer, weil diese kaum zu erheben sind. Schließlich ist levelUP! nur ein Baustein der agilen Transformation. Viele verschiedene Elemente bringen den Wandel: Wir haben das Training in einem Umfeld durchgeführt, in dem das Management Board auch über Agilität spricht, in dem ganze Bereiche teilweise auf agile Strukturen umgestellt werden. Wir begleiten einen Change, der bereits auf verschiedenen Ebenen abläuft. Aber tatsächlich ist spürbar, dass das Thema Agilität in vielen Bereichen zu Diskussionen und Prozessveränderungen führt. Wir begleiten mit unserem Training quasi den Wandel der Realitäten und dadurch wird vielleicht alles etwas schneller und kundenorientierter ablaufen.

Das Schwierigste war übrigens, agile Experten zu finden, die bereit waren, mit uns etwas Digitales aufzubauen. Weil grundsätzlich alle Partner, mit denen wir in Kontakt waren, sagten: Das funktioniert nicht, dafür stehen wir nicht zur Verfügung. Letztlich haben wir hier bei der Konzeption von levelUP! Leading Agile ganz verschiedene Experten an einen Tisch geholt. Dabei haben wir gute Lösungen gefunden und gezeigt, dass agile Arbeitsweisen auch digital vermittelt werden können. Unser Ziel war es, die Mitarbeitenden zu mobilisieren und ihnen Handwerkszeug an die Hand zu geben, sodass sie selbst aktiv werden. Das hat gut geklappt. Wir haben wirklich eine digitale Lernreise auf den Weg gebracht, in der wir ganz viele agile Tools digital vermitteln.

So ein Führungskräftetraining muss Agilität atmen

Ich finde es wichtig, dass HR das Vermittelte selber vorlebt, dass auch wir in agilen Strukturen und mit agilen Herangehensweisen arbeiten. Unsere Programme sind dadurch besser, businessnaher, teilnehmerorientierter geworden. Co-Creation war für uns der Schlüssel für ein erfolgreiches Programm.

Hilfreich ist es auch, das Thema Digitalisierung dem Zeitgeist gemäß anzugehen; es nicht komplizierter zu machen, als es ist, sondern auf Usability zu achten. Als wir für levelUP! eine eigene Plattform entwickelten, haben wir uns ganz nah an dem orientiert, was unsere Führungskräfte aus dem Alltag kennen. Wir haben uns gefragt: Was ist das, was man im Alltag viel benutzt, womit fühlt man sich wohl? Angelehnt an diese Vorgabe haben wir etwas entwickelt, das von den Funktionalitäten an Netflix erinnert. Damit die Menschen möglichst einfach lernen – und es sich »sexier« anfühlt. Lernen muss Spaß machen, denn man konkurriert nicht nur mit dem Business, sondern auch mit vielen anderen Modellen, über die im Alltag überall einfach gelernt wird: Man geht auf YouTube und sieht sich ein Video an oder liest etwas in der Nachrichten-App. Content sollte daher so gestaltet sein, dass Arbeiten damit wünschenswert erscheint. Ein Training fühlt sich nicht sehr agil an, wenn es in einem langweiligen traditionellen Büro abgehalten und die ganze Zeit nur auf Powerpoint-Präsentationen geschaut wird. Man muss sich fragen, welche Message man voranbringen will, und dann muss das ganze Training diese Message atmen – egal ob digital oder in Präsenz.

Eine weitere Lernerfahrung: Angebote sollten lieber kürzer und kleiner aufgesetzt werden als immer groß und massiv. Wir haben levelUP! im ersten Jahr unglaublich lang und aufwändig konzipiert. Das Wissen musste ganz tief gehen, möglichst umfangreich alle Facetten abdecken; das Training sollte perfekt sein. Aber das vermag eine Führungskraft nicht alles in ihren Arbeitsalltag zu integrieren. Da kommt das Thema Simplification oder auch Gradual Change ins Spiel: nicht zu kompliziert, nicht zu groß, nicht zu lang. Weniger ist hier meistens mehr.

Fazit: Man wird nie fertig

Mein Fazit? Agilität ist eine niemals endende Reise: Man wird nie fertig. Es folgt immer die nächste Iteration, die nächste Evaluation. Wir sind immer dabei, das Programm neu zu stricken, zu kürzen oder anzupassen. Und da ist es manchmal besser, in den iterativen Prozess zu gehen, weil dies den Unterschied macht. So wie unsere Führungskräfte ihre eigene und unsere Konzerntransformation immer weiter gestalten, so arbeiten wir unser unterstützendes Programm immer weiter aus. Interessant war es zu sehen, dass in Sachen Agilität einerseits Remote Working, Home Office und Wandernomaden gepredigt werden, gleichzeitig aber viele agile Methoden, so wie sie momentan aufgesetzt sind, totale Präsenz brauchen. Wenn sich das zusammenfindet, wird es richtig spannend!

4.5.3   Praxisbeispiel: Keine Veränderung auf Knopfdruck - OTTO in der Transformation und HR mittendrin

Sabine Josch und Stefanie Hirte

Das Unternehmen

OTTO kennen viele noch als typisches Versandhandelsunternehmen mit dem OTTO-Katalog. Heute ist das 1949 von Werner Otto gegründete traditionelle Hamburger Familienunternehmen mit rund 4.900 Mitarbeitenden eines der erfolgreichsten E-Commerce-Unternehmen Europas. OTTO als Tochtergesellschaft der Otto Group ist längst in der digitalen Welt verortet: Mehr als drei Millionen Artikel aus den Bereichen Fashion, Living und Multimedia bietet das Unternehmen im Netz an. Im Geschäftsjahr 2018 bestellten sieben Millionen Kunden online bei OTTO, zu Hochzeiten gehen zehn Bestellungen pro Sekunde im Online-Shop ein. Im Bereich Möbel und Living ist OTTO mit einem Sortiment von mehr als 100.000 Artikel inzwischen Deutschlands größter Onlinehändler. Nächstes Ziel ist es, das Geschäftsmodell zur Plattform weiterzuentwickeln und somit Händler, Marktplatz und Service Provider in einem zu sein. Dies ist die wohl größte Veränderung des Unternehmens seit seinem ersten Schritt in den E-Commerce im Jahre 1995.

Warum wir agiler werden müssen

Ausgangssituation
Der demografische Wandel und ein grundlegender Wertewandel bei den nachrückenden Generationen, die Digitalisierung mitsamt nach sich ziehender disruptiver Entwicklungen, dynamische Märkte, verändertes Kundenverhalten: Wie alle Organisationen

steht OTTO vor den Herausforderungen großer Umbrüche. Technologie sowie E-Commerce bestimmen inzwischen die Art, wie wir arbeiten und unser Geschäft betreiben. Auch das Marktumfeld von OTTO hat sich verändert – und es verändert sich fortlaufend in immer höherer Geschwindigkeit. Langjährige Marktbegleiter wie Quelle und Neckermann sind längst verschwunden, neue Wettbewerber etablieren sich. Dazu gehören Amazon sowie andere Internetanbieter. Um den Anforderungen der Transformation auch in Zukunft gewachsen zu sein und im Wettbewerb Schritt zu halten, benötigt OTTO parallel zum klassischen Händlermodell ein neues Geschäftsmodell. Mit der Weiterentwicklung zur Plattform, wie bei der Vorstellung des Unternehmens beschrieben, ist eine ständige Aktualisierung von Wissen und Prozessen nötig. Dies wiederum bedarf agiler Prozesse und Arbeitsweisen mit kürzeren Entscheidungswegen und flacheren Hierarchien sowie einem veränderten agilen Mindset.

Blick auf die Unternehmenskultur

Wie muss sich die Kultur im Hause ändern, damit OTTO für die digitale Transformation und die damit verbundene gewünschte Geschäftsentwicklung optimal gerüstet ist? Ausgehend von den beschriebenen Rahmenbedingungen haben wir uns aus HR gemeinsam mit der Geschäftsführung von OTTO diese Frage gestellt. Um sie zu beantworten, war zunächst ein Rückblick auf unsere Historie nötig. Als Handelsunternehmen, das seit 70 Jahren sehr erfolgreich ist, haben wir gelernt, Masseneffekte zu nutzen und unsere Prozesse so effizient wie möglich zu gestalten. So sind bei OTTO in der Vergangenheit Organisationsstrukturen und Abläufe entstanden, um große Auftragsmengen managen zu können und jeden Tag dafür zu sorgen, dass unsere Kunden ihre Waren erhalten. Unsere Unternehmenskultur ist auch heute menschenorientiert, bewahrend und umsichtig. Wir überlegen und analysieren eingehend, bevor wir etwas verändern, und suchen nach allgemeingültigen Prozessen und Regeln. Genau diese Erfolgsfaktoren der Vergangenheit behindern uns aber in einer Zukunft, die von rasanten Veränderungen und zunehmender Markttransparenz geprägt ist. An vielen Stellen fehlt uns die Spontaneität, einfach etwas auszuprobieren, der Mut, Bestehendes zu verändern, und das Zutrauen in unsere Mitarbeitenden, den Weg gemeinsam zu finden.

Nach einer Analysephase haben wir schließlich festgelegt, welche Werte wir bei OTTO in Zukunft brauchen und leben wollen. Viele unserer traditionellen Werte sollen weiterhin bestehen, es sind aber auch viele neue hinzugekommen. (siehe Abb. 24).

Abb. 24: Wertecloud aus bisherigen und neuen Werten der Zusammenarbeit für OTTO

Der Weg zu mehr Agilität: Die strategische Initiative »Führung & Zusammenarbeit«

Mit der Beschäftigung der Frage, welche kulturellen Voraussetzungen für eine erfolg-reiche digitale Transformation bei OTTO geschaffen werden müssen, starteten wir 2015 die strategische Initiative »Führung und Zusammenarbeit«. Sie schafft die Basis, um Mitarbeitende wie Führungskräfte optimal auf dem gemeinsamen Weg der Trans-formation zu begleiten. Für uns von HR ist dabei wichtig, folgende Stakeholder teilha-bend mit ins Boot zu holen:

- **Die Geschäftsführung**

  Kulturveränderung im Kontext des Change Managements braucht eine ausrei-chende »Energiequelle« seitens des Topmanagements, um spürbar zu werden. Die intensive Zusammenarbeit mit der Geschäftsführung – gemeinsam mit ihr ist die Initiative »Führung & Zusammenarbeit« entstanden – ist insofern zielführend, da diese sich nicht nur intensiv mit dem Status quo und den notwendigen Ver-änderungen auseinandersetzt, sondern auch ihre Rolle als Vorbild versteht und umsetzt.

- **Vertreter aus den Fachbereichen**

  Aus HR-Sicht ist es nicht nur wichtig, Inhalte mit dem Topmanagement zu entwi-ckeln und abzustimmen. Vielmehr sind auch Vertreter aus verschiedenen Fachbe-reichen in die Teilprojekte der Initiative integriert. So gelingt es uns, in Entschei-dungsfindungen den Fokus auf den Kunden – sprich: auf die Führungskräfte und Mitarbeitenden – zu legen. Schließlich ist es von großer Relevanz zu wissen, womit diese im Zuge der Veränderungen bei ihrer Arbeit konfrontiert sind und welche neuen Haltungen und Kompetenzen sie benötigen.

Zudem haben wir uns an bereits vorhandenen Erfahrungen und Learnings hinsichtlich Agilität bei OTTO orientiert. Eine »anschauliche Keimzelle« war das Projekt LHOTSE, dessen Anfänge bereits im Jahr 2012 liegen. Unser E-Commerce-Bereich hat sich im

Rahmen dieses Projektes von der bisherigen Standardsoftware für unseren Online-shop otto.de gelöst und eine eigene Software entwickelt und eingeführt. Hier wurden das erste Mal sehr konsequent agile Arbeitsweisen und Prozesse eingesetzt. Für uns aus HR-Sicht waren dabei nicht nur das Arbeiten in Sprints und die Prozessunterstützung durch Scrum Master interessant, sondern auch die Auswirkungen auf die »klassischen« Führungskräfte, die lernen mussten, auf neue Art zusammenzuarbeiten und Entscheidungen zu treffen.

Entwicklung eines neuen Führungsverständnisses
Durch die Erfahrungen aus dem LHOTSE-Projekt sowie unseren Beobachtungen des Arbeitsmarktes ist uns einmal mehr deutlich geworden, dass es eines neuen Führungsverständnisses bedarf, bei dem Führung nicht mehr in Positionen, sondern in Aufgaben gedacht wird. »Command & Control« hat längst ausgedient, Transparenz und Nähe bilden die Grundlage für eine vertrauensvolle Zusammenarbeit. So haben wir uns sehr intensiv mit den Führungsaufträgen einer einzelnen – klassischen – Führungskraft bei OTTO auseinandergesetzt. Im Zuge von agilen Ansätzen und dem aus unserer Sicht erforderlichen agilen Mindset sind neue Führungsaufträge entstanden: Führung ist als Befähigung, Begleitung und Coaching der eigenen Mitarbeitenden zu verstehen. Zudem spielt die Rolle des transparenten Vernetzers eine ebenso wichtige Rolle wie die des Changemanagers und Innovators. Veränderungen stehen an der Tagesordnung, da ist es extrem wichtig, auch die Komplexität zu managen und einen strategischen Blick für die Dinge zu behalten.

Dieses neue Führungsverständnis haben wir unter Berücksichtigung der Gegebenheiten des Marktes und unseren neuen Werten in einem gemeinsamen Prozess 2014 mit dem Topmanagement entwickelt und 2015 bei OTTO im Rahmen der strategischen Initiative »Führung & Zusammenarbeit« implementiert. In den vergangenen Jahren haben wir mehr und mehr Bereiche dabei begleitet, auf agile Arbeitsweisen umzustellen. Im Zuge dieser Veränderungen sind neue laterale Führungsrollen entstanden, insofern haben sich einzelne Führungsaufgaben der bisherigen klassischen Führungskräfte verändert. Wenn Teams beispielsweise mit einem Agile Master arbeiten, braucht sich der Abteilungsleiter nicht mehr um den reibungslosen Prozess und die Komplexität von Anforderungen zu kümmern. Wir sind daher dazu übergegangen, mit dem »Führungsdreieck« zu arbeiten. Hier geht es im Wesentlichen darum, dass es vier Führungsdimensionen gibt, die immer abgedeckt sein müssen: die Menschen-Führung, die prozessuale Führung, die fachliche Führung und die zukunftsorientierte Führung. Anders als bisher müssen diese Dimensionen aber nicht bei einem oder zwei klassischen Führungskräften liegen, sondern können auf mehrere Schultern verteilt werden. Wir haben zum Beispiel im Rahmen einer Umstrukturierung im Werbungsbereich (und damit nicht IT-lastig) aus einer funktionalen Matrix eine produktorientierte Matrix entwickelt, die agil arbeitet und bei der fachliche Führung konsequent von Menschenführung getrennt ist. Der neue People Lead arbeitet auf der gleichen Ebene wie der Product Lead. Für die prozessuale Unterstützung sind Agile Master im Bereich, und die Aufgabe der strategischen Weiterentwicklung liegt beim Strategic Lead. In weiteren Abteilungen bei OTTO liegen die Führungsdimensionen sogar bei noch mehr Rollen, da hier auch Triaden oder Circle bestimmte Aufgaben übernehmen. Für uns ist dabei immer ausschlaggebend, dass jede Führungsdimension vergeben ist und alle Beteiligten ihre Verantwortung übernehmen.

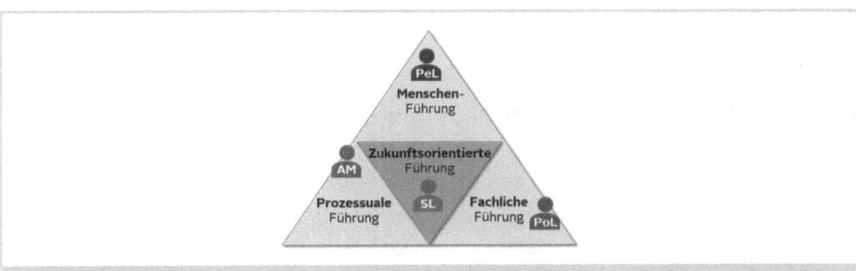

Abb. 25: Das Führungsdreieck als Basis für die Verteilung von Führungsaufträgen am Beispiel des Werbungsbereichs bei OTTO.

Meilensteine bei der Etablierung des neuen Führungsverständnisses

Seit 2015 ist es Ziel von HR, die Führungskräfte dabei zu begleiten, ein klassisch-hierarchisches Führungsverständnis aufzugeben und sie gleichzeitig zu stärken, die neuen Rollen zu entwickeln. Im Zentrum dabei: das jährliche Leadership-Training, das alle Führungskräfte von OTTO – dabei handelt es sich um circa 400 Frauen und Männer – durchlaufen. Hier werden die Aufträge der Führungskraft vorgestellt, Übungen und Möglichkeiten zur Selbstreflexion geboten sowie Angebote und Hilfestellungen für Veränderungsansätze gegeben. 2017 haben wir zudem für alle Führungskräfte ein verpflichtendes Training zum Thema agile Führung/agiles Mindset durchgeführt.

Für neue Führungskräfte bei OTTO wurde das einjährige Entwicklungsprogramm fit2LEAD neu konzipiert und auf die Führungsrollen ausgerichtet. Nach Durchlauf dieses Programms findet die Lead Factory statt, ein Format, das den Führungskräften durch Selbsterfahrung und Feedbacks der eigenen Führungskompetenz eine persönliche Standortbestimmung bietet. Seit 2019 stehen die selbstverantwortliche Auswahl der Entwicklungsfelder für die Führungskräfte und somit Methoden wie kollegiale Beratung und Führungskräfte-Coaching im Mittelpunkt.

Fortschritte messen: Mitarbeiterumfragen

Um den Aspekt der Selbstreflexion der Führungskräfte zu stärken, haben wir eine Mitarbeiterumfrage entwickelt, die in 16 Items ausschließlich auf die neuen Werte und Führungsrollen referiert. Mit einer »Nullmessung« in 2015 konnten wir den aktuellen Status quo in den unterschiedlichen Bereichen ermitteln und darstellen.

Inzwischen haben wir die Umfrage zweimal wiederholt (Herbst 2016 und 2018). Sie ist insofern eine Motivationsquelle, als dass sie uns Fortschritte bestätigt – etwa rund um das Thema »Freiräume schaffen« sowie bei den Themen Vernetzung, Fehlerkultur und Vorbild. Für uns sind dies die wesentlichen Treiber einer agilen Organisation. Wir erkennen durch die Umfrageergebnisse aber auch Defizite – beispielsweise bezüglich der Themen »Loslassen« und »Mut zum Handeln« – und haben somit die Chance, die Fachbereiche und Führungskräfte dabei zu unterstützen, an diesen Werten zu arbeiten.

Konsequenzen für den HR-Wertschöpfungsprozess

Im Kontext der digitalen Transformation sind wir von HR bei OTTO in einer Doppelrolle unterwegs: Zum einen ist es unser Auftrag, die Mitarbeitenden anderer Fachbereiche in die Agilität zu führen und sie für die neue Art des Arbeitens fit zu machen. Zum anderen ergibt sich daraus fast zwangsläufig, dass wir selbst auch agiler werden müssen. Denn die Führungskräfte und Mitarbeitenden zu unterstützen, heißt gleichzeitig, die Bereiche in ihren Veränderungen und Umstrukturierungen umfänglich zu beraten und zu begleiten. Mit individuellen Change-Roadmaps stellen wir dies sicher. Wir treten also aus unserem eigenen Silo heraus und nutzen die Chance, uns als zentraler Gestalter des Wandels bei OTTO zu positionieren. Dabei orientieren wir uns strategisch an den Unternehmenszielen und stützen und übersetzen diese durch eigene Ansätze und Methoden.

Der HR-Professional bei OTTO differenziert sich vom klassischen Personaler in der Performance durch sein Geschäftswissen. Sein Blick ist nicht allein auf die Mitarbeitenden, sondern immer auch auf die Geschäftsprozesse gerichtet. Nur so kann er auch beurteilen, wie sich die Mitarbeitenden in den jeweiligen Fachbereichen verändern müssen, und ihnen zur Seite stehen. Auf diese neue Rolle hin müssen wir unsere HR-Mitarbeitenden vorbereiten und fördern und ihnen das nötige Handwerkszeug für die strategische Beratung mitgeben. Das tun wir mit verschiedenen externen, aber auch eigenen internen Fortbildungen sowie mit Hospitationen in unseren Fachbereichen und mit fachlichem Austausch mit anderen Firmen.

Damit erfolgt für HR im Zuge der Transformation eine teilweise Abkehr vom klassischen HR-Aufgabenbereich hin zu einer strategischen Gestaltung mit Fokus auf die Organisation. Unser Anspruch ist es nicht, auf eine marginale »Ausputzerrolle« reduziert zu werden, sondern Spieler im Business zu sein. Kurz: Wir machen die Organisation fit und agil für die Zukunft. Als Kulturarchitekten sind wir zudem Ideen-Generierer und Botschafter der Organisation.

Das OTTO Agile Center

Als Konsequenz der neuen Anforderungen beziehungsweise der neuen Rolle von HR haben wir im Januar 2019 das OTTO Agile Center im Unternehmen implementiert. Es bietet den Fachbereichen fundierte Beratung, insbesondere in Fragen nach agilen Aufbaustrukturen, agilen Arbeitsweisen sowie agilen Rollen, und begleitet sie beim Einsatz etwaiger agiler Methoden und Vorgehensweisen wie Dailys oder Stand Ups, das Arbeiten mit Kanban, digitalen Alternativen oder das Arbeiten in cross-funktionalen Teams. Zudem ist das Agile Center OTTO der Ansprechpartner für Qualifizierungen aller Art rund um das Thema Agilität im Unternehmen und konzipiert entsprechende Trainings und Workshops. Unter anderem wird auch eine interne Ausbildung zum Agile Master angeboten, um die Dimension der prozessualen Führung in den Fachbereichen besser zu etablieren (vgl. Kap. 3.3.4 Führungsdimensionen). Ferner können sich die Fachbereiche bezüglich der Moderation von Team- oder Projekt-Retros an das Center wenden.

Die Rolle der Agile Coaches im OTTO Agile Center

Besetzt ist das OTTO Agile Center aktuell mit vier Agile Coaches. Sie arbeiten auftragsbasiert in unterschiedlichen Bereichen in enger Zusammenarbeit mit den Führungskräften und den Agile Mastern/Agile Coaches der jeweiligen Fachbereiche. Dies hat sich gerade in großen Veränderungsprojekten als sehr synergetisch erwiesen. Während die Coaches des Agile Centers den Bereich nur temporär und eher übergeordnet in seiner Transformation begleiten und wichtige Impulse geben, sichern die Agile Coaches/Agile Master des jeweiligen Fachbereichs die Nachhaltigkeit der Veränderung, indem sie die Teams dauerhaft begleiten und eine kontinuierliche Weiterentwicklung fördern.

Kennzeichnend für die Agile Coaches im OTTO Agile Center ist indes, dass sie das Thema Agilität ganzheitlich für OTTO betrachten. So tragen sie auch Sorge dafür, dass die relevanten agilen Entwicklungsthemen in die OTTO-Akademie eingehen. Zudem arbeiten sie eng und synergetisch mit der Organisationsentwicklung und der HR-Beratung zusammen. Durch diese cross-funktionale Zusammenarbeit ergibt sich in der Begleitung von Organisationsentwicklungsprozessen bei OTTO eine »HR-Begleitung im Dreiklang« mit unterschiedlichen Blickwinkeln und Kompetenzen, aber klaren, sich ergänzenden Schwerpunkten. Die Vertreter der HR-Beratung, der Organisationsentwicklung und des Agile Centers ergänzen sich nicht nur, sie lernen auch voneinander. So können wir die Learnings aus unterschiedlichen Change-Projekten gut bündeln und weiteren HR-Kollegen zur Verfügung stellen.

Ein fachlicher Austausch ist darüber hinaus – neben der Zusammenarbeit mit den Agile Coaches der Fachbereiche im Rahmen von Transitionen – bei den Agile Coaching Circles gegeben. Dabei handelt es sich um eine Sparring-Veranstaltung für alle Agile Coaches von OTTO sowie der OTTO Group.

Priorisierung der Aufträge

Die Herausforderung für HR und das OTTO Agile Center liegt vor allem darin, dass die Erfordernisse für agile Arbeitsweisen im Unternehmen und damit auch die Anfragen der Fachbereiche nach Unterstützung zunehmen. Großprojekte binden zudem im HR-Bereich sehr viel Kapazität. Dies führt dazu, dass im Agile Center mehr Anfragen eingehen, als wir bearbeiten können. Wir sind gezwungen, zu priorisieren und uns daran zu orientieren, welche Projekte am meisten auf unser Geschäftsmodell einzahlen. Gegenüber unseren Kunden – den Fachbereichen – brauchen wir wiederum gute Argumente, wenn wir Anfragen zurückweisen müssen. An entsprechenden Priorisierungskriterien arbeiten wir noch, fest steht jedoch bereits, dass die Relevanz einer Anfrage im Rahmen unserer Transformation zu unserem neuen Geschäftsmodell Plattform obenan steht. Zuvor ist grundlegend zu prüfen, ob der Auftrag auf mindestens eines der strategischen Ziele von OTTO einzahlt:

*   Sensibilisierung des agilen Mindsets
*   Stärkung der Selbstorganisation
*   Verstärkung der Kundenfokussierung
*   Erhöhung der Anpassungs- und Wandlungsfähigkeit der Organisation
*   Förderung von Lernen und Experimentieren
*   Stärkung von verteilter Verantwortung

Erfahrungen und Empfehlungen

Für Großunternehmen mit einer lang gewachsenen Kultur von Verhaltensweisen und Prozessen stellt der Wandel zur agilen Organisation samt damit einhergehender agiler HR-Prozesse eine besonders große Herausforderung dar. Aus unserer Sicht ist speziell auf folgende Punkte zu achten:

*   **Genaue Auftragsklärung**
    Wird die Unternehmenskultur auf Agilität ausgerichtet, birgt dies zuweilen auch die Stolperfalle, agile Arbeitsweisen flächendeckend einführen zu wollen. Doch nach unserer bisherigen Erfahrung sind agile Arbeitsweisen nicht für alle Bereiche im Unternehmen sinnvoll. Es gilt sehr genau hinzuschauen, was im Fachbereich durch Agilität verändert beziehungsweise verbessert werden soll. Dabei muss der Blick auf Effizienz und betriebswirtschaftliche Aspekte, aber auch auf Mitarbeitermotivation und -zufriedenheit gelegt werden. Eine genaue Auftragsklärung ist somit nötig.
*   **Agiles Mindset als Voraussetzung einer neuen Führungskultur**
    Auch wenn wir bei dem Thema agile Aufbaustrukturen und agile Arbeitsweisen sehr genau hinschauen und keinen One-Size-fits-all-Ansatz verfolgen, sind wir uns beim agilen Mindset sicher: Hier muss man sich gemeinsam dahin entwickeln und lernen, es zu leben. Gerade für langjährige Führungskräfte bedeutet das ein Führen über Ziele mit viel Vertrauen in Teams und Mitarbeitende.

- **Orientierung an Vorreitern**

  Wichtig für HR auf dem Weg der Transformation ist es natürlich auch, zu schauen: Wo im Unternehmen gibt es eventuell bereits Erfahrungen mit agilen Arbeitsweisen? Gibt es Vorreiter mit ersten Projekten im Haus? Oftmals – wie bei uns der Fall – handelt es sich dabei um die Software-Entwicklung. Ergo gilt es dann, mit den Führungskräften aus dem IT-Bereich in einen Austausch zu gehen. Was von ihren Vorgehensweisen und Erfahrungen kann man ableiten, um agiles Arbeiten allgemein im Unternehmen umzusetzen?

- **Den Status quo des Mindsets erfassen**

  Nur wärmstens empfehlen können wir, eine Nullmessung durchzuführen! Mittels einer Befragung, die die Haltung, aber auch Vorgehensweisen der Mitarbeitenden und Führungskräfte erfasst, wird die Ausgangssituation im Unternehmen deutlich. Durch Folgebefragungen mit den gleichen Items kann dann erkannt werden, wo Verbesserungen erzielt wurden und wo man noch feststeckt beziehungsweise an was man in Zukunft weiterhin verstärkt arbeiten muss.

- **Einheitliches Führungsverständnis etablieren**

  Ein neues Führungsverständnis zu etablieren, ist für agiles Arbeiten notwendig, aber insbesondere aufgrund der Heterogenität der Führungskräfte eine sehr anspruchsvolle Aufgabe. Denn vom Support bis hin zur Entwicklungsabteilung arbeiten die Führungskräfte in teilweise grundlegend unterschiedlichen Bereichen mit jeweils anderen Arbeitsweisen, die sie geprägt und somit Einfluss auf ihre Haltung genommen haben. Doch sie alle müssen abgeholt werden, es gilt, einen einheitlichen Blick auf Agilität zu erzielen. Das ist unserer Erfahrung nach eine der Hauptaufgaben von HR in der agilen Transformation. Leadershiptrainings und die individuelle Beratung und Begleitung der Fachbereiche bieten sich hierfür an. Zudem sind Coaching sowie Mentoring für Führungskräfte gute Methoden, das eigene Tun noch gezielter zu reflektieren und neue Ansätze auszuprobieren. Es geht stark darum, voneinander zu lernen. In Formaten wie Führungskräftetagungen, Barcamps, Vorträgen und Erfahrungsaustauschrunden lassen sich Fachwissen transportieren, Learnings teilen und gezielt Botschaften setzen.

- **Selbstreflexion und Feedback**

  Die Möglichkeit zur Selbstreflexion und regelmäßige Feedbacks unterstützen den Veränderungsprozess. Das hat sich ganz klar bei OTTO herausgestellt und steht bei Agilitätsprojekten somit immer im Mittelpunkt. Um dies auch HR-seitig zu unterstützen, haben wir viel Energie in unser neues Online-Feedbackmodul investiert. Neben Mitarbeiter- und Führungsfeedback gibt es jetzt auch Feedbackmöglichkeiten für laterale Führungsrollen im agilen Umfeld oder Projekten sowie auch Feedback zwischen Mitarbeitenden. Außerdem fördern wir in agilen Strukturen durch die regelmäßig durchgeführten Retros das offene Feedback innerhalb der Teams. Eine wichtige Voraussetzung für agiles Arbeiten.

Fazit

Eine spürbare Veränderung der Unternehmenskultur, die in der Regel nötig ist, um agiler zu werden, stellt in einem so vielfältigen und komplexen Umfeld wie dem von OTTO eine große Herausforderung dar. Es braucht Zeit und Ausdauer. Wir bei OTTO sind immer noch auf dem Weg. Denn Verhaltensveränderungen lassen sich nicht »per Knopfdruck« hervorrufen oder persönliche Werte und Einstellungen durch ein Seminar sofort nachhaltig verändern. Wichtig indes ist, Betroffenheit der jeweiligen Beteiligten und positive Erlebnisse zu erzielen. Wir haben gemerkt, dass es sich immer lohnt, Bestehendes zu hinterfragen, sich mit den Meinungen und Wünschen der Mitarbeitenden auseinanderzusetzen und auch Dinge einfach mal auszuprobieren. Denn wichtig ist, aus den verschiedenen Ansätzen und Projekten zu lernen und Ableitungen für andere zu treffen. Das agile Mindset dagegen wollen wir bei allen Führungskräften und Mitarbeitenden verankern. HR kommt dabei eine neue und veränderte Rolle zu: Wir verstehen uns als zentraler Gestalter des Wandels mit all unseren Facetten der HR-Arbeit.

4.6   Der fünfte HR-Wertschöpfungsprozess: Die Personaltrennung

4.6.1   Die fünf Reifegrade der Personaltrennung

Kati Oimann und Nina Zeppenfeld

Der fünfte HR-Wertschöpfungsprozess beinhaltet die Trennung von Mitarbeitenden, sei es durch altersbedingte Trennung aufgrund Verrentung oder die aktive Entscheidung der Organisation bzw. der Mitarbeitenden durch Kündigung. Wichtig ist dabei in jedem Fall die Art und Weise, wie die Trennung praktiziert wird, was sich letztlich in der Trennungskultur widerspiegelt. Die Trennungskultur kann definiert werden als »die Summe aller Regeln und Maßnahmen, die zur Fairness und Professionalität bei Trennungen und Veränderungen in Unternehmen führen.«[262] Dabei haben die Verhaltensweisen aller Beteiligten, der gegenseitige Umgang miteinander sowie die leitgebenden Werte im Trennungsprozess einen hohen Einfluss darauf, wie die Trennungskultur wahrgenommen und gelebt wird.

Personaltrennung fokussiert in diesem Kapitel auf den Aspekt der Kündigung und beinhaltet auch den Grad der Partizipation der beteiligten Rollen, die im Trennungsprozess informiert und hinzugezogen werden sowie den Prozess ganzheitlich

---

262 Vgl. Andrzejewski et al. 2015.

begleiten. Am Schluss einer Trennung steht das Offboarding, welches den Prozess beim Ausscheiden eines Mitarbeitenden beschreibt. Auch die Personaltrennung ist auf den fünf Reifegraden unterschiedlich ausgestaltet.

Reifegrad 1

Die Personaltrennung ist in Organisationen des ersten Reifegrads geprägt von einem Fokus auf die fachliche Qualifikation.[263] Erzeugen Mitarbeitende keinen Wert mehr oder agieren gar nachteilig für die Organisation, werden sie freigesetzt. Eine Trennung seitens des Unternehmens ist aber trotz etwaiger fachlicher Differenzen eher die Ausnahme. Denn Unternehmen auf diesem Reifegrad sind bestrebt, den Status quo zu erhalten sowie die Stabilität des Betriebs zu gewährleisten, um keine Einbußen in der Produktivität zu riskieren und Unruhe in der Belegschaft zu vermeiden. Ist die Produktivität aber durch nicht erbrachte Leistung zur Sicherung des Unternehmenserfolgs gefährdet, sieht eine Organisation des ersten Reifegrads nur einen Ausweg: die Trennung. Denn eine Begleitung der Mitarbeitenden durch die Personalentwicklung ist in Unternehmen dieses Reifegrads für diesen Fall nur rudimentär vorhanden. Vielmehr geht es schlussendlich darum, sich ohne besonderes Aufsehen von dem jeweiligen Mitarbeitenden zu trennen.

Freisetzungen auf dem ersten Reifegrad rühren fast ausschließlich aus der eben beschriebenen fehlenden fachlichen Leistung, weshalb eine fehlende kulturelle oder persönliche Passung weniger im Fokus steht. Es geht eher um die einwandfreie Abwicklung als um die Motive der Trennung. Daher ist es nur plausibel, dass das Trennungsmanagement nicht in der Kultur der Organisation verankert ist und es folglich auch keine etablierte Trennungskultur gibt. Außerdem ist festzuhalten, dass es oftmals keinen klar formalisierten Prozess zur Abwicklung einer Trennung gibt. So finden Freisetzungen durchaus auch ad hoc statt.

Erfolgt die Trennung seitens des Mitarbeitenden, verläuft diese ebenso wenig formalisiert und unsystematisch. Die Trennung ist für die Kollegen hinreichend intransparent und einige erfahren erst von der Trennung, wenn der jeweilige Kollege bereits gegangen ist. Ein klärendes Gespräch mit dem Vorgesetzten erfolgt ebenfalls eher selten, sodass hier häufig nur eine schriftliche Kündigung vorliegt.

Generell gilt für Trennungen in Organisationen des ersten Reifegrads – egal von welcher Seite aus sie erfolgen – ein hohes Maß an Verschwiegenheit. Weder der Arbeitgeber noch der gekündigte oder kündigende Mitarbeitende haben Interesse daran,

---

263 Vgl. Klimecki/Gmür, 2001.

die Trennung oder gar den Grund dafür öffentlicher zu machen als nötig. So gibt es keine Transparenz über jeweilige Prozesse, Motive und Gründe, sodass ausschließlich HR und das Management Informationen – sofern es sie gibt – bündeln. Hier steht ebenfalls der Wert *Stabilität* im Fokus, welcher konzentriert von HR und Management getrieben wird. Jegliche Trennungen werden unbedingt von diesen beiden Rollen gesteuert, abgewickelt und kontrolliert. Denn wenn wenig Fokus auf die Trennung gelegt wird, entsteht auch keine Unsicherheit innerhalb der Belegschaft, sodass die Arbeit stabil fortgesetzt werden kann und es keine Einbußen in der Produktivität gibt. Auch Mitarbeitende, die mit dem jeweiligen Kollegen zusammenarbeiten, sind nicht im Prozess eingebunden, da ihre tägliche Arbeit nicht gestört werden soll. Über die Auswirkungen der Trennungen – auf das Image der Organisation oder auf das Befinden der Mitarbeitenden – macht sich HR oder das Management keine Gedanken, da die schnelle Abwicklung und die Rückkehr zum Tagesgeschäft im Vordergrund stehen.

Reifegrad 2

Eine Trennung in Organisationen des zweiten Reifegrads verläuft nach klar definierten Prozessen und formalisierten Standards. Ein systematischer Trennungsprozess gewinnt an Bedeutung, da man sich sehr wohl bewusst ist, dass Trennungen einen Einfluss auf das Image der Organisation sowie auf das Befinden der Mitarbeitenden haben können. Um ein zentrales Trennungsmanagement zu gewährleisten, liegt die Verantwortung und Steuerung für Trennungen konzentriert bei HR und dem Management. Dort werden alle Informationen gebündelt und die Prozessschritte in Form von Standards angestoßen. Die fachliche Expertise liegt hier vor allem im HR-Bereich, weshalb die Experten aus HR die federführende Rolle bei der Umsetzung und Gestaltung des Trennungsmanagements übernehmen. Nur ganz selten und bei Bedarf wird mit anderen Bereichen partizipiert, um betroffene Abteilungen einzubinden. Generell wird aber eher auf den formalisierten Prozess vertraut, indem es weniger um die Gründe und Motive einer Trennung geht – egal von welcher Seite sie erfolgt – als vielmehr um die Einhaltung des Standards.

Obgleich es sich um eine Trennung seitens des Arbeitgebers oder seitens des Mitarbeitenden handelt, liegt meist eine fachliche Differenz zugrunde. Ein strenger Abgleich zwischen Sollprofil und Mitarbeiterkompetenz ist Entscheidungsgrundlage des Unternehmens. Sieht der Mitarbeitende auf der anderen Seite u. a. bessere Karrierechancen in einer anderen Organisation, entscheidet er sich, zu gehen. Dieser Prozess läuft ebenso systematisch, sachlich und standardisiert ab wie auch bei einer Trennung seitens der Organisation.

Generell finden in Organisationen des zweiten Reifegrads eher wenige Trennungen statt. Der Grund besteht nicht darin, dass allgemeine Zufriedenheit herrscht, sondern dass sowohl die Organisation als auch ihre Mitarbeitenden oftmals veränderungsavers agieren. Ein Streben nach Stabilität ist auch in Organisationen dieses Reifegrads wesentlich, sodass durchaus von beiden Seiten überfällige Trennungen teilweise vermieden werden. Kommt es nun aber doch zu einer Trennung, ist auch die Phase des Offboardings geprägt von klaren Prozessen und Sicherung der Stabilität in der Organisation. So werden die nötigen Prozessschritte, die bis zum Ausscheiden des Mitarbeitenden unternommen werden müssen, schnell und systematisch umgesetzt, damit der Arbeitsalltag der Belegschaft nicht gestört wird und es keine Produktivitätseinbußen aufgrund von Unsicherheit gibt.

Das Trennungsmanagement ist dementsprechend von HR detailliert ausgearbeitet, eine emotionale Verankerung in einer entsprechenden Trennungskultur ist aber nicht vorhanden und auch von beiden Seiten nicht gewünscht.

Reifegrad 3

In Organisationen des dritten Reifegrads ist man sich der hohen Verantwortung, die mit einer Trennung einhergeht, durchaus bewusst. So findet sich in diesen Organisationen ein professioneller, fairer und klar definierter Prozess, da eine Trennung sehr wohl als heikles und tiefgreifendes Ereignis für einen Menschen angesehen wird. Das Trennungsmanagement ist daher geprägt von einer »verantwortliche[n], praktisch[en] und professionelle[n] Umsetzung aller Maßnahmen einer betrieblichen Trennungskultur unter Berücksichtigung aller Beteiligten im Prozess«[264]. So lassen sich viele festgeschriebene Regeln für den Umgang mit einer Trennung sowie Checklisten und Leitfäden finden, die die unterschiedlichen Trennungssituationen sowie den Umgang mit eben diesen thematisieren, die jeweiligen Rollen und Verantwortlichen benennen, den strategischen Umgang vorgeben sowie eine Empfehlung für die interne Kommunikation geben.

Der Trennungsprozess ausgehend von der Organisation wird häufig in fünf Phasen unterteilt, welche die Entscheidung für die Trennung, die Vorbereitung, das Trennungsgespräch selbst sowie die Nachsorge und Neuausrichtung beinhalten.[265] Die Entscheidung für eine Trennung in der ersten Phase des Prozesses wird keinesfalls leichtfertig oder willkürlich getroffen. So werden verschiedene Meinungen und Positionen nicht nur von den direkten Vorgesetzten oder der Geschäftsführung, sondern vor allem von Beteiligten aus den jeweiligen Teams eingeholt. Die Kompetenz, eine klare Aussage zu dem jeweiligen Kollegen zu treffen und zu der Entscheidungsfindung erheblich beizutragen, wird den Teammitgliedern zugeschrieben, da sie den Kolle-

---

264 Vgl. Wurth, 2017, S. 54.
265 Vgl. Andrzejewski/Refisch, 2015.

gen im täglichen Handeln und Wirken tatsächlich erleben. Trotz der kollaborativen Zusammenarbeit in der Entscheidungsfindung sind die Rollen und Verantwortlichkeiten klar verteilt: Die Verantwortung für die Trennung liegt dezentral bei der direkten Führungskraft, die zentrale Steuerungseinheit ist weiterhin die HR-Abteilung. Ist die Entscheidung für eine Trennung getroffen, folgt eine umfassende und intensive Vorbereitung des Trennungsgesprächs und des weiteren Prozesses. Anhand definierter Checklisten und Leitfäden kann sich die Führungskraft detailliert auf das Gespräch vorbereiten und weiß, was im Prozess zu beachten ist. Fühlt sie sich unsicher, kann sie auf Kompetenzen von HR oder bestenfalls auf einen Coach zurückgreifen. Um weitere Unsicherheiten zu vermeiden, sind die Rahmenbedingungen wie Zeit, Ort, Ressourcen, Befugnisse und Botschaften für das Trennungsgespräch klar festgelegt.

Besonders relevant ist auch die nachfolgende interne Kommunikation der Trennung, die die Führungskraft gemeinsam mit HR formuliert. Ist ein Trennungsprozess angemessen abgeschlossen, ist die HR-Abteilung bemüht, übergreifende Ursachen zu benennen und Konsequenzen für die Organisation abzuleiten. Mithilfe dieser Maßnahmen gewährleisten Organisationen des dritten Reifegrads ein einheitliches und wertschätzendes Trennungsmanagement und greifen Unsicherheiten durch eine gute Vorbereitung und Begleitung im Prozess auf. Außerdem erhoffen sich die Mitarbeitenden der HR-Abteilungen, durch eine etablierte Trennungskultur eine positive Wirkung auf das Image der Organisation zu erzeugen. Denn in Zeiten von Fachkräftemangel, Digitalisierung und Wertewandel haben Organisationen und die HR-Abteilungen erkannt, dass Mitarbeitende nicht von heute auf morgen einfach *rausgeworfen* werden können. Dies würde einen immens hohen Imageschaden – nach außen wie innen – mit sich bringen.[266]

Versetzungen in andere Bereiche oder Teams sind zwar nicht alltäglich, verlaufen aber ebenso planvoll und strukturiert, um Mitarbeitende weiter an die Organisation zu binden. Auch diese Art von Trennung wird HR-seitig mit begleitet und als Teil der Organisationsentwicklung angesehen.

Geht die Trennung von dem Mitarbeitenden selbst aus, läuft der Prozess ähnlich strukturiert und systematisch ab. Die Trennung wird zeitlich genau geplant, verläuft schriftlich und fristgerecht. Bevor Kollegen oder andere Mitarbeitende in der Organisation informiert werden, wird viel Wert auf das Vier-Augen-Gespräch mit der jeweiligen Führungskraft gelegt. Hierfür erfolgt eine detaillierte Vorbereitung. Generell wird darauf geachtet, dass die Trennung im Einvernehmen erfolgt und Projekte oder Aufgaben angemessen abgeschlossen werden können.

---

266 Vgl. Andrzejewski, 2015.

Generell gestaltet sich der Trennungsprozess in Organisationen des dritten Reife-grads weitaus menschenzentrierter als in den Reifegraden zuvor. So findet in diesen Unternehmen auch eine erste Beratung für die Zeit nach dem jeweiligen Angestell-tenverhältnis statt, die dem Arbeitnehmer zu mehr Sicherheit und Selbstvertrauen verhelfen soll. Um diese Menschenzentrierung innerhalb des gesamten Prozesses und in den Gesprächen zu gewährleisten, braucht es eine hohe Beziehungskompetenz der involvierten Stakeholder und eine Akzeptanz für die Etablierung einer echten Tren-nungskultur. Nicht umsonst wird das Trennungsmanagement in Organisationen die-ses Reifegrads als Teil der Organisationsentwicklung angesehen.

Reifegrad 4

Organisationen, welche dem vierten Reifegrad angehören, legen viel Wert darauf, eine wertschätzende Trennungskultur zu gestalten. Dabei zählt vor allem die Art und Weise, wie die Trennung gestaltet wird, und die Beziehung zwischen den beteiligten Personen, die damit einhergeht. Denn in diesen Organisationen geht man davon aus, dass das Trennungsgespräch und der entsprechende Prozess Menschen tiefer berüh-ren bzw. verletzen kann als die Tatsache der Trennung selbst[267]. Dies gilt sowohl für den Fall einer freiwilligen Trennung als auch für die Trennung ausgehend von der Orga-nisation. Menschen in Organisationen des vierten Reifegrads arbeiten daran, ehrlich und wahrhaftig miteinander umzugehen und auch kritische Aspekte in regelmäßigen Feedbackgesprächen anzusprechen.

Kommt es tatsächlich zu einer Trennung durch die Organisation, wird der Prozess individuell, bedürfnisorientiert, wertschätzend und auf Augenhöhe durch die Teams verantwortet, die direkt mit dem jeweiligen Kollegen zusammenarbeiten. Auch Mit-arbeitende aus anderen Teams, die cross-funktional mit dem Kollegen zusammen-gearbeitet haben, werden eingebunden. Dabei werden die Teams aber nicht alleine gelassen, denn HR als Fels in der Brandung koordiniert und unterstützt u. a. mit Inst-rumenten oder Regularien, die bei einer Trennung zu beachten sind. Die Teams selbst sind aber durchaus befähigt und in der Lage, Entscheidungen partizipativ zu treffen und sich in den Trennungsprozess einzubringen.

Geht die Trennung vom Mitarbeitenden aus, führt er diese ebenso transparent und wertschätzend durch. Oft vertraut er sich zuerst seinem Team an, spricht anschlie-ßend mit seinem direkten Vorgesetzten oder auch mit HR oder einem Coach, sofern vorhanden. Relativ zügig findet dann die Kommunikation mit dem gesamten Team statt, welches aber, zumeist durch vorangegangene Feedbackgespräche, nicht vor

---

267 Vgl. Andrzejewski/Hermann, 2015.

den Kopf gestoßen sein sollte. Generell zeigt sich auch hier eine empathische und wertschätzende Kommunikation auf Augenhöhe.

Der Trennungsprozess an sich beinhaltet nicht nur das bloße Trennungsgespräch. Vielmehr erfolgen in Organisationen des vierten Reifegrads kontinuierliche Feedback-gespräche innerhalb der Teams, mit Führungskräften und z. T. auch mit Verantwortlichen aus dem HR-Bereich als Unterstützer. Thematisch werden hier sowohl die fachliche Entwicklung, aber auch die menschliche und kulturelle Komponente besprochen. Positives wird ebenso besprochen wie Potenziale und Verbesserungsmöglichkeiten – gesteuert von beiden Seiten. So ist ein mögliches Trennungsgespräch für alle Beteiligten in einen Prozess eingebettet und durch die enge Beziehung – auch entstanden durch die vorangegangenen Feedbackgespräche– von Akzeptanz geprägt. Motive und Gründe der Trennung werden beidseitig erfragt und transparent geschildert, sodass ein Verständnis auf beiden Seiten entstehen kann.

Transformationen und Veränderungen sind in einer komplexen und sich ständig wandelnden Welt keine Ausnahmen mehr. Deshalb sind Trennungen durchaus möglich – ein Wechsel in ein anderes Team oder das Ausführen einer neuen Rolle sind aber häufiger.[268] Organisationen des vierten Reifegrads und die HR sehen diese Veränderung auch als eine Art der Trennung an und legen im Rahmen der Personal- und Organisationsentwicklung großen Wert darauf, die beteiligten Mitarbeitenden emotional und fachlich zu begleiten. Kommt es zu einer Trennung zwischen Organisation und Mitarbeitendem, egal von welcher Seite sie ausgeht, werden Beweggründe im besten Fall mit dem gesamten Team aufgearbeitet und Konsequenzen für die Zukunft daraus abgeleitet, sodass Sicherheit für alle entsteht.

Reifegrad 5

In Organisationen des fünften Reifegrads werden Trennungen als natürlicher Prozess betrachtet, welcher viele Gründe haben kann. Dabei unterscheidet sich der Prozess und der Umgang mit einer Trennung nicht davon, ob der Mitarbeitende entscheidet, das Unternehmen zu verlassen, oder ob die Organisation sich trennt. Durch die enge Begleitung und den kontinuierlichen Austausch verschwimmen die Grenzen hier sowieso sehr stark. In Organisationen des fünften Reifegrads kommt es selten vor, dass die Trennung ausschließlich einseitig erfolgt. Oft merken beide Parteien relativ zügig, wenn etwas nicht passt. In den regelmäßig stattfindenden Feedbackgespräche findet ein offener Austausch zwischen den Kollegen und den Peers statt. Innerhalb dieser Gespräche erhalten die Mitarbeitenden fachliches, aber vor allem

---

268 Ebda.

auch persönliches Feedback. Es geht weniger darum, die Leistung zu bewerten, als vielmehr um die kulturelle Integration und die Identifikation mit dem Unternehmenszweck, der Vision sowie um die persönliche Entwicklung. Dafür steht auch ein Coach zur Verfügung, der gemeinsam mit dem Kollegen die Entwicklung reflektiert und gemeinsame Lernziele formuliert.

Besonders bei einer fehlenden fachlichen Passung gibt es viele Varianten und Lösungen, die gemeinsam in den Feedbackgesprächen besprochen werden können. So ist ein Einsatz in einer neuen Rolle oder einem anderen Bereich möglich. Schulungen und Weiterbildungen können ebenfalls hilfreich sein. Dies ist nichts Außergewöhnliches, da Menschen in Organisationen dieses Reifegrads häufig in fluiden cross-funktionalen Teams arbeiten und diese zwangsläufig regelmäßig wechseln, um dort zu sein, wo sie zu jener Zeit am wirksamsten sind. Lebenslanges Lernen und eine kontinuierliche persönliche und fachliche Entwicklung ist ebenfalls eine selbstverständliche Haltung, weshalb das Wechseln in andere Teams mit neuen Herausforderungen keine Schwierigkeiten, sondern eher Freude mit sich bringt.

Bei einer fehlenden kulturellen Passung sind Lösungsansätze weitaus schwieriger. Eine Trennung in einer Organisation im fünften Reifegrad basiert deshalb oftmals auf kulturellen Diskrepanzen und findet idealerweise im Einverständnis statt. Trennt sich die Organisation – auch nach zahlreichen Feedbackgesprächen und verschiedenen Lösungsversuchen – von einem Mitarbeitenden, wird dies immer gemeinsam (vor allem innerhalb des jeweiligen Teams) entschieden. Alle übrigen Mitarbeitenden, die nicht direkt involviert sind, werden über die Trennung und die jeweiligen Gründe informiert, um ein gemeinsames Verständnis zu schaffen. Generell wird aber den beteiligten Menschen ein hoher Grad an Vertrauen zugeschrieben, die für das Unternehmen und die Kultur richtige Entscheidung zu treffen. Da es vorab schon genügend Gespräche gab, wird diese letzte Konsequenz keine Überraschung für den beteiligten Kollegen darstellen. Generell findet dieser Prozess sehr menschenorientiert, wertschätzend und auf Augenhöhe statt. Dies gilt natürlich auch für den Fall, dass die Trennung vom Mitarbeitenden selbst ausgeht. Der Prozess verläuft hier ganz ähnlich, der Austausch ist ebenfalls sehr eng, in Feedbackgesprächen werden verschiedene Lösungen und Alternativen eruiert. Eine mögliche Trennung ist auch hier für beide Parteien keine Überraschung und wird auch von Arbeitgeberseite akzeptiert bzw. unterstützt.

Ein entsprechendes Offboarding ist meist geprägt von Dankbarkeit und beinhaltet oft eine Schlussreflexion, ein Abschiedsessen oder eine andere gemeinsame Aktivität. Auch wenn der Kollege nach Beendigung des Arbeitsvertrags keine fachliche Beziehung mehr zu der Organisation hat, kann die persönliche Beziehung dennoch bestehen bleiben. Organisationen auf diesem Reifegrad sind sehr daran interessiert, mit ehemaligen Mitarbeitenden – aus welchem Grund auch immer sie gegangen sind – in

Form eines erweiterten Netzwerkes in Kontakt zu bleiben. Denn die Devise in der Organisation lautet *best place to work*. Sollte sie für einige Menschen nicht einem *best place* entsprechen, sind alle gewillt, den Kollegen zu unterstützen, einen geeigneten Platz für sich zu finden. Innerhalb der Organisation bedeutet eine Trennung auch immer die Basis für Neues. Es wird gemeinsam reflektiert, warum es dazu gekommen ist, welche Lernfelder es für die Zukunft des Recruitings gibt und welche Themen anders gedacht und umgesetzt werden sollten.[269]

4.6.2   Praxisbeispiel: cosee – »Wir versuchen uns gemeinsam und einvernehmlich zu trennen«

Konstantin Diener

Das Unternehmen

Die cosee GmbH (cosee.de) ist ein Unternehmen mit Sitz in Darmstadt. Das Unternehmen entstand 2009 als Ausgründung aus dem ebenfalls in Darmstadt ansässigen Fraunhofer-Institut für Sichere Informationstechnologie. Am Anfang stand die Idee, ein Produkt für die Verfolgung von Urheberrechtsverletzungen vor allem im Zusammenhang mit Hörbüchern, Videos und eBooks an den Markt zu bringen. Diese Idee war aus verschiedenen Gründen nicht von Erfolg gekrönt – Gründe waren u. a. zu wenig Fokus auf die Kunden und fehlende Bereitschaft der Kunden, für ein solches Produkt im notwendigen Maße Geld auszugeben. Allerdings hatte die cosee GmbH innerhalb dieser ersten zwei Jahre sowohl technische als auch methodisch wichtige Erkenntnisse im Bereich der Produktentwicklung gesammelt. Die Gründer beschlossen, fortan diese Kompetenzen in Form einer Dienstleistung zur Verfügung zu stellen und weiter auszubauen.

Im Jahr 2019 beschäftigt cosee ca. 40 Mitarbeitende und ist in cross-funktionalen Teams organisiert. Zu den Mitarbeitenden zählen neben Software-Entwicklern mit unterschiedlichen Spezialisierungen Designer, Online-Marketing-Experten, Produktmanager bzw. Product Owner und Scrum Master. Aus diesen Experten stellt die cosee GmbH ein oder mehrere Produktteams pro Kunde zusammen. Wenn der Kunde möchte, kann er sich aus den breit gefächerten Expertisen ein Start-Up-Team zusammenstellen und mieten. Bei der Arbeit mit den Kunden hilft der cosee GmbH immer wieder ihre DNA als »Product Company«. Alle Teams haben den Anspruch, die schlussendlichen Kunden eines Produkts zu kennen und zu verstehen, um nicht einfach nur Software, sondern ein möglichst passgenaues Produkt herzustellen.

---

269 Vgl. Klein, 2019.

Warum Agilität?

In den letzten zehn Jahren musste sich die cosee GmbH kontinuierlich weiterentwickeln und bisweilen auch immer wieder neu erfinden. Dieser Prozess wird in hohem Maße durch den CTO vorangetrieben.

Der Begriff »Agilität« und hier insbesondere »Scrum« hatte eigentlich keinen guten Start bei cosee. Die Arbeit am ursprünglichen Produkt in den ersten Jahren folgte keiner besonderen Methodik und war eher wie in einem einigermaßen gut funktionierenden Studentenprojekt organisiert. Nachdem sich herausgestellt hatte, dass die Firma mit diesem Produkt nicht würde bestehen können, und cosee mit der Entwicklung von Kundenprojekten begonnen hatte, gab es erste Versuche mit Scrum. Aufgrund der fehlenden Erfahrung bei den meisten Beteiligten war der Prozess allerdings sehr aufwändig und umständlich. So dauerten allein Sprint Plannings etliche Stunden und reichten weit in die Abendstunden hinein. Der CTO hatte sich seinerzeit bereit erklärt, in die Rolle des Scrum Masters zu schlüpfen. Durch verschiedene andere Aufgaben konnte er die Rolle allerdings nicht sinnvoll wahrnehmen. Das Team sah nicht den Mehrwert in ewig langen Planungssitzungen und arbeitete eher nach »Programmieren auf Zuruf« mit den Kunden zusammen.

Über die folgenden Monate wuchs bei den Entwicklern der Firma der Unmut. Die Schwächen des Modells »Programmieren auf Zuruf« wurden aus ihrer Sicht immer offensichtlicher. Darüber hinaus arbeitete das Team kontinuierlich am Limit, weil einem hohen Bedarf beim Kunden eine zu kleine Anzahl von Entwicklern entgegenstand. Die größte Quelle für den Unmut war allerdings, dass die Mitarbeitenden der Meinung waren, diese Missstände immer wieder angesprochen zu haben. Sie sahen aber keinerlei Veränderung zum Besseren. Obwohl z. B. die Mitarbeitenden offensichtlich überlastet waren, gab es über einen längeren Zeitraum keine Bestrebungen, neue Mitarbeitende einzustellen.

Um dieser Kritik und der Suche nach Lösungsmöglichkeiten einen Raum zu geben, begann man bei cosee Mitte 2013 mit regelmäßigen Unternehmensretrospektiven, die bis heute alle zwei Wochen stattfinden. Auf diesem Weg hatte das Konzept »Agilität« doch noch Einzug gehalten – völlig abseits von Modebegriffen wie »Scrum« oder »Kanban«. Ausgehend von den Diskussionen in der Unternehmensretrospektive gelang es in den folgenden Jahren, nach und nach die dringendsten Probleme aus der Anfangszeit zu lösen. Natürlich sind in der Folge immer wieder dringende Probleme entstanden, die ebenfalls ausgehend von der Unternehmensretrospektive als Plattform gelöst wurden. (Wie zum Beispiel die Fragen: Wie sieht unsere Strategie aus und wo wollen wir als Firma hin?)

Auch beim zweiten »agilen HR-Instrument« handelt es sich letztendlich um ein Retrospektivenformat: Im September 2015 begann der CTO mit regelmäßigen Jour Fixes als Retrospektiven unter vier Augen. Diese Gespräche dienen der Weiterentwicklung der Mitarbeitenden und als Feedbackkanal zum Unternehmen. Mittlerweile werden sie von den Scrum Mastern der Teams durchgeführt. In der Softwareentwicklung wechselten die Teams der cosee GmbH zum Teil erst viele Monate nach den ersten Unternehmensretrospektiven zu einem strukturierten agilen Vorgehen nach Scrum. Es gehört aber mittlerweile zur Kultur der Firma, sich kontinuierlich zu hinterfragen, Probleme aufzuzeigen und nach Verbesserungen zu suchen.

Der bisherige Weg zu mehr Agilität in HR

Eigentlich ließe sich der bisherige Weg der cosee GmbH zu mehr Agilität in HR in einem Satz beschreiben: Es gibt keinen, weil es bei cosee kein HR gibt. Aber natürlich ist diese Behauptung nicht ganz korrekt. Es gibt bei cosee keine HR-Abteilung, aber wie in jedem anderen Unternehmen gibt es Tätigkeiten und Verantwortlichkeiten, die sonst klassisch in einer HR-Abteilung angesiedelt sind.

Wieso gibt es bei cosee keine HR-Abteilung? Wie in jedem kleinen, frisch gegründeten Unternehmen wurden viele der HR-Aufgaben am Anfang von den Gründern selbst übernommen:
- Stellenausschreibungen verfassen und publizieren
- Verhandlungen mit Personaldienstleistern
- Vorstellungsgespräche vereinbaren und durchführen
- Arbeitsverträge ausstellen und versenden
- Mitarbeitende mit Arbeitsmaterialien ausstatten und onboarden
- Gehaltsbuchhaltung mit dem Steuerbüro abstimmen und Gehälter überweisen
- Kündigungen moderieren und durchführen

Mit der Zeit und vor allem mit einer steigenden Anzahl an Mitarbeitenden bei cosee war es für die Gründer nicht mehr möglich, diese Aufgaben sinnvoll zu übernehmen. Aus diesem Grund beschloss man, eine Assistenz für die Geschäftsführung einzustellen. Heute muss man sagen, dass es sich damals schon eher um eine Teamassistenz handelte, weil die Stelleninhaberin diese Rolle von Beginn an als Unterstützung für den Geschäftsführer *und* das übrige Team der cosee GmbH verstanden hatte. Neben klassischen HR-Themen erstreckte sich die Unterstützung u. a. auch auf die Themen Rechnungsstellung, Buchhaltung, Office Management.

Bedingt durch das weitere Wachstum der Firma wurden die Aufgaben nach einigen Jahren auch für die Teamassistenz zu viel. An diesem Punkt passieren in vielen Unternehmen in der Regel zwei Dinge: die Einführung von Hierarchie und Spezialisierung.

Beides hat cosee sehr bewusst nicht eingeführt. Für die Teamassistenz war es wichtig, zukünftig gleichberechtigt mit anderen Kollegen in einem Team zusammenzuarbeiten. Außerdem sollte dieses Team gemeinsam für die Themen verantwortlich sein, die bislang Aufgabenbereich der Assistenz waren. Wenn man diesen Ansatz z. B. mit Entwicklungsteams in Scrum vergleicht, geht es darum, ein cross-funktionales Team mit Collective Ownership zu haben. Ein solches Team ist zwar wesentlich ineffizienter als ein Team aus Spezialisten (z. B. für die Bereiche Personalbuchhaltung, Recruiting, Personalbetreuung). Auf der anderen Seite ist es aber auch wesentlich effektiver und resilienter, was insbesondere für ein kleineres Unternehmen wie cosee sehr wichtig ist. Fällt in einem Spezialistenteam die Fachkraft für Recruiting für einen längeren Zeitraum aus oder verlässt sogar das Unternehmen, findet das Recruiting vermutlich zunächst nicht mehr statt. In einem cross-funktionalen Team kann ein anderes Mitglied des Teams diese Aufgabe übernehmen.

Ein unkonventionelles Team-Setup erfordert auch einen unkonventionellen Namen: Da die Mitglieder des Teams alles tun, um die cosee-Welt zusammenzuhalten, haben sie sich, in Anlehnung an den Disney-Film »Tinkerbell«, den Namen Tinkas gegeben. Die Tinkas sehen dabei ihre Rolle darin, primär das gesamte cosee-Team zu unterstützen – und nicht primär die Geschäftsführung oder das Management.

Die Aufgaben des Tinka-Teams und die Aufgabenteilung mit dem Management bzw. den Teams im Unternehmen sind aber nicht statisch. Es gibt immer wieder Aufgaben, für die die Verantwortung von den Tinkas oder dem Management an die selbstorganisierten Teams übergeht. Das Verfassen von Stellenausschreibungen ist ein gutes Beispiel dafür. Mittlerweile sind die Teams vollständig selbst dafür verantwortlich, einen Bedarf zu erkennen und eine entsprechende Stelle auf der cosee-Seite auszuschreiben. Die Art und Weise, wie Stellenausschreibungen bei cosee aussehen, entstand in einem interdisziplinären Projektteam aus Tinkas, Management, Marketing, Design und Software-Entwicklern.

Rückblickend lässt sich sagen, dass es bei cosee nie eine explizite agile Transformation für HR-Tätigkeiten gab. Wie in der gesamten Firma ist das Handeln durch eine starke Problemorientierung sowie den Glauben an die Vorteile cross-funktionaler Teams und gemeinsamer Verantwortung geprägt. Ein weiteres Grundprinzip ist, dass im Idealfall immer die Mitarbeitenden über etwas entscheiden, bei denen der Entscheidungsbedarf entsteht und die auch für die Ergebnisse verantwortlich sind. Was heißt das konkret? Nicht HR, die Tinkas oder das Management sind verantwortlich dafür, dass passende neue Mitarbeitende gesucht und eingestellt werden, sondern die Teams, die einen entsprechenden Bedarf haben. Tinkas und Management fungieren als Berater und helfen den Teams bspw. dabei, eine AGG-konforme Stellenausschreibung zu formulieren.

Die Teams der cosee GmbH haben reibungslos die Verantwortung für das Ausschreiben von Stellen übernommen. Es ist einleuchtend, dass nicht alle Verantwortlichkeiten so reibungslos übernommen werden, insbesondere wenn es dabei um eher unangenehme Themen wie Probezeit-Feedback oder Kündigung geht.

Konsequenzen für den HR-Wertschöpfungsprozess

Ein durchgängiges Thema der ersten Unternehmensretrospektiven war die starke Überlastung des Teams und der Bedarf an neuen Mitarbeitenden. Daraus entstand über mehrere Monate ein Prozess, um neue Mitarbeitende auszuwählen und einzustellen. Zu diesem Prozess gehört z. B. auch, dass alle Bewerbungsgespräche für Software-Entwickler von mindestens zwei Entwicklern der cosee und einer Führungskraft geführt werden. Die Entscheidung, ob ein neuer Mitarbeitender eingestellt wird, fällen alle Beteiligten gemeinsam und jeder hat dieselben Stimm- und Vetorechte (Delegationsstufe 4 nach Appelo[270]). Da die Teams bei cosee so selbst ihre neuen Kollegen aussuchen, bezeichnen wir den Prozess als »the team hires«.

In den ersten Monaten hat dieser Prozess gut funktioniert. Es war aber abzusehen, dass irgendwann Mitarbeitende eingestellt werden, bei denen das Team im Nachhinein feststellt, dass sie doch nicht passen. Den Mitarbeitenden bei cosee wurde bewusst, dass zu »the team hires« auch »the team fires« gehört. Es funktioniert nicht, dass das Team sich selbst neue Kollegen aussucht und dafür die Verantwortung übernimmt, und wenn diese dann nicht passen, die Verantwortung für die Trennung an HR oder das Management übergeht. Daraus hat sich mittlerweile das in den folgenden Abschnitten beschriebene Vorgehen entwickelt.

Unzufriedenheit feststellen
Es beginnt damit, dass ein Team feststellt, dass es mit der Arbeit eines Mitglieds nicht zufrieden ist. Diese Unzufriedenheit bezieht sich in der Regel auf Faktoren wie Lernbereitschaft, Verlässlichkeit, die Bereitschaft, Verantwortung zu übernehmen, oder die Arbeitsweise. Die Software-Entwickler bei cosee begreifen sich selbst als Ingenieure. Dazu passen keine Kollegen, die lieber »basteln«.

Bei Mitarbeitenden in der Probezeit achten die Scrum Master darauf, dass es regelmäßige Prüfpunkte gibt, zu denen das Team seine Erwartungen an den neuen Mitarbeitenden formuliert und ihm Feedback gibt.

---

270 Zur näheren Erläuterung siehe: https://management30.com/practice/delegation-poker/.

Erwartungshaltung klarmachen

Das Team spricht die Unzufriedenheit in seiner Retrospektive an und der Scrum Master analysiert die Situation mit dem entsprechenden Teammitglied in dessen Jour Fixe. Hierzu gehört, dass das Team seine Erwartung klar definiert: Mit welchem Verhalten sind sie unzufrieden und wie soll sich das Verhalten ändern? Der Scrum Master moderiert diesen Prozess und achtet auch darauf, dass ...

- ... das Team anhand von Beispielen aufzeigt, wann das Verhalten nicht in Ordnung war, damit das Feedback nachvollziehbar ist.
- ... wirklich Erwartungen formuliert werden und das Teammitglied nicht mit Beschuldigungen konfrontiert wird.
- ... die Erwartungen im Einklang mit den cosee-Werten stehen und auch für die anderen Mitglieder des Teams gelten.
- ... das Team jemanden nicht nur ablehnt, weil er nicht ist wie sie. Auf der einen Seite ist bekannt, dass wir uns gerne mit Menschen umgeben, die so sind wie wir selbst. Auf der anderen Seite gibt es auch zahlreiche Untersuchungen zu den Vorteilen von Diverse Teams (bestehend aus verschiedenen Geschlechtern, Ethnien, Altersgruppen etc.).

Das Teammitglied bekommt mehrere Wochen Zeit, um das Feedback seines Teams umzusetzen.

Teamwechsel

Es gibt immer wieder Fälle, bei denen nach mehreren Teamretrospektiven und Jour Fixes aus Sicht des Teams keine Verbesserung eingetreten ist. Das muss nicht zwingend am Teammitglied liegen, im Zweifel stimmt »die Chemie« zwischen ihm und den übrigen Mitgliedern des Teams einfach nicht. Ist keine Verbesserung erkennbar, schlagen der Scrum Master und das Team deshalb einen Teamwechsel vor. Das Teammitglied soll in einem anderen Team noch einmal die Chance bekommen, sich zu beweisen. Das neue Team wird entweder von den Scrum Mastern und den Führungskräften vorgeschlagen oder vom Teammitglied selbst ausgesucht.

Trennung

Sollte der Mitarbeitende tatsächlich nicht zu cosee passen, stellt sich das im neuen Team in der Regel relativ zügig heraus – für beide Seiten. In geschätzt vier von fünf Fällen entscheidet der Mitarbeitende selbst, dass er sich bei cosee nicht mehr wohlfühlt, weil Erwartungen an ihn gestellt werden, die er nicht erfüllen kann oder will. Er verlässt das Unternehmen auf eigenen Wunsch.

Sollte weiterhin nur das Team unzufrieden sein, entscheiden dessen Mitglieder, ob der Mitarbeitende gekündigt werden soll. Auf Basis dieser Entscheidung leitet eine der Führungskräfte die Kündigung ein und spricht sie aus.

Der letzte Schritt der Trennung liegt bei der Führungskraft, weil die Teams sich mit dem Aussprechen einer Kündigung heute oft noch schwertun bzw. bei einer nicht einvernehmlichen Trennung einige Aktionen »von offizieller Seite« erfolgen müssen.

Arbeitszeugnis
Nach der Tätigkeit erhält der ausgeschiedene Mitarbeitende ein Arbeitszeugnis. Es ist gängige Praxis, dass der Mitarbeitende selbst seine Tätigkeiten beschreibt. Die Benotung für das Arbeitszeugnis wird mittlerweile auch durch die Teams durchgeführt. Die Tinkas bereiten diesen Prozess vor, indem sie die Liste derjenigen zusammenstellen, die mit dem ausgeschiedenen Mitarbeitenden zusammengearbeitet haben, und geben den Zeugnisfragebogen an diese Personen. Aus der Summe der Noten wird der Durchschnitt ermittelt. Das Zeugnis wird dann von den Tinkas erstellt.

Am Anfang tauchte bei diesem Prozess immer wieder die Frage auf, warum Software-Entwickler sich mit HR-Tätigkeiten beschäftigen müssten. Mittlerweile gibt es kaum noch Widerspruch, da den Mitarbeitenden bewusst ist, dass sie die Leistungen der jeweiligen Person im Zweifel viel besser beurteilen können.

Erfahrungen und Empfehlungen

Am Beispiel des Arbeitszeugnisses zeigen sich zwei wichtige Learnings aus dem Prozess bei cosee, klassische HR- oder Managementthemen in die Teams zu geben. Das erste Learning ist, dass für die Mitglieder der Teams der Sinn klar erkennbar sein muss. Warum ist diese Tätigkeit wichtig (für cosee)? Warum ist es wichtig und sinnvoll, dass ich als vielbeschäftigter Software-Entwickler diese Tätigkeit ausführe und nicht jemand anderes?

Das zweite Learning ist, dass eine anfängliche Ablehnung von »HR-Themen« oft auf Unsicherheit basiert. Was passiert, wenn ich den ehemaligen Mitarbeitenden zu schlecht bewerte? Wird er dann auf ewig arbeitslos sein und niemals mehr eine Anstellung finden? Welches Feedback darf ich einem Bewerber bzw. einem Kollegen geben und was ist rechtlich schwierig? Wie muss eine rechtlich saubere Stellenausschreibung aussehen? An dieser Stelle kann HR[271] in einer agilen Organisation helfen. Sie werden zu Beratern und Dienstleistern der Teams.

Diese Rolle ist unter anderem auch bei der Benotung ehemaliger Mitarbeitenden für das Arbeitszeugnis wichtig. Beim Team hat sich durch das wiederholte Formulieren von Erwartungen und vor allem dadurch, dass sich über einen längeren Zeitraum

---

271 Oder im Fall von cosee die Tinkas, die bislang die meisten HR-Tätigkeiten betreut und dort die größte Expertise haben.

nichts verändert hat, Enttäuschung entwickelt. Der ein oder andere Mitarbeitende ist versucht, in der Benotung dieser Enttäuschung Luft zu machen. HR begleitet den Prozess an dieser Stelle, indem es den entsprechenden Kollegen verdeutlicht, dass das Verhalten zwar verständlich, aber wahrscheinlich eher schädlich für cosee ist.

Praxis bei cosee ist es, klassische HR-Themen, bei denen es sinnvoll ist, sukzessive in die Teams zu geben oder sie gemeinsam mit den Teams zu bearbeiten. Diese Tätigkeiten sind in jedem Fall neu für die Mitarbeitenden in den Teams und Kollegen mit HR-Expertise sollten hier niemals belehrend auftreten und auch ein wenig Geduld mitbringen. Wenn man einem Software-Entwickler den Grund erklären kann, weshalb es wichtig ist, dass er sich zusätzlich mit einem Thema wie Arbeitszeugnisbenotung beschäftigen sollte, wird er dazu bereit sein. Er hat aber keine jahrelange Erfahrung mit solchen Tätigkeiten. Deshalb wird bei HR auch etwas Geduld notwendig sein.

Die Führungskräfte sind gefragt, die Verschiebung von Verantwortlichkeiten zu moderieren und auch mit dem großen *Warum* des Unternehmens zu verknüpfen. Ist das Team völlig selbstständig für die Tätigkeit zuständig? Gibt es eine geteilte Verantwortung zwischen HR und den Teams? Wenn dieser Punkt durch die Führungskräfte zu sehr im Ungewissen gelassen wird, entstehen meist Spannung und Ablehnung – sowohl bei HR als auch bei den Teams. Die Führungskräfte sind aber gut beraten, die Aufgabenteilung oder -verschiebung nicht einfach im sprichwörtlichen stillen Kämmerlein zu beschließen, sondern diesen Prozess lediglich zu moderieren und HR und die Teams selbst aushandeln zu lassen.

Außerdem ist auch bei der Verschiebung von Aufgaben eine gute Portion Geduld vonnöten. Die Teams bei cosee sehen sich heute noch nicht ausreichend vorbereitet dafür, das Trennungsgespräch mit einem Mitarbeitenden zu führen. Für die Firma ist es in erster Linie wichtig, dass sie die Entscheidung treffen. Deswegen ist auch legitim, sich vorerst damit zu begnügen, dass die schlussendliche Verkündung der Trennung durch eine Führungskraft stattfindet.

Alle Beteiligten sollten sich außerdem davon verabschieden, sofort den perfekten Prozess zu entwerfen. Der weiter oben beschriebene Ablauf für Trennungen bei cosee ist über viele Iterationen entstanden und heute immer noch nicht »fertig«. Ratsam ist, mit einer ersten Version zu beginnen und regelmäßig (in Retrospektiven oder ähnlichem) innezuhalten, Ecken und Kanten zu identifizieren und den Ablauf schrittweise zu verbessern. Auch dieses Vorgehen muss durch die Führungskräfte gefördert werden. Bei cosee ist es in Ordnung, dass Mitarbeitende Fehler machen und Abläufe nicht direkt perfekt sind. Das ist unter anderem so, weil die Gründer diese Freiheiten bewusst einräumen.

Kurzes Fazit zum HR-Wertschöpfungsprozess

Bei cosee sind wir sehr zufrieden mit unserer Herangehensweise an HR-Themen – auch wenn es selbstverständlich immer etwas zu verbessern gibt.

Das cross-funktionale Tinka-Team erlaubt uns, effektiv mit neuen Aufgabenstellungen umzugehen, als kleines mittelständisches Unternehmen brauchen wir keine große Administration, um unsere Teams zu unterstützen. Es ist aber klar, dass auch in diesem Team die Expertise nicht gleichmäßig verteilt ist. Auch dort hat jedes Teammitglied Themen, in denen es sich besser auskennt als andere. Das ist in anderen cross-funktionalen Teams ebenfalls so und aus unserer Sicht völlig in Ordnung.

Durch die enge Zusammenarbeit zwischen den Teams und den Tinkas lernen wir sehr viel voneinander und über die unterschiedlichen Sichtweisen auf ein Unternehmen – Software-Entwickler bekommen z. B. Einblicke in Arbeitsrecht. Alle Themen, die man klassisch in HR verorten würde, sind bei cosee sehr kollaborativ gelöst. Das reicht von der Stellenausschreibung über die Personalentwicklung bis zur Trennung. So entstehen aus unserer Sicht bessere Lösungen, als wenn jeder in seinem Silo arbeitet.

Den Prozess der Trennung wollen wir möglichst transparent und fair für den entsprechenden Mitarbeitenden und seine Teams gestalten. Deswegen investieren wir viel Arbeit in Feedback und ermöglichen dem Mitarbeitenden einen Teamwechsel, um eine Trennung zu vermeiden. Im Fall von Trennungen schaffen wir dies zu einem sehr hohen Anteil einvernehmlich. Das bestätigt aus unserer Sicht den Erfolg unserer Herangehensweise.

4.6.3   Praxisbeispiel: Ministry Group – Time to say goodbye

Marco Luschnat

MINISTRY GROUP

Wir sind die New Work Agency Group. Seit Jahren leben wir, wovon jetzt alle sprechen: anders arbeiten. Selbstbestimmt arbeiten. Sinnvoller arbeiten. Unsere Erfahrung setzen wir ein, um Unternehmen und Marken den Weg in die Zukunft zu ebnen. Durch Kommunikation. Durch Unterstützung bei der digitalen Transformation. Und durch Veranstaltungen zu aktuellen Themen. Erleben Sie unsere Leistungsfreude!

Das sind die Sätze, die man augenblicklich als Erstes auf unserer Homepage www. ministrygroup.de liest. Im Kern ist es das. Gegründet wurde die Ministry Group 1999 als reine Digitalagentur. Mittlerweile sind wir mehr und anders. Wir machen Werbung, Software, Filme, Social Media, PR, Datenanalyse und beraten rund um das Thema »Kommunikation und Marke«.

Als wir 2013 die Schwelle von 45 Mitarbeitenden überschritten, haben wir uns entschieden, einen Weg jenseits von starren hierarchischen Strukturen einzuschlagen und auf Eigenverantwortung, Vertrauen, Selbstbestimmung und Agilität zu setzen. Auf diesem Weg haben wir in den letzten Jahren großartige Erfolge gefeiert und herbe Rückschläge erlitten. Wir haben uns seitdem x-mal neu erfunden und tun das auch weiterhin. Was wir dabei erlebt und gelernt haben, setzen wir ein, um unsere Kunden auch bei ihren organisatorischen Herausforderungen zu beraten und begleiten.

Trennung

Als André Häusling mich fragte, ob ich Lust hätte, einen Beitrag zu diesem Buch mit dem Thema »Trennung« zu schreiben, habe ich mich natürlich zunächst gefreut. Auf der anderen Seite: Warum denn bitte so ein trauriges Thema? Gut, ich bin dafür bekannt, auch die schmerzhaften Seiten agiler Transformation anzusprechen …, aber nee … schon wieder etwas Negatives wie Trennung? Eigentlich hatte ich keine Lust, schon wieder den agilen Problembären zu geben.

Kurz darauf dann die Erkenntnis: »Warum eigentlich negativ?« Warum tendieren wir so oft dazu, uns schlecht zu fühlen, wenn jemand das Unternehmen verlässt?

Kommt das vielleicht daher, dass das alles immer irgendwie so klingt, als ginge eine Beziehung in die Brüche? »Wir müssen uns leider voneinander trennen«, »XYZ verlässt uns zum Ende des Jahres«. Am Ende hört sich das doch alles an wie: »Ihr müsst jetzt ganz stark sein – Mama und Papa lassen sich scheiden!«

Okay, manchmal fühlt sich das vielleicht so an. Und, ja! In agilen Organisationen ist das noch schlimmer. Gefühlt kleben wir alle irgendwie noch mehr aneinander, haben uns noch mehr lieb und wenn dann jemand geht, dann geht – frei nach Peter Maffay – auch ein Teil von mir. Wir sind halt nicht nur ein Team, wir sind irgendwie sowas wie eine Familie!

Bullshit! Einmal klar und deutlich zum mittwittern:

»We are NO family«

Wir sind Menschen, die miteinander arbeiten. Dabei ist es durchaus zielführend, ein gemeinsames Werteverständnis zu haben, sich auf Regeln des Umgangs zu einigen und im Idealfall sogar gemeinsam einen Sinn in dem zu finden, was wir tun. Es ist schön, wenn wir uns dabei auch noch mögen oder sogar befreundet sind. Das war's dann aber auch! Die Aussage »Wir sind hier wie eine Familie« kann maximal das Teamgefühl betreffen … niemals aber das Verhältnis des Einzelnen zur Organisation.

»Wir sind wie eine Familie« ist tatsächlich sogar eine gefährliche Annahme. Viel zu leicht lassen sich daraus Analogien ableiten, die ein Unternehmen in extrem schwierige Situationen führen können.

Hier ein paar kindliche Glaubenssätze aus diesem Kontext, die jedem HRler das Blut in den Adern gefrieren lassen sollten:
- »Wir müssen immer lieb zueinander sein.«
- »Wir sollten immer zusammenbleiben.«
- »Wenn jemand geht, ist das das Schlimmste, was passieren kann.«

Wir haben häufig mitbekommen, dass Personalthemen im Team bewusst oder unbewusst von solchen Glaubenssätzen beeinflusst wurden – und *immer* hat das in eine falsche Richtung geführt.

Hochgerechnet haben wir uns in 20 Jahren Ministry Group bestimmt von 100 Mitarbeitenden getrennt (aktiv und passiv). Bei den meisten Kündigungsgesprächen war ich dabei und einige davon sind mir extrem nah gegangen. Gefühlsmäßig war von »Ich zerstöre grad das Leben dieses Menschen« bis zu »Brenn' in der Hölle, treuloses Stück« alles dabei. Wie viel Seelenschmerz hätte ich mir erspart, wenn ich damals schon so weit gewesen wäre, es mit dem Paten Michael Corleone zu halten: »Es ist nichts Persönliches, es geht nur ums Geschäft.«

Das soll jetzt nicht heißen, dass jede Trennung mit einem größtmöglichen Maß an Abgeklärtheit durchgeführt werden muss. Es hilft lediglich allen Beteiligten, wenn man nicht das Gefühl hat, eine Familie auseinanderzureißen.

Kein Ziel: keine Fluktuation

Wir haben uns über lange Jahre damit gerühmt, eine extrem geringe Fluktuation zu haben. Das kann man jetzt sowohl aus betriebswirtschaftlichen Gründen als auch im Sinne eines Kulturbarometers gut finden … muss man aber nicht.

Es ist *absolut* okay, wenn der Weg von Menschen und Unternehmen sich trennt. Trotzdem schlägt hier ein Paradoxon in agilen Organisationen besonders hart zu: wir, die wir eigentlich am besten um Allgegenwart und Nutzen von Veränderung wissen, tun uns oft am schwersten damit, sie zu akzeptieren, wenn es Mitglieder unseres Teams betrifft.

In unserem MINISTRY LEADERSHIP MANUAL, das jeder Mitarbeitende zu Beginn bei uns bekommt, steht ein Absatz (genau genommen, zwei), den mein Partner David Cummins so treffend in Englisch formuliert hat, dass ich ihn hier im Original zitieren möchte:

Since we believe in growth and learning, we accept that for each team member there will come a time to take on a new role or responsibility. Many times this can happen within the team, but sometimes it cannot. Because we value ›our' people, the first thing we want to do is find a way to provide growth within the organisation. Perhaps another team has a need, or perhaps there is a way to create something completely new that would create value for all.

Unfortunately this is not always possible. It is necessary to speak openly with the team member in this case, and it is quite possible that he/she will decide to move on. It is better to lose a good person this way, than to hold on to her and watch her lose her motivation.

Wer entscheidet eigentlich, wer geht?

Eines der Kernprinzipien unserer Kultur ist: Entscheidungen werden dort gefällt, wo das Wissen um die Notwendigkeit und das Know-how dafür vorhanden ist. Das ist in vielen operativen Dingen relativ einfach. Wir haben da simple »Leitplanken«:

- Betrifft die Entscheidung nur Dich?
- Fühlst Du Dich bei der Entscheidung sicher?
- Hast Du alle notwendigen Informationen?

Wenn ja, dann entscheide das!

Betrifft die Entscheidung mehrere Leute – zum Beispiel ein Team? Gleiches Vorgehen. Seid Ihr sicher? Alle Informationen am Start? Wenn ja, dann entscheidet das!

Was aber, wenn es um den Arbeitsplatz eines Menschen geht?

Sind wir als Organisation so weit, dass wir ohne den geringsten Zweifel die Entscheidung über den Job eines Teammitgliedes das Team treffen lassen? Klares *jein!* Wir stoßen hier von Zeit zu Zeit immer noch an Grenzen. Warum lässt sich vielleicht am besten anhand des Beispiels einer betriebsbedingten Kündigung erklären?

Nehmen wir an, das Unternehmen gerät in Schieflage. Es müssen Mitarbeitende gehen. Nach Abwägung der rechtlichen Rahmenbedingungen ist relativ schnell klar, welche Mitarbeitenden potenzielle Kündigungskandidaten sind. Trotzdem bleibt

Spielraum. Von 10 infrage kommenden Mitarbeitenden müssten nur 5 gekündigt werden. Aber wer?

Nehmen wir weiterhin an, das Unternehmen ist maximal transparent. Alle Mitarbeitenden kennen die Zahlen. Jeder weiß und versteht, dass gespart werden muss. Die Liste der Kündigungskandidaten liegt offen auf dem Tisch.

Ist doch ganz leicht: Wir kommen zurück auf unsere Regel: »Die Entscheidungen werden da getroffen, wo das Know-how vorhanden ist.« Also: Das Team entscheidet. Schließlich kann das Team am besten einschätzen, bei welchem Teammitglied der Verlust am leichtesten zu kompensieren ist.

Richtig? Nein! Warum in Krisenzeiten seine Prinzipien über Bord werfen und zu »alten Mustern« zurückkehren? Also in diesem Fall: Über betriebsbedingte Kündigungen entscheidet die Geschäftsführung. Aber warum? Ganz einfach: Weil die Entscheidung darüber, wer aus dem eigenen Team geht und wer bleibt, einen unfassbar hohen Reifegrad voraussetzt. Und zwar sowohl persönlich, als auch als Team, als auch als Organisation. Kann man jemandem zumuten, objektiv darüber zu entscheiden, wer aus dem eigenen Team seinen Job verliert? Was ist, wenn die richtige Entscheidung ist, dass man selbst gehen muss?

Das soll nicht heißen, dass so etwas unmöglich ist. Der Weg dorthin ist aber verdammt weit und steinig. Eine solche Entscheidung ohne größere und nachhaltige Erschütterungen im Team zu treffen, ist die Königsklasse.

So ein Szenario ist ja aber auch Gott sei Dank nicht der einzige bzw. der häufigste Grund, aus dem Mitarbeitende gehen oder gehen müssen. Hier noch ein paar andere:

Time to say goodbye

Ich komme noch einmal auf die »Beziehungsanalogie« von vorhin zurück. Hier kommen drei »Schatz ... wir müssen reden«-Sätze, anhand denen man merkt, dass eine Kündigung in der Luft liegt.

»Es liegt nicht an Dir!«
Oder doch! Eigentlich liegt es doch an Dir. Du bist nämlich zu langsam/unbegabt/alt/jung/zickig/überheblich/unzuverlässig/komisch oder schlicht doof! Und das merkt das Team jetzt – spannenderweise zwei Wochen nach Ablauf der Probezeit.

Das kommt natürlich vor. Jemand Neues kommt ins Team. Alles scheint zu passen. Nach der Vorstellungsrunde war das Team nahezu euphorisch und hat sich beim

Onboarding sogar besonders viel Mühe gegeben und plötzlich stellt sich heraus: Es passt doch nicht! Erste Anzeichen sind der rauer werdende Ton in Standup und Retrospektive. Dann lassen die gemeinsamen Mittagessen nach. Es folgen Einzelgespräche (mal mit der betreffenden Person, mal ohne sie). Und schließlich steht fest: Es geht nicht. Klassische Fehlentscheidung.

Was tun? Zunächst einmal genau hinschauen, woran es liegt. Einerseits sind erfahrene Teams extrem gut darin, »die richtigen« Kandidaten auszuwählen, insbesondere wenn es um Teamfit geht. Trotzdem haben wir auch gelernt, dass der Anspruch unserer Teams an »die Neuen« häufig sehr hoch ist. Hinzu kommt die Hürde für neue Mitarbeitende, sich in unsere Arbeitsweise und Kultur einzufinden. Transparenz, Offenheit, Fehlen von Ansagen und Micromanagement können gerade in der Anfangszeit einfach auch überfordern.

Gut eingespielte Teams können viel von dieser Unsicherheit auffangen, und ein gut geplanter Onboardingprozess – beispielsweise mit einem Newbie-Paten als Mentor – trägt ebenfalls seinen Teil dazu bei. Manchmal reicht das aber nicht und das Eingreifen der Führungskraft oder des HR-Verantwortlichen ist gefragt. Lassen sich die Konflikte nicht lösen, ohne dass dem Team, der Organisation oder nicht zuletzt dem Mitarbeitenden zu viele Kompromisse abverlangt werden, ist eine Trennung unvermeidbar. Der Versuch, den Neuen »auf Krampf« zu integrieren, schadet am Ende allen.

Wichtig ist hier die Offenheit in alle Richtungen. Rechtzeitige Halbzeitgespräche mit klaren Worten helfen beispielsweise, bei allen Beteiligten ein gemeinsames Verständnis für die Baustellen zu schaffen. Wenn es dann am Ende doch nicht klappt, vermeidet man so zumindest das Gefühl von Willkür oder von persönlichen Animositäten.

»Wir haben uns auseinandergelebt!«
Als ein Unternehmen, das darauf ausgelegt ist, sich ständig weiterzuentwickeln, erwarten wir von unseren Mitarbeitenden genau das Gleiche. Manchmal gehen die Entwicklungen von Mitarbeitenden, Team und/oder Organisation aber in unterschiedliche Richtungen. Das Hinterfragen des Status quo und Change sind Teil unserer Kultur und so standen wir schon diverse Male vor der Situation, dass ein Mitarbeitender seine Zukunft nicht mehr in seinem derzeitigen Aufgabengebiet sehen konnte oder wollte.

Grundsätzlich versuchen wir in solchen Situationen, Möglichkeiten zu finden, um neue Perspektiven zu eröffnen. Eine unserer besten Art Direktorinnen hatte sich ursprünglich als Programmiererin bei uns beworben. Ein ehemaliger Azubi zum Mediengestalter arbeitete sieben Jahre als Motion Designer bei uns, bevor er seine eigentliche Liebe und sein Talent zur Filmproduktion entdeckte. Auf seine Initiative – gemeinsam mit einem seiner Kollegen – entstand unsere Filmproduktionsfirma 6ft Rabbit, die er bis zu seinem Ausstieg vor einem Jahr als Geschäftsführer leitete. Unsere Strategic Planerin kümmert sich mittlerweile als Mitglied der Geschäftsleitung mit viel Erfolg um die Beratung unserer Kunden bei der Organisationsentwicklung und steht häufiger als Speakerin auf der Bühne als ich.

Solche Geschichten machen natürlich sehr viel Spaß und bestätigen uns immer wieder darin, den Freiraum zur Entfaltung als einen der wichtigsten Pfeiler unserer Unternehmensphilosophie zu kultivieren. Aber auch hier: Manchmal geht das eben nicht, und das gilt es zu akzeptieren.

Nachdem ich früher mit besonders viel Argwohn auf Teammitglieder geblickt habe, die uns verlassen haben, um sich – womöglich noch in unserer Branche – selbstständig zu machen, sehe ich das mittlerweile als Kompliment. Ich rede mir dann ein, Teil eines Unternehmens zu sein, das Mut, Selbstvertrauen und Entscheidungskompetenz in seinen Mitarbeitenden fördert und so großartige Unternehmerpersönlichkeiten hervorbringt. Manchmal klappt das …

»Es gibt da jemand anderen!«
Wenn wir von jedem Headhunter, der bei uns anruft, zehn Euro pro Anruf bekämen, wäre das Buffet auf jeder Weihnachtsfeier bestimmt noch etwas edler. Wir haben verdammt gute Leute, und das weiß leider auch unsere Konkurrenz. Während große Mitbewerber uns beim »War for talents« früher häufig nur mit sehr attraktiven Gehaltssprüngen ausstechen konnten, ziehen mittlerweile viele auch im Kontext »New Work« nach. Wir sehen das zwar immer noch recht gelassen – trotzdem müssen wir zugeben, dass der Wind rauer wird.

»Die kommen wieder«, haben wir früher oft gesagt … und manchmal hatten wir damit auch Recht. Gern auch: »Ha! Die werden schon sehen, was sie hier hatten.« Auch das stimmte ganz oft. Nur dass viele Mitarbeitende sich trotzdem in ihrem neuen Job extrem wohlfühlen und sich nicht jeden Abend aus Sehnsucht nach uns in den Schlaf weinen.

Achtung Binsenweisheit: Reisende soll man nicht aufhalten! Nicht mit Betteln, nicht mit Geld, nicht mit Versprechen. Jemand, der eine Kündigung auf den Tisch legt, um an anderer Stelle sein Glück zu suchen, hat diese Entscheidung in der Regel nicht leichtfertig getroffen. Ich habe Kündigungen von gestandenen Mitarbeitenden entgegengenommen, die Tränen in den Augen hatten. Darauf, glaube ich, können wir uns etwas einbilden: Ein Team, eine Atmosphäre, eine Kultur, die es Leuten auf positive Weise schwer macht zu gehen, und es trotzdem zulässt. Ohne bitteren Nachgeschmack, ohne sich zu verbiegen.

Going in style

Die einzige Kündigung, die ich in meinem Leben erhalten habe, war eine »klassisch amerikanische«: Ich wurde in die Chefetage zitiert, habe mir einen 30-minütigen Einlauf abgeholt, wurde zu meinem Schreibtisch begleitet, habe meine persönlichen Sachen in einen Pappkarton gepackt und stand 10 Minuten später vor der Bürotür. Das war 1998 und berechtigt.

Auch nach mehr als 20 Jahren hängt mir diese Situation trotzdem noch nach und ich hoffe, dass wir das besser machen. Beziehungsweise ich hoffe das nicht, ich weiß, wir schaffen das in der Regel.

Trotzdem machen wir auch heute noch Fehler. Wir haben einer Mitarbeitenden am letzten Tag ihres Urlaubs telefonisch gekündigt. Wir haben Kündigungen ausgesprochen und sie wenige Tage später wieder zurückgenommen. Wir haben sehr guten Mitarbeitenden gekündigt und an weniger guten zu lange festgehalten. Wir haben Zeichen nicht erkannt oder unterschätzt. Rückblickend sind uns diese Dinge häufig dann passiert, wenn wir nicht genug auf das Team gehört haben. Manchmal aber auch, weil wir zu viel Verantwortung auf ein Team abgeladen haben, das »noch nicht so weit war«.

Einstellungen und Trennungen sind wichtige und wuchtige Meilensteine im Berufsleben. Die Möglichkeit, diese Entscheidungen nicht vom naturgegeben begrenzten Sichtfeld eines Einzelnen, sondern von der Kompetenz eines kompletten Teams abhängig machen zu können, ist die größte Stärke einer agilen Organisation. Die zweite große Stärke ist die Fähigkeit, flexibel mit Änderungen und Herausforderungen im Team umzugehen, ohne an starren Prozessen festhalten zu müssen, die am Ende häufig zu schlechten Entscheidungen führen.

Im Optimalfall gibt das Team »denen da oben« nicht die Schuld an Fehleinstellungen oder ungerechtfertigten Kündigungen, sondern wächst nach und nach zu einer immer stärkeren, selbstbewussten und kompetenten HR-Instanz heran. Ich denke, auf diesem Weg sind wir ziemlich weit.

Zu vielen »Alumnis« haben wir auch nach Jahren guten Kontakt. Viele ehemalige Mitarbeitende besuchen uns bzw. das Team häufig oder kommen zu unseren Veranstaltungen. Unsere kununu-Bewertungen von Ex-Mitarbeitenden sind bis auf wenige Ausnahmen wohlwollend bis herzerwärmend. Das macht uns schon auch irgendwie stolz.

Am Ende dann also doch noch ein versöhnliches Zitat aus »We are family« von den großartigen Sister Sledge:

> No, we don't get depressed
> Here's what we call our golden rule
> Have faith in you and the things you do
> You won't go wrong, oh no
> This is our family jewel

4.7   Der sechste HR-Wertschöpfungsprozess: Die Organisationsentwicklung und die Organisationstransformation

4.7.1   Die fünf Reifegrade der Organisationsentwicklung und der Organisationstransformation

Stephan Fischer

Neben den bisherigen fünf zentralen HR-Wertschöpfungsprozessen haben wir aufgrund der sich in vielen Organisationen aktuell durch die in Kapitel 1 dieses Buches beschriebenen Herausforderungen ergebenden Notwendigkeit ständiger Veränderungen und Anpassungen noch einen sechsten HR-Wertschöpfungsprozess gestellt. Diese Herausforderung verändert auch die Arbeit von HR.[272] In Anlehnung an Schiersmann kann dabei konstatiert werden, dass fast alle publizierten OE-Konzepte sowie die meisten Beratungskonzepte auf einem expliziten Phasenmodell basieren.[273] Für uns ist dabei die Abgrenzung von Organisationsentwicklung und Organisationstransformation von besonderem Interesse, da damit zwei unterschiedliche Formen des Wandels adressiert werden, die aktuell beide miteinander gedacht werden müssen. In Anlehnung an Staehle et al.[274] kann ein Wandel 1. Ordnung und ein Wandel 2. Ordnung voneinander unterschieden werden.

Der Wandel 1. Ordnung (innovativer Wandel) wird dabei als eindimensional bezeichnet, weil sich Märkte nur teilweise ändern. Die Veränderung beschränkt sich auf einzelne Ebenen (z. B. Vertrieb oder Innovation), ist ein quantitativer Wandel (z. B. Wachstum oder Konzentration), geht kontinuierlich in die bisherige Richtung des Unternehmens, ist inkrementell und kann logisch abgeleitet werden. Er erfolgt ohne Paradigmenwechsel, indem eine bestehende Technologie, ein bestehendes Pro-

---

272 Vgl. Bartscher/Nissen, 2019.
273 Vgl. Schiersmann/Thiel, 2018.
274 Vgl. Staehle et al. 1999, S. 900.

dukt oder eine bestehende Dienstleistung weiterentwickelt werden. Im Sinne der in Kapitel 1 eingeführten Stacey-Matrix findet dieser Wandel in einer komplizierten Welt statt.[275] Hier können Unternehmen (weiter-)entwickelt werden. Passend dazu können die bekannten Ansätze der Organisationsentwicklung genutzt werden.

Im Gegensatz dazu steht der Wandel 2. Ordnung (disruptiver Wandel).[276] Dieser ist mehrdimensional, denn der Markt ändert sich vollständig. Die Veränderung umfasst alle Ebenen (z. B. werden durch die Digitalisierung alle Unternehmensbereiche beeinflusst), er ist qualitativ (d. h., die Art des Geschäftsmodells steht insgesamt auf dem Prüfstand), er erfordert eine Diskontinuität in neue Richtungen, ist revolutionär und vermeintlich irrational. Er erfolgt mit Paradigmenwechsel, indem eine bestehende Technologie, ein bestehendes Produkt oder eine bestehende Dienstleistung vollständig verdrängt werden. Die reine Extrapolation vergangener Erfolge in die Zukunft wird hier nicht ausreichen. In der Stacey Matrix befinden wir uns dabei in der komplexen Welt.[277] Die komplizierten Muster der Veränderung verlieren dabei an Bedeutung. Neue Veränderungsformen werden benötigt.[278] Hier können Unternehmen nicht einfach weiterentwickelt werden, sie müssen sich transformieren. Passend dazu können neuere Ansätze der Organisationstransformation genutzt werden.

Spannend ist für uns dabei die Frage, welche Rolle HR bei der Begleitung der Organisationsentwicklung und der Organisationstransformation einnehmen kann und wie sich diese auf den fünf Reifegraden voneinander unterscheidet.[279]

Reifegrad 1

Auf Reifegrad 1 dient die Organisationsentwicklung[280] der reaktiven Begleitung von Veränderungen mit Fokus auf den Erhalt und die Verbesserung des Status quo. Sie wird zumeist im Kontext funktionaler Organisationen durchgeführt. Der Aufbau ist klassisch pyramidal. Hinzu kommen vereinzelte Projekte, die meist in einer funktionalen Einheit verankert sind.

Die Macht ist bei der Begleitung von Veränderungen zentral im Management und damit bei den höheren Hierarchieebenen konzentriert. Die Steuerung der Veränderung erfolgt zentral. Das Projektmanagement zur Gestaltung der Veränderung folgt einer

---

275 Vgl. Stacey, R., 1999.
276 Vgl. Christensen, 1997; Christensen/Matzler, 2013, S. 6.
277 Vgl. Stacey, R., 1999.
278 Vgl. Bartscher/Nissen, 2019.
279 Vgl. ebda.
280 Auf dem Reifegrad 1 findet – wenn überhaupt – ein Wandel 1. Ordnung statt. Aus diesem Grund wird die Organisationstransformation hier nicht weiter beschrieben.

klassischen Logik im Sinne eines Wasserfallmodells und wird eher intuitiv genutzt. HR spielt dabei eine begleitende Rolle, die darin bestehen kann, die Veränderungen intern zu unterstützen (wenn die Qualifikation gegeben ist) oder aber die Begleitung durch Externe zu organisieren. Damit hat HR eine eher exekutierende Rolle und leistet so seinen Beitrag bei Veränderungen.

Die Mitarbeitenden werden dabei auf Basis ihrer Kompetenzen funktional eingebunden. Im Vordergrund stehen utilitaristische Überlegungen. Die Veränderung wird von innen heraus gedacht und folgt gemachten Erfahrungen, die auch von anderen gesammelt worden sein können. Grundlage der Veränderung können Best Practices in der Branche sein. Der Partizipationsgrad der Mitarbeitenden und der Betroffenen ist eher gering. Der kurzfristige Erfolg der Veränderung steht im Vordergrund, gleich woher er kommt. Die Zusammenarbeit erfolgt eher unter den Experten. Letztlich findet die Koordination der einzelnen Beteiligten aber über die Linienhierarchie statt. Konflikte werden auch eher über die Hierarchie in der Linie ausgetragen, indem sie nach oben gereicht und dort verhandelt werden.

Der Fokus liegt im Schwerpunkt auf der operativen Seite der Veränderung. Es geht um die Frage, was getan werden muss, um die gesteckten Ziele zu erreichen. Damit werden konkrete Maßnahmen, Tools und Leistungen beschrieben, die im Kontext der Veränderung genutzt werden sollen. Als Grundmuster der Veränderung gelten die Methoden des Change Managements, also die speziellen Managementtechniken, die zur Steuerung der Prozesse im Rahmen von Wandel erforderlich sind. Diese sind meist kurzfristig ausgerichtet, beinhalten nicht automatisch eine bestimmte Veränderungsstrategie und legen den Fokus deutlich auf die Tool-Ebene sowie auf das praktische Handwerkszeug der Veränderung. Es gibt dabei bewährte und nicht bewährte Vorgehensmodelle, die verstärkt genutzt oder vermieden werden.

Die Kommunikation erfolgt klassisch top-down. Dazu werden vorhandene Kommunikationsmedien in Unternehmen wie Mails, Versammlungen und Mitarbeiterzeitungen genutzt. Dem Topmanagement kommt dabei eine entscheidende Rolle zu, indem es die Belegschaft auf die Veränderung vorbereitet und während des Wandels Zuversicht verbreitet. Diese Logik der Kommunikation korrespondiert mit der zuvor beschriebenen klassischen Form des Projektmanagements und der sich daraus ergebenden Ausrichtung auf die Hierarchie im Unternehmen.

Reifegrad 2

Auf Reifegrad 2 dienen die Organisationsentwicklung und die Organisationstransformation der Begleitung von Veränderungen mit Fokus auf die punktuelle Weiterentwicklung des Status quo. Beide Formen der Veränderungen werden zumeist im

Kontext von Matrixorganisationen praktiziert. Hinzu kommen in verstärktem Maße Projekte, die disziplinarisch in der Matrix verankert sind.

Die Macht ist auch hier bei der Veränderung zentral im Management konzentriert. Die Steuerung erfolgt ebenfalls zentral. Da es sich aber zumeist um Matrixorganisationen handelt, gibt es zum einen die Perspektive der fachlichen Verantwortung und zum anderen die Perspektive der operativen Führung. Das Projektmanagement fungiert nach der klassischen Logik des Wasserfalls und wird professionell genutzt. Dabei besteht eine Herausforderung darin, die unterschiedlichen Interessen der beiden Matrixperspektiven zu berücksichtigen und eine gemeinsame Zielrichtung zu definieren, die den zum Teil unterschiedlichen Interessen möglichst gerecht wird. HR unterstützt die fachlichen und disziplinarischen Akteure bei der Begleitung von Veränderungen. Dies kann entweder durch eine professionalisierte Rolle im Sinne eines Veränderungsexperten in HR oder durch eine weniger spezialisierte, aber kundennähere Rolle, wie der des HR Business Partners, geschehen. HR befindet sich dabei ebenfalls im Spannungsverhältnis der in der Matrix inhärenten multiplen Interessenslage.

In dieser etwas unsicheren Situation kann es Steuerungskreise unter Einbeziehung einzelner Führungskräfte aus der Matrix geben. Die Mitarbeitenden bringen sich auf Basis ihrer Kompetenzen ein und leisten einen Beitrag zur Veränderung und zum Ausgleich der Interessen in der Matrix. Die Veränderung wird ebenfalls eher von innen heraus gedacht und folgt gemachten Erfahrungen. Dabei ergänzen sich die Anforderungen der fachlichen Perspektive und der Ausrichtung auf den Markt. Sie können aber in Teilen auch in Konkurrenz zueinander treten. Grundlage für Veränderungen können Best Practices sein. Der Partizipationsgrad der Beteiligten ist eher gering. Auch hier steht der Umsetzungserfolg im Vordergrund, gleich woher er kommt. Aufgrund der höheren Komplexität der Veränderungen wird es aber akzeptiert, wenn der Erfolg erst mittelfristig eintritt. Die Zusammenarbeit erfolgt eher unter den Experten als Teil eines Change-Projektes; sie wird aber ergänzt durch die beiden Perspektiven aus Sicht des Fachbereichs und des Marktes.

Der Fokus liegt im Schwerpunkt auf der Optimierung des Bestehenden. Stellvertretend dafür ist eine Vielzahl kontinuierlicher Verbesserungsprozesse. Das Change Management ist die professionelle Methode der Gestaltung von Veränderungen. Eine explizite Veränderungsstrategie ist nur selten vorhanden. Der Fokus liegt klar auf der Tool-Ebene und dem praktischen Handwerkszeug. Die Veränderung ist in der Art und Weise fordernd, dass sie noch durch eine überwiegend erfahrungsbezogene Vorgehensweise zu bewältigen ist. Das Grundverständnis der Veränderung ist, dass der Ist-Zustand auf Basis anderweitiger Erfahrungen weiterentwickelt werden soll.

Die Kommunikation erfolgt ebenfalls eher klassisch top-down. Dazu werden vorhandene Kommunikationsmedien professionell genutzt und in Einzelfällen durch partizipative Methoden wie Sounding Boards ergänzt. Diese Ergänzung erfolgt jedoch nicht, weil sie Teil einer dezidierten Veränderungsstrategie ist, sondern ist abhängig vom Fachbereich bzw. der Führungskraft.

Reifegrad 3

Auf Reifegrad 3 dienen die Organisationsentwicklung und die Organisationstransformation der aktiven Begleitung von Veränderungen mit Fokus auf die längerfristige Weiterentwicklung des Status quo. Die beiden Formen der Veränderung werden zumeist ebenfalls im Kontext von Matrixorganisationen praktiziert. Die Macht ist bei der Veränderung in Ansätzen dezentral in den Teams verteilt, wobei es weiterhin auch eine zentrale Steuerungsinstanz gibt, die aber durch Vertreter aus den dezentralen Teams ergänzt wird. Beide Perspektiven unterstützen sich einerseits, stehen aber auch in Konkurrenz zueinander, denn in den dezentralen Teams existieren bereits größere Anteile von Selbstorganisation und Eigenverantwortung der einzelnen Akteure als im Rest der Matrixorganisation, was gerade an den Schnittstellen zu Friktionen führen kann. HR kann durch die Vertretung einzelner Protagonisten dabei Teil der dezentralen Teams sein und die neueren Ansätze der Veränderung mitgestalten. HR kann aber auch Teil der zentralen Organisationslogik bleiben und aus dieser Perspektive heraus die eher klassischen Elemente der Veränderung unterstützen.

Das Projektmanagement erfolgt im Schwerpunkt immer noch klassisch, beinhaltet aber je nach Bedarf auch andere Methoden. Grundlage können Ideen des Next Practice sein. Die Idee ist dabei, neuere Methoden dort einzusetzen, wo sie sich als nützlicher erweisen. Zudem sollen dadurch positive Erfahrungen gesammelt werden, um Widerstände aufzulösen und das Festhalten an den herkömmlichen Ansätzen zu verringern.

Die dezentralen Teams bringen sich auf Basis ihrer Kompetenzen ein und gestalten auch Entscheidungen mit. Die Veränderung wird zwar immer noch von innen gedacht, diese Perspektive wird aber systematisch ergänzt durch die wahrgenommenen Anforderungen von außen. Die Veränderungsteams setzen sich in Teilen bereichsübergreifend zusammen. Die gemeinsame Verbindung besteht in einer intrinsischen Motivation von einzelnen Veränderungsprotagonisten, die davon überzeugt sind, dass Veränderungsprozesse nicht mehr alleine klassisch durchgeführt werden können, wenn sie erfolgreich sein sollen.

Der Partizipationsgrad der Beteiligten ist hoch. Kollaboration steht innerhalb der Einheiten im Vordergrund. In Teilen findet sie auch cross-funktional statt. Dabei wird eine

Art »Guerilla-Taktik« eingenommen, wenn verschiedene Akteure nach dem übergeordneten Interesse der Vernetzung agieren und dabei hierarchischen Abhängigkeiten
und mikro-politischen Strömungen eine abnehmende Bedeutung zuschreiben.

Die Veränderung entspricht einem vollständigen Wandel 1. Ordnung. Sie kann auch
Züge disruptiver Einzelideen enthalten, die aber bei der Veränderung keine wichtige
Rolle spielen. Als Grundlage der Veränderung dient die Organisationsentwicklung, die
meist mittel- bis längerfristig angelegt ist. Sie orientiert sich zudem an bestehenden
Grundmustern und handelt nach den professionellen Standards der Organisationsentwicklung. Der Bedarf zur Innovation als Voraussetzung zur Anpassung an sich
veränderte Bedingungen ist dabei zumeist der Auslöser von Veränderungen in der
Organisation. Die Veränderung selbst ist so kompliziert, dass sie nur durch eine professionelle Vorgehensweise (z. B. nach den Prinzipien der systemischen Beratung) zu
bewältigen ist.

Das Grundverständnis der Veränderung ist dabei, dass ein gegebener Ist-Zustand
mittels professionellen Vorgehens zu einem entwickelten Soll-Zustand geformt/ver-
ändert werden soll. Der Soll-Zustand kann dabei mehr oder weniger gut beschrieben
werden. Ein Teil davon bleibt aber auch ungewiss.

Die Kommunikation erfolgt top-down und bottom-up, je nachdem ob sie aus den
dezentralen Teams oder den zentralen Einheiten heraus erfolgt. Dazu werden vorhandene Kommunikationsmedien professionell genutzt und systematisch durch partizipative Methoden wie Sounding Boards ergänzt. Die klare Kommunikation wird als Teil
des professionellen Umgangs mit Veränderungen verstanden.

Reifegrad 4

Auf Reifegrad 4 dienen die Organisationsentwicklung und die Organisationstransformation der aktiven Begleitung von Veränderungen mit Fokus auf der partiellen Überwindung des Status quo. Die beiden Formen der Veränderung werden zumeist im Kontext hybrider Organisationen genutzt. Dabei sind vereinzelte Netzwerke von Profis
systematisch miteinander verbunden und bilden eine erste »Community of Practice«.
Diese sind auch bereits offizieller Teil der Organisation und als nützlich und wichtig
anerkannt. Sie kommunizieren offen miteinander und entwickeln gemeinsame Standards und Vorgehensmodelle, mit denen Veränderungen in der Organisation gestaltet
werden.

Die Macht ist bei der Veränderung weitgehend dezentral in den Teams verteilt, wobei
es eine zentrale Koordinationsinstanz gibt, die nicht aus der Hierarchie kommen

muss. Sie speist sich vielmehr aus dem Bedürfnis nach Veränderung und dem Schaffen eines Kundennutzens. HR kann dabei eine koordinierende Rolle einnehmen. Es ist aber nicht automatisch die Aufgabe von HR, diese Koordination zu übernehmen. Vielmehr muss sich HR diese Aufgabe nehmen und dabei so wirksam sein, dass die anderen Einheiten den Nutzen sehen, den HR dabei stiftet.

Das Projektmanagement beinhaltet je nach Bedarf auch unterschiedliche Methoden und nutzt dabei eine breite Palette an klassischen wie agilen Methoden. Grundlage dafür sind konsequent die Next Practices. Rollenmodelle und Vorbilder aus anderen Organisationen dienen lediglich zur Orientierung.

Die Teams bringen sich auf Basis ihrer Kompetenzen ein und entscheiden in vielen Bereichen mit. Die Veränderung wird auch von außen gedacht und situativ den Bedarfen angepasst. Der Partizipationsgrad ist hoch. Die Kollaboration innerhalb der Veränderung findet konsequent cross-funktional statt. Entscheidend ist dabei nicht die Zugehörigkeit zu einer funktionalen Einheit oder die Verankerung auf einer bestimmten hierarchischen Ebene, sondern der Beitrag und der Nutzen einer Person für das Gelingen der Veränderung.

Die Veränderung entspricht in Teilen noch einem Wandel 1. Ordnung, beinhaltet aber auch bereits deutlich disruptive Elemente und damit Teile des Wandels 2. Ordnung. Diese können entweder inhaltlich, prozedural oder strukturell verankert sein. Die Grundlage für Veränderung ist die Organisationsentwicklung, die meist mittel- bis längerfristig ausgerichtet ist. Sie orientiert sich an bestehenden Grundmustern, hinterfragt diese zum Teil aber auch bereits deutlich und entwickelt in einzelnen Dimensionen auch neue Ideen und Vorgehensmodelle. Die Veränderung ist stark durch die Professionalität einer bestimmten Haltung zur Veränderung geprägt ist. Zudem beinhaltet sie eine Vielzahl an Veränderungsmodellen, die als Bandbreite zur Begleitung von Veränderungen dient.

Die Veränderung ist so komplex, dass sie nur durch eine professionelle Vorgehensweise (z. B. systemisch) zu bewältigen ist. Diese Perspektive alleine reicht aber nicht mehr aus, um mit der gegebenen Komplexität in der Organisation erfolgreich umzugehen. Deshalb wird der dominante Ansatz der Organisationsentwicklung situativ ergänzt durch andere Vorgehensmodelle (z. B. TQM, BPM). HR ist dabei ein Akteur, der seine Veränderungsexpertise einbringt. HR spielt aber nicht automatisch eine führende oder gestaltende Rolle. Ob HR diese Rolle einnehmen kann, hängt von der eigenen Expertise und dem Standing in der Organisation ab.

Das Grundverständnis ist, dass der Ist-Zustand zu einem in Teilen disruptiven Soll-Zustand entwickelt wird. Das Bild vom Soll ist dabei nicht klar beschreibbar und kann auch nicht mehr deutlich konkretisiert werden. Vielmehr bildet es sich während des

Veränderungsprozesses erst heraus. Die Kommunikation erfolgt im Schwerpunkt bottom-up und wird nur in Ansätzen durch gezielte Top-Down-Kommunikation unterstützt. Dazu werden partizipative Methoden wie Sounding Boards und digitale Tools professionell genutzt und durch vorhandene Kommunikationsmedien ergänzt. Sie gehören selbstverständlich zum professionellen Vorgehen bei der Gestaltung von Veränderungen dazu.

Reifegrad 5

Auf Reifegrad 5 dient die Organisationstransformation[281] der aktiven Begleitung von Veränderungen mit Fokus auf die Überwindung des Status quo. Sie agiert zumeist im Kontext von Netzwerkorganisationen. Diese bestehen aus vielen »Communities of Practice«, bei denen sich immer diejenigen Personen miteinander verbinden, die den wirksamsten Beitrag für die Veränderung leisten können. Dabei ist es weitestgehend irrelevant, welchen funktionalen und disziplinarischen Hintergrund die Person hat. Den »Communities of Practice« stehen die nötigen Ressourcen zur Verfügung, über die sie größtenteils selbstständig verfügen. Sie verbinden sich bei Bedarf selbstorganisiert und entwickeln damit Eco-Systeme der Organisationstransformation, die bei Bedarf entstehen und sich dann auch wieder auflösen. Sie kommunizieren offen miteinander und entwickeln gemeinsame Standards und Vorgehensmodelle, mit denen die Veränderungen in der Organisation gestaltet werden.

Die Macht ist bei der Veränderung dezentral in den Teams verteilt, die sich auf Basis ihrer Kompetenzen einbringen und mitentscheiden können. Die Beteiligung von Einzelpersonen und Teams erfolgt nicht aufgrund von Hierarchie oder Funktion, sondern aufgrund des möglichen Beitrags für die Organisation und den Nutzen für den Kunden. Die »Communities of Practice« stellen die Basis für die Professionalisierung beim Thema der Veränderung dar. HR kann Teil dieser »Communities of Practice« sein. Dabei bringt HR eine wichtige Perspektive für Veränderungen ein. Diese wird aber konsequent ergänzt und erweitert durch andere Perspektiven. Nur durch die Logik der Multiperspektivität kann die gestiegene Komplexität bewältigt werden. HR versteht sich als Katalysator der Veränderung, der die Professionalisierung des organisationsweiten Transformationsnetzwerkes unterstützt. HR ist aber nicht für die Transformation verantwortlich, sondern geht mit seiner professionellen Perspektive im Transformationsnetzwerk auf.

Das Projektmanagement nutzt die ganze Palette an klassischen wie agilen Methoden. Grundlage dafür sind Future Practices, die losgelöst von bisherigen Praktiken

---

281 Auf dem Reifegrad 5 sind Organisationen zumeist mit Wandel 2. Ordnung konfrontiert, welhalb die klassische Organisationsentwicklung eine eher untergeordnete Rolle spielt.

sein können. Die Veränderung wird aus Richtung des Kunden gedacht, der Nutzen der Veränderung für den Kunden und die Mitarbeitenden steht im Fokus. Der Partizipationsgrad ist hoch. Die Kollaboration wird im ganzen organisationalen Netzwerk als dominantes Prinzip der Zusammenarbeit praktiziert.

Die Sinnhaftigkeit der Veränderung ist der zentrale Treiber für die interne Kooperation. Die Veränderung selbst entspricht einem Wandel 2. Ordnung, denn alle relevanten Dimensionen der Organisationen stehen auf dem Prüfstand und werden kritisch hinterfragt. Das Grundmuster der Veränderung ist eine organisationale Transformation. Diese ist längerfristig ausgerichtet, verändert die Organisation fundamental, ist ganzheitlich gestaltet und hat disruptive Ursachen. Die Veränderung ist so komplex, dass sie nur durch eine sehr heterogene Vorgehensweise (systemisch, TQM, BP-Re-Engineering, Lean etc.) zu bewältigen ist. Eine Disziplin alleine reicht dafür nicht mehr aus.

Das Grundverständnis ist, dass der anzustrebende Soll-Zustand in iterativen Schritten entwickelt wird. Das ist nötig, weil es aufgrund der Komplexität der Umweltbedingungen kaum möglich ist, ein klares Bild vom Soll zu entwickeln, das über eine bestimmte Zukunft hinausgeht.

Die Kommunikation erfolgt im Schwerpunkt bottom-up aus dem Veränderungsnetzwerk heraus. Dazu werden die verschiedensten Methoden der Kommunikation genutzt (z. B. Jam), die eine hierarchiefreie Kommunikation ermöglichen.

4.7.2   Praxisbeispiel: Axel Springer – Von der Entwicklung des Purpose und der agilen Transformation

Johannes Burr

Das Unternehmen

Axel Springer ist Europas größter Digitalverlag. Das Medien- und Technologieunternehmen mit Hauptsitz in Berlin beschäftigt mehr als 16.000 Mitarbeitende und ist in über 40 Ländern aktiv. Medienmarken und Rubrikenportale gehören zu Axel Springer, darunter befinden sich Größen wie Bild, Die Welt, Business Insider, Stepstone und Idealo. Mit seinen Angeboten will der Konzern entsprechend seines Leitsatzes »*We empower free decisions*« Menschen dabei helfen, ausgehend von unabhängigen Informationen freie Entscheidungen für ihr Leben zu treffen.

Für viele andere Unternehmen ist die Transformation des Axel Springer Konzerns vom traditionellen Printmedienhaus zum Digitalpionier, der inzwischen mehr als 70 Prozent seines Umsatzes und über 80 Prozent seines operativen Gewinns im digitalen Umfeld erwirtschaftet, eine Erfolgsgeschichte mit Vorbildcharakter. Für seinen Veränderungsprozess ist Axel Springer vielfach ausgezeichnet worden. Das nächste Ziel: durch beschleunigtes Wachstum zum Weltmarktführer im Bereich des digitalen Journalismus und der digitalen Rubriken-Angebote zu werden. Um die sich hier eröffnenden Wachstumsmöglichkeiten bestmöglich zu realisieren, fokussiert sich der Konzern in besonderem Maße auf die identifizierten Wachstumstreiber People, Costumer Focus, Technology, Speed, Innovation und Purpose.

Digitale Transformation zum frühen Zeitpunkt

Wie bei anderen Unternehmen auch, ist die digitale Transformation bei Axel Springer der entscheidende Treiber für Agilität. Im Vergleich zu anderen Organisationen wurde die digitale Transformation jedoch sehr früh als extrem relevantes Thema forciert. Denn die Medienbranche, speziell auch die vom Printbereich sehr stark dominierte Verlagsbranche, aus der Axel Springer ursprünglich kommt, ist durch die Digitalisierung und das stark veränderte Mediennutzungsverhalten der Zielgruppen viel früher und stärker unter Druck geraten, als es bei anderen Branchen der Fall war. So wurde Digitalisierung bereits 2005 als eine von drei Schwerpunkten der damaligen Unternehmensstrategie identifiziert. Das vom Vorstand damals formulierte Ziel: bis 2020 die Hälfte des Umsatzes in der digitalen Welt zu erwirtschaften. Dass Axel Springer dieses anvisierte Ziel bereits im Sommer 2013 erreicht hat, der Anteil des Digitalbereichs am Umsatz im Jahr 2018 bei 71 Prozent lag und im selben Zeitraum beim operativen Gewinn bei 84 Prozent, zeigt die enorme Geschwindigkeit der digitalen Transformation: Hat die Veränderung einmal Fahrt aufgenommen, entwickelt sie ein rasantes Tempo – die richtigen Weichen gilt es deshalb rechtzeitig zu stellen.

Im Konzern war schnell klar, dass es bei der Transformation nicht nur darum geht, sich neue Geschäftsfelder zu erschließen. Um für die Zukunft gut aufgestellt zu sein, muss man sich mit der Frage beschäftigen, wie sich die gesamte Organisation verändern muss. Das betrifft sowohl das Organisationsmodell sowie Strukturen und Arbeitsprozesse, aber auch die gesamte Unternehmenskultur mitsamt Aspekten wie Purpose, Vision, Mission sowie die Interaktion und der Umgang der Menschen miteinander. Dabei ist Erfolg jedoch nur denkbar, wenn bei der digitalen Transformation der externe Kunde und bei der agilen Transformation der Kollege und Mitarbeitende als interner Kunde in das Zentrum der Aktivitäten gesetzt wird.

Bezüglich der Neugestaltung von Zusammenarbeit hat sich Axel Springer anfänglich viel Inspiration aus dem Silicon Valley eingeholt. Direkt vor Ort wurde geschaut: Wie arbeiten die dortigen IT- und Hightech-Firmen, die als Vorbild für New Work und Agilität gelten? Dabei kommt der Grundgedanke der unternehmerischen Freiheit – entsprechend dem aktuellen Leitsatz *»We empower free decisions«* – bei der Entwicklung neuer Arbeitsformen zum Tragen. Das Gleiche gilt für die Diversität der Arbeitsweisen innerhalb des Konzerns: Das Unternehmen besteht aus sehr vielen unterschiedlichen Firmen, die alle auch eigene Unternehmenskulturen und Arbeitsweisen für sich entwickelt haben. Demzufolge gab es bei Axel Springer in dieser dezentralen Heterogenität auch schon früh eine Vielzahl an »Keimzellen für agiles Arbeiten«.

Der Geschäftsführungsbereich Personal auf dem Weg zu mehr Agilität

Ausgangsüberlegungen – 3 Gründe, warum HR moderne Arbeitsweisen selber (vor)leben sollte

Die Bestrebungen für mehr Agilität und damit verbunden das Bestreben nach neuen Arbeitsformen und entsprechenden Überzeugungen bezüglich Führung und Verhalten bei Axel Springer wollten wir aus dem Personalbereich heraus unterstützen. Dabei stand diesbezüglich auch unsere eigene Transformation aus drei Überlegungen heraus im Fokus:

- **Walk the Talk**
  Die Transformation dahingehend betrachtet, wie Menschen miteinander interagieren, ist eine sehr persönliche Angelegenheit. Denn es ist nötig, lang bewährte Arbeitsweisen und somit eigenes Verhalten zu ändern. Aus unserer Sicht ist es deshalb verständlich, dass Mitarbeitende bisweilen ablehnend reagieren, wenn sie gesagt bekommen, dass sie sich diesbezüglich verändern müssen. Dies erst recht, wenn diejenigen, die die Veränderung proklamieren, den Change selbst nicht oder lediglich zögerlich (vor)leben. Vor diesem Hintergrund sind wir aus dem Personalbereich davon überzeugt: Bevor wir unsere Mitarbeitenden erfolgreich inspirieren, unterstützen und beraten, anders zu arbeiten, müssen wir auch selbst dahingehend Veränderung initiieren. Kurz: Im Sinne von *»Walk the talk«* müssen wir authentisch vorleben, was wir vermitteln wollen.

- **Learning by Doing**
  Hinzu kommt: Nur wenn wir agile Arbeitsweisen im eigenen Arbeitsumfeld implementieren, lernen wir das neue Arbeiten auch am besten kennen. *»Learning by doing«* zeigt schnell auf, wo die Hindernisse und die Schmerzpunkte bei der Einführung von Agilität liegen. Überspitzt formuliert: Wir können so jeden Fehler einmal selbst machen und einmal in jedes Fettnäpfchen treten. Was sind die Dinge, die schiefgehen können? Welche persönlichen Erfahrungen haben uns dabei geholfen, im agilen Arbeiten kontinuierlich besser zu werden? Aber warum lohnt es sich auch, sich auf diesen Weg zu begeben! Es ist eben ein spürbarer Unterschied, ob die Kompetenz bezüglich neuer Arbeitsformen von Büchern, Kongressen und vom

Hörensagen stammt oder aus der eigenen Praxis resultiert. Dadurch sind wir in der Lage, authentisch zu agieren und auch möglichst kompetent zu unterstützen.

- **Proof of Concept**
  Letztlich ist jedoch von entscheidender Bedeutung, dass HR als Partner für Agilität nicht lediglich als authentisch und kompetent erlebt wird. Wir müssen von unseren internen Kunden vor allem auch als *»Proof of Concept«* für diese Arbeitsformen wahrgenommen werden, indem wir – auch im Vergleich zu früher – effektiv innovativer, stärker kundenorientiert und schneller geworden sind und die Qualität unserer Formate und Produkte durch unsere agile Arbeitsweise sich verbessert hat. Und vor allem, dass man bei der Zusammenarbeit mit uns die Erfahrung macht, dass wir mit größerer Freude, Begeisterung und Leidenschaft arbeiten als vorher.

Orientierung an IT-Bereichen – Inspiration und Know-how für die eigene Arbeit

Befeuert wurde die Transformation von HR auch durch den Blick auf die verschiedenen IT-Bereiche der unterschiedlichen Marken bei Axel Springer. Deren frühes Engagement für Agilität hat uns deutlich gemacht, wohin sich die Arbeitswelt entwickelt. Wir haben uns daraufhin näher damit beschäftigt, warum diese Bereiche agil arbeiten und ob diese Gründe nicht auch auf HR übertragbar sind. Das Aha-Erlebnis bei diesen Gedankengängen: Alle Vorteile des agilen Arbeitens bei der IT – wie bessere Kundenfokussierung, schnelleres Arbeiten, mehr Innovation – gelten auch für HR, da auch hier durch agiles Arbeiten bessere Kundenfokussierung, schnelleres Arbeiten und ein höherer Innovationsgrad erreicht werden kann. Folglich sind wir nicht nur gefordert, unseren internen Kunden in verschiedenen sich ergebenden Fragestellungen bezüglich des agilen Arbeitens beratend zur Seite zu stehen, sondern auch die bislang klassisch tradierte HR-Produktentwicklung entsprechend anzupassen.

Diesen Überlegungen entsprechend haben wir 2013 damit begonnen, agile Arbeitsweisen aus anderen Bereichen des Gesamtunternehmens wie Design Thinking, Service Design, Scrum oder Kanban aufzugreifen und die Mitarbeitenden als interne Kunden in die Entwicklung von Maßnahmen und Produkten einzubeziehen. Indem wir darüber hinaus von agilen Boards, OKR-Sets und Sprint Plannings Gebrauch machten, wurde der Inhalt der Arbeit für alle Teammitglieder zunehmend transparent. Zudem haben wir Interaktionsmethodiken wie Dailys und All-Hands eingeführt und begonnen, die Rolle von Product Ownern zu etablieren. Auf diese Weise haben wir Erfahrungen in der Anwendung agiler Methoden gesammelt und vor allem das Mindset für agiles Arbeiten entwickelt und verinnerlicht.

Die eigene Transformation – Vom Geschäftsführungsbereich Personal zum Bereich »People & Culture«

Auseinandersetzung mit dem Purpose von HR

Nachdem bestimmte Bereiche unseres Geschäftsführungsbereichs Personal rund vier Jahre mit agilen Methoden gearbeitet hatten, kam es Ende 2017 quasi zu einer zweiten Transformation von HR, die im Juni 2018 in unsere Umbenennung hin zu »People & Culture« mündete. Ausgangspunkt dieser Transformation war eine Neuaufstellung des Gesamtbereichs, bei der wir uns – anstatt sich direkt auf Produkte und Organigramme, auf Strategie und Roadmap zu stürzen – vor allem mit diesen Fragen beschäftigt haben: Was ist eigentlich das WESENtliche von uns als HR-Abteilung bei Axel Springer? Was ist unser Purpose? Was ist unsere Haltung und Überzeugung, mit der wir was tun? Warum tun wir, was wir tun? Was ist der Grund, warum es uns gibt? Zu welchem (höheren) Zweck setzen wir unsere Energie ein?

Im Rahmen dieses Selbstreflexionsprozesses haben wir uns nochmals vor Augen geführt, dass Personalarbeit nie als reiner Selbstzweck gesehen werden darf. Es gilt, einen Business-Need zu unterstützen und das Unternehmen durch gute Personalarbeit wirtschaftlich erfolgreich zu machen. Dementsprechend haben wir als unsere Mission definiert: *»Wir werden ein Vorbild für die Organisation, welches berät, verbessert und/oder Axel Springer als Ganzes verändert. Wir vereinen dabei unseren Purpose und den Anspruch, stets auch operative Herausforderungen zu lösen.«*

Darüber hinaus haben wir uns in Übereinstimmung mit dem Leitsatz des Unternehmens *»We empower free decisions«* intensiv mit der Bedeutung von Freiheit, Autonomie und Eigenständigkeit für Mitarbeitende und Teams auseinandergesetzt. Unsere Überzeugung: Je mehr Autonomie, Freiheit und Selbstorganisation bei den Mitarbeitenden und Teams liegt, desto wirksamer, kraftvoller und erfolgreicher sind sie. Nicht zuletzt, weil sie so mehr Freude und Begeisterung bei dem spüren, was sie tun, und auf diese Weise die eigene Kreativität und Wirksamkeit erlebbar wird.

Vor dem Hintergrund all dieser Überlegungen resultierte die Formulierung unseres Purpose, aus dem sich dann die Umbenennung des Geschäftsführungsbereichs Personal in »People & Culture« als logische Konsequenz ergab:

> *»Wir existieren, um Axel Springer zu transformieren – und zwar in eine Organisation, in der jedes Individuum sein ganzes Potenzial entfalten kann.«*

Das heißt: Bei alldem, was wir tun, geht es um das Individuum, um jeden einzelnen Mitarbeitenden. Der Kern unserer Arbeit ist der Mensch und die ihn umgebende Kultur. Wir müssen demzufolge im nachhaltigen Sinne mit Haltung an der Unternehmenskultur arbeiten, um Axel Springer noch erfolgreicher zu machen.

Verstärker des People & Culture Purpose

Von großem Vorteil war, dass die Entwicklung des Purpose von HR in eine Zeit gefallen ist, in der sich auch der Vorstand von Axel Springer im Rahmen einer neuformulierten Strategiepositionierung mit dem Thema Purpose beschäftigt hat. Purpose und People sind – neben Costumer Focus, Technology, Speed und Innovation – als die entscheidenden Wachstumstreiber des Konzerns identifiziert worden. Dabei wurde der Leitsatz des Unternehmens »We empower free decisions« auch in seiner nach innen gerichteten Bedeutung besonders herausgestellt, was unserer Neuaufstellung weiteren Auftrieb gegeben hat. Verstärkung hat unsere Arbeit ferner dadurch erhalten, dass Axel Springer seine ursprünglichen Unternehmenswerte Kreativität, Unternehmertum und Integrität auch um die Werte Nachhaltigkeit und Empathie ergänzt hat. Schließlich wurden auch im neuentwickelten »Leadership Playbook« des Unternehmens neben »Deliver results« die Grundsätze »Have empathy« und »Empower your people« aufgenommen. Hieran soll sich Führung ausrichten, was wiederum auch wichtige Voraussetzungen für unser Wirken schafft, agiles Arbeiten zu forcieren.

Das People & Culture Purpose Manifest

Die Vorgehensweise, zunächst intensiv am Purpose von HR zu arbeiten und zu definieren, was das Wesentliche von uns ist, hat uns zu einer großen Klarheit verholfen. Diese Klarheit war gleichermaßen prägend wie hilfreich für alles Weitere im Agilitätsprozess. Auf viele Folgefragen bezüglich unserer Mission und Vision, aber auch was Strategie, Organigramme und Produkte betrifft, fanden wir dadurch verhältnismäßig schnell und leicht Antworten. Insofern ist das »People & Culture Purpose Manifest« zu einem Leitfaden geworden, der unser Selbstverständnis, unsere Ziele und Absichten beschreibt.

Das People & Culture Purpose Manifest

Purpose:	Wir existieren, um Axel Springer zu **transformieren** – und zwar in eine Organisation, in der jedes Individuum sein **ganzes Potenzial entfalten** kann.
Mission:	Wir werden ein **Vorbild** für die Organisation, welches **berät, verbessert** und/oder Axel Springer als Ganzes **verändert.** Wir vereinen dabei unseren Purpose und den Anspruch, stets auch operative Herausforderungen zu lösen.
Vision:	Wir sind ein **hochspezialisiertes Team** von Experten und Business Partner, das **kollaborativ** agiert, um gemeinsames Vertrauen, eine **gemeinsame Vision** und **Mehrwert** zu schaffen.
Strategy:	Alles, was wir tun, dient die **Führungskultur zu transformieren,** die **Potenzialentfaltung** von Individuen und Teams zu gewährleisten, die **Identifikation mit Axel Springer** zu stärken und People & Culture-Themen zu vereinfachen um Kundenzufriedenheit und Effizienz zu erhöhen.
Offering:	Unsere Produkte und Dienstleistungen **lösen** tatsächliche **Probleme der Organisation** und bringen Individuen sowie der Gesamtorganisation einen **Mehrwert.**
Values:	Mit ganzer Überzeugung folgt unser Handeln den drei Werten **hungry minds, brave descisions** und **united strength.**

axel springer_
people & culture

Abb. 26: People & Culture Purpose Manifest

Und schließlich: Die Transformation der Mitarbeitenden

Die Aufgaben von »People & Culture«

Die Umbenennung unseres Geschäftsführungsbereichs Personal in »People & Culture« steht symbolisch für die Transformation unseres HR-Bereichs. Mit der Bezeichnung wollen wir bewusst ausdrücken, dass es bei unserer Arbeit in erster Linie um den Menschen und die ihn umgebende Kultur geht. Gleichzeitig nehmen wir uns damit auch selbst in die Pflicht. Die Bereichsbezeichnung wird sozusagen zum Messgrad für unsere Haltung und unser Tun, die darauf ausgerichtet sind, das Potenzial der Mitarbeitenden zu entfalten. Unsere Aufgaben den Mitarbeitenden gegenüber umfassen dabei neben den klassischen HR-Aufgaben eben auch folgende Dimensionen:

1. **Proklamation eines positiven Menschenbildes**
    Wir sehen es als unsere Aufgabe, unsere am Menschen orientierte Haltung nicht nur zu kommunizieren, sondern sie vor allem auch vorzuleben und dafür zu sorgen, dass unsere Mitarbeitenden diese Haltung ebenfalls einnehmen und leben. Beispielsweise ist es unser Anspruch an uns selbst, dass in Interaktion mit den Mitarbeitenden von »People & Culture« der Wert der Empathie spürbar ist. Führungskräften des Gesamtunternehmens geben wir mit dem Leadership Playbook Handlungsempfehlungen für ein auf Empathie und unseren anderen Werten basierendes Führungsverhalten. Insgesamt vermitteln wir immer, dass es auch in wirtschaftlicher Hinsicht wichtig ist, den eigenen Werten entsprechend zu agieren. Das ist das Fundament für alles Weitere.

2. **Bedeutung des Purpose klarmachen**
    Ohne Purpose weiß man nicht, warum man tut, was man tut! Folglich finden Mitarbeitende ohne Purpose weder Sinn noch Energie für ihr Handeln. Wir haben als Bereich selber erlebt, wie wichtig es für Teams und Mitarbeitende ist, einen eigenen Purpose zu entwickeln und diesen als Leitstern zu haben. Diese Erfahrung auch an Kollegen weiterzutragen, ist eine Aufgabe, die wir aus Überzeugung wahrnehmen. Konkret unterstützen wir diesbezüglich in Form von Fachbereichsmaßnahmen und Teamworkshops, bieten aber darüber hinaus auch Seminare wie »Find your Purpose: So findest Du Dein persönliches WHY« an, bei denen die Teilnehmenden auf die Suche nach ihrem ganz individuellen Purpose gehen können.[282]

3. **Freiraum ausleben und Leitplanken erarbeiten**
    Ausgehend von dem Unternehmensleitsatz *»We empower free decisions«* glauben wir an die Kraft und Wirksamkeit von Selbstorganisation und Autonomie. Je mehr, desto besser. Gleichzeitig ist uns aber auch die Bedeutung der dafür erforderlichen gemeinsamen Zielausrichtung und Abstimmung bewusst. Dieser vermeintliche Interessenskonflikt zwischen einem hohen Grad an Selbstorganisation und gleichzeitiger gemeinsamer Zielausrichtung lässt sich mittels einer Symbiose des »Spotify Modells«[283] und

---

282 Ausführlich zu »Find your purpose: So findest Du Dein persönliches WHY« Folge 25 des mindsnack, dem Axel Springer Learning Podcast, unter https://soundcloud.com/mindsnack/find-your-purpose.
283 Siehe hierzu beispielsweise: https://www.youtube.com/watch?v=_qIh2sYXcQc.

des »Golden Circles« von Simon Sinek[284] unserer Erfahrung nach kraftvoll auflösen. Deshalb gilt:

The more alignment we got – the more autonomy we can grant.

Der entscheidende Grundstein für erfolgreiche Teams ist der Aufbau von Purpose, Mission, Vision **(WHY)**. Die gemeinsame Erarbeitung von Werten und strategischen Leitplanken bis hin zur Etablierung eines OKR Frameworks und agiler Arbeitsweisen **(HOW)** ist dann wiederum conditio sine qua non für das zum Erfolg führende autonome Handeln der wirkenden Teammitglieder **(WHAT)**.

Wir handeln aus der Überzeugung: Wer keine strategischen Leitplanken und somit auch keine Klarheit über die Ausrichtung und die gemeinsamen Zielvorstellungen hat, wem es mithin an Alignment fehlt, der überlässt den Erfolg für Selbstautonomie und -organisation dem Zufall. Ein Zustand von Laissez-Faire, Nichtführung oder gar Chaos ist vorprogrammiert und stellt das Gegenteil von agiler Führung dar. Insofern drängen wir darauf, dass sich Teams aus dem Purpose und der Strategie abgeleitete eigene Leitplanken (oder Playbooks) erarbeiten. Wir haben die Erfahrung gemacht, dass Mitarbeitenden und Teams umso mehr Autonomie und Selbstorganisation gewährt werden kann, desto mehr gemeinsame Zielausrichtung und Abstimmung gegeben ist. Dadurch wird *»We empower free decisions«* zu einem Unternehmenspurpose, der auch nach innen wirkt.

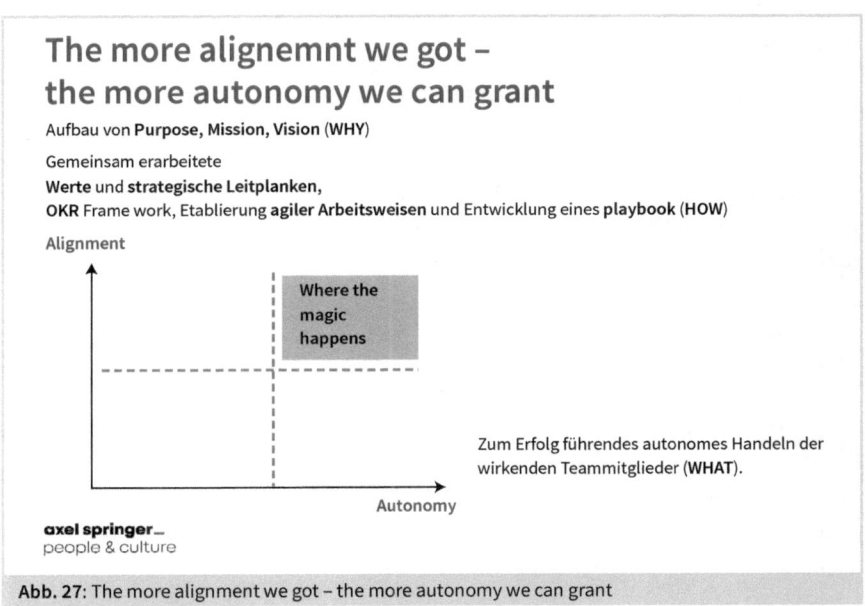

Abb. 27: The more alignment we got – the more autonomy we can grant

---

284 Simon Sinek, TED Talk about the Golden Circle: https://www.youtube.com/watch?v=qp0HIF3SfI4.

Passende Tools an die Hand geben

Damit unsere internen Kunden agil (miteinander) arbeiten können, unterstützen wir sie mit hierfür hilfreichen Produkten, Maßnahmen und Tools. In diesem Kontext ist es unter anderem auch nötig, dass wir HR-Instrumente der gewünschten Selbstorganisation und Autonomie der Mitarbeitenden anpassen. So haben wir beispielsweise eine Konzeptänderung beim Entwicklungsgespräch vorgenommen: Während die Initiative für ein Mitarbeitergespräch früher von der Führungskraft ausging, verhält sich dies heute umgekehrt. Schließlich liegt die Entwicklung des Mitarbeitenden in seiner eigenen Verantwortung. Statt klassischer Zielvereinbarungen und Leistungsbewertungen der Mitarbeitenden setzen wir außerdem auf Objects and Key Results (OKR). Das heißt unter anderem, dass Ziele quartalsweise top-down/bottom-up entwickelt und ausverhandelt werden, die dann von allen Mitarbeitenden einsehbar sind.

Nach UX und CX folgt EmpEx

Insgesamt haben wir uns auf die Fahnen geschrieben, neben der Nutzer- und Kundenzentrierung ebenso einen Fokus auf die Employee-Experience (EmpEx) zu setzen. Denn der interne Kunde ist ebenso wichtig für Axel Springer, wie es der externe Kunde ist. Er ist eine Art Spiegel für unser Unternehmen und das, was der Mitarbeitende erlebt, ist von großer Relevanz. So wie wir danach streben, unseren externen Kunden die bestmöglichen Medienangebote zu liefern und das bestmögliche Nutzererlebnis zu schaffen, so wollen wir auch unseren Mitarbeitenden ein optimales Arbeitserlebnis ermöglichen. Gemeinschaftlich gilt es die Frage »Wie wollen wir arbeiten?« zu diskutieren und zu beantworten.[285]

Fazit – Sieben Erfahrungen und Empfehlungen

Wie ist die agile Transformation zu meistern? Und welche Rolle fällt HR bei so einer Veränderung zu? Zusammenfassend bleibt zu sagen, dass es sicherlich nicht *den* Prozess bei der agilen Transformation gibt. Doch haben sich für uns unter anderem diese sieben Erfahrungen und Empfehlungen herauskristallisiert, die wir – aus Überzeugung – gerne weitergeben:

- **Es braucht ein Wollen**
  Die Transformation fängt beim Individuum an. Es braucht eben nicht nur eine Strategie, sondern vor allem einen Willen. Denn Kulturentwicklung heißt, dass das richtige Mindset für agiles Arbeiten aus einer Haltung und Überzeugung heraus bei möglichst vielen Mitstreitern gegeben ist.
- **Start with WHY ...**
  Die agile Transformation braucht einen Antrieb und einen Grund. Wenn Teams oder Arbeitsbereiche ein gemeinsamer Purpose mit dem Unternehmen verbindet

---

285 Pressemitteilung zum Axel Springer EmpEx Festival 2019: https://www.axelspringer.com/de/presseinformationen/wie-wollen-wir-arbeiten-axel-springer-mitarbeiter-feiern-empex-festival.

und wenn diese daraus abgeleitet ihren eigenen Purpose in ihrem Arbeitsalltag spürbar werden lassen, dann wird das Wesentliche des Wirkens und der Sinn des eigenen Tuns erlebbar. Eine nicht zu unterschätzende Kraftquelle.

- **... and continue with U**
  Wenn der Purpose der Grund des Handelns und der Ausgangspunkt der Transformation ist, dann ist die Kraft des veränderten eigenen Agierens der entscheidende Folgeschritt: »Be the change you want to see happening!«

- **Dringlichkeit der agilen Transformation deutlich machen**
  Wir bei Axel Springer haben bezüglich der agilen Transformation die Überzeugung: »It's the only way to go!« Wir beschreiten diesen Weg, weil wir davon überzeugt sind, dass es der einzige Weg ist, um erfolgreich bestehen zu können. Aus unserer Sicht gilt es, dies für die tägliche Arbeit zu vergegenwärtigen und gleichzeitig die Strategie zu erklären, wie man den Change erfolgreich beschreiten will.

- **Mitstreiter suchen und vernetzen**
  Um die Transformation ins Laufen zu bringen, ist es wichtig, Mitstreiter zu suchen: Mitarbeitende, die die Transformation wirklich wollen und sich dabei nicht von ihrer Skepsis, sondern von ihrem Gestaltungswillen antreiben lassen und »einfach machen«. Es gilt, diese Leute miteinander in den Dialog zu bringen und zu vernetzen. Dafür gilt es auch, Räume zu schaffen (analog wie digital), die die Kollaboration dieser Menschen ermöglichen und fördern.

- **Events veranstalten, wo Veränderung erlebbar wird**
  Veränderung muss spürbar sein. Deshalb kommt es darauf an, viele Anlässe zu schaffen, Events zu veranstalten und Gelegenheiten zu geben, wo diese erlebbar wird. Indem man Barcamps oder Formate wie Learning Lunches und Coding Sessions organisiert, kann man deutliche Zeichen dafür setzen, dass die agile Transformation und die kulturelle Veränderung tatsächlich erwünscht ist.

- **The more alignment you got, the more autonomy you can grant**
  Eigenverantwortliches Handeln ist der Nukleus für persönliches Wachstum, Freude an der Arbeit, für Kreativität und wirtschaftlichen Erfolg. Gemeinsame Zielvorstellungen und Abstimmung sind dafür jedoch die erforderliche Voraussetzungen, denn erst Alignment macht die Autonomie von Mitarbeitenden und Teams zielgerichtet möglich. Je mehr von alledem gegeben ist, desto besser.

4.7.3   Praxisbeispiel: Unlearning Hierarchy – Transformationsmanagement am Beispiel SAP

Lennart Keil

Unlearning Hierarchy ließe sich aus dem Englischen übersetzen mit »Hierarchien verlernen«, oder noch besser »Hierarchien abgewöhnen«. Hinter diesem Namen verbirgt sich eine 2019 gestartete Initiative aus Kollegen, Teams und Organisationen, welche innerhalb der SAP mehr Selbstorganisation und Agilität leben wollen.

Im Rahmen dieses Unternehmensbeispiels werden vier Fragen beleuchtet:

- Was steckt hinter dem Titel »Unlearning Hierarchy«?
- Welche Rahmenbedingungen bei SAP gilt es zu beachten?
- Wie wird die Transformation gestaltet?
- Vor welchen Herausforderungen steht dieser Ansatz?

Was steckt hinter dem Titel Unlearning Hierarchy?

Es wäre ein Fehler, SAP in eine hierarchiefreie Organisation zu verwandeln. Denn Hierarchien an sich sind nichts Negatives, im Gegenteil: Sie erfüllen viele wertvolle Funktionen. Sie sind essenziell, um Orientierung und Klarheit in einem sozialen System zu geben. Wer trifft welche Entscheidung, was wird von wem erwartet? Wer ist wichtig, wer hat Macht, an wem kann ich mich orientieren? Hierarchien sind nützlich, um den Überblick zu behalten und nicht die Kontrolle zu verlieren. Und wo keine formellen Hierarchien bestehen, entstehen schnell informelle, natürliche Rangordnungen. Das lässt sich nicht verhindern, und in diesem Sinne ist der Titel »Unlearning Hierarchy« zunächst eine bewusste Provokation.

Im Zentrum steht also nicht die Frage: »Wie schaffen wir Hierarchien ab?«, sondern: Wie müssen wir uns organisieren, um möglichst schnell und innovativ auf die Anforderungen unserer Kunden zu reagieren? Wie müssen wir Entscheidungen treffen und welche Qualität braucht unsere Zusammenarbeit?

Für SAP wird eine pyramidenförmige, starre Hierarchie mit starkem Machtgefälle nicht die einzige oder gar beste Antwort auf diese Frage sein. Die zunehmende Komplexität und schnelle Veränderungen im Markt verlangen eine immer höhere Anpassungsfähigkeit und diese kann ein solches System nur schwerlich/nicht/kaum leisten. Dabei wird es nicht ausreichen, ein neues Organisationsmodell (z. B. als Kopie einer anderen Organisation) zu wählen, und dieses flächendeckend einzuführen. Vielmehr braucht es eine bewusste Vielfalt in Abhängigkeit der Rahmenbedingungen und Geschäftsanforderungen jeder Organisation. Wie aber gestaltet sich der Weg in diese Vielfalt?

Es braucht einen schrittweisen Lernprozess, um dort mehr Selbstorganisation zu leben und Hierarchien flexibler zu gestalten, wo dies hilfreich ist. Dabei ist es essenziell, hinter die Kulisse der formellen Organisation schauen. Nur durch eine Reflexion und Entwicklung gemeinsamer Werte, vertrauter Gewohnheiten und persönlicher Überzeugungen lässt sich die notwendige Tiefe erreichen. Das Ziel von Unlearning Hierarchy ist es, diesem anspruchsvollen Lernprozess einen Rahmen zu geben.

Bevor wir einen Blick auf das Vorgehen im Detail werfen, ist es wichtig, den Kontext näher kennenzulernen. Erst mit dem Verständnis über die Rahmenbedingungen lassen sich auch die Prinzipien dieses Ansatzes einordnen.

Welche Rahmenbedingungen gilt es zu beachten?

Die Historie und Herausforderungen einer Organisation wie SAP sind sehr vielschichtig, und lassen sich hier nur umreißen. Es lohnt sich aber, einige wesentliche Faktoren genauer anzuschauen:

Strategische Transformation der SAP

SAP ist Weltmarktführer für Unternehmenssoftware und wertvollstes Unternehmen im DAX (Marktkapitalisierung: ca. 150 Mrd. Euro), mit Hauptsitz in Walldorf, Baden-Württemberg, und ca. 100.000 Mitarbeitenden weltweit (Stand Oktober 2019)[286]. Das Kerngeschäft der SAP ist die Entwicklung von Software zur Abwicklung sämtlicher Geschäftsprozesse eines Unternehmens.

Die IT-Industrie ist besonders geprägt von hoher Volatilität und schnellem Wandel. Um nachhaltig erfolgreich zu bleiben, muss SAP daher im besonderen Maße fähig sein, sich an verändernde Kundenbedürfnisse, neue Technologien und neue Geschäftsmodelle anzupassen. Sehr deutlich zeigt sich dies an SAPs strategischem Wandel von On-Premise auf Cloud-Lösungen in den letzten 10 Jahren (Cloud Transformation). Diese Entwicklung von Unternehmenssoftware verläuft ähnlich zur Entwicklung in anderen Softwarebereichen: Wurde früher eine Microsoft-Office-CD gekauft und die Software auf dem eigenen PC installiert, wird heute vermehrt ein Abonnement von Office 365 abgeschlossen und die Software über den Browser genutzt. Ähnlich sieht es aus bei Software für Geschäftsprozesse: Wurden früher große Lizenzen gekauft und auf dem Server des Kunden installiert und aktuell gehalten, wird diese heute über die Cloud und als ganzheitliche Dienstleistung zur Verfügung gestellt (Software-as-a-service). Dies birgt viele Vorteile für Kunden, wie u. a. eine höhere Flexibilität und geringere Instandhaltungskosten.

Für SAP bedeutet dies viel mehr als eine technologische Neuerung, es hat tiefgreifende Auswirkungen auf zahlreiche Geschäftsmodelle und alle Organisationseinheiten und bedeutet einen disruptiven Wandel 2. Ordnung (siehe Kapitel 4.7). Das Cloud-Geschäft ist geprägt von deutlich schnelleren Entwicklungszyklen und unzufriedene Nutzer bzw. Kunden sind schneller verloren als noch zu Zeiten großer Lizenzverkäufe.

---

286 SAP Quartalsmitteilung Q3 2019 – https://www.sap.com/corporate/en/investors/reports. html?source=social-atw-mailto#pdf-asset=62cc9c6c-6d7d-0010-87a3-c30de2ffd8ff&page=1.

Zuletzt hat darüber hinaus die fließende Integration über den gesamten Wertstrom eines Unternehmens und somit das Produktportfolio der SAP an Bedeutung gewonnen, da dies ein zentrales Alleinstellungsmerkmal gegenüber der Konkurrenz ist (Intelligent Enterprise).

Die Konsequenz dieses Wandels zeigt sich mittlerweile deutlich in den Zahlen: Kamen 2010 noch unter 10 Prozent des Umsatzes aus dem Cloud-Geschäft, ist dieser Anteil seit 2018 bereits größer als der des früheren Kerngeschäftes mit On-Premise-Lizenzen[287].

Intensive Erfahrung in agilem Arbeiten

Angesichts des schnellen Wandels in der IT-Industrie arbeitet die Software-Entwicklung bei SAP schon seit 2006 mit agilen Methoden. Entwicklungsabteilungen wurden einer umfassenden Lean Transformation unterzogen, und Mitarbeiter- und Produktverantwortung wurden getrennt in Linien- und Produktorganisation. Die Produktteams nutzten flächendeckend Scrum. Design Thinking als Innovationsmethode wurde ebenfalls innerhalb der letzten 10 Jahre fest etabliert im Methodenkoffer der Mitarbeitenden. U. a. diese Veränderungen haben es ermöglicht, die Release-Zyklen von Monaten (mitunter sogar Jahren) auf wenige Wochen zu verkürzen.

Es zeigt sich jedoch, dass Agilität v. a. auf Teamebene in der Entwicklungsabteilung gelebt wird, jedoch weniger in den oberen Hierarchieebenen. Ein tiefgreifender Struktur- und Kulturwandel zu einer agilen Organisation hat somit noch nicht auf allen Ebenen und in letzter Konsequenz stattgefunden.[288]

Unabhängige Vorstandsbereiche und Akquisitionen

Die Vorstandsbereiche bei SAP sind vergleichsweise unabhängig und geprägt von heterogenen Kulturen und Ansätzen. Auch innerhalb der Software-Entwicklung kann die konsequente Orientierung an agilen Prinzipien von der jeweiligen Organisation und ihren Führungskräften abhängig sein. Um den Wandel zur Cloud voranzutreiben, wurden darüber hinaus große Akquisitionen von Cloud-Unternehmen vorgenommen (z. B. SuccessFactors, Ariba, Concur). Dafür wurde viel investiert und zahlreiche Organisationen und deren Mitarbeitenden sind dadurch hinzugekommen.[289] Diese Akquisitionen arbeiten oft selbstständig weiter, werden also bewusst nicht schnell »assimiliert«, um ihre Arbeitsweise und Geschäftsmodelle nicht zu stark zu beeinflussen.

---

287 SAP Integrierter Bericht 2018 – https://www.sap.com/corporate/en/investors/reports.html?source=social-atw-mailto#pdf-asset=2ca43f20-3e7d-0010-87a3-c30de2ffd8ff&page=1.
288 Vgl. Leopold, K., 2018.
289 SAP Acquisitions: https://www.sap.com/corporate/de/investors/capital-market-story/acquisitions.html.

Häufige Reorganisationen

Transformationen wurden bei SAP zuletzt v. a. durch Veränderungen in der formellen Organisationsstruktur angestoßen. Diese Reorganisationen werden häufig durchgeführt und können große Teile der Organisation betreffen. Dies scheint eher zur vorübergehenden Erstarrung und Neuorientierung in der Organisation führen, und nicht immer zu schnellen und für Kunden spürbaren Verbesserungen. Paradoxerweise erhalten organisationale Strukturen zwar viel Aufmerksamkeit, tragen aber auf Grund ihrer geringen Halbwertszeit immer weniger Bedeutung. Das strategische Werkzeug der formalen Reorganisation hat sich somit vermutlich schrittweise abgenutzt.

Hohe Kooperationsbereitschaft

In einer umfassenden Studie der Universitäten München und Heidelberg (ca. 100 Teams und über 1000 MA) zum Kooperationsverhalten bei SAP zeigte sich, dass Mitarbeitende der SAP eine außergewöhnlich hohe Kooperationsbereitschaft zeigen. Diese Bereitschaft ist dabei nicht auf das eigene Team oder die eigene Organisation begrenzt. Im Kontrast zeigte sich gleichzeitig, dass einige Organisationsprinzipien dieser Zusammenarbeit im Wege stehen. So werden in Abteilungen mit individuellen Ziel- und Bonussystemen (v. a. Beratung und Vertrieb) ausgerechnet die weniger kooperativen Mitarbeitenden überdurchschnittlich belohnt.[290]

Eine Interpretation ist: Die Instabilität der Hierarchien könnte eine wesentliche Ursache dafür sein, dass sich Kooperation in Netzwerken als überlebenswichtig etabliert hat. Wenn eine Hierarchie mir kaum Halt und Orientierung gibt, dann ist es v. a. das informelle Netzwerk, was mich handlungsfähig hält und mir ermöglicht, meine Themen nachhaltig zum Erfolg zu führen. Dementgegen stehen aber in manchen Organisationsteilen bestehende organisatorische Prinzipien wie z. B. individualisierte Ziele mit hoher variabler Vergütung.

Rolle und Reifegrad von HR

Human Resources bei SAP kann als eine moderne, effektive und konsequent digitalisierte Organisation betrachtet werden, die im Durchschnitt sehr positives Feedback von Mitarbeitenden zu ihren Leistungen erhält (»HR Feedback Survey« 7,9/10). SAP wurde 2019 in mehreren Rankings als beliebtester Arbeitgeber Deutschlands geführt.[291] Dies hängt sicherlich mit der Position als Marktführer zusammen, aber auch wesentlich mit der innovativen Personalarbeit.

---

290 Vgl. Deversi, M./Kocher, M./Schwieren, C., 2020.

291 Siehe: https://www.glassdoor.de/Award/Beste-Arbeitgeber-Deutschland-LST_KQ0,29.htm, https://www.focus.de/finanzen/karriere/berufsleben/focus-business-ranking-das-sind-die-top-arbeitgeber-deutschlands_id_10349040.html.

Das HR Operating Model wurde kontinuierlich weiterentwickelt und hat sich vom 3-Säulen-Modell nach Dave Ulrich emanzipiert. Die Rolle des HR Business Partners ist bereits seit 2010 etabliert, und 2018 wurden HR Advisor Teams eingeführt, um die Rolle des HR BPs von operativen Themen zu befreien und noch stärker hinsichtlich einer strategischen Verantwortung zu entwickeln. Es besteht somit eine hohe Differenzierung zwischen einer stabilen Delivery und anpassungsfähigen HR Business Partnern, die sehr eng an den Geschäftsbereichen angesiedelt sind. Das aktuelle Operating Modell ist in diesem Sinne vergleichbar mit dem Run-and-change-Modell (Ambidextrie). Darüber hinaus wird vermehrt über Netzwerke agiert, was eher mit dem Agile-Edgecellence-Ansatz vergleichbar ist (siehe Kapitel 2.1.1).

Die strategische Rolle des HR Business Partners ist im Rahmen von Transformationen jedoch nicht gleichermaßen etabliert wie in anderen Themenbereichen, z. B. Talent Management. Organisatorische Veränderungen werden eher durch die Führungskräfte der Organisation gesteuert, während HR hilft, diese umsetzen. Einige Organisationsprinzipien, wie z. B. eine minimale Führungsspanne von 7 Mitarbeitenden, werden dabei aber konsequent umgesetzt. Weitere Prinzipien, z. B. nach dem Vorbild agiler Organisationen, sind bisher noch nicht sehr stark im Fokus. Eine ausgeprägte Kompetenz und Erfahrung mit Organisationsentwicklung ist darüber hinaus nicht bei allen HR BPs gleichermaßen vorhanden.

Zusammenfassung
Mit Blick auf eine Transformation unter diesen Rahmenbedingungen lassen sich zwei zentrale Hypothesen ableiten.
- Erstens: In der komplexen, heterogenen und strukturell dynamischen SAP gibt es nicht den einen Weg oder Ansatz für mehr Agilität.
- Zweitens: Nachhaltige Veränderung kann nur durch konsequentes Arbeiten im Netzwerk entstehen, unter Nutzung der hohen Kooperationsbereitschaft und mit Respekt vor der Eigenständigkeit der Organisationseinheiten.

Wie wird die Transformation gestaltet?

Unlearning Hierarchy verfolgt einen dezentralen, evolutionären Transformationsansatz. Im Wesentlichen ist das Ziel, ein lebendiges und wachsendes Netzwerk aus Menschen und Organisationen zu schaffen, welche einen gemeinsamen und kontinuierlichen Lernprozess auf dem Weg zu höherer Agilität und Selbstorganisation durchlaufen. Wie ist diese Initiative entstanden, welche Rolle übernimmt das Kernteam und an welchen Prinzipien orientiert sich dieser Lernprozess?

Entstehung

Innerhalb der SAP existiert seit Mitte 2018 ein Netzwerk von mittlerweile über 1.200 Mitarbeitenden, welche mehr Menschlichkeit in der Zusammenarbeit fördern wollen (»New Work Movement«). Dieses Netzwerk wird selbstorganisiert von Freiwilligen geführt, unabhängig von Rollen, Organisationseinheiten, Hierarchieebenen oder Standorten. Regelmäßige Veranstaltungen, wie z.B. inspirierende Vorträge, haben einen intensiven und lebendigen Dialog innerhalb der Organisation dazu angestoßen, was »New Work« für SAP bedeutet. Vorträge und Events alleine lösen jedoch keinen Transformationsprozess aus. Für die nächste Phase brauchte es Organisationen innerhalb der SAP, die mutig vorangehen, experimentieren und als inspirierendes Beispiel für andere wirken. Diese Schlussfolgerungen basieren u.a. aus Erkenntnissen aus einer wissenschaftlichen Analyse zur Rolle von HR in Transformationen bei SAP.[292]

Eine Entwicklung von Organisationen zu »mehr New Work« wäre jedoch nicht spezifisch genug, da dieser Begriff schwer definierbar und damit überfrachtet ist. Das Thema Selbstorganisation und Agilität hat in diesem Kontext für SAP die höchste strategische Relevanz (siehe »Rahmenbedingungen«). Um hier zu fokussieren, wurde die Initiative »Unlearning Hierarchy« gestartet. Der bewusst provokante Titel betont den notwendigen Kulturwandel – als Gegenpol zur starken Fokussierung auf strukturelle Veränderungen bei SAP (siehe »Rahmenbedingungen«).

Transformationsarchitektur

Knotenpunkt der Initiative ist ein kleines Expertenteam, welches in der Personal- und Organisationsentwicklung der HR-Organisation angesiedelt ist. Dieses Team spannt den Rahmen für den übergeordneten Lernprozess, in dem es Verantwortung für drei zentrale Bausteine übernimmt, auf die nun nacheinander eingegangen wird:
- Auswahl und Beratung von »Expeditionen«
- Moderation des Austausches zwischen Expeditionen und restlicher Organisation
- Aufbau und Pflege eines (funktionsübergreifenden) Expertennetzwerkes

Aktuell werden 11 Abteilungen als sogenannte »Expeditionen« verstanden. Sie repräsentieren ca. 1,5 Prozent der MitarbeiterInnen der SAP (ca. 1.500). Ihre wesentliche Gemeinsamkeit besteht darin, dass sie sich in einem Wandel zu einem höheren Maß an Agilität bzw. Selbstorganisation befinden, und dies über die Grenzen einzelner Teams hinaus. Jede Organisation ist dabei auf unterschiedlichen Reifegraden anzusiedeln und setzt spezifische Schwerpunkte.

---

292 Kooperation mit der Hochschule Pforzheim (Lehrstuhl Prof. Dr. Fischer), 2018.

Bei der Auswahl passender Transformationen werden folgende Aspekte fokussiert:
- Ziele der Transformation stehen im Zusammenhang mit Geschäftsanforderungen (z. B. höhere Anpassungsfähigkeit ist notwendig, um komplexe Markt- und Kundenanforderungen zu erfüllen)
- Motive und Verantwortung für Transformation liegen bei der Organisation (nicht außerhalb, wie z. B. bei großen Reorganisationen auf Vorstandsebene)
- Größe von ca. 50-300 Mitarbeitenden (repräsentiert ausreichend Komplexität und ganzheitliche Wertschöpfung, ohne dabei zu groß und damit zu instabil zu werden)
- Bereitschaft zur Investition eigener Ressourcen in die Transformation (Budget, Personal)
- Unterstützung durch Führungsebene (insbesondere durch Vorgesetzte/Leiter der jeweiligen Organisation)

Die meisten relevanten Organisationen erfüllen diese Voraussetzungen nicht zu 100 Prozent bzw. nicht jederzeit – die Grenzen sind fließend und Veränderungen halten diesen Rahmen in Bewegung. So kommt es vor, dass z. B. die Zusammenarbeit nicht weitergeführt oder pausiert wird, wenn zentrale Faktoren nicht mehr gegeben sind (z. B. die Unterstützung durch die Führungsebene).

Das Unlearning Hierarchy Team arbeitet eng mit diesen Expedition-Organisationen und übernimmt eine moderierende, beratende Rolle in deren Transformation. Es werden dabei agile, systemische und klassische Methoden des Change Managements angewandt. Der Fokus und die Methodik der Zusammenarbeit sind jedoch sehr vielfältig, in Abhängigkeit von Zielen, dem Reifegrad der Organisation sowie der Intensität bzw. Phase der Transformation (Details siehe »Herausforderungen«).

Die Expeditionen werden regelmäßig in sogenannten »Basecamps« zu einem Austausch zusammengebracht, um einerseits Impulse aus dem Kernteam zu bekommen (z. B. Erlernen von Verfahren zur Entscheidungsfindung), aber v. a. um voneinander zu lernen. Darüber hinaus werden die Organisationen innerhalb der SAP sichtbar gemacht, und was sie lernen und erleben, wird zusammengefasst und z. B. über Veranstaltungen im »New Work Movement« oder über interne Blogs geteilt.

Um die Wirksamkeit langfristig zu steigern und über 1,5 Prozent der Mitarbeitenden zu skalieren, wird parallel ein Expertennetzwerk aufgebaut. Der gemeinsame Lernprozess befähigt mehr und mehr Beteiligte, diesen Wandel zu navigieren. Die aktuell noch zentrale Rolle des Kernteams als aktive Berater der Expeditionen soll in Zukunft vermehrt aus diesem Netzwerk geleistet werden. Personaler, v. a. HR BPs, spielen hier zwar eine wichtige Rolle, jedoch soll diese Expertise bewusst unabhängig von Funktionen gesucht und gefördert werden.

Die Verknüpfung aus Expeditionen, zentralem Expertenteam, Expertennetzwerk und übergeordneter Community stellt eine netzwerkartige, funktionsübergreifende und flexible Transformationsarchitektur dar. Die unvermeidliche nächste große Reorganisation würde somit höchstens die Reise einzelner Expeditionen ins Stolpern bringen. Der übergeordnete Lernprozess, die geknüpften Verbindungen und entstehenden Kompetenzen bleiben tragfähig und wirksam, unabhängig von der formellen Organisation und der Unterstützung einzelner Stakeholder.

Prinzipien

Der Transformationsansatz von Unlearning Hierarchy beruht auf diesen zentralen Prinzipien:

- »Pull-Prinzip«
- Rolle des Gastgebers und Moderators
- Innen- und Außenwelt im Dialog entwickeln
- Iteratives Vorgehen
- Virtuelle Räume nutzen
- »Drink your own champagne«

»Pull-Prinzip«

Die Expeditionen, Experten und Mitglieder der Community sind aus eigener Überzeugung und auf eigene Initiative hin involviert. Ein klarer Auftrag für die Initiative ist zwar vorhanden, es gibt jedoch bewusst kein groß angekündigtes, offizielles Mandat, z. B. vom Vorstand. Der Mehrwert der Aktivitäten im Netzwerk muss sich somit außerhalb einer Top-down-Legitimation zeigen.

- **Beispiel:** Es wurde bewusst kein Aufruf über die Hierarchie bzw. über den Vorstand gestartet, die richtigen Organisationen »top-down« auszuwählen oder Mitarbeitende für Weiterbildungen zu nominieren. Stattdessen werden Expeditionen über das Netzwerk gefunden und müssen auf das Kernteam zukommen, und Experten sind aus eigenem Antrieb im Netzwerk beteiligt.

Rolle des Gastgebers und Moderators

Das Team im HR moderiert den Lernprozess und stellt sich dabei bewusst nicht in den Vordergrund. Räume werden geschaffen (z. B. regelmäßige Veranstaltungen zum persönlichen Austausch), in denen sich interessierte Menschen begegnen, Beziehungen aufbauen und voneinander lernen. Dabei werden große Auftritte oder Präsentationen seitens HR oder des Vorstandes vermieden, um nicht den Eindruck einer hierarchisch oder funktional getriebenen Initiative zu erzeugen. Die inhaltlichen Impulse kommen auch aus dem Team, im Laufe der Zeit aber vermehrt aus dem Netzwerk. Eine informelle Atmosphäre hilft, den anspruchsvollen und persönlichen Themen einen sicheren Hafen zu geben. Im Kontrast zu formellen Veranstaltungen, deren Teilnahme z. B. genau kontrolliert und gesteuert wird, fördert dies den offenen Austausch, die

Vernetzung und den gemeinsamen Lernprozess. Diesem Ansatz zugrunde liegt eine offene und einladende Haltung, wie bei einem guten Gastgeber: Dieser schafft einen geeigneten Rahmen – steht selbst aber nicht im Mittelpunkt.

- **Beispiel:** Die Metapher des Bergsteigens wird in Anlehnung an die abenteuerliche Reise genutzt, auf der sich die Teams befinden. Die Transformationsarchitektur wird als Berglandschaft dargestellt, die Organisationen im Wandel werden »Expeditions« genannt und ihre regelmäßigen Treffen »Basecamps«.

Innen- und Außenwelt im Dialog entwickeln

In bisherigen Transformationen bei SAP wurden primär Änderungen in der Außenwelt, z. B. in der formellen Struktur und an Prozessen fokussiert (siehe »Transformationsgestaltung«). Die Umstellung auf neue Methoden (z. B. Scrum) oder die Einführung neuer Rollen (z. B. Product Owner) können dabei wichtige Bausteine einer Transformation sein. Um jedoch nachhaltige und tiefgreifendere Veränderungen zu erzielen, ist gleichzeitig eine Auseinandersetzung mit den weniger greifbaren, persönlichen und kulturellen Faktoren (Innenwelt) entscheidend.[293] Ein wesentliches Prinzip der Beratung ist daher, diese beiden Welten gleichermaßen zu entwickeln. Gerade im Kontext wachsender Autonomie und schwacher formeller Strukturen wächst z. B. die Bedeutung gemeinsamer Annahmen, Werte und Prinzipien.[294] In diesem Zusammenhang wird vor allem mit etablierten Methoden der Organisationsentwicklung und des Change Managements gearbeitet (Moderation, Großgruppenmethoden, Leitbildentwicklung) sowie ergänzend mit systemischen Ansätzen (z. B. zirkulären Fragen, mentalen Modellen, Metaphern).

Im Kontext von Unlearning Hierarchy finden Verschiebungen im sozialen System einer Organisation statt, welche bedrohliche Fragen aufwerfen können: »Welchen Status, welchen Wert habe ich noch, wenn ich nicht mehr die Entscheidungen treffe?« Und nicht nur Führungskräfte stehen vor der Herausforderung, Macht abzugeben – gleichermaßen gilt es für Teams, mit neuer Verantwortung zurechtzukommen. Dabei entstehen schnell Spannungen, z. B. wenn offener verhandelt wird, wer welche Entscheidung trifft oder wer wofür verantwortlich ist.

Achtsamkeitspraktiken (z. B. Journaling, geführte Meditationen) und die damit verbundene Haltung haben dank einer erfolgreichen internen Bewegung eine hohe Akzeptanz innerhalb der SAP. Neben systemischen Ansätzen spielen diese eine entscheidende Rolle. Sie öffnen behutsam eine Tür zur Innenwelt und damit zu einer tieferen Reflexion z. B. in Bezug auf das eigene emotionale Erleben.

---

293 Vgl. Nadler/Tushman, 1980.
294 Vgl. Schein, 2010.

- **Beispiel:** Zu Beginn oder Ende einer Veranstaltung wird eine Journaling-Übung durchgeführt, welche mit gezielten Fragen (z. B. »Wenn ich an unsere Transformation denke, habe ich dieses Bild vor Augen: ...«) einen Raum für das emotionale Erleben gibt.

Iteratives Vorgehen

Der Kontext und die jeweiligen Ziele der Transformation sind essenziell für einen erfolgreichen Wandel. Es gibt also nicht das *eine* Organisationsmodell, die *eine* Methode, den *einen* Prozess, welche eingeführt werden. Stattdessen wird ein iterativer Prozess moderiert, bei dem Veränderungen nach und nach angegangen werden. Es wird auf Erfahrungen und Modelle aus anderen Unternehmen oder Organisationen innerhalb der SAP zurückgegriffen, der Kontext und die Ziele der spezifischen Organisation stehen jedoch im Vordergrund.

- **Beispiel:** Eine Expedition hat ein neues Organisationsmodell zunächst nur probeweise und auf Zeit eingeführt. Neue Führungsrollen ohne fachliche Verantwortung (»People Leader«) wurden aus dem Team besetzt, jedoch ohne die formellen Änderungen in der Hierarchie umzusetzen. Erst nach einigen Monaten wird auf Grund der Erfahrungen gemeinsam entschieden, ob das neue Modell langfristig und damit auch formell umgesetzt wird.

Virtuelle Räume nutzen

Persönlichen Begegnungen kommt weiterhin eine zentrale Bedeutung zu, sie sind gerade für Gruppenprozesse und zur Vertrauensbildung essenziell. Immer seltener lässt sich jedoch der Wunsch realisieren, alle Beteiligten an einem Ort zusammenzubringen. In der stark virtualisierten Welt der SAP kommen verteilte Teams meist höchstens einmal im Jahr zusammen. Daher ist es unerlässlich, auch den virtuellen Raum für die Organisationsentwicklung zu nutzen. Die moderne IT-Infrastruktur der SAP und die Affinität der Mitarbeitenden für digitale Tools ermöglichen auch hier bewusst gestaltete soziale Interaktionen. Besonders zur Erreichung einer höheren Beteiligung der Betroffenen, sowie um kürzere Zyklen in Reflexion und Planung zu ermöglichen, hat sich die Digitalisierung als essenzielle Ergänzung erwiesen.

- **Beispiel:** Eine Transformation in einem verteilten Team wird über eine Sequenz virtueller Workshops moderiert, welche im Abstand von 2-3 Wochen stattfinden. Schrittweise erarbeitet eine Gruppe von Repräsentanten aus dem Team Vorschläge für Veränderungen, diese werden in den Workshops mit dem gesamten Team (z. B. in Kleingruppen und mit Abstimmungen in Echtzeit) diskutiert und zur Entscheidung gebracht.

»Drink your own champagne«

Ein übergewichtiger Fitnesstrainer hat es schwer, glaubwürdig in seiner Rolle zu sein. Dies gilt auch in diesem Kontext: Um auf dem Weg zu mehr Selbstorganisation wirksam zu sein, ist eine Reflexion und Weiterentwicklung auch der eigenen Arbeitsweise unerlässlich. Es wäre paradox, Agilität fördern zu wollen und gleichzeitig selbst hierarchisch zu entscheiden, mit langen Planungszyklen zu denken und in funktionalen Silos zu arbeiten. Darüber hinaus liegt gerade im Erleben »am eigenen Leibe« eine einzigartige Lernmöglichkeit, die jeder Theorie überlegen ist. Dies gilt sowohl für die Arbeit innerhalb des Netzwerkes als auch innerhalb der formellen Organisationsstruktur von HR.

- **Beispiel:** Die Personal- und Organisationsentwicklung der SAP (die übergeordnete Abteilung des Kernteams) befindet sich selbst auf einer Transformation zu funktionsübergreifenden und selbstorganisierten Teams und ist eine der 11 Expeditionen.

Vor welchen Herausforderungen steht dieser Ansatz?

Auch wenn von einem durchaus hohen Reifegrad in diesem Ansatz zur Gestaltung der Transformation auszugehen ist, gibt es zentrale Herausforderungen und Spannungsfelder:

- **Skalierbarkeit**
  Die Transformationsarchitektur ist mittels des Expertennetzwerkes auf eine flexible Skalierung vorbereitet, und auch die enge Einbindung der HR Business Partner erfolgt mit dem Blick auf eine langfristige, umfassende Begleitung größerer Organisationsteile. Es bleiben jedoch zwei zentrale Herausforderungen:
  - Erstens müssen Kompetenzen in Organisationsentwicklung in Breite und Tiefe ausgebaut werden, was ohne größere Investitionen (Personal, Budget) kaum möglich sein wird.
  - Zweitens ist sicherzustellen, dass diese Experten ausreichend Zeit und Einfluss zur Verfügung gestellt bekommen, um in dieser Rolle wirksam zu sein.
  Beides möglich zu machen, könnte die Organisation und das Expertennetzwerk überfordern, weshalb eine behutsame Skalierung gegenüber einer ruckartigen vorzuziehen ist.
- **Reifegrad der Expeditionen**
  Die gewählten Transformationsprinzipien passen nicht in gleichem Maße zur Kultur der unterschiedlichen Expeditionen. Unterschiedliche Reifegrade zeigen sich z. B. darin, dass ein offenes, iteratives Vorgehen nicht überall salonfähig ist. Vielfach steht noch die Erwartung im Raum, eine Transformation sei eine Reorganisation, und diese gilt es vorzubereiten und dann schnell »über die Bühne zu bringen«. Bisher ist v. a. die Zusammenarbeit mit denjenigen Expeditionen erfolgreich, welche bereit und fähig sind, die zentralen Prinzipien zu tragen. Um dieses Spannungsfeld zu adressieren, sollte dieses Fundament in der Auftragsklärung intensiver diskutiert werden.

- **Integration mit HR-Operating-Modell**

  In der Zusammenarbeit innerhalb von HR ist nicht abschließend geklärt, wie dieser netzwerkartige Ansatz mit dem Operating Modell sowie dem Rollenkonzept der HR Business Partner kompatibel ist. HR Business Partner sind in die Transformationen mit eingebunden, allerdings in unterschiedlichen Rollen und mit unterschiedlicher Intensität. Das aktuelle Operating-Modell würde sie jedoch als zentrale Treiber dieser Veränderungen verstehen. Einem solchen dezentralen Ansatz für Transformationen, welcher die Betroffenen flexibel einbindet, ist noch keine eindeutige klare Rolle zugeordnet.

- **Internationalität und kulturelle Vielfalt**

  Zuletzt ist festzuhalten, dass die Initiative zwar bereits internationale und virtuelle Teams berührt, der Schwerpunkt jedoch noch in Deutschland liegt. Nur ca. 20 Prozent der Mitarbeitenden der SAP haben ihren Arbeitsplatz in Deutschland. Bei einer weiteren Skalierung ist eine zunehmende kulturelle Komplexität unvermeidlich. Dies wirft die Frage auf, ob der gewählte Transformationsansatz z. B. auch tragfähig und wirksam sein kann in Kulturen mit deutlich höherer Machtdistanz wie z. B. Indien oder China.[295] Diese beiden Länder spielen neben Deutschland und den Vereinigten Staaten als Standorte die größte Rolle bei SAP.

Zusammenfassung

Mit Unlearning Hierarchy hat 2019 bei SAP ein mutiger Transformationsansatz seinen Anfang genommen. Es wird Zeit brauchen, bevor zu erkennen ist, ob die Fokussierung durch den Titel, die netzwerkartige Architektur und die organischen Prinzipien einen umfassenden und nachhaltigen Lernprozess bei SAP auslösen konnten.

Literatur Kapitel 4

Andrzejewski, L./Refisch, H. (2015). Trennungs-Kultur und Mitarbeiterbindung. Kündigungen, Aufhebungen, Versetzungen fair und effizient gestalten. Köln: Wolters Kluwer Deutschland GmbH.

Armutat et al. (2015). HR Shared Service Center – Anforderungen und Erwartungen. Verfügbar unter: https://www.dgfp.de/fileadmin/user_upload/DGFP_e.V/Medien/ Publikationen/Praxispapiere/201509_Praxispapier_shared-service-center.pdf (abgerufen: 9.10.2019).

Bartscher, T./Nissen, R. (2019). Change Management für Personaler. Die digitale Arbeitswelt mitgestalten. Haufe Verlag, Freiburg i. B.

Beck, C. (2008). Personalmarketing 2.0. Vom Employer Branding zum Recruiting. Köln: Wolters Kluwer Deutschland GmbH.

---

295 Vgl. Hofstede, Hofstede/Minkov, 2005.

Beer, M./Spector, B./Lawrence, P./Quinn Mills, D./Walton, R. (1985). Human Resource Management, The Free Press, London.

Belbin, R. M. (2012). Team roles at work. 2. Auflage. Routledge.

Biemann, T./Sliwka, D./Weckmüller, H. (2012). Auf gesicherte empirische Fakten setzen, statt auf Mythen vertrauen. In: PERSONALquarterly 64 (3), S. 10-17.

Bock, L. (2011). What's the Google approach to human capital? https://insights.som.yale.edu/insights/whats-the-google-approach-to-human-capital (abgerufen 10.09.2019).

Brenner, D. (2014). Onboarding. Als Führungskraft neue Mitarbeiter erfolgreich einarbeiten und integrieren. Wiesbaden, Springer Gabler.

Bruch, H./Lohmann, T. R./Szlang, J./Heißenberg, G. (2019). People Management 2025. Zwischen Kultur- und Technologieumbrüchen. Verfügbar unter: https://www.dgfp.de/fileadmin/user_upload/DGFP_e.V/Medien/Publikationen/Studien/HR_Management_2025.pdf (abgerufen: 9.10.2019).

Choi, M./Ruona, W. E. (2011). Individual readiness for organizational change and its implications for human resource and organization development. Human resource development review, 10(1), 46-73.

Christensen, C. (1997). The Innovator's Dilemma: The Revolutionary Book that will Change the way you do Business. New York: HarperBusiness.

Christensen, C./Matzler, K./von der Eichen, S. (2013). The Innovator's Dilemma. Aus dem Amerikanischen übersetzt und überarbeitet. München: Vahlen.

Deversi, M./Kocher, M./Schwieren, C. (2020). Cooperation in a Company: A Large-Scale Experiment. Mimeo.

DGFP (2011). DGFP Langzeitstudie Professionelles Personalmanagement: Ergebnisse der pix-Befragung 2010. https://www.dgfp.de/fileadmin/user_upload/DGFP_e.V/Medien/Publikationen/Praxispapiere/201103_Praxispapier_langzeitstudiepix2010.pdf.

Doerr, J. (2018). OKR. Obejectives & Key Results: Wie Sie Ziele, auf die es wirklich ankommt, entwickeln, messen und umsetzen. München: Franz Vahlen.

Doppler, K./Lauterburg, Ch., (2014). Change Management: Den Unternehmenswandel gestalten. Campus Verlag, 13. Auflage.

Duhigg, C. (2016). What Google Learned From Its Quest to Build the Perfect Team. In: The New York Times Magazin. https://www.nytimes.com/2016/02/28/magazine/what-google-learned-from-its-quest-to-build-the-perfect-team.html (Abgerufen: 23.08.2019)

Dweck, C. S. (2008). Mindset: The new psychology of success. Random House Digital, Inc.

Eyer, E./Haussmann, T. (2005). Zielvereinbarung und variable Vergütung. Ein praktischer Leitfaden – nicht nur für Führungskräfte, 3. Auflage. Wiesbaden, Gabler.

Fink, F./Moeller, M. (2018). Purpose Driven Organizations, Schäffer-Poeschel, Stuttgart.

Franke, S./Hornung, S./Nobile, N. (2019). New Pay. Alternative Arbeits- und Entlonungsmodelle. Freiburg, Haufe Group.

Gairing, F., (2017). Organisationsentwicklung: Geschichte – Konzepte – Praxis. Verlag: Kohlhammer W. GmbH.

Gloger, B./Häusling, A. (2011). Erfolgreich mit Scrum – Einflussfaktor Personalmanagement. Finden und Binden von Mitarbeitern in agilen Unternehmen. München, Hanser

Haken, H./Schiepek, G. (2010). Synergetik in der Psychologie. Selbstorganisation verstehen und gestalten (2. Aufl.). Göttingen: Hogrefe.

Henke, D. (2019). Selbst ist das Talent. In: personalmagazin 06/2019, S. 60-62.

Herde, K. (2019). Es geht um Wertschätzung. Personalwirtschaft, 7, 21.

Hofstede, G./Hofstede J./Minkov, M. (2005). Cultures and organizations: Software of the mind. Vol. 2. New York: Mcgraw-hill.

Holling, H./Liepmann, D. (2007). Personalentwicklung. In: H. Schuler (Hrsg.), Lehrbuch Organisationspsychologie (4. Aufl.; S. 345-384). Bern, Huber.

Kaltenecker, S. (2017). Selbstorganisierte Unternehmen. Management und Coaching in der agilen Welt. Heidelberg: d.punkt.

Kauffeld, S./Grohmann, A. (2011). Personalauswahl. In: Kauffeld, S. (Hrsg.). Arbeits- Organisations- und Personalpsychologie (S. 93-111). Berlin-Heidelberg, Springer Verlag.

Kirkpatrick, D. L. (1994). Evaluating training programs: The four Reifegrads. San Francisco, Berrett-Koehler.

Klein (2019). Trennung am Arbeitsplatz: die Kündigung. Neue Narrative, 6, 70-74.

Klimecki, R. G./Gmür, M. (2001). Personalmanagement. Strategien. Erfolgsbeiträge. Entwicklungsperspektiven. Stuttgart, Lucius & Lucius Verlagsgesellschaft mbH.

Knemeyer, R. (2018). Optimierung von HR. Mit exzellenter Performance zur unternehmerischen Wertschöpfung. Freiburg, München, Stuttgart, Haufe Group.

Kolb, M./Burkhart, B./Zundel, F. (2010). Personalmanagement: Grundlagen und Praxis des Human Resources Managements, Gabler Verlag, Wiesbaden.

Kotter, J. P. (1995). Leading Change: Why Transformation Efforts Fail. Harvard Business Review, 57-69.

Kreutzer, R. T./Land, K.-H. (2017). Ausgestaltung der digitalen Transformation. In W. Jochmann/I. Böckenholt/S. Diestel (Hrsg.), HR-Exzellenz (S. 127-150). Wiesbaden, Springer Fachmedien.

Kruse, P. (2004). Next practice-erfolgreiches Management von Instabilität: Veränderung durch Vernetzung. Offenbach, Gabal.

Laloux, F. (2014). Reinventing organizations: A guide to creating organizations inspired by the next stage in human consciousness. Nelson Parker.

Langfred, C. W. (2007). The downside of self-management: A longitudinal study of the effects tf conflict on trust, autonomy, and task interdependence in self-managing teams. Academy of management journal, 50(4), 885-900.

Leopold, K. (2018). Agilität neu denken: Warum agile Teams nichts mit Business Agilität zu tun haben. Wien, Leanability Gmbh.

Lombardo, J. (2017). Google's HRM: Training, Performance Management. http://panmore.com/google-hrm-training-performance-management, abgerufen, 10.09.2019, 18:08 Uhr

McGregor, D. (2006). The Human Side of Enterprise, Annotated Edition. McGraw-Hill Education.

Nadler, D. A./Tushman, M. L. (1980). A model for diagnosing organizational behavior, Organizational Dynamics, Volume 9, Issue 2, Autumn 1980, Pages 35-51.

Olesch, G. (1992). Praxis der Personalentwicklung – Weiterbildung im Betrieb. 2. Auflage. Sauer-Verlag, Heidelberg.

Olfert, K. (2015). Personalwirtschaft, 16, S. 549 ff.

Petry, T./Jäger, W. (2018). Digital HR. Smarte und agile Systeme, Prozesse und Strukturen im Personalmanagement. Freiburg, Haufe-Lexware GmbH & Co. KG.

Phillips, J. J./Schirmer, F. C. (2005). Return on Investment in der Personalentwicklung. Der 5-Stufen-Evaluationsprozess. Heidelberg, Springer.

Pink, D. H. (2010). Drive. The surprising truth about what motivates us. Canongate Books, Edinburgh.

Pogorzelski, S./Harriott, J./Hardy, D. (2009). Die Monster-Methode. Die besten Mitarbeiter finden und langfristig binden. München, Redline Wirtschaft, FinanzBuch Verlag GmbH.

Rahn, M. (2018). Agiles Personalmanagement. Die Gestaltung von klassischen Personalinstrumenten in agilen Organisationen. Wiesbaden, Springer Gabler.

Raidén, A. B./Dainty, A. R. (2006). Human resource development in construction organisations: An example of a »chaordic« learning organisation?. The learning organization, 13(1), 63-79.

Redmann, B. (2019). Vergütungssysteme gestalten: agil, rechtssicher und nicht-monetär. Unternehmen stärken und Mitarbeiter binden. Freiburg, Haufe Group.

Riedel, T. (2017). Agile Personalauswahl. Erfolgreiche Vorstellungsgespräche im Kontext von Innovation und Vielfalt. Freiburg, Haufe-Lexware GmbH & Co. KG.

Ryschka, J./Solga, M./Mattenklott, A. (Hrsg.). (2011). Praxishandbuch Personalentwicklung, 3. vollständig überarbeitete und erweiterte Auflage. Gabler Verlag, Springer Fachmedien Wiesbaden GmbH.

Schein, E. (2010). Organizational culture and leadership. Hoboken: John Wiley & Sons.

Schiersmann, Ch./Thiel, H., (2018). Organisationsentwicklung: Prinzipien und Strategien von Veränderungsprozessen. Springer VS; 5. überarb. u. aktual. Aufl. 2018.

Senge, P. M. (1990). The fifth discipline: The art and practice of learning organization. New York: Doubleday Currency.

Sinek, S. (2014). Frag immer erst: warum: Wie Top-Firmen und Führungskräfte zum Erfolg inspirieren. Redline Verlag.

Stacey, R. (1999). Unternehmen am Rande des Chaos. Komplexität und Kreativität in Organisationen, Schäffer-Poeschel Verlag Stuttgart.

Staehle, W./Conrad, P./Sydow, J. (1999). Management: Eine verhaltenswissenschaftliche Perspektive (8. Aufl.). München; Vahlen.

Thom, N. (1989). Personalentwicklung. In: Strutz H. (eds) Handbuch Personalmarketing. Gabler Verlag.

Tichy, N./Fombrun, C./Devanna, M. (1982). Strategic Human Resource Management. In: Sloan Management Review, S. 47-61.

Trost, A. (2015): Unter den Erwartungen. Warum das jährliche Mitarbeitergespräch in modernen Arbeitswelten versagt. Weinheim, Wiley.

Wald et al. (2018). Arbeitswelten 2025. In: Werther, S./Bruckner, L. (Hrsg.). Arbeit 4.0 aktiv gestalten. Die Zukunft der Arbeit zwischen Agilität, People Analytics und Digitalisierung. Berlin, Springer-Verlag GmbH Deutschland.

Weber, M., (2002). Wirtschaft und Gesellschaft: Grundriss der verstehenden Soziologie, Mohr Siebeck; 5. revidierte Auflage.

Weckmüller, H. (2013). Exzellenz im Personalmanagement – Neue Ergebnisse der Personalforschung für Unternehmen nutzbar machen. Haufe Gruppe, Freiburg, München.

Werther, S./Bruckner, L. (2018). Arbeit 4.0 aktiv gestalten: Die Zukunft der Arbeit zwischen Agilität, People Analytics und Digitalisierung. Berlin, Springer Verlag GmbH.

Wikipedia (2019). Fürsorgepflicht. Verfügbar unter: https://de.wikipedia.org/wiki/F%C3%BCrsorgepflicht (abgerufen: 10.11.2019).

Wild, J. (1973). Organisation und Hierarchie. In: zfo, 42, 1973, 1, S. 45-54.

Windhausen, C./Reifferscheidt, B. R. (2012). Das flüssige Ich: Führung beginnt mit Selbstführung. BoD–Books on Demand.

Wurth, K. (2017). Trennungsmanagement in Unternehmen. Trennungsprozesse in Führung und Personalwesen fair und transparent gestalten. Wiesbaden, Springer Fachmedien.

5 Agile Reifegrade in den HR-Organisationsmodellen

André Häusling und Stephan Fischer

Im letzten Kapitel 4 haben wir gesehen, wie sich die Anwendung der fünf agilen Reifegrade auf die sechs zentralen HR-Wertschöpfungsprozesse auswirkt. Anhand der Praxisbeispiele wurde dabei deutlich, welche Fortschritte HR durch die Entwicklung des Reifegrads in den eigenen Wertschöpfungsprozessen bereits erzielen konnte. Im Recruiting werden z. B. zunehmend Elemente aus dem Design Thinking verwendet. Es werden Persona und Empathy Maps erstellt und in vielen Organisationen konsequent aus der Sicht der Bewerber auf den Recruiting-Prozess geschaut. Im Performance Management wird zunehmend mit OKRs experimentiert und die herkömmlichen Zielvereinbarungssysteme infrage gestellt. Zusätzlich werden Feedback-Tools und Systeme installiert, um die Wirkung von Peer Feedback zu erhöhen. Die HR-Bereiche sind dabei häufig im Transformationsmanagement involviert. Sie begleiten andere Organisationsbereiche oder auch die gesamte Organisation und gestalten die Transformationen mit. Dabei wird die Rolle von HR in den agilen Transformationen der Gesamtorganisation viel diskutiert. Aber die eigene Transformation der HR-Organisation hin zum erforderlichen agilen Reifegrad wird dabei oft noch außen vorgelassen.

Wie bereits zum Ende des Kapitels 3 beschrieben, ist die Grundlogik, dass die Komplexität der HR-Organisation der Komplexität der Gesamtorganisation entsprechen sollte. Oder mit anderen Worten ausgedrückt: Der agile Reifegrad der HR-Organisation sollte mit dem agilen Reifegrad der Gesamtorganisation korrespondieren. Ist der agile Reifegrad von HR niedriger als der Reifegrad der Gesamtorganisation, dürfte HR als nicht passend, vielleicht sogar als zu traditionell oder als Bremser wahrgenommen werden. Ist der agile Reifegrad von HR im Gegensatz dazu sogar höher als der agile Reifegrad der Gesamtorganisation, kann HR als Vorreiter und Treiber die agile Weiterentwicklung der Organisation unterstützen. Das Risiko besteht dabei aber, dass HR bei einer weiten Spanne des Reifegrads im Vergleich zur Gesamtorganisation mitunter auch als zu abgehoben erscheinen kann.

Wenn nun in Organisationen insgesamt ein hoher Reifegrad erforderlich ist, bedeutet das, dass die HR-Struktur sich analog zur gesamten Organisation ebenfalls an die Umwelt und Inwelt anpassen muss, wobei die HR-Strukturen in ihrer heutigen Form zunehmend an ihre Grenzen kommen. Es kann dabei analog zur Argumentation aus Kapitel 3 vermutet werden, dass es nicht nur einen einzigen Agilitätszustand bzw. Reifegrad geben dürfte, in dem HR strukturiert ist. Vielmehr kann je nach Herausforderung der Gesamtorganisation oder verschiedener Fachbereiche mit ganz unterschiedlichen Anforderungen an HR gerechnet werden. Entsprechend gibt es auch nicht mehr

»das eine Strukturmodell«, das universell für HR passt und in Konsequenz daraus auch nicht das eine HR-Strukturmodell. Vielmehr gilt es herauszufinden, welchen Reifegrad die jeweilige HR-Struktur tatsächlich benötigt.

Wir vermuten dass sich die strukturelle Komplexität über das Kriterium der Dimensionalität einer Organisation abbilden lässt. Der Gedanke ist dabei, dass eine hierarchische, pyramidale Struktur eindimensional funktioniert, da sie zumeist von oben nach unten in einer Linie angeordnet ist. Eine zweidimensionale Struktur, wie sie z. B. aus der Matrixorganisation bekannt ist, stellt neben die Linie von oben nach unten noch die Linie vom Kunden und Markt in der Organisation dar. Und eine dreidimensionale Struktur, wie sie etwa in Kreis-Organisationen (Holacracy) oder in Netzwerken anzutreffen ist, löst die beiden Linien auf und ergänzt diese durch eine dritte Perspektive, durch die bereichsübergreifende Zusammenarbeit ermöglicht wird. Korrespondierend zur Komplexität der Organisation muss sich HR in seiner eigenen Struktur entsprechend ausrichten.

Wir werden nun den Bezug zwischen der Dimensionalität der Organisation und der sich daraus ergebenden HR-Struktur analog zu den fünf agilen Reifegraden aus Kapitel 3 herstellen. Dabei werden wir zwar alle fünf Reifegrade beschreiben, den Schwerpunkt der Erläuterungen jedoch auf die Reifegrade 3, 4 und 5 legen, da es für die ersten beiden Reifegrade schon viel Literatur, Studien und Beispiele gibt.[296] Als Einstieg in jeden Reifegrad greifen wir zunächst noch einmal kurz eine allgemeine Beschreibung der Organisation auf, wie sie bereits in Kapitel 3 ausführlich dargestellt wurde. Dies dient als Rahmen für die Frage, wie HR jeweils idealtypisch strukturiert und organisiert sein sollte. Die Ausführungen beruhen auf theoretischen Überlegungen sowie auf Beobachtungen aus der Unternehmenspraxis. Als weiteren Aspekt fügen wir schließlich noch einige grundsätzliche Überlegungen dahingehend hinzu, wie eine mögliche Transformation von HR zum jeweiligen Reifegrad aussehen könnte. Diese basieren auf praktischen Erfahrungen aus dem Bereich der Unternehmensberatung. Auch hier konzentrieren wir uns vor allem auf die Reifegrade 3, 4 und 5.

5.1   Reifegrad 1: Das eindimensionale HR-Modell

Die Gesamtorganisation in Reifegrad 1 ist meistens in einer Stab-Linien-Organisation aufgestellt. Der Aufbau ist dabei pyramidal. Die Strukturlogik ist von oben nach unten ausgerichtet. Es gibt eine klare Führungs- und Berichtslinie, die eindimensional nach unten (bzw. oben) verläuft. Das typische Organigramm einer solchen Organisation sieht wie folgt aus:

---

296 Vgl. Kapitel 2 in diesem Buch.

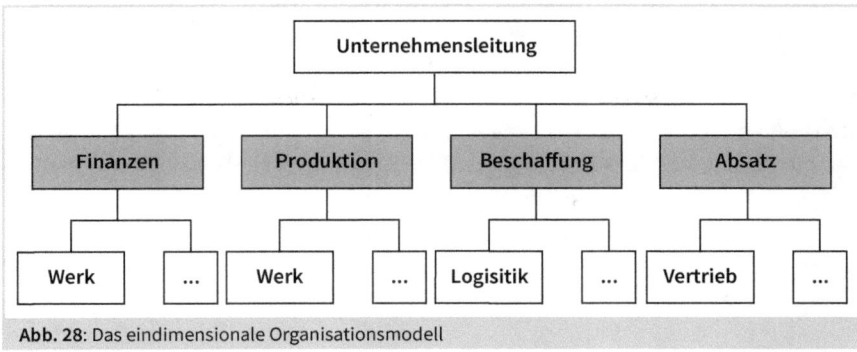

Abb. 28: Das eindimensionale Organisationsmodell

Die Umwelt der Gesamtorganisation weist Stabilität auf, sodass die Organisationsstruktur auch auf diese Stabilität ausgerichtet ist.

5.1.1 Deskription der HR-Organisation – das Referentenmodell

Die meisten HR-Organisationen in Reifegrad 1 sind ebenfalls in einer Stab-Linien-Logik abgebildet, was meist als Referentenmodell beschrieben ist:

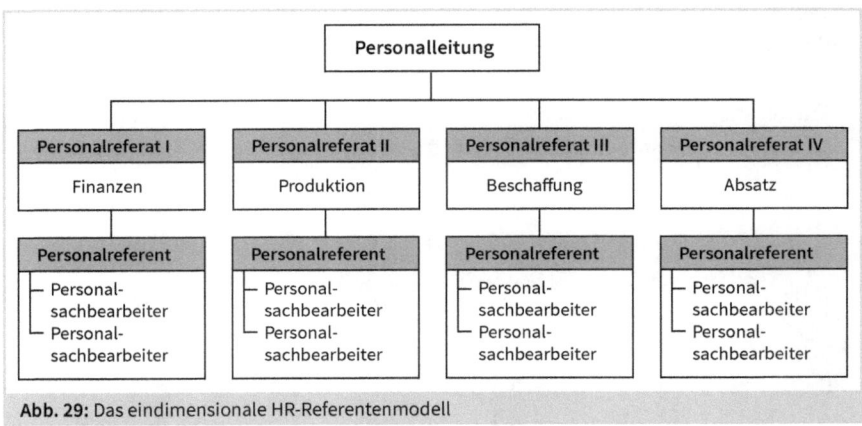

Abb. 29: Das eindimensionale HR-Referentenmodell

Die Prinzipien aus der Organisation finden sich damit auch im HR-Bereich wieder. Es gibt eine Leitungsspitze (Personalleitung), bei der die Macht gebündelt ist und die als zentraler Ansprechpartner für die wichtigen Themen des Managements dient. Unter der Personalleitung gibt es Personalreferenten, die die operative HR-Arbeit umsetzen. Die Sachbearbeitungen arbeiten den Personalreferenten zu und übernehmen vor allem die administrativen Themen. Die Denkweise ist in der gesamten Organisation des HR-Bereichs stark hierarchisch geprägt. Die Sachbearbeitungen unterstützen die Personalreferenten, die Personalreferenten unterstützen wiederum die Personalleitung und die Personalleitung schließlich unterstützt die Unternehmensführung (ggf. auch einzelne Business-Bereiche). Letztendlich ist die HR-Organisation in der Denkweise ein Spiegelbild der gesamten Organisation, beide sind in diesem Reifegrad auf die Hierarchie ausgerichtet.

Viele Aufträge kommen daher in diesen Organisationen direkt von den obersten Führungskräften, die dann vom Personalbereich umgesetzt werden. In größeren Organisationen kann dies auch ein erweiterter Kreis von Führungskräften sein. Je nach Thema müssen die Aufträge dann aber von der Organisationsführung freigegeben oder legitimiert werden.

Die Hauptaufgabe des Personalbereichs ist es, vor allem die Themen umzusetzen, die in Auftrag gegeben werden. Der eigene Gestaltungsspielraum von HR ist folglich sehr begrenzt. Das Ziel von HR ist die möglichst effizienteste Form der Auftragserfüllung. Die vorhandenen Ressourcen werden dabei bestmöglich genutzt. Mit Blick auf die in Kapitel 3 eingeführte Unterscheidung von Exploitation und Exploration steht hier die Exploitation im Fokus (Prozess-Exploitation).

Initiative und proaktive Veränderungsbereitschaft stehen nicht im Fokus der (HR-) Organisation und werden weder erwartet noch honoriert. HR zeigt daher bei der Themenumsetzung auch zumeist wenig Veränderungsbereitschaft.

5.1.2   Transformation zum Referentenmodell

Organisationen, die sich auf dem Weg zum ersten Reifegrad in HR befinden, sind zumeist Organisationen, die durch ihr Wachstum eine Größe erreicht haben, welche eine Professionalisierung der Arbeit in HR erforderlich macht. Aus fachlicher Sicht findet dabei in HR zumeist eine Spezialisierung auf einzelne Zielgruppen (z. B. Azubis) statt, die mit einer Aufgabenerweiterung in Richtung Personalentwicklung parallel gehen kann. Zudem differenziert sich die Rolle der Personalreferenten, die die Betreuung einzelner oder mehrerer Fachbereiche bezüglich Fragen des HR übernehmen. Dabei kann es aufgrund der Organisationsgröße vorkommen, dass unterschiedliche Rollen von einer Person ausgeübt werden. Der Personalleiter übernimmt z. B. die Betreuung der oberen Führungskräfte oder die Personalreferenten bedienen auch die Bedürfnisse der Mitarbeitenden aus ihren betreuten Fachbereichen beim Thema der Personalentwicklung.

5.2   Reifegrad 2: Das zweidimensionale HR-Modell

In den Reifegrad-2-Organisationen ist das Business neben der klaren Top-down-Berichtslinie meistens stärker auf den Kunden ausgerichtet. Das kann entweder durch die Einrichtung einer zweidimensionalen Matrixorganisation oder durch die Spezialisierung von einzelnen HR-Funktionen auf den internen oder externen Kunden geschehen. Letztlich hängt das von der Größe der Gesamtorganisation sowie von der Diversität der Dienstleistungen und Produkte der Organisation ab. Ein typischer Aufbau solcher Organisationen sieht wie folgt aus:

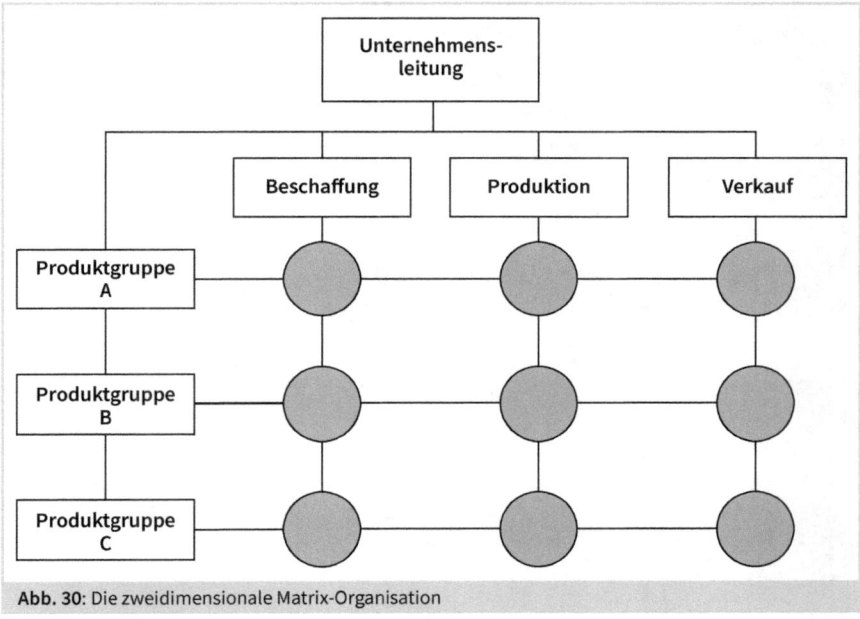

Abb. 30: Die zweidimensionale Matrix-Organisation

5.2.1   Deskription der HR-Organisation – das Business-Partner-Modell bzw. das erweiterte Referentenmodell

Diese Veränderung im Business führt in der Praxis zu einer Veränderungsnotwendigkeit im HR-Bereich. In der Praxis lassen sich dabei in Abhängigkeit zur Größe der gesamten Organisation und korrespondierend dazu zur Größe und zum Spezialisierungsgrad von HR zwei verschiedene Anpassungsmuster identifizieren. Diese unterscheiden sich zwar im Detail, bilden aber letztlich beide eher einen zweidimensionalen Aufbau von HR ab.

In vielen größeren HR-Organisationen wurde in den letzten zehn bis zwanzig Jahren das Business-Partner-Modell eingeführt, das sich strukturell an den sogenannten drei Säulen orientiert[297]:

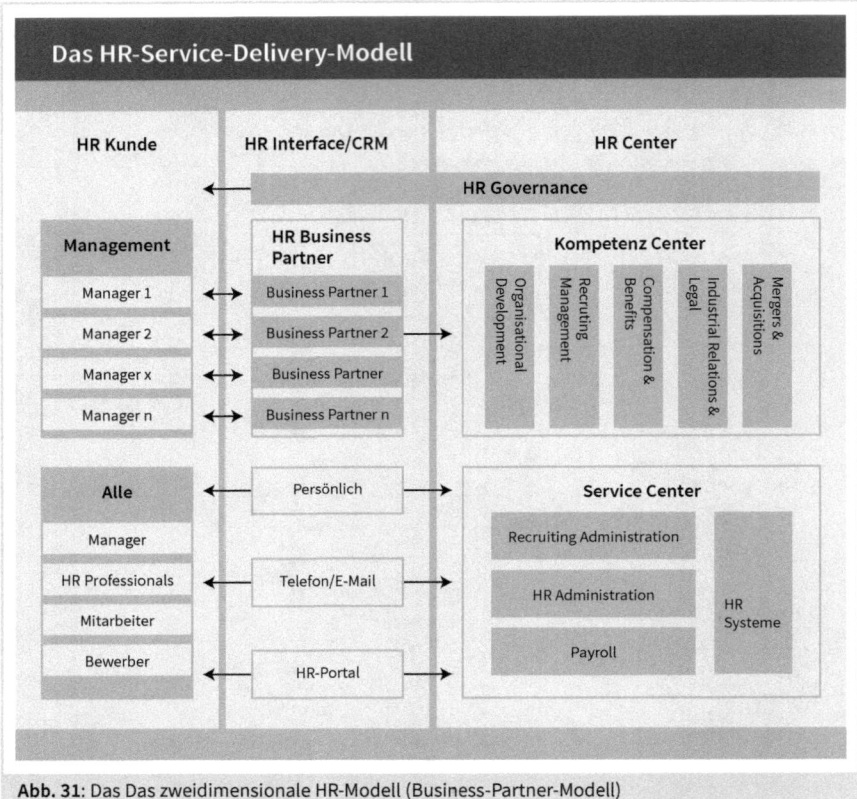

Das HR-Service-Delivery-Modell

HR Kunde	HR Interface/CRM	HR Center

HR Governance

Management — HR Business Partner — Kompetenz Center

Management	HR Business Partner	Kompetenz Center
Manager 1	Business Partner 1	Organisational Development / Recruiting Management / Compensation & Benefits / Industrial Relations & Legal / Mergers & Acquisitions
Manager 2	Business Partner 2	
Manager x	Business Partner	
Manager n	Business Partner n	

Alle	Persönlich	Service Center
Manager		Recruiting Administration
HR Professionals	Telefon/E-Mail	HR Administration / HR Systeme
Mitarbeiter		
Bewerber	HR-Portal	Payroll

Abb. 31: Das Das zweidimensionale HR-Modell (Business-Partner-Modell)

Die Personalarbeit ist in diesem Modell dabei zweidimensional ausgerichtet. Die Macht liegt in der Hierarchie der HR-Funktion. HR erhält eine übergeordnete Governance-Aufgabe. Die Zusammenarbeit basiert auf dem Service-Delivery-Modell von Ulrich. Die Schnittstelle zum Business bildet der HR Business Partner. Die Führungskräfte werden hier gegenüber den Mitarbeitenden mehr in die Verantwortung genommen. Die Schnittstelle für die Mitarbeitenden ist überwiegend die Führungskraft bzw. bei personaladministrativen Themen das HR-Service-Center, in dem die administrativen Themen gebündelt werden. Das Center of Expertise (CoE) bildet die dritte Säule. Hier sind vor allem zentrale Funktionen wie Personalentwicklung, Vergütung oder Arbeitsrecht gebündelt und werden meist in Projekten als Unterstützung für die Business

---

297 Siehe dazu Kapitel 2.

Partner bearbeitet. Das Zusammenarbeitsmodell basiert auf den zwei Dimensionen Business und Funktion. Die Denkweise in dem Modell basiert auf einem starken HR Business Partner sowie auf verschiedenen weiteren Rollen, die den Wertschöpfungsprozess von HR abbilden sollen: der Strategic Partner, der Change Agent, der Employee Champion und der Administrative Expert.[298]

In kleineren Organisationen hat sich ein HR-Modell entwickelt, das ebenfalls zweidimensional ist, jedoch nicht das klassische Service-Delivery-Modell in seiner ganzen Breite abbildet. Es handelt sich vielmehr um eine Art erweitertes Referentenmodell, bei dem die Personalreferenten die Schnittstelle zum internen HR-Kunden darstellen. Das kann so ausgestaltet sein, dass der HR-Referent für die Betreuung eines Bereichs alleine verantwortlich und vielleicht sogar im Fachbereich vor Ort angesiedelt ist. Auf jeden Fall ist dadurch die Perspektive des Kunden klar etabliert und so die Zweidimensionalität in HR verankert. In manchen Fällen kann es auch zu einer geteilten Führung des Personalreferenten kommen, indem fachlich durch die Personalleitung und disziplinarisch durch die Fachbereichsleitung geführt wird.

Die Veränderungsbereitschaft von HR ist begrenzt. Der Schwerpunkt der Arbeit liegt weiterhin auf Standardisierung und Effizienz von Prozessen und Werkzeugen. Die zentrale Aufgabe von HR ist es, die Einhaltung der standardisierten Prozesse und Tools sicherzustellen und diese möglichst so zu nutzen, dass sie einen Beitrag für das Business leisten (business-driven Exploitation).

5.2.2   Transformation hin zum HR-Business-Partner-Modell

Die Transformation zum zweiten Reifegrad und in der Praxis häufig zum Business-Partner-Modell soll hier auch kurzgehalten werden, weil es in der Praxis schon viele Publikationen und Praxisberichte gibt. Wie bereits angedeutet, sind in den Transformationen die wesentlichen Treiber vor allem, die bestehenden Prozesse zu standardisieren, effizienter zu gestalten sowie die Qualität zu steigern.

Das Vorgehen hin zu einer zweidimensionalen HR-Organisation wird dabei meistens ähnlich gewählt: Es soll effizient sein. Es wird häufig ein recht klassisches Vorgehen im Projektmanagement genutzt. Zunächst wird eine Prozessanalyse gemacht, welche HR-Prozesse wie ausgebildet sind und wo die Potenziale liegen. Daraus abgeleitet werden dann Standardprozesse entwickelt, umgesetzt und Prozessverantwortliche definiert. Dabei wird stark in den drei Säulen gearbeitet. Im Shared Service Center werden die jeweiligen Prozesse beschrieben und dokumentiert, um sie dann entsprechend

---

298 Siehe dazu ausführlicher in Kapitel 2.

umsetzen zu können. Gleiches geschieht bei den Business Partnern und in dem CoE. Die Schnittstellen zeigen sich in der Transformation als eine zusätzliche Herausforderung. Häufig werden hierfür dann konkrete Rollenbeschreibungen entwickelt, die in der praktischen Umsetzung aber immer wieder an Grenzen stoßen.

Neben der Standardisierung der Prozesse stellt die Organisationsveränderung ein weiteres Themenfeld dar. Als Voraussetzung gilt es, ein Commitment im Topmanagement und auch von einigen Fachbereichen zu haben sowie die entsprechende Einbindung der Mitbestimmungsgremien erfolgreich zu gestalten. Die Rolle des Business Partners wird häufig mit bisherigen Personalbetreuern oder Personalreferenten besetzt. Die bisherigen Personalsachbearbeitungen werden im Shared Service Center gebündelt und die bisherigen Expertenrollen wie Personalentwickler oder Arbeitsrechtler im CoE zusammengefasst.

In der Praxis ist nicht die Organisationsänderung selbst die Herausforderung, sondern die Belebung des neuen HR-Organisationsmodells. Die Konzentration auf das Business sowie das Einnehmen der Rollen mit der entsprechenden Haltung erfordert Qualifikation, Zeit und Erfahrung. Zudem wird von HR oftmals eine möglichst eigenständige Erfahrung mit den Herausforderungen der Fachbereiche verlangt. Reine Kaminkarrieren innerhalb von HR kommen dann an ihre Grenzen. Vor allem die Friktionen in den Schnittstellen der Matrix-Konstellation sind dabei eine weitere große Herausforderung in der praktischen Umsetzung.

5.3   Reifegrad 3: Die HR^{PLUSNET}-Organisation

Im dritten Reifegrad dominiert immer noch die Strukturlogik der zweidimensionalen Bereiche. Es entstehen dabei aber immer mehr teamübergreifende Kollaborationen, die sich zum Teil auf Basis informeller Kontakte und gemeinsamer Interessen entwickeln. Diese werden zunehmend heterogen, weil sich die einzelnen Fachbereiche in ihrer Arbeit immer mehr voneinander unterscheiden. In der Softwareentwicklung oder in der Produktentwicklung wird mit agilen Vorgehensmodellen gearbeitet und auch in vielen Fällen mit neuen Organisationsformen experimentiert. Die Teams wollen dort viel stärker einbezogen werden, Einstellungsentscheidungen treffen und erwarten eine hohe Geschwindigkeit von den HR-Bereichen. Auf der anderen Seite existieren Organisationseinheiten, die eher in stabilen Kontexten arbeiten, wie die Produktion oder die Buchhaltung, die in Teilen andere Erwartungen an HR haben. Im Prinzip befindet sich die Gesamtorganisation damit im Experimentierstatus des »organizing agile«, also der Organisation agiler Arbeitsformen, weil in einzelnen Fachbereichen vereinzelt Methoden, Tools und Techniken aus dem Kontext des agilen Methodenkoffers genutzt werden.

So wird insgesamt neben die zweidimensionale Aufbauorganisation eine informelle Ablauforganisation gestellt, die in einzelnen Teilen bereits Elemente eines Netzwerkes bzw. einer Community und damit einer dreidimensionalen Organisation beinhaltet. Dieses HR Organisationsmodell bezeichnen wir als HR$^{\text{PLUS NET}}$-Organisation, weil eine zusätzliche informelle Ablauforganisation entsteht, um mit der zunehmenden Komplexität besser umgehen zu können.

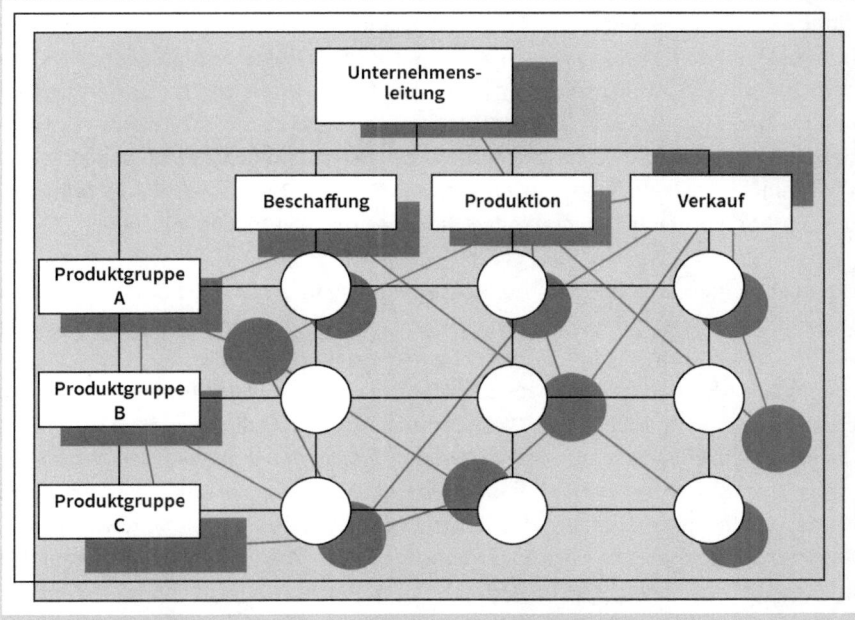

Abb. 32: Die zweidimensionale Matrix-Organisation mit informellem Netzwerk

Der dominante Treiber zur Ausgestaltung und Weiterentwicklung dieser Community besteht im Interesse einzelner Protagonisten an neuen Formen der Zusammenarbeit und des Austauschs sowie in dem gemeinsam geteilten Gefühl, dass die bisherigen Strukturen an die Grenze ihrer Wirksamkeit kommen. Oftmals wird eine Vernetzung außerhalb der Organisation parallel dazu betrieben. Diese erfolgt zumeist mit anderen Gleichgesinnten, die sich unabhängig von ihrer konkreten Unternehmenszugehörigkeit mit diesen Fragen der Zukunft der Arbeit befassen.

5.3.1   Deskription der HR^{PLUSNET}-Organisation

Aus der Praxis heraus sind viele HR-Organisationen mit der Situation konfrontiert, dass sich ihre Umwelt gerade massiv verändert und somit auch die Anforderungen an die HR-Bereiche steigen. Mit Umwelt ist dabei zum einen tatsächlich die Umwelt der Organisation gemeint, aber auch vor allem die steigende Heterogenität der Fachbereiche der Inwelt, die als interne Kunden von HR ebenfalls eine wichtige Rolle einnehmen und deren Erwartungen immer diverser werden. Mit den bisher gewohnten standardisierten

Antworten, die in Reifegrad 2 noch funktioniert haben, kommt HR nun an seine Grenzen. Das Business-Partner-Modell ächzt unter den neuen Anforderungen.

Intern gibt es in den HR-Bereichen zunehmend Treiber, die die aktuelle HR-Organisation ebenfalls infrage stellen. Die Kapazitätsplanung wird immer schwieriger und es gibt einen Wettbewerb um die internen Kapazitäten in den HR-Bereichen. Diese wollen cross-funktionaler zusammenarbeiten, wobei die aktuelle Struktur jedoch als hinderlich erlebt wird, weil die Themen in den funktionalen Bereichen priorisiert werden und die cross-funktionalen Themen dazu im Wettbewerb stehen. Es fehlen Antworten, wie die Fülle an Anforderungen an HR priorisiert und bearbeitet werden sollen. Vor allem die mangelnde Geschwindigkeit aus Sicht der Business-Bereiche bringt HR unter Druck, dort fehlt das Verständnis dafür und die Unzufriedenheit steigt.

Die Machtverhältnisse sind in dieser Phase zunehmend unklar. Die Komplexität in der Umwelt und Inwelt ist deutlich gestiegen, so dass viele Unsicherheiten auftreten, wer wofür die Verantwortung hat. Die Verantwortung pendelt zwischen der Hierarchie der HR-Organisation und den Business-Bereichen hin und her. In den Business-Bereichen entstehen neue Anforderungen. Dies führt in der Praxis zu Situationen, in denen die Business-Bereiche selbst anfangen, aktiv nach Lösungen zu schauen. So werden etwa »Work arounds« entwickelt, z. B. für die Mitarbeiterjahresgespräche, oder mit neuen Karrierelösungen experimentiert. HR wird in diesen Phasen zunehmend weniger als Ansprechpartner gesucht. Entweder ist die Kompetenzzuschreibung nicht vorhanden oder es wird erst gar nicht an HR gedacht. Dieser Prozess findet in den verschiedenen Business-Bereichen unterschiedlich statt.

Die zunehmende Heterogenität der Anforderungen aus dem Business führt zu einem Aufweichen in Teilen der HR-Governance. Es wird differenzierter vorgegangen und es werden zunehmend informelle Lösungen gesucht. Die Fliehkräfte innerhalb der HR-Organisation werden operativ größer, da die Business Partner sich zunehmend dem Business gegenüber verpflichtet fühlen. Die Zusammenarbeit zwischen Business und HR ist auf operativer Ebene sehr eng. In der Hierarchie der HR-Organisationen äußern sich aber Widerstände.

Innerhalb von HR wird nach Lösungen für eine bessere Zusammenarbeit gesucht. Die Prioritätensetzung wird schwieriger und vor allem der Umgang mit den eigenen Kapazitäten stellt eine große Herausforderung dar. Es wird zwar in ersten agilen Projekten anders gearbeitet, dennoch ist die Verwirrung und Unklarheit zum Business groß, aber vor allem auch zunehmend in der eigenen HR-Organisation. Die bisherige Business-Partner-Struktur allein reicht nicht mehr aus, um mit der zunehmenden Komplexität umzugehen. Die Denkweise basiert grundsätzlich auf HR-Governance, jedoch mit der Erkenntnis, dass alternative Lösungen benötigt werden. Die Unzufriedenheit nimmt zu, dennoch fehlen häufig noch die Handlungsalternativen, um HR-Themen anders zu denken und umzusetzen. Es werden zunehmend Spielräume für Innovation geschaffen. In ersten agilen Projekten oder auch Labs wird an neuen HR-Instrumenten und Werkzeugen gearbeitet. Die eigentliche HR-Organisation bleibt von der Veränderungsbereitschaft aber meist noch unberührt. Die Fachbereiche formulieren allerdings heterogene Anforderungen an HR, sodass die Effizienz der vorhandenen HR-Arbeit (Exploitation) alleine nicht mehr ausreicht. Vielmehr muss an einzelnen Stellen Neues entwickelt werden (Exploration). Dazu sind andere Methoden erforderlich.

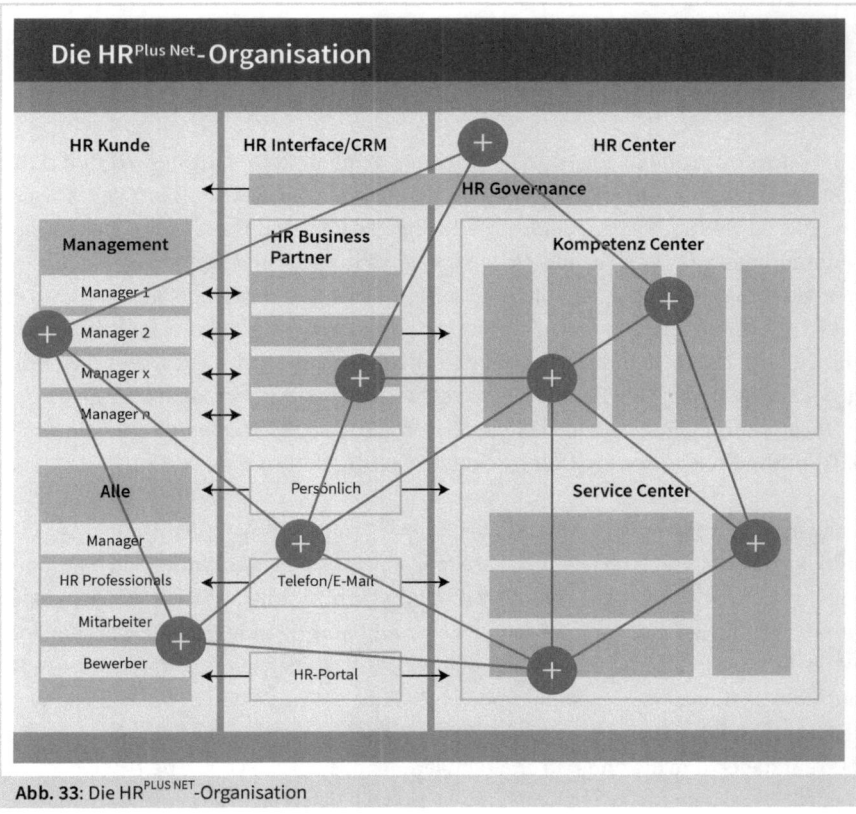

Abb. 33: Die HR$^{PLUS\ NET}$-Organisation

In dieser Konstellation entsteht die HR$^{PLUS\ NET}$-Organisation. Diese entwickelt sich als Community of Practice zu neuen Formen der Arbeit. Unterstützt wird diese Etablierung durch Methoden wie Working out Loud und vergleichbare Kollaborationsansätze. Damit entwickelt sich eine interne Allianz von einzelnen HR-Akteuren, Veränderungsexperten und aufgeschlossenen Fachbereichen, die jenseits ihrer funktionalen Zuordnung gemeinsam nach neuen Wegen suchen, um die anstehenden Herausforderungen wirksamer zu lösen. Die neue informelle Strukturlösung kollaboriert bereichsübergreifend und entwickelt Insel-Lösungen für die Fachbereiche, welche besondere Anforderungen an HR haben. Getragen wird diese informelle Strukturlösung vom

Engagement einzelner Personen, manchmal gefördert durch aufgeschlossene Führungskräfte, welche die Grenzen der bisherigen Vorgehensmodelle erkannt haben. Sie wird zumeist geduldet, da so Ergebnisse erzielt werden, die mit der herkömmlichen zweidimensionalen HR-Struktur nicht möglich gewesen wären. Der große Nachteil ist aber, dass die HR$^{PLUS NET}$-Organisation mit dem Weggang der wesentlichen Protagonisten ebenfalls wieder verschwinden kann. Das liegt daran, dass diese Lösung eben keine strukturell verankerte, sondern eine im Wesentlichen personell getragene Lösung ist.

5.3.2   Transformation zur HR^{PLUSNET}-Organisation

Die Transformation hin zur HR$^{PLUS NET}$-Organisation entsteht in der Praxis durch das Auftreten verschiedener Symptome, die bereits genannt worden sind: Wettbewerb um die Kapazitäten, mangelnde Geschwindigkeit in der Umsetzung, heterogene Anforderungen aus den Fachbereichen und die Initiative zur Veränderung von einzelnen Akteuren und Bereichen, um nur einige Beispiele zu nennen. Manchmal wird zu diesem Zeitpunkt bereits mit agilen Methoden experimentiert und es gibt auch in der HR-Organisation einige Kollegen, die das Thema immer wieder ausdauernd einbringen. Es fehlt an der Stelle allerdings meistens ein gemeinsames Verständnis von den Herausforderungen, ein gemeinsames Wissen von agilen Methoden, ein gemeinsames Zukunftsbild sowie eine Idee der gemeinsamen Vorgehensweise.

Es lohnt sich auf diesem Reifegrad, ein Thema oder ein Projekt für ein erstes Pilotprojekt als »Experiment« herauszugreifen, um als HR-Organisation für eine neue mögliche Form der Zusammenarbeit Erfahrung zu sammeln. In der Praxis gibt es unterschiedliche Beispiele, die schon für erste Pilotprojekte gewählt worden sind: Performance Management, neue Talent AC's, Feedback-Systeme, das Recruiting oder auch die Bildung eines cross-funktionalen Pilotteams, was einen dezidierten Fachbereich bearbeitet. Dabei sollten solche Themen gewählt werden, die eine gewisse Komplexität haben und die ohnehin erledigt werden müssen, weil die Arbeitsbelastung in den HR-Bereichen meist sehr hoch ist. In einigen Fällen werden die Mitarbeitenden gefragt, welches Thema sich anbietet, und diese stimmen dann darüber ab. Auch hier ist es wichtig, erst einmal mit einem Thema oder Projekt zu starten und dann weitere hinzuzunehmen.

Die Transformation hin zum dritten Reifegrad kann z. B. mittels des 6-Erfolgsfaktoren-modells gestaltet werden.[299] Dieses Modell kann auf die Transformation der gesamten HR-Organisation bezogen oder für ein erstes Pilotprojekt in HR genutzt werden. Die

---

299 Vgl. Häusling, 2017, S. 117 ff.; hier haben wir als HR Pioneers das 6-Erfolgsfaktorenmodell bereits veröffentlicht, seither aber schon wieder weiterentwickelt.

nachfolgenden Ausführungen beziehen sich auf die Beschreibung eines ersten möglichen Pilotprojektes. Der Beginn von erfolgreichem Experimentieren mit agilen Methoden und neuen Arbeitsweisen beinhaltet maßgeblich diese sechs Erfolgsfaktoren:

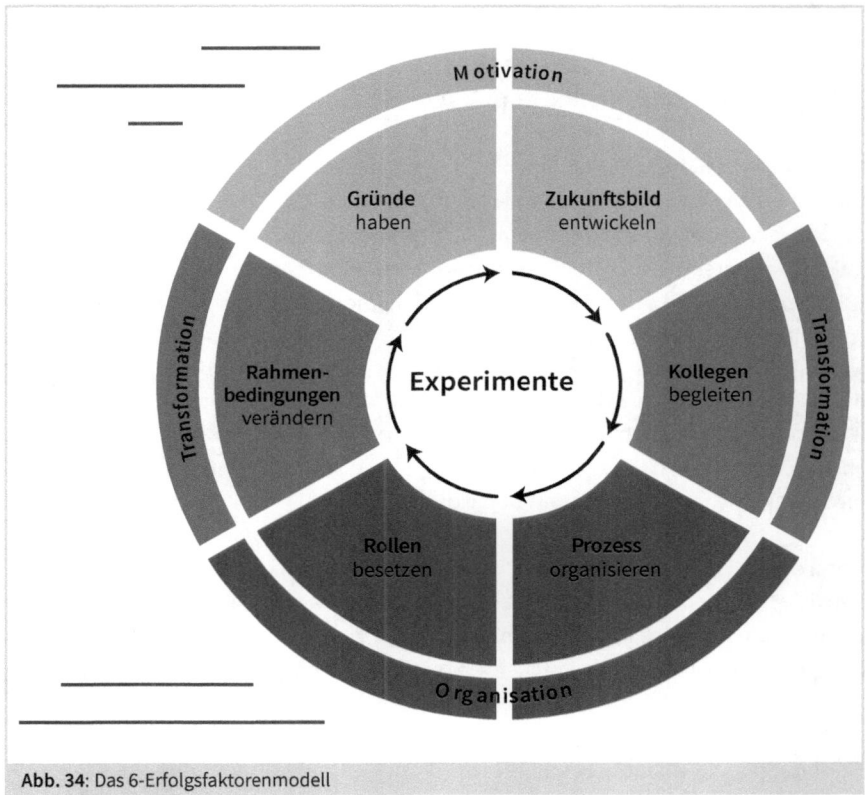

Abb. 34: Das 6-Erfolgsfaktorenmodell

Erfolgsfaktor 1: Gründe haben

Da das Thema Agilität immer mehr zum Buzzword verkommen ist, lohnt es sich sehr genau, auf die Gründe für einen steigenden Agilitätsbedarf zu schauen: Warum wollen oder müssen wir die Zusammenarbeit im HR-Bereich oder in diesem einen Thema/ Projekt anders organisieren? Wo knirscht gerade die Zusammenarbeit mit den Fachbereichen? Welche Erwartungen gibt es an HR? Welche Erwartungen werden erfüllt? Welche nicht? Welche Probleme wollen wir lösen, wenn wir ein erstes Pilotprojekt starten? Die Ergebnisse können dann auch als Hypothese genutzt werden, um zu schauen, ob die entwickelten Antworten auch die tatsächlichen Probleme lösen.

Zusätzlich kann es helfen, darüber nachzudenken, warum die Zusammenarbeit von HR mit einzelnen Fachbereichen nicht verändert bzw. wo die Art und Weise der Zusammenarbeit beibehalten werden sollte, weil sie den aktuellen Bedarfen bereits entspricht.

Erfolgsfaktor 2: Zukunftsbild entwickeln

Bei der Entwicklung eines Zukunftsbildes hilft die Orientierung an der Komplexität der Umwelt und der Inwelt. Bei der Umweltanalyse können Werkzeuge wie von Zhang und Sahrifi verwendet werden, die sich verschiedene Agilitätstreiber anschauen.[300] Das Zukunftsbild stellt dabei einen ersten Startpunkt dar, um in der Transformation einen Bezugspunkt zu haben. Es wird sich ggf. auch immer mal wieder verändern und kann verschiedene Elemente umfassen. Neben der Organisationsstruktur ist es vor allem wichtig, eine erste Idee davon zu haben, welche Werte und Prinzipien in der Zusammenarbeit gebraucht werden, sodass die Struktur ihre Wirkungskraft überhaupt erzielen kann. Das Zukunftsbild ist zu Beginn häufig noch unscharf und rudimentär, was aber nicht schlimm ist. Es geht vor allem darum zu starten und Erfahrungen zu sammeln, was einen Nutzen generiert und was nicht.

Wenn es ein konkretes Pilotprojekt ist, lohnt es sich, auch hierfür ein Zukunftsbild zu entwickeln. Wie sollte das Ergebnis aussehen? Welche Merkmale sollte es haben? Es ist wichtig, zum Start des Pilotprojektes eine erste Orientierung zu haben. Auf dem Weg der Umsetzung sollte es dann immer wieder angepasst werden.

Erfolgsfaktor 3: Prozess organisieren

Um anschließend dem Zukunftsbild näher zu kommen und Erfahrungen zu sammeln, hilft es, sich eines agilen Vorgehensmodells zu bedienen. Die Transformation hin zum dritten Reifegrad ist ein komplexes Vorhaben, was nur bedingt planbar und vorhersehbar ist. Deshalb wird in der Praxis gerne ein Vorgehen gewählt, das sich an Scrum anlehnt:

---

300 Vgl. Zhang/Sharifi, 2000.

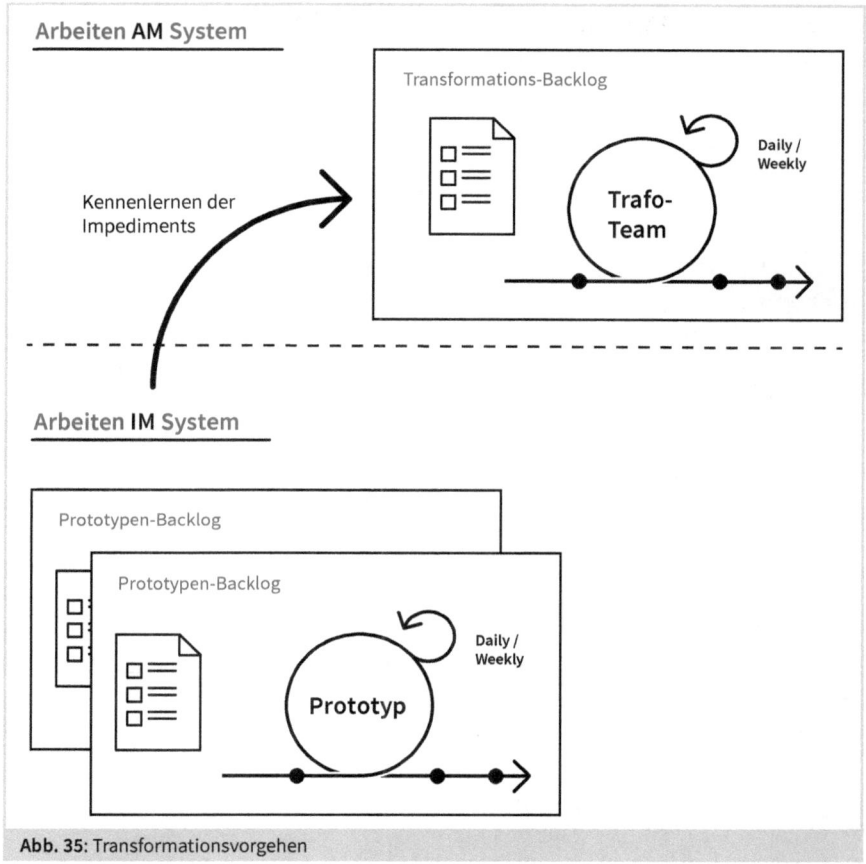

Abb. 35: Transformationsvorgehen

In vielen Fällen wird auf zwei Ebenen gearbeitet. Auf der einen Ebene wird »im System« gearbeitet. Auf dieser Ebene sind es die agilen Pilotteams, die ein ausgewähltes Thema auf eine andere Art und Weise als bisher zusammen bearbeiten. Häufig wird in der Praxis ein zweites Team gebildet, was mit den Lernerfahrungen aus den Pilotteams arbeitet, um Änderungen »am System« der HR-Organisation vorzunehmen.

Grundsätzlich liegt auf beiden Ebenen dabei ein iterativ-inkrementelles Vorgehen zugrunde. In kurzen Zyklen (Iterationen) wird Nutzen erzeugt (Inkremente). Die Zyklen variieren in der Praxis meistens zwischen zwei und vier Wochen. Dies hat den

Vorteil, in kurzen Zyklen anpassen, lernen und Veränderungen vornehmen zu können. Der Nutzen, der in den kurzen Zyklen erzielt wird, bietet die Chance auf ein schnelles-Feedback. So wird sichergestellt, dass wirklich auch Nutzen generiert wird.

Erfolgsfaktor 4: Rollen besetzen

Um an den Pilotprojekten zu arbeiten, benötigt es Mitarbeitende, die fachliche Kompetenz für das Thema sowie Kompetenzen hinsichtlich neuer Formen von Zusammenarbeit, u. a. agile Methodenkompetenzen, haben. Viele Unternehmen nutzen zum Start der Transformation auch externe Beratungen und Coaches, um die notwendigen Kompetenzen zu erlernen.[301]

Der zusätzliche kritische Punkt zu Beginn ist die zeitliche Verfügbarkeit von Mitarbeitenden, um in einem Pilotprojekt anders zusammenarbeiten zu können. Hierfür benötigt es feste Zeitfenster. Dies können ein oder mehrere fixe Wochentage sein, die dem Team für die gemeinsame Arbeit an dem Pilotprojekt zur Verfügung stehen, oder je nach Projekt auch ein fester Zeitraum – beispielsweise 3 Monate – mit 100 Prozent der verfügbaren Arbeitszeit. Es werden hier klare Rahmenbedingungen benötigt, die zu Beginn geschaffen werden sollten. Oft bietet es sich an, erstmal mit einem kleineren Zeitbudget zu starten, Erfahrungen zu sammeln sowie zu lernen und dann zusammen weiter anzupassen.

Die Rollen sind in einem solchen Transformationsprozess oftmals auch wieder an Scrum angelehnt. Für die Pilotprojekte gibt es meist einen Product Owner, einen Coach für die Begleitung des oder der Teams sowie ein Team, welches interdisziplinär oder auch cross-funktional besetzt ist. Gleichwohl wird in einem Veränderungsprojekt noch zumindest eine weitere Rolle benötigt: die Rolle des Sponsors, der die schützende Hand über das Projekt hält und die benötigten Kapazitäten zur Verfügung stellt.

Erfolgsfaktor 5: Rahmenbedingungen verändern

Bei diesem Erfolgsfaktor geht es im Wesentlichen darum, inhaltlich die Aufgaben zu organisieren und zu bearbeiten. In einem scrum-basierten Projekt haben wir hier ein Backlog erstellt, um die systemverändernden Aufgaben abzuarbeiten und Nutzen für den Kunden zu generieren.

---

301 Siehe auch Häusling, 2017; hier finden sich viele Unternehmensbeispiele, wie es andere Unternehmen gelöst haben.

In einem Pilotprojekt werden in diesem Backlog alle Themen, Aufgaben, Ideen und User Stories gesammelt, die relevant sind, um das gewünschte Zielbild zu erreichen. Wenn es um die Veränderung der gesamten HR-Organisation geht, kann als Grundlage für die inhaltliche Struktur des Backlogs auch sehr gut das TRAFO-Modell mit seinen verschiedenen Dimensionen Strategie, Struktur, Prozesse, Führung, Instrumente und Kultur genutzt werden.

Erfolgsfaktor 6: Kollegen begleiten

Da es sich in den meisten Fällen um ein Pilotprojekt handelt, was vor allem auch zum Ziel hat, die neuen Arbeitsweisen zu erlernen und kennenzulernen, ist es wichtig, den gesamten HR-Bereich an den Erfahrungen des Pilotprojektes teilhaben zu lassen. Hier gibt es verschiedene Möglichkeiten, wie Public Reviews oder andere Plattformen, bei denen die Teilnehmenden des Pilotprojektes von ihren Erfahrungen berichten können.

In der Transformation hin zum dritten Reifegrad geht es insgesamt vor allem darum, Kompetenzen und Erfahrungen zu neuen Arbeitsweisen und Arbeitsmethoden zu sammeln. Viele HR-Bereiche konzentrieren sich in dieser Phase auf den Einsatz einzelner Methoden wie Scrum, Kanban und Design-Thinking und prüfen, in welchen Kontexten und Projekten ihnen diese Vorgehensweisen einen Nutzen in der Zusammenarbeit liefern können, um mit der zunehmenden Komplexität umgehen zu können.

5.4   Reifegrad 4: Die HR-Hybrid-Organisation

In den Reifegrad-4-Organisationen gibt es zumeist bereits zwei parallele Betriebssysteme.[302] Die in Reifegrad 3 begonnene Differenzierung der Arbeitsweisen von Fachbereichen verstärkt sich weiter. Diese Differenzierung tritt aus dem Experimentierstadium heraus und manifestiert sich als erfolgreiches Gesamtmuster für Organisationen, um sich an die Besonderheiten der veränderten Umwelt- und Inwelt-Bedingungen bestmöglich anzupassen. Gemäß Duncan greifen erfolgreiche Unternehmen dabei auf die Etablierung dualer Strukturen zurück, die entweder explorative oder exploitative Aktivitäten fokussieren.[303] Unter Exploitation kann dabei die bestmögliche Nutzung vorhandener Ressourcen verstanden werden, während die Exploration das Finden neuer Ressourcen bedeutet.[304] Es geht dabei also darum, Veränderungen zu treiben und Neues zu entwickeln sowie parallel dazu Bestehendes bestmöglich zu nutzen.

---

302 Vgl. Kotter, 2015.
303 Vgl. Duncan, 1976.
304 Siehe dazu auch Kapitel 3.

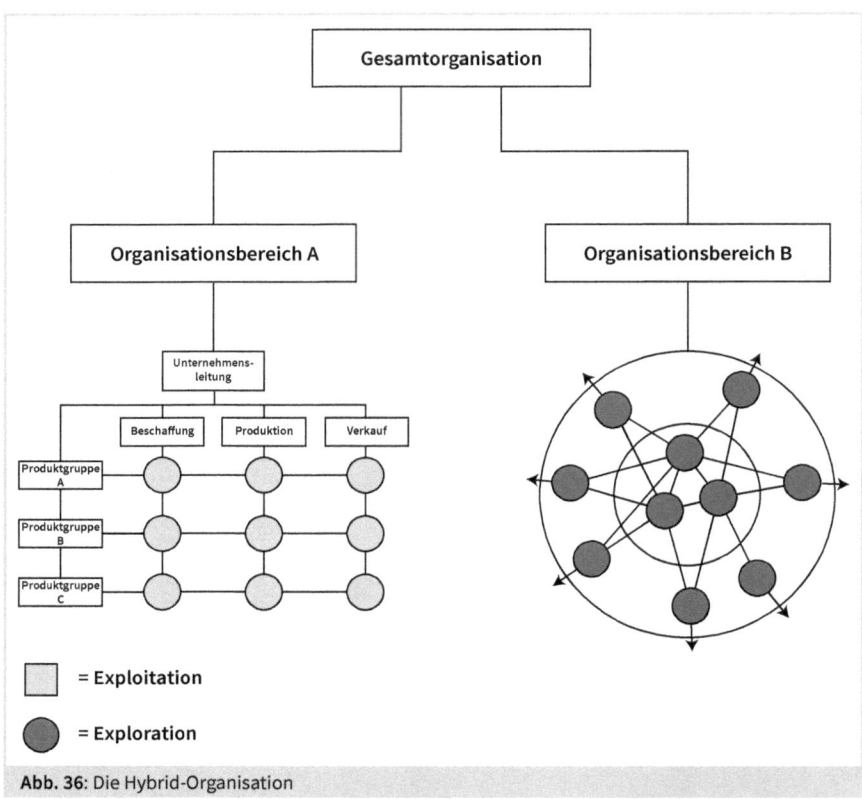

Abb. 36: Die Hybrid-Organisation

In der Übertragung dieser Überlegungen auf klassische Organisationstheorien, wie etwa die die Kontingenz- oder die Evolutionstheorie, befassen sich somit einige Teile der Organisation dabei – eher strukturell verankert – mit der Veränderung und Anpassung *(Adaptation)*, während sich andere Teile eher mit dem Bewahren befassen und sich der Integrationsleistung *(Integration)* widmen.[305] Diese beiden Mechanismen sind auch erforderlich, um in einer sich stark verändernden Umwelt zu überleben und sich selbst zu erhalten *(Latency)*.[306] Kombiniert mit der weiteren wichtigen Organisationsaufgabe, der Erreichung von Zielen (Goal Attainment), entsteht so das AGIL-Prinzip.[307] Aus diesem Grund manifestiert sich das Prinzip des »organizing agile«, also der Organisation agiler Arbeitsformen für einzelne Fachbereiche, als dominantes Vorgehensmodell in Organisationen des Reifegrads 4. Wie bereits in Kapitel 3 eingeführt, lassen sich dabei zwei verschiedene Varianten finden, in denen die beiden Betriebssysteme organisiert sein können: die kontextuelle und die strukturelle Ambidextrie.[308] In der Praxis konnte

---

305 Vgl. Lawrence/Lorsch, 1969.
306 Vgl. Hannan & Freeman, 1977.
307 Vgl. Dove, 2001.
308 Vgl. Birkinshaw/Gibson, 2004.

in den letzten Jahren insbesondere die Variante der strukturellen Ambidextrie auf dem Reifegrad 4 beobachtet werden.

Die strukturelle Ambidextrie teilt die ganze Organisation in Exploitation und Exploration auf. Hier widmen sich die jeweiligen Bereiche dem einen oder dem anderen Aspekt. So läuft das Tagesgeschäft wie gehabt ab und kann die hierarchische Top-down-Struktur behalten, während neue oder umfunktionierte Bereiche wie lockere Start-ups arbeiten. Experimentierfreude und Risikotoleranz sind hier an der Tagesordnung. Bei der strukturellen Ambidextrie ist entscheidend, dass die zwei Bereiche nicht völlig voneinander abgeschottet werden.

Die strukturelle Ambidextrie gibt es in der Praxis in zwei Ausprägungen: Einerseits gibt es insbesondere klassisch organisierte Konzerne, die neue sog. Inkubatoren gegründet haben, in denen mit Start-up-Charakter neue Wege der Arbeit und neue Methoden genutzt werden. Oftmals erfolgte die Gründung solcher agilen Tochterunternehmen mit dem Ziel, im Konzern bestehende Rahmenbedingungen zu umgehen, welche durch die Mitbestimmung vermeintlich agiles Arbeiten beeinträchtigen. Ein dabei häufig beobachtetes Phänomen ist die Tatsache, dass die beiden Welten so weit auseinanderliegen, dass ein wechselseitiges Profitieren nur in Ansätzen möglich ist. Wie weit der Graben zwischen den beiden Teilen tatsächlich ist, hängt nicht zuletzt vom agilen Reifegrad des klassischen Unternehmensteils ab. Hier wird insbesondere der Integration zu wenig Aufmerksamkeit geschenkt.

Andererseits gibt es den Versuch, die strukturelle Ambidextrie in einer einzigen Organisation zu vereinen. Hier werden die Inkubatoren nicht ausgelagert, sondern bleiben Teil der Organisation. Das hat den Vorteil, dass Entwicklungen in nicht zu unterschiedliche Richtungen und damit ein Auseinanderdriften der Organisation frühzeitig erkannt werden. So besteht die Möglichkeit, gezielt entgegenzusteuern. Im Gegenzug existiert jedoch das Risiko, dass sich der agile Organisationsteil durch eine zu enge Anbindung an den klassischen Organisationsteil nicht so weit entwickelt, wie das bei größerer Distanz möglich wäre.

5.4.1 Deskription der HR-Hybrid-Organisation

In beiden Ausprägungen der strukturellen Ambidextrie ist die hybride HR-Organisation nun die Weiterentwicklung von Reifegrad 3. Während in Reifegrad 3 noch das Business-Partner- (oder das erweiterte Referenten-)Modell die führende HR-Organisationsform ist, wird nun gezielt an einer neuen Organisation von HR gearbeitet. Da die Komplexität im Umfeld sowie die Heterogenität der Fachbereiche aufgrund der strukturellen Ambidextrie nun nochmals deutlich höher ist, kann es auch nicht mehr nur ein HR-Modell geben, um die diversen Anforderungen an HR zu bedienen. Vielmehr wird es je HR-Organisation unterschiedlich aussehen. Aber wie schon zuvor bei den anderen Reifegraden gibt es auch hier ebenfalls gemeinsame Prinzipien und Faktoren.

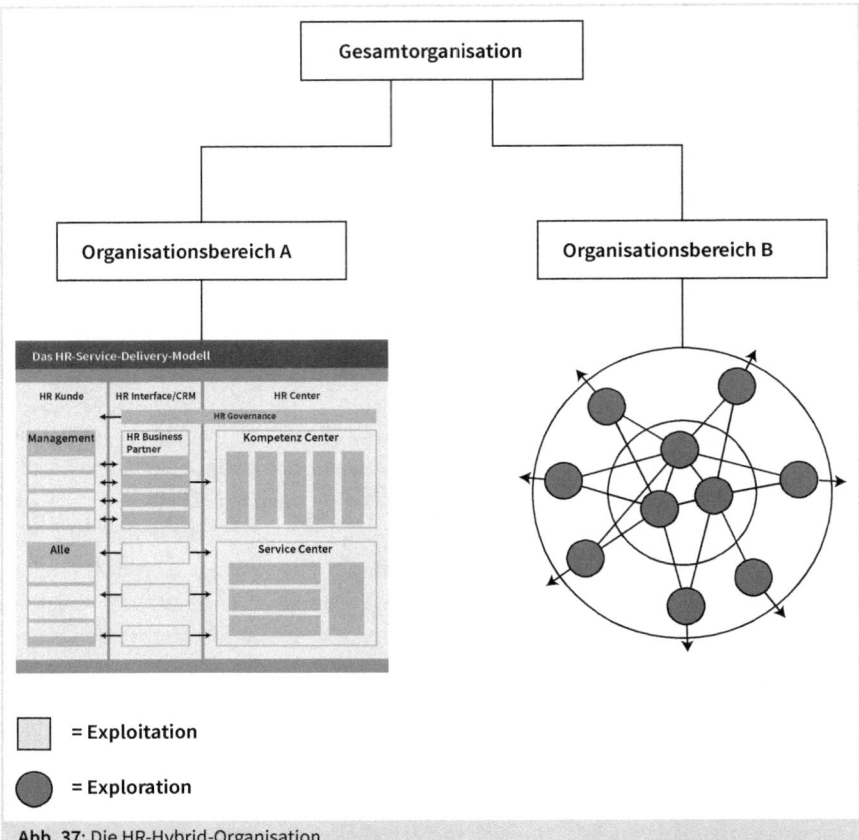

Abb. 37: Die HR-Hybrid-Organisation

Die Gestaltungsmacht haben nun in Reifegrad 4 vor allem die Business-Bereiche mit ihren Bedürfnissen und Anforderungen. Denn hier findet die Agilität, die Anpassungsfähigkeit an die Umwelt statt. Der HR-Bereich sieht sich im Reifegrad 4 vor allem als starker Dienstleister, der einen Nutzen für die Business-Bereiche schafft. Ein Ziel, das bisher nur informell in Reifegrad 3 erfüllt wurde, wird nun weiterentwickelt: die Erfüllung individueller Kundenanforderungen. In der Schnittstelle zu den Business-Bereichen wird nun gezielt auf die unterschiedlichen Anforderungen und die Heterogenität aus dem Business eingegangen. Dennoch werden diese Anforderungen in der internen HR-Organisation möglichst effizient und schlank bearbeitet. Das bedeutet eine große Umstellung für die Zusammenarbeit zwischen HR und den Business-Bereichen, aber auch vor allem HR-intern.

Die Organisationsstruktur wird dahingehend angepasst, dass die Erfahrungen aus der bisherigen inoffiziellen Netzwerkorganisation, ersten agilen Prototypen und Piloten weiter professionalisiert werden. Die Erkenntnis ist nun gereift, dass allein durch

Governance, Standardisierung und durch personelle Lösungen der Heterogenität aus dem Business nicht mehr adäquat nachgekommen werden kann.

Die Organisationsstruktur folgt nicht mehr vor allem der funktionalen Logik, stattdessen wird die Kundenzentrierung in der Organisationsstruktur erhöht. Zunächst stellt sich die Frage, wer der Kunde für den HR-Bereich ist. Häufig wird darauf die Antwort »Führungskräfte und Mitarbeitende« gegeben. Wenn wir aber mit der Organisationsperspektive auf HR schauen, sollte der Kunde der Organisation auch der Kunde von HR sein. Führungskräfte und Mitarbeitende sind vielmehr Nutzer oder Anwender von bestimmten Services und Leistungen, um einen Kundennutzen zu schaffen. So ändert sich die Perspektive und der Blickwinkel von HR sehr konsequent, indem von außen auf die Organisation geschaut wird.

Wenn sich nun HR nicht mehr (nur) nach Funktionen aufstellt, dann stellt sich die Frage nach einer Alternative, um den agilen Reifegrad in der Organisationsstruktur besser abbilden zu können. Hier gibt es nicht mehr die eine Antwort, sondern viele verschiedene Möglichkeiten für die HR-Organisation, die von verschiedenen Kriterien abhängen: der Größe der Organisation, der Größe des HR-Bereichs, der Internationalität des HR-Bereichs, der Anzahl der Standorte und vieles mehr. Bisher wurde immer versucht, alles in einem einzigen neuen Modell abzubilden. In einer komplexen Welt ist dies aber kaum noch möglich. Wir brauchen vielmehr organisationsspezifische Lösungen.

Überträgt man den Gedanken der strukturellen Ambidextrie auf HR, so entsteht eine HR-Hybrid-Organisation, die Rollen beinhaltet, welche sich eher mit Fragen der Exploitation befassen. Diese werden selbst eher klassisch strukturiert sein und dienen mehrheitlich der Integration, indem sie durch Governance und entsprechende Tools gezielt zur Trägheit der Organisation beitragen. Daneben wird es Rollen geben, welche eher die Exploration im Fokus haben. Diese stellen die Veränderung in den Vordergrund, dienen somit der Anpassung an die komplexe Umwelt und fördern gezielt die Agilität. Alle Rollen sollten dabei so ausgerichtet sein, dass sie möglichst passend die Bedarfe der unterschiedlichen Fachbereiche bedienen können. Denkbar ist etwa ein (Transformations-)Netzwerk von HR-Experten, welches den Schwerpunkt auf die Exploration legt, während klassische HR-Rollen eher die Exploitation im Blick haben.

Beide Teile von HR, auch das Netzwerk, sind strukturell fest verankert. Das kann entweder innerhalb oder auch außerhalb von HR geschehen. Wichtig ist aber, dass ein gemeinsames Verständnis von zunehmender Professionalisierung dieses Netzwerkes entsteht. So entwickelt sich eine neue Profession in der HR-Arbeit, die aufgrund der heterogenen Anforderungen aus den Fachbereichen ebenfalls ganz heterogene Methoden und Vorgehensmodelle nutzt. Zudem dürfte sich ein solches Transformationsnetzwerk nicht mehr alleine aus HR-Kompetenzen speisen. Vielmehr bedarf es auch der anderen Kompetenzbereiche, die eher außerhalb des klassischen

HR-Wissens liegen (z. B. TQM, Business Re-Engineering), um das breite Spektrum der Transformationsbedarfe in Gänze abzudecken. HR kann dabei die Rolle einnehmen, dieses Netzwerk zu entwickeln und eine gemeinsame Weiterentwicklung zu fördern.

Letztlich sind die großen Unterschiede zum Reifegrad 3 die gemeinsame Professionalisierung sowie die strukturelle Verankerung des Transformationsnetzwerkes, das nun nicht mehr (nur) an einzelnen Protagonisten hängt. Vielmehr ist es ein fester Bestandteil von HR, der unabhängig von Einzelpersonen erhalten bleibt und der gleichberechtigt neben den klassischen HR-Rollen steht. Die besondere Herausforderung besteht dabei, diese beiden Rollen der Exploration und der Exploitation gleichgewichtig nebeneinander zu stellen und eine unterschiedliche Wertschätzung möglichst zu vermeiden. Für eine erfolgreiche Anpassung von HR braucht es bei diesem Reifegrad beide Betriebssysteme, wie es auch für die Organisation im Ganzen beim Reifegrad 4 Exploration und Exploitation braucht.

5.4.2   Transformation zur HR-Hybrid-Organisation

In den letzten Jahren wurden sowohl im Konzernumfeld als auch bei kleinen und mittelständischen Organisationen viele netzwerkartige Organisationsstrukturen entwickelt, um die strukturelle Ambidextrie zu bedienen. Dabei wurden Strukturen für ganze Organisationen auf der Makro-Ebene als auch für verschiedene Organisationsbereiche in der Meso-Ebene entwickelt. Diese Erfahrung und dieses Wissen wurde mittlerweile von HR Pioneers in einem Vorgehensmodell gebündelt. Es bietet den Vorteil, dass das Wissen im Prozess steckt und für die Organisationen dennoch individuelle Lösungen entstehen, die im jeweiligen Kontext adäquat sind. Es besteht aus den folgenden sechs Phasen[309]:

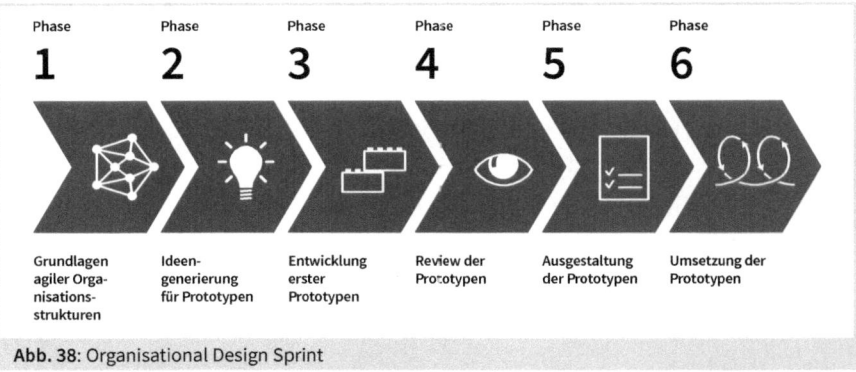

Abb. 38: Organisational Design Sprint

---

309 Dieses Vorgehen existiert in der Praxis unter der Überschrift »Pioneers Organisational Design Sprint«.

Phase 1: Grundlagen agiler Organisationsstrukturen

Auf dem Weg zum vierten Reifegrad lohnt es sich nochmal, sich einige Grundlagen zu vergegenwärtigen. In der Praxis ist es wichtig herauszufinden, was die eigentlichen Probleme sind. Wenn wir in unseren »Organisational Design Sprint-Workshops« nach den aktuellen Vor- und Nachteilen der aktuellen Organisationsstruktur vor dem Hintergrund des tatsächlichen und erforderlichen Reifegrads von HR fragen, dann erhalten wir häufig folgendes Bild, bei dem als Vorteile der aktuellen HR-Struktur u. a. folgende Punkte genannt werden:

- Eine hohe Klarheit und Stabilität. Jeder Mitarbeitende weiß, wo er hingehört, und auch die Verantwortlichkeiten sind in der Aufbauorganisation klar geregelt
- Es sind Führungskarrieren möglich und es gibt klare Karriereperspektiven
- Es existiert ein hohes Zusammengehörigkeitsgefühl durch die gemeinsame funktionale Expertise in einem Team oder Bereich

Als Nachteile der aktuellen Organisationsstruktur werden hingegen beispielsweise folgende Aspekte angeführt:

- Mangelnde Flexibilität bei der Kapazitätsplanung. Meistens wird nur in den funktionalen Teams gedacht und gehandelt. Die übergreifenden Themen werden nachrangig behandelt, wenn kein Eigeninteresse besteht
- Zu viele Hierarchieebenen führen zu Langsamkeit bei Entscheidungen
- Zu wenig Kundenzentrierung durch die Ausrichtung auf die funktionalen Expertisen

Dies sind nur einige wenige typische Beispiele. Wir erkennen meistens folgende Punkte an dieser Stelle:

  a) Es ist nicht zwingend alles schlecht an der aktuellen Organisationsstruktur
  b) Nicht jedes Problem hat seine Ursache in der aktuellen Organisationsstruktur

Es ist dann vor allem wichtig, sich noch einmal über einige Punkte Gedanken zu machen, bevor es um eine mögliche neue Struktur des HR-Bereichs geht.

Die Struktur des HR-Bereichs ist lediglich eine von den sechs Dimensionen im TRAFO-Modell (siehe Kapitel 3). Wir denken meistens auf dem Sprung zu den Reifegrad-4-HR-Organisationen, dass vor allem die Struktur die Herausforderung darstellt. Wenn wir uns aber die Fragestellungen etwas detaillierter anschauen, stellen wir doch fest, dass es nicht ausschließlich die Struktur des HR-Bereichs ist, die uns in der Praxis Probleme bereitet. Deutlich wird dies auch immer daran, dass sich bei einer Strukturänderung der Organisationsbereiche schnell die anderen Dimensionen limitieren. Die Prozesse sind noch nicht auf die neue Struktur ausgerichtet, die Kultur ist noch nicht so weit oder die Instrumente in der Zusammenarbeit werden häufig als hinderlich wahrgenommen. Wichtig ist erstmal an der Stelle, das Bewusstsein dafür zu haben, dass die Struktur nicht alle Probleme lösen wird, sondern dass wir uns die Probleme wieder ganzheitlicher anschauen müssen.

Phase 2: Ideengenerierung

Der Prozess der Ideengenerierung dient als Inspiration für die Entwicklung der organisationalen Prototypen.

In vielen Fällen fehlt Organisationsentwicklern und Führungskräften eine Idee, wie ihre Organisation anders aussehen könnte. Das Referentenmodell kennen viele, das Business-Partner-Modell auch, aber wie sehen die Alternativen dazu aus? Hier helfen Beispiele aus anderen Organisationen, um einige konkrete Ideen und Impulse zu bekommen. (Deshalb folgen im Anschluss an dieses Kapitel auch wieder zwei Beispiele, um eine Idee zu geben, wie es andere HR-Organisationen machen.) Dabei geht es uns nicht um das Kopieren, sondern um das Inspirieren. Andere Beispiele helfen dabei, eigene Ideen zu entwickeln. Dennoch ist es wichtig, dass jedes Unternehmen seine eigenen Wege findet und geht.

Anhand dieser Ideengenerierung und den Beispielen erleben Unternehmen, wie eine kunden- oder nutzenzentrierte HR-Organisation aussehen kann. Zudem helfen auch Beispiele aus anderen Funktionsbereichen, um den Horizont zu erweitern. Hierbei entsteht zunehmend eine neue Denkweise, mit der die Organisationen betrachtet werden. Bisher wurden viele HR-Organisationen stark von innen nach außen gedacht. Anhand der Beispiele entstehen nun aber auch neue Denkmuster, wie eine HR-Organisation von außen nach innen gedacht werden kann.

Viele Organisationen suchen dann nach Beispielen, nach dem Motto: Wer macht das schon genauso oder ähnlich? – Wieder auf der Suche nach Sicherheit. Erstaunlicherweise gibt es von agilen HR-Organisationen noch sehr wenige Beispiele. Eines der ersten großen und bekannten Beispiele war vor einigen Jahren der HR-Bereich der DB-Vertrieb. Die Erfahrungen hat die DB Vertrieb im Buch »Agile Organisationen« bereits 2017 veröffentlicht.[310]

Phase 3: Prototypen entwickeln

In der Praxis bewährt es sich, die Organisationsentwicklung grundsätzlich wie die agile Produktentwicklung iterativ-inkrementell vorzunehmen, was für viele HR-Organisationen zu Beginn etwas ungewohnt ist. Das liegt daran, dass wir in der Vergangenheit in einem kleinen Kreis aus Management und ggf. Beratern eine neue Zielstruktur im »stillen Kämmerlein« entwickelt und diese dann dem Betriebsrat und den Mitarbeitenden kommuniziert haben. Im Anschluss wurde dann Überzeugungsarbeit geleistet und der Umsetzungsprozess gestartet.

---

310 Vgl. Häusling, 2017, 307ff.

Die agile Organisationsentwicklung basiert auf einem iterativ-inkrementellen Vorgehen. Zunächst werden organisationale Prototypen gebaut, um sie erst theoretisch und später auch praktisch verproben zu können. Dahinter liegt ein sehr konkretes Verfahren, was verkürzt wie folgt aussieht:

Im ersten Schritt stellt sich die Frage, auf wen die Struktur ausgerichtet werden soll. Damit verbunden ist zu klären, wer eigentlich der Kunde oder Nutzer der HR-Leistungen ist, auf den die Struktur ausgerichtet werden soll: Wer ist der Kunde von HR?

Aus unserer Erfahrung sollte der Kunde von HR auch der Kunde der Organisationen sein. Bisher haben HR-Bereiche die Führungskräfte oder Mitarbeitenden als Kunden gesehen. Sie sind aber keine Kunden, sondern Nutzer der HR-Services und -Produkte. Das mag sehr eigenwillig klingen, ändert die Perspektive von HR allerdings deutlich.

Wenn nun klar ist, auf wen wir die HR-Organisation ausrichten und wer der HR-Kunde ist, stellt sich die Frage, wie dies operationalisiert werden kann. Es geht nun darum, eine oder mehrere Variablen zu finden, die für den Organisationsschnitt möglich sind. Hier hilft zunächst eine Sammlung der Variablen, gefolgt von einem ersten Test der Variablen. Mögliche Variablen, die uns in der Praxis begegnen, sind unter anderem folgende:

- Ein Schnitt der HR-Organisationen nach Business Units
- Ein Schnitt der HR-Organisation nach Produkten
- Ein Schnitt der HR-Organisation nach Prozessen in der Employee Journey
- Ein Schnitt der HR-Organisation nach Standorten
- Und einige mehr.

Die relevantesten Variablen werden ausgewählt und weiterentwickelt. Bei der Erstellung kommen viele Fragen auf. Manche Prototypen werden schnell verworfen, andere werden kombiniert, bis sich der Nebel lichtet und sich meist ein oder zwei Prototypen herauskristallisieren.

Phase 4: Review der Prototpyen

Bei dem Review handelt es sich um einen partizipativen Prozess. Es geht in diesem Schritt darum, Feedback zu den ersten Prototypen einzuholen. Während bisher in vielen Organisationen im »stillen Kämmerlein« eine neue Organisationsstruktur in einem engen Zirkel an Vertrauten und Beratern entwickelt wurde (und die Mitarbeitenden später davon überzeugt werden mussten), geht es nun darum, frühzeitig die betroffenen Mitarbeitenden einzubinden, sowie vor allem auch die relevanten Nutzer, Stakeholder und Anwender der HR-Prozesse.

In verschiedenen Terminen werden die ersten Prototypen den jeweiligen Stakeholdern vorgestellt und ein Feedback eingeholt, welches dann im Nachgang aufgearbeitet und eingearbeitet werden kann.

In Zusammenarbeit mit den Mitarbeitenden haben sich »public reviews« bewährt. Dies sind Großgruppenveranstaltungen, in denen in kleinen Dialoggruppen ebenfalls ein erstes Feedback eingeholt werden kann.

Phase 5: Ausgestaltung der Prototypen

Bei der Ausgestaltung der Prototypen sind meistens nur noch zwei verschiedene Varianten der Prototypen vorhanden. Eine erste strukturelle Hülle für eine Organisation ist entwickelt. Im nächsten Schritt werden nun die weiteren Dimensionen des TRAFO-Modells betrachtet (siehe Kapitel 3), um die Organisation auszugestalten und die Wirkungskraft zu entwickeln. Dabei ist die Dimension der Führung häufig ein sehr bedeutender Teil.

Eine wesentliche Frage ist nun, wie Führung organisiert werden soll, um die Wirkungskraft der neuen Organisationsstruktur zu nutzen. Dabei sind zwei Kriterien wichtig:

Wie verteilt soll die Führungsstruktur sein?
Bisher ist die Führungsverantwortung in einer zentralen Rolle gebündelt. Eine funktionale Führungskraft ist für die strategische Ausrichtung des Teams, die Teamentwicklung, die Personalentwicklung der Teammitglieder und auch für fachliche Entscheidungen des Teams die zentrale Person. Die Führungsstruktur kann auch zu Beginn zentral bleiben, was sich in der Praxis aber als sehr herausfordernd erwiesen hat.

Um die agilen Werte und Prinzipien nutzen zu können, hilft eine verteilte Führungslogik und die Verteilung der Macht. So entstehen neue Führungsstrukturen. In Scrum sind es dann Product Owner, Team und Scrum Master. Es bleibt meistens noch eine Führungskraft, die sich dann aber vor allem auf die drei Aufgaben »Orientierung geben«, »Rahmenbedingungen schaffen« und »Individuelles Coaching« fokussiert. Viele andere Unternehmen haben ähnliche verteilte Führungssysteme entwickelt und in Teilen anders benannt, um die Scrum-Welt von den Begrifflichkeiten her zu verlassen.

Wie empowert sollen die Teams sein?
In vielen Fällen haben die Teams und auch die Führungskräfte eine gewisse Unklarheit, wer nun was darf und wer nun was entscheidet. Dies führt häufig zu Konflikten

oder zur Verlangsamung der Organisation. Zur Lösung nutzen wir häufig Delegation Boards, um Klarheit bezüglich des Empowerments zu erzielen.[311] Es hilft zu klären, wo wie von wem welche Entscheidungen getroffen werden sollen und dürfen. Es empfiehlt sich hier auch zunächst, mit einer ersten Startkonfiguration zu beginnen, dann nach einem entsprechenden Zeitraum (ggf. 12 Wochen) zu reflektieren und danach ggf. wieder anzupassen.

Neben dem Aspekt der Führung werden auch die Prozesse in der Zusammenarbeit der neuen Struktur betrachtet. Wie müssen die einzelnen Elemente und Rollen in der neuen Struktur zusammenarbeiten? Welche Meetings benötigen wir? Wo werden welche Entscheidungen getroffen?

Zudem ist es wichtig, sich anzuschauen, wie die Kultur ausgestaltet werden kann, um die Wirkungskraft der neuen Organisationsstruktur zu nutzen. Welche Werte und Prinzipien sollen im Mittelpunkt stehen?

Auch die weiteren Dimensionen des TRAFO-Modells werden nach einiger Zeit ein Thema. Meistens beschränkt es sich zu Beginn jedoch auf die genannten Aspekte.

Phase 6: Umsetzung der Prototypen

Die Umsetzung der Prototypen erfolgt dann auch erneut iterativ-inkrementell basierend auf dem 6-Erfolgsfaktorenmodell (siehe Kapitel 5.3.2). So können HR-Organisationen im vierten Reifegrad individuelle Lösungen für die einzelnen Fachbereiche suchen und abbilden, um den heterogenen Anforderungen differenziert gerecht zu werden.

Die Zusammenarbeit mit dem Business ist sehr stark. Es findet ein übergreifender und regelmäßiger Dialog statt. Das Business ist fester Bestandteil in der Entwicklung neuer HR-Prozesse und Werkzeuge. Innerhalb des HR-Bereichs sind die funktionalen Ausrichtungen der Ausrichtung auf die Ablauforganisation gewichen. Die Kundenorientierung ist stark in der Denkweise verankert, ebenso die Ablauforganisation. Die Steuerungs- und Führungslogik wandelt sich zunehmend in eine Dienstleisterrolle.

Die Veränderungsbereitschaft und der Gestaltungswille haben deutlich zugenommen. HR versteht sich zunehmend als Treiber und befähigt die Business-Bereiche sehr stark.

---

311 Verweis auf Häusling/Römer/Zeppenfeld 2019: Delegation Board.

5.5   Reifegrad 5: Die (agile) HR-Netzwerk-Organisation

In den Reifegrad-5-Organisationen treten die zweidimensionalen Strukturen noch weiter in den Hintergrund. Sie stehen auch nicht mehr im Modell der strukturellen Ambidextrie zentral als zweites Betriebssystem neben ersten Ansätzen der dreidimensionalen Netzwerke, unabhängig davon, ob diese als personell getragenes Netzwerk (Reifegrad 3) oder als strukturell verankertes Netzwerk (Reifegrad 4) etabliert sind. Neue Formen der Strukturierung, die sich vom zweidimensionalen Aufbau vollständig lösen, gewinnen zunehmend an Bedeutung. Dabei lassen sich zwei unterschiedliche Entwicklungsformen von Reifegrad-5-Organisationen unterscheiden: Zum einen gibt es aus der Praxis abgeleitete Strukturansätze in Kreislogik, wie sie etwa im Modell der Holacracy anzutreffen ist.[312] Zum anderen entwickeln sich Netzwerke, die in ihrer dreidimensionalen Komplexität die bereichs- und hierarchieübergreifende Zusammenarbeit in besonderem Maße ermöglichen.

Holacracy wird als ein Managementsystem für eine volatile Welt beschrieben und steht für Selbstorganisation, flache Hierarchien, Empowerment, Agilität und viele weitere Prinzipien im Sinne des New Work. Das von Robertson entwickelte Organisationsmodell, das in seinen Grundzügen der Soziokratie ähnelt, zielt darauf ab, die Entscheidungsfindung in komplexen Organisationsnetzwerken durch Eigenschaften wie Transparenz und Partizipation zu forcieren. So sollen bürokratische Prozesse vermieden und die Organisation kollaborativ weiterentwickelt werden, indem sie in Kreisen organisiert ist. Die Kreise werden aus verschiedenen Rollen zusammengesetzt, die an den Aufgaben des Unternehmens ausgerichtet sind und feste Verantwortlichkeiten haben. Jedem Mitarbeitenden steht es frei, eine Vielzahl von verschiedenen Rollen innerhalb eines Kreises als auch innerhalb von mehreren verschiedenen Kreisen einzunehmen. Die Verantwortung, die Rollen neu zu entwickeln und zu definieren, liegt bei den Mitarbeitenden. Zudem können sie bei Bedarf Rollen, die nicht mehr relevant sind oder nicht mehr zur Umwelt passen, wieder abschaffen. Die Macht wird dem Prozess übergeben, der die Autorität und Entscheidungshoheit auf die einzelnen Rollen verteilt. So zentriert die Organisationsform nicht primär die einzelnen Mitarbeitenden, sondern den Prozess der wechselnden Rollenbesetzungen und das Prinzip der »Dynamischen Steuerung«. Durch die in der Verfassung niedergeschriebenen Prozesse und Regeln wird eine hohe Formalisierung erreicht, sodass Holacracy als sehr organisations- und prozessorientiert gilt. Innerhalb dieser Verfassung sind besondere Meeting-Formate beschrieben, die den Rahmen für die Zusammenarbeit bieten.

Neben der kreisförmigen Strukturierung im Holacracy Modell lässt sich in der Praxis eine (noch) größere Verbreitung von auf Netzwerken basierenden Organisationen beobachten. Netzwerke sind dabei komplexe und mehrdimensionale Beziehungsge-

---

312 Vgl. Robertson, 2016.

flechte aus selbstständigen Personen, Gruppen und Unternehmen. Dabei stellt ein Netzwerk eine abgegrenzte Menge von Akteuren oder Akteursgruppen und die Beziehung zwischen ihnen dar. Die dazugehörenden Knoten stellen ein Set von Akteuren dar, zum Beispiel Individuen, Gruppen von Individuen oder auch ganze Organisationen, Kanten hingegen sind ein Set an Beziehungen, d. h. bestehende Verbindungen, die einseitig, aber auch wechselseitig gerichtet sein können. Diese bilden die Voraussetzung für die Entstehung einer Netzwerkorganisation.

Somit lässt sich formal ein Netzwerk durch eine endliche Menge von Knoten und die dazwischen verlaufenden Kanten charakterisieren.[313] Netzwerkorganisation beschreibt dabei die koordinierte Zusammenarbeit sowie das Beziehungsgeflecht innerhalb und außerhalb einer Organisation. Sie zeichnet ein erhebliches Maß an strategischer Flexibilität und den Verzicht auf eine hierarchische Kontrolle aus. Wir bereits im Kapitel 3 ausgeführt, lassen sich auch bei den Netzwerken zwei Ausprägungen von Netzwerken finden: die Ausprägung der kontextuellen Ambidextrie und die Ausprägung der Multidextrie.

Die kontextuelle Ambidextrie zeichnet sich dadurch aus, dass sich der Arbeitsaufwand jedes einzelnen Mitarbeitenden in Exploitation und Exploration aufteilt. Dabei werden Mitarbeitende dazu angehalten, einen bestimmten Teil ihrer Arbeitszeit mit der Entwicklung oder Erforschung neuer Systeme zuzubringen. Den anderen Teil der Zeit widmen sie sich ihren täglichen Exploitationsaufgaben und suchen nach Möglichkeiten zur Effizienzsteigerung. Diese Vorgehensweise hat den Vorteil, dass nicht nur neue Erkenntnisse für das Unternehmen gewonnen werden, sondern gleichzeitig auch die Belegschaft fortgebildet wird. Bei der kontextuellen Ambidextrie gibt es damit unterschiedliche Knoten innerhalb des dreidimensionalen Netzwerkes, die zwar sowohl Aufgaben der Exploitation als auch der Exploration beherrschen, sich aber letztlich relativ stabil auf unterschiedliche exploitative und explorative Aufgaben spezialisieren.

Bei der Multidextrie sind die Knotenpunkte des Netzwerkes hingegen generalistischer. Hier agieren alle Akteure des Netzwerkes je nach Bedarf und Anforderung mehr oder weniger explorativ oder exploitativ. Da diese Form der Multidextrie nicht mehr strukturell-organisatorisch bedingt ist, wird der persönliche, individuelle Aspekt umso relevanter. Es benötigt multidexte Menschen und Teams, die in der Lage sind, die jeweiligen Bedarfe zu erkennen und unterschiedliche Modi der Exploration und der Exploitation erfolgreich anzunehmen.

---

313 Vgl. Sydow & Lerch, 2013.

Sowohl die kontextuelle Ambidextrie als auch die Multidextrie lassen sich in den beiden unterschiedlichen Organisationstypen finden, die jeweils auf unterschiedliche Weise mit diesem dreidimensionalen Netzwerkmodell experimentieren: kleinere Organisationen, die von Anfang an als Netzwerk konzipiert wurden, und große Organisationen, die durch die Förderung von Netzwerken die Mitarbeitenden besser miteinander in den Austausch bringen wollen.[314] Die kleineren Organisationen tendieren dabei eher in Richtung der Multidextrie, während die größeren Organisationen sich eher in Richtung der kontextuellen Ambidextrie entwickeln.

Der Typus von Organisationen, die mit dreidimensionalen Modellen agieren, ist aktuell von der Anzahl her eher kleiner. Diese Organisationen beschäftigen in der Regel bis zu ca. 500 Mitarbeitende. Sie wurden häufig bereits in dieser Strukturlogik gegründet und haben demnach keine Transformation von einem klassischen hin zu einem agilen Unternehmen benötigt. Ebenso kommen sie nur selten aus der Logik der Ambidextrie, um sich in Richtung eines Netzwerkes und einer Netzwerkorganisation zu entwickeln. Diese Organisationen sind es gewohnt, sich vollständig auf die Bedürfnisse der Kunden auszurichten und dabei den Fokus auf die eigenen Mitarbeitenden nicht zu verlieren. Aufgrund der Größe gibt es ein intensives persönliches Beziehungsgeflecht. Zudem findet man diese Form in Organisationen, in denen die Mitarbeitenden über ein eher höheres Bildungsniveau verfügen und dementsprechend einen eigenen Anspruch an Entscheidungsbeteiligung, kombiniert mit dem Wollen und Können an Partizipation, verbinden.[315]

Ein weiterer Typus von Organisationen besteht aus eher großen Unternehmen, die die Etablierung und Nutzung eines unternehmensweiten (intraorganisationalen) Netzwerkes fördern, weil sie so in der Lage sind, die vorhandenen Ressourcen im Unternehmen bestmöglich zu nutzen. Ein intraorganisationales Netzwerk ist entsprechend ein Beziehungsgeflecht innerhalb einer Organisation. Es beschreibt ein komplexes und mehrdimensionales Beziehungsgeflecht aus selbstständigen Personen, Gruppen und Unternehmen, die relativ stabile Beziehung haben, gemeinsame Werte teilen und das Ziel verfolgen, auf diese Weise Wettbewerbsvorteile in komplexen und dynamischen Märkten zu erreichen. So entsteht ein nächster Reifegrad des »Being Agile«, also der Teilung gemeinsamer Werte und Normen als Basis für eine zielgerichtete Zusammenarbeit. Solche Organisationen sehen im Modell der Ambidextrie keine dauerhafte Lösung für ihren Anpassungsbedarf und fördern die Dominanz des Netzwerkes. Diese Dominanz wird durch den Einsatz entsprechender Tools unterstützt und beinhaltet zumeist eine Führungslogik, die ebenfalls nicht mehr auf Einzelpersonen konzentriert ist. Vielmehr wird die Führung in geteilten Rollen praktiziert.

---

314 Zudem lassen sich interorganisationale Netzwerke finden, in denen verschiedene Organisationen miteinander kooperieren und ggfs. sogar ein Öko-System bilden. Dazu entwickeln wir am Ende des Buches noch einige Gedanken für einen möglichen sechsten Reifegrad.
315 Typisch sind dafür etwa KMU aus der IT-Branche, wie etwa die AOE aus Wiesbaden.

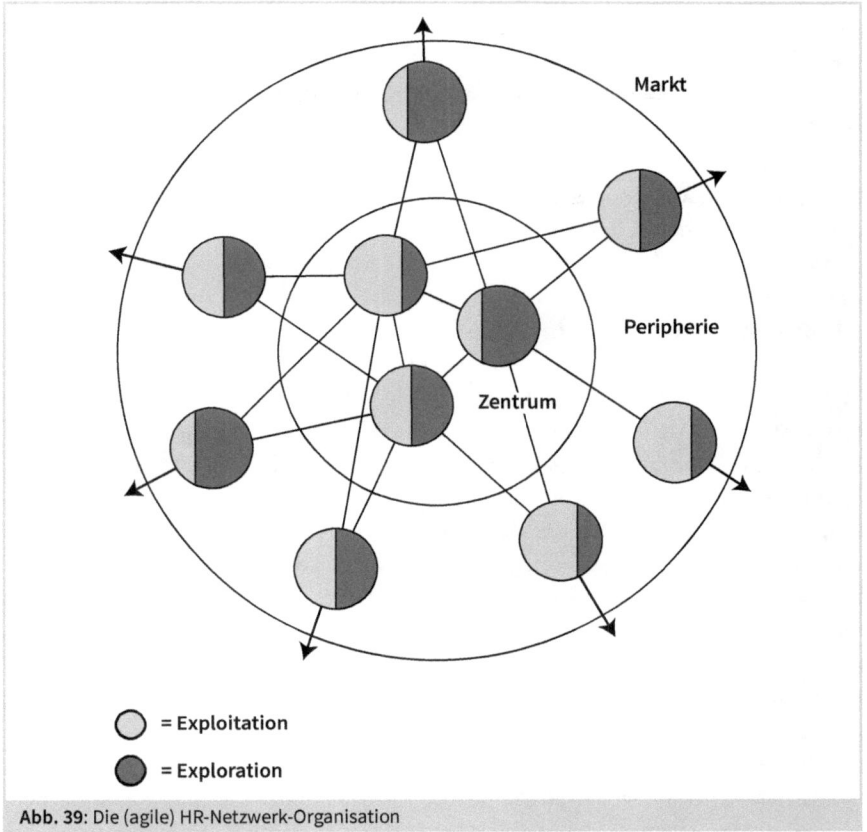

○ = Exploitation

● = Exploration

Abb. 39: Die (agile) HR-Netzwerk-Organisation

5.5.1   Deskription der (agilen) HR-Netzwerk-Organisation

Unabhängig davon, in welcher Variante und Ausprägung die dreidimensionale Organisation gestaltet ist, muss sich HR ebenfalls dreidimensional strukturieren, um als Teil des Netzwerkes wirksam zu sein. Das erfordert die Weiterentwicklung der HR-Hybrid-Organisation, wie wir sie auf dem Reifegrad 4 beschrieben haben. Dabei wird es vermutlich nicht eine idealtypische Lösung von HR-Netzwerken auf dem fünften Reifegrad geben. Vielmehr ist die folgende Deskription eine Vermutung, wie sich die HR-Organisation in Zukunft vielleicht entwickeln könnte. Denkbar ist etwa, dass HR selbst als Netzwerk organisiert ist, als solches identifizierbar bleibt (z. B. der HR-Knoten) und über entsprechende Verbindungen (Kanten) mit den anderen Bereichen des Netzwerkes interagiert. Denkbar ist aber auch, dass HR vollständig im organisationalen Gesamtnetzwerk aufgeht, indem es an mehreren Stellen wichtige Kanten, aber keinen eigenen identifizierbaren Teil mehr bildet. So würde dann HR-Arbeit ohne eine eigene HR-Funktion entstehen.

Zur Annäherung an eine solche HR-Strukturierung im Netzwerk haben wir das Agile HR Edgellence Modell entwickelt, das als erste Version auch bereits publiziert wurde.[316] Edge steht dabei für die Kante, also die mögliche neue Rolle von HR, in Netzwerken Verbindungen zwischen den Akteuren bei den HR-relevanten Themen zu gestalten. Um einen nachweisbaren Beitrag für das Netzwerk zu leisten, muss die Herstellung dieser Kanten möglichst exzellent erfolgen, also den Bedürfnissen der unterschiedlichen Akteure entsprechen. Dazu werden u. a. agile Methoden genutzt und agile Werte gelebt. Diese Aufgabe sollte HR sowohl in der kontextuellen Ambidextrie als auch in der Multidextrie erfüllen. Dazu haben wir das erweiterte Agile HR Edgellence Modell entworfen.

In beiden Strukturvarianten des Reifegrads 5 liegt die Macht beim Kunden der Organisation. Die Personalthemen sind in jedem Fall stark dezentral organisiert. Sämtliche HR-Wertschöpfungsprozesse liegen hinsichtlich der Ausrichtung und Gestaltung bei einzelnen autonomen Einheiten, die nach den bestmöglichen Lösungen für ihre Herausforderungen schauen. Die operative Personalarbeit (Personalbetreuung) ist stark in den autonomen Fachbereichen organisiert. Lediglich die HR-Service-Bereiche können noch gebündelt sein und sehen sich als Dienstleister für die Netzwerkakteure, um sie in ihren Aufgaben der Exploration und der Exploitation zu befähigen. Die übergeordneten Themen werden iterativ inkrementell in cross-funktionalen Teams erstellt und bearbeitet. Die Denkweise ist sehr stark auf den Kunden der Organisationen ausgerichtet und stark von außen nach innen gerichtet. Daneben spielen aber auch die Bedürfnisse der Mitarbeitenden eine wichtige Rolle. Die Veränderungsbereitschaft ist hoch und HR richtet sich immer wieder neu an den Bedürfnissen des Kunden aus. Obwohl es auf dem Reifegrad 5 so viele unterschiedliche Ausprägungen und Typen gibt, können wieder einige Grundprinzipien für die neue Organisation von HR identifiziert werden:

Prinzip 1: Kunden- und Mitarbeiterzentrierte Strategie

Das erweiterte Agile HR Edgellence Modell zeichnet sich durch eine klare kunden- und mitarbeiterzentrierte Strategie aus. Dazu ändert HR sein Kundenverständnis konsequent von einer Inside-out-Denkweise zu einer Outside-in-Denkweise. Im Mittelpunkt des Denkens und Handeln von HR stehen nicht mehr länger Führungskräfte und Mitarbeitende als vermeintliche »Kunden«, sondern der Endkunde. Letztlich ist es für HR von Relevanz, welcher Nutzen sich für den Endkunden durch HR ergibt. Das gilt nicht nur für HR als Funktion, sondern auch für jedes Tool (z. B. Mitarbeitergespräch, Vergütungsmodelle etc.), das HR entwickelt. HR kann so die Zukunftsfähigkeit der Organisation mit Endkundenausrichtung mitgestalten. Damit erhöht HR den Beitrag zum Kundennutzen und wird so als wichtiger Teil der Netzwerkorganisation wahrgenommen.

---

316 Vgl. Häusling/Fischer, 2018. Siehe dazu auch Kapitel 2 in diesem Buch.

Parallel dazu wird sich die Rolle von HR noch mitarbeiterzentrierter ausrichten. Mitarbeiterzentrierung meint dabei, Lösungen zu finden, damit Teams selbstverantwortlich und selbstorganisiert Kundennutzen schaffen können. Diese agilen Elemente erhöhen die Geschwindigkeit für den Kunden. Strategisch bedeutet das für HR, Netzwerkakteure in der Verantwortung zu belassen und ihnen entsprechende individuelle Tools und Lösungen für ihre jeweiligen Anforderungen zur Verfügung zu stellen. Es geht für HR z. B. nicht mehr darum, Mitarbeitende einzustellen, sondern Mitarbeitende und Teams zu befähigen, Mitarbeitende einzustellen. HR ist nicht mehr Erfüllungsgehilfe des Business. Vielmehr wird HR innovative Lösungen mit hohem Nutzen für die Gesamtorganisation anbieten.

Prinzip 2: Cross-Funktionale HR-Strukturen

Die HR-Struktur wird sich zukünftig radikal verändern. HR kann als Silo nicht mehr erfolgreich funktionieren. Auf Reifegrad 5 wird HR als Teil der Netzwerkorganisation darin aufgehen. Die Notwendigkeit dieser Entwicklung wird sehr deutlich am Beispiel der ganzheitlichen Entwicklung von Organisationen. Bisher waren die Themen Unternehmensentwicklung, Organisationsentwicklung und Personalentwicklung oft voneinander getrennt. In der Unternehmensentwicklung wird unter anderem an neuen Produkten, Strategien oder alternativen Geschäftsmodellen gearbeitet, um die Zukunftsfähigkeit der Organisation sicherzustellen. Die Organisationentwicklung dient der Gestaltung von Strukturen, Prozessen, Kulturen etc. hin zu einer bestmöglichen Gestaltung der Wertschöpfung. In vielen Organisationen wird diese Gestaltung etwas stiefmütterlich behandelt. Deshalb wird es zielführender sein, die Zukunftsfähigkeit der Unternehmensentwicklung und der Organisationsentwicklung zu verschmelzen. So kann zukünftig leichter und schneller an der Anpassungsfähigkeit der Organisation an die Kunden- und Marktbedürfnisse gearbeitet werden. Zudem sollte die Personalentwicklung analog dazu ebenfalls mit der Unternehmensentwicklung und der Organisationsentwicklung verschmelzen, um so eine Entwicklung auf allen drei Ebenen der Organisation (Mikro, Meso und Makro) zu gewährleisten. Durch die Zusammenführung der Unternehmensentwicklung, Organisationsentwicklung und Personalentwicklung werden im erweiterten Agile HR Edgellence Modell die strategischen Ziele der Organisation (Kundenzentrierung und Mitarbeiterzentrierung) effektiver und effizienter erreicht. Strukturell führt dies zu drei spezifischen Aufgaben, die HR als Teil der Netzwerkorganisation erfüllen muss:

1. Schaffung eines Transformationsknotens, der für die ganzheitliche Gestaltung der Organisation und die damit verbundene Transformation verantwortlich ist. Darin werden Unternehmensentwicklung (Produkte, Geschäftsmodelle), Organisationsentwicklung (Transformation, Zukunftsfähigkeit der Organisation) sowie Personalentwicklung (Kompetenzentwicklung, Führung) cross-funktional und interdisziplinär bearbeitet.

2. Bisherige Business Partner werden dezentral im Business organisiert. Es existiert somit keine zentrale HR-Funktion mehr. Die Business Partner schaffen Rahmenbedingungen für die Führungskräfte und Mitarbeitenden und beraten bei operativen HR-Fragen und -Themen. Sie praktizieren dabei im besten Sinne ein Empowerment der Mitarbeitenden. In einer »community of practice« sind die Business Partner fachlich vernetzt.
3. Shared Services können Shared Services bleiben. Dies ist ein komplizierter Bereich, aber nicht komplex. Er lässt sich effizient gestalten und lösen. Durch die Digitalisierung stellt sich die Frage nach der Make-or-Buy-Entscheidung. Sämtliche Fragen zur Sozialpartnerschaft werden weiterhin bearbeitet werden müssen, die sich in den Legal-Bereichen bündeln lassen.

Prinzip 3: Agile Prozesse

Die Prozesse der Zusammenarbeit in der Netzwerkorganisation beruhen auf agilen Werten und Prinzipien. Während in der Vergangenheit HR häufig kompetitiv im Wettbewerb zu anderen Bereichen stand, wird nun sehr kollaborativ an den Themen gearbeitet. HR bildet eine zentrale Schnittstelle zu vielen anderen Netzwerkakteuren, sodass es auf keinen Fall isoliert betrachtet werden darf. In der Business-Transformation wird transparent gearbeitet. Dadurch wird ein hohes Maß an Partizipation anderer Akteure ermöglicht. Der Auftraggeber für die Business-Transformation können sowohl die Unternehmensentwicklung als auch die verschiedenen Business-Bereiche sein. Insgesamt sollen die Prozesse des Bereichs Business-Transformation wieder auf die strategischen Ziele einzahlen: hohe Kundenzentrierung und hohe Mitarbeiterzentrierung.

Prinzip 4: Außergewöhnliche HR-Tools

Grundsätzlich geht es darum, dass HR entsprechende Instrumente zur Verfügung stellt, aus denen sich die Akteure der Netzwerkorganisation die für sie passenden auswählen. Es gibt keine alte Kontroll- und Push-Kultur von HR mehr, sondern ein Ermächtigen und Befähigen der Organisation, die selbstverantwortlich die Instrumente nutzt und wählt, die sie benötigt. Dazu werden die HR-Instrumente so angepasst, dass sie eine höhere Mitarbeiter- und Kundenzentrierung entwickeln.

Ein weiterer Schwerpunkt liegt in der Bereitstellung von Tools und Methoden zur übergreifenden Kollaboration und Zusammenarbeit im Netzwerk. HR vermittelt dabei zum Beispiel Methoden zur wirkungsvolleren Zusammenarbeit. Zum einen kann es selbst weitere Professionalisierung der Akteure anbieten, zum anderen als Begleiter bei der Umsetzung von Transformationen einzelner Geschäftsbereiche beraten und unterstützen. Darüber hinaus hilft es, wenn kollaborative IT-Tools, wie JIRA, Slack oder Trello, geschult und zur Verfügung gestellt werden.

Prinzip 5: Verteilte Führungssysteme

Führung sieht im Netzwerk ebenfalls anders aus als in den bisherigen anderen Reifegraden. Zukünftig geht es weniger darum, »im System« operativ die HR-Themen zu treiben, sondern vielmehr »am System« zu arbeiten. Dieses »Am System«-Arbeiten wird vor allem im Netzwerk stattfinden, weil es den klassischen HR-Bereich nicht mehr geben wird. Sie werden nunmehr Teil des Netzwerkes sein. Die neuen Verantwortlichkeiten von HR werden darin bestehen, Orientierung zu geben (Zielrichtung in den Transformationen und an der eigenen Transformation), sich selbst, Teams und Mitarbeitende zu entwickeln (sodass ein echtes Befähigen der Organisation stattfinden kann) und Rahmenbedingungen zu schaffen (sodass selbstverantwortliches und selbstorganisiertes Arbeiten möglich ist). Im Netzwerk haben wir zunehmend eine verteilte und keine hierarchische Führung, um stark in netzwerkartigen und crossfunktionalen Teams arbeiten zu können.

Prinzip 6: Neue Kulturen

Um dies umzusetzen, werden Kulturelemente benötigt, die auf beide strategischen Ziele einzahlen: eine Kultur der Kundenzentrierung und eine Kultur der Mitarbeiterzentrierung. Das Ziel ist es, dass HR selbst eine neue Kultur abbildet, zudem aber auch in der Rolle als Kulturentwickler für die Netzwerkorganisation fungiert.

5.5.2   Transformation zur (agilen) HR-Netzwerk-Organisation

Bei der Transformation hin zu einem fünften Reifegrad muss man sich immer wieder nochmal die Ausgangssituation und die Reise bewusstmachen, die HR-Organisationen gegangen sind und vorfinden.

Das Umfeld ist hochkomplex und die Fachbereiche arbeiten schon sehr funktionsübergreifend und in Teilen sehr netzwerkartig zusammen. Im HR-Bereich selbst gibt es bereits ein großes Verständnis für agile Arbeitsweisen, Selbstorganisation, Selbstverantwortung und neue Formen von Führung. Bei der Transformation hin zu einem fünften Reifegrad schauen wir uns zwei Aspekte etwas genauer an:

Das Vorgehen

Grundsätzlich bleiben viele Elemente aus dem Vorgehen hin zu den Reifegraden 3 und 4 bestehen. Hin zu einem fünften Reifegrad bildet wieder das 6-Erfolgsfaktoren-Modell die wichtige Grundlage. Es wird weiterhin iterativ-inkrementell gearbeitet, was die Mitarbeitenden aus den Vorerfahrungen auch schon gewohnt sind.

Die größte Veränderung ist nun, dass nicht mehr einzelne Mitarbeitende oder Teams an der Transformation arbeiten, sondern dass es eine kollektive Transformationsverantwortung gibt. Die kontinuierliche Veränderung und die kollektive Verantwortung wird zunehmend als selbstverständlich betrachtet. In der Praxis gibt es manchmal noch Rollen wie einen Transformation Owner, es arbeiten nun aber alle Mitarbeitenden an der Veränderung des Systems der Zusammenarbeit. Dabei wird der aktuelle Stand des Organisationsmodells als »minimum viable organisation« verstanden, die ständig weiterentwickelt werden wird – je nach Anforderungen der Umwelt und Inwelt.

Die Inhalte
Während auf dem Weg zu Reifegrad 3 vor allem inhaltlich das Augenmerk bei der Transformation auf die Veränderung der Arbeitsweisen, Methoden und Arbeitsprozesse gelegt und auf dem Weg zu Reifegrad 4 sich häufig mit der Organisations- und Führungsstruktur beschäftigt wird, ist der Schwerpunkt hin zu Reifegrad 5 die Kultur sowie die Haltung (Mindset) der Zusammenarbeit.

In Reifegrad 4 haben viele Organisationen zwar neue Strukturen ausgebildet, der Grund, um weiter auf Reifegrad 5 zu gehen, ist neben der weiteren Veränderung des Kontextes vor allem aber auch das weitere Potenzial, was in der Umsetzung des Zusammenarbeitsmodells und der Organisationsstruktur liegt. Häufig werden die Ursachen des weiteren Entwicklungsbedarfs von HR wieder in der Struktur oder in anderen Elementen gesucht, dabei ist es in der Praxis meistens die Kultur der Zusammenarbeit. Die Struktur wird ohnehin als sehr fluide erlebt und die herkömmliche funktionale HR-Organisation hat sich entweder stark verändert oder existiert in der herkömmlichen Form nicht mehr, weil sie in großen Teilen im Netzwerk der Gesamtorganisation aufgegangen ist.

Einige Elemente wollen wir noch einmal kurz herausgreifen, die in der Transformation hin zu einem fünften Reifegrad eine wichtige Rolle spielen:

Werte und Prinzipien
Es herrscht ein hohes Bewusstsein über die Werte und Prinzipien in der Zusammenarbeit. Es wird sehr viel in Retrospektiven und anderen Formaten an der kontinuierlichen Weiterentwicklung von sich selbst und der Organisation gearbeitet, sowie an der Umsetzung der relevanten Werte und Prinzipien. Diese Werte und Prinzipien sind je Organisation unterschiedlich formuliert, der Kern ist dennoch sehr ähnlich. Es sind Werte und Prinzipien wie Selbstorganisation, Selbstverantwortung, Kollaboration, Respekt oder Vertrauen, die anders gedacht und in das alltägliche Handeln übersetzt werden. Sie gelten als Rahmen und als Orientierung für die Zusammenarbeit. Anders als in Organisationen auf einem niedrigeren Reifegrad basieren sämtliche Prozesse und Werkzeuge auf den eben genannten Werten und Prinzipien und werden konsequent eingefordert und gelebt, z. B. in den Recruiting-Prozessen,

den Feedback-Elementen oder der Strategieentwicklung. Darüber erreichen die Organisationen innen wie außen eine hohe Glaubwürdigkeit.

Meetings

Meetings sind nicht mehr nach Funktionen oder Hierarchie besetzt, sondern vor allem nach Relevanz und Kompetenz. Es existiert auch in den Meetings eine Kultur des Ausprobierens: »Nicht reden – sondern machen« und »Warum nicht« statt »Ja, aber«. Die Meetings sind meistens offen und nicht für einen exklusiven Zirkel qua Rolle oder Position.

Die gesamte Kommunikation verändert sich – auch zu den Ergebnissen aus Meetings. Es werden mehr Pull-Prinzipien etabliert und genutzt, weniger Top-down-Kommunikationsformate. Hierfür werden verschiedene Kollaborations-Tools genutzt, um auch Feedback geben und einholen zu können.

Entscheidungen

Die Entscheidungen werden vor allem dort getroffen, wo die höchstmögliche Kompetenz liegt. HR hat keine Governance-Rolle mehr wie in der Form von Reifegrad 2. Es werden alternative Entscheidungsverfahren wie konsultative Einzelentscheide oder Konsent-Prinzipien genutzt. Vor allem in den Netzwerkorganisationen mit einem hohen Grad an Selbstorganisation geht die Geschwindigkeit verloren, wenn hier keine guten Mechanismen gefunden werden. Auf der anderen Seite liegt hier auch das Potenzial, gute Entscheidungen zu treffen. Macht ist sehr dezentral organisiert, was konsequent eingefordert und umgesetzt wird.

Die Transformation eines HR-Bereichs zu Reifegrad 5 ist in der Praxis meistens die Konsequenz aus der Gesamttransformation der Organisation. Wenn alle herkömmlichen Funktionsbereiche in der Zusammenarbeit neu gedacht und umgesetzt werden, ist HR auch Teil der Transformation.

Häufig begegnet uns die Frage nach Beispielen von größeren HR-Bereichen, in denen bereits in der Form gearbeitet wird. Es gibt zwar bereits viele Beispiele aus kleinen Unternehmen, in den großen Unternehmen haben viele Transformationen aber erst begonnen.

5.6   Zusammenfassung

Wir sehen, dass es zukünftig nicht mehr das »eine HR-Organisationsmodell« geben kann. Wir werden auch als Personaler lernen müssen, mit den komplexen Anforderungen umzugehen und darauf die passenden Antworten zu suchen. Der Kontext der Umwelt und die Anforderungen der Inwelt sind entscheidend, um den richtigen Reifegrad als HR-Organisation zu entwickeln. Wenn der Reifegrad der Gesamtorganisation höher ist als der von HR, wird HR als Verhinderer und Bremser der Transformation erlebt. Für den Fall, dass HR in Bezug auf den Reifegrad viel weiter ist als die

Gesamtorganisation, wird die Anschlussfähigkeit verloren gehen. Das Ziel sollte sein, den passenden Reifegrad für die eigene HR-Organisation zu finden.

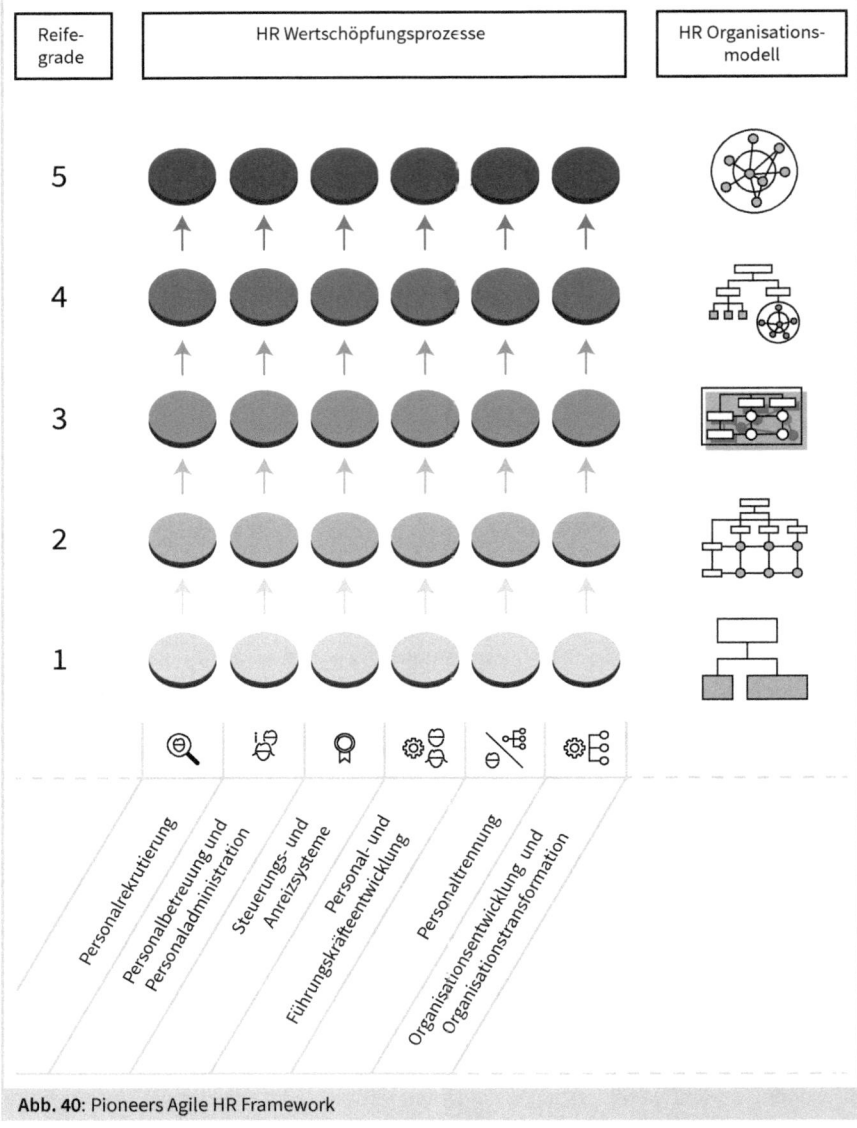

Abb. 40: Pioneers Agile HR Framework

Dabei hat jede HR-Organisation eigene Spezifika, die auch als Wettbewerbsvorteil gelten können. Diese gilt es für die HR-Organisationen herauszufinden, um die Zukunftsfähigkeit der Organisationen sicherzustellen und als Katalysator zu fungieren.

5.7 Praxisbeispiel: HR@Hettich – eine Welt ohne Organigramme

Lars Bohlmann und Matthias Blatz

Die Hettich Unternehmensgruppe ist mit Technik für Möbel als anerkannte Marke weltweit zum Begriff geworden. Das Unternehmen Hettich wurde 1888 gegründet und ist heute einer der weltweit größten und erfolgreichsten Hersteller von Möbelbeschlägen. Hettich wird derzeitig in der 4. Generation als Familienunternehmen geführt. Seit 1930 ist Ostwestfalen die Heimat des Unternehmens, mitten im Herzen der deutschen Möbelindustrie. Insgesamt arbeiten mehr als 6.700 Mitarbeitende in fast 80 Ländern gemeinsam für das Ziel, intelligente Technik für Möbel zu entwickeln. Davon sind 3.600 Mitarbeitende in Deutschland tätig. Hettich entwickelt, produziert und vertreibt als Kernprodukte Schubkasten- und Führungssysteme, Scharniere sowie Falt- und Schiebetürbeschläge. Diese Produkte sorgen für komfortable und sichere Funktionen in Millionen von Möbeln weltweit. Kunden sind die Möbelindustrie, Hersteller von Haushaltsgeräten, der Fachhandel mit dem Tischlerhandwerk sowie die DIY-Branche.

Warum Agilität? Darum Agilität!

Hettich hat sich als Ziel gesetzt, in den nächsten Jahren deutlich schneller zu wachsen als in den Jahren davor. Dafür wurde neben der strategischen Zielsetzung an der strukturellen Ausrichtung des Unternehmens gearbeitet. Um den individuellen Gegebenheiten der Kunden und Märkte Rechnung zu tragen, wurden regionale Headquarter gegründet. Jedes Headquarter ist dabei verantwortlich für seine regionalen Märkte und entwickelt unter anderem eigene Produkte und Vermarktungsideen. Dadurch sollen die spezifischen Anforderungen der Kunden und Märkte schnell, agil und zielgerichtet abgebildet werden können. Aufgrund dieser neuen Ausrichtung entwickelt sich eine bisher eher hierarchiegeprägte Struktur mit vielen verschiedenen Gesellschaftsperspektiven mehr in Richtung einer vernetzten Organisation mit Ausrichtung auf die Kunden. Um diesen strategischen und strukturellen Wandel zu gestalten, wurden in den letzten Jahren unterschiedliche Wege und Herangehensweisen erprobt und umgesetzt. Das Unternehmen lässt den Bereichen und Mitarbeitenden dabei einen hohen Freiheitsgrad, um den jeweils für die Situation und die Gegebenheiten passenden Ansatz zu finden. Neben der strategischen und strukturellen Ausrichtung kristallisiert sich in den letzten Jahren die Weiterentwicklung der Kultur als wichtiger Erfolgsfaktor heraus. Dabei rückt die Mitarbeiterorientierung in den Vordergrund. Die Weiterentwicklung der Organisation erfolgt daher in den drei Bausteinen Strategie,

Struktur und Kultur. Folgende Beispiele geben einen guten Einblick, wie dieser Weg zu einer agileren Organisation in den letzten Jahren gestaltet wurde:

- **Agile Produktentstehungsprozesse**
  Erste Berührungspunkte mit Agilität haben wir bei Hettich vor knapp 1,5 Jahren mit der Etablierung von agilen Produktentstehungsprozessen gesammelt. In Zusammenarbeit mit externen Experten wurden im Produktentwicklungsbereich agile Projektmanagementmethoden eingeführt. Dabei wurden sowohl die Projektstruktur durch die Etablierung von Product Ownern und agilen Coaches als auch die Projektorganisation neu aufgesetzt.

- **Mit Mut zu neuen Strukturen**
  Bei neuen Formen der Zusammenarbeit geht Hettich seinen eigenen Weg, um herauszufinden, welche Struktur am besten zu welchen Bereichen und zu den Menschen passt. In ganz verschiedenen Bereichen wurden gemeinsam mit den Mitarbeitenden selbstorganisierte Teams ins Leben gerufen. Diese neuen Ansätze gibt es heute z. B. in Bereichen wie Steuern, IT, Logistik oder im Vertrieb. Neben der eigenständigen Erledigung von Aufgaben gestalten die Kollegen selbst ihren jeweiligen Bereich und setzen sich gemeinsam Ziele. In den letzten Jahren wurden vermehrt zu diesen sich selbststeuernden Teams unternehmensübergreifende Netzwerkstrukturen etabliert. Diese Netzwerkstrukturen, wie z. B. im Qualitätsmanagement, in der Entwicklung oder im Einkauf, agieren gesellschaftsübergreifend im Sinne der Kundenanforderungen. Die hierarchische Zuordnung der einzelnen Mitarbeitenden rückt dabei vermehrt in den Hintergrund. Im Vordergrund stehen vielmehr die Anforderungen der Kunden und die Kompetenzen des Netzwerks.

- **Transparenz, Offenheit sowie Vertrauen als Fundament**
  Offenheit und Transparenz in Richtung aller Mitarbeitenden wird bei Hettich aktiv gefördert. Dazu zählen die Veröffentlichung von Unternehmenskennzahlen und regelmäßige offene Mitarbeiterveranstaltungen zu aktuellen Unternehmensentwicklungen und neuen Trends. Ein weiterer wichtiger Erfolgsbaustein für vernetzte Zusammenarbeit sowie die transparente Kommunikation ist die Nutzung unseres Collaboration Tools (Hettich Connect), auf das alle Mitarbeitenden, auch die gewerblichen Bereiche, Zugriff haben. Die Entwicklung der Führungskräfte als Treiber des Kulturwandels wird durch ganz verschiedene Impulse neu gestaltet. Die Stärkung der Eigenverantwortung von Mitarbeitenden steht dabei im Mittelpunkt und wird aktiv gefördert. Diese wurde auch durch neue Freigabegrenzen für Genehmigungen und die Abschaffung von Genehmigungsworkflows für Abwesenheiten, wie Urlaub oder Gleitzeit, realisiert. Durch diese verschiedenen Veränderungen innerhalb der Hettich Organisation haben wir vielfältige Eindrücke und Erfahrungen mit Elementen von Agilität gesammelt.

Mehr Agilität wagen

Auch wenn zu Beginn unserer Reise zu mehr Agilität im Herbst 2017 noch keiner der Mitarbeitenden aus dem Fachbereich HR nur ansatzweise wusste, was daraus entstehen kann, war eines sicher: Eine Veränderung muss es und wird es geben. Um die Veränderungen und die Neuausrichtung zu verstehen, lohnt sich zunächst ein Blick in vergangene Tage.

Hierarchiegeprägte Säulenstruktur als Ausgangslage

Die Organisationsstruktur des Fachbereichs HR bestand bis zum Beginn des Veränderungsprozesses aus zwei Kernsäulen – einerseits aus dezentralen Personalmanagementabteilungen diverser eigenständiger Gesellschaften und andererseits aus einem zentralen Bereich Corporate HR mit Schwerpunktthemen zu Entgeltabrechnung, Zeitwirtschaft, Personalentwicklung sowie Gesundheitsmanagement. Eine klare Trennung der Verantwortlichkeiten zwischen operativer Personalarbeit zur Sicherstellung des Geschäftserfolges der jeweiligen organisatorischen Einheit und der dienstleistungsgeprägten und konzeptionell-strategisch arbeitenden Zentralbereiche war Leitidee dieser Organisationsform. Neben der inhaltlichen und strukturellen Trennung waren die Kultur und die Zusammenarbeit insbesondere von langen Entscheidungswegen, einer fehlenden Bedarfsorientierung und einem starken Fokus auf die Administration geprägt. Zukünftige Herausforderungen, die damit verbundene Erwartungshaltung der Geschäftsleitung, gepaart mit personellen Veränderungen, führten dazu, den Veränderungsprozess in HR im besagten Herbst 2017 zu initiieren.

Strategie – Struktur – Kultur im Einklang

Unternehmensinterne Wachstumsstrategie, Volatilität der Wirtschaftsmärkte, Digitalisierung, Fachkräftebedarf und die sich wandelnde Erwartungshaltung von Mitarbeitenden und Bewerbern an Unternehmen sind nur einige wenige Schlagwörter, die die Komplexität der Zeit zeigen. Um allen Herausforderungen gerecht zu werden, wurde im Rahmen des Veränderungsprozesses im Fachbereich HR der Hettich Unternehmensgruppe sehr schnell deutlich, dass die Neuausrichtung in drei Dimensionen erfolgen muss, die in Einklang miteinander stehen.

Abb. 41: Dimensionen des Veränderungsprozesses Strategie – Struktur – Kultur

Die Dimension der **Strategie** beinhaltet die Erarbeitung eines Leitbildes, das den Beitrag von HR als Partner auf Augenhöhe für eine leistungsfähige Organisation sicherstellt. Insbesondere die Schnelllebigkeit erfordert eine **Struktur** (Organisation), die flexibel auf die Anforderungen reagieren kann, Entscheidungswege verkürzt und dabei die Bedürfnisse der Stakeholder im Unternehmen ständig in den Vordergrund stellt. Die dritte Dimension **Kultur** ist eine begleitende. Das Zusammenspiel aller Mitarbeitenden und die Art der Zusammenarbeit beeinflussen nicht nur erheblich die Zufriedenheit, sondern sichern damit auch langfristig die Wirtschaftlichkeit des Unternehmens.

Der Weg zu mehr Agilität in HR

Der erste Meilenstein im Veränderungsprozess war ein selbstorganisierter Zukunftsworkshop, zu dem Mitarbeitende aller deutschen HR-Bereiche (Abteilungen) eingeladen wurden. 47 Teilnehmende, die mit einem breitgefächerten Spektrum an Erfahrungen und Sichtweisen die zukünftige Ausrichtung aktiv mitgestalten, dies war für viele Beteiligte ein Novum in ihrer Zeit als Mitarbeitende der Hettich Unternehmensgruppe – ein erstes Signal in Richtung Kulturveränderung innerhalb des entstehenden HR-Netzwerkes. Im Hinblick auf die inhaltliche Neuausrichtung wurden Zukunftsthemen definiert, die gleichzeitig den Grundstein für eine organisatorische und damit strukturelle Anpassung im Fachbereich HR legten.

Unsere Zukunftsthemen:

- *Kulturveränderung*
- *Digitalisierung und Prozesse*
- *Personalmarketing und Recruiting*
- *Organisations- und Personalentwicklung*
- *Performance Management*

Kompetenzkreise als neue Form der Zusammenarbeit

Jeder der Workshopteilnehmer schrieb sich eigenständig in eine oder mehrere Arbeitsgruppen ein, um einen Beitrag zu den Zukunftsthemen zu leisten. Dies war die Geburtsstunde der Kompetenzkreise – einer neuen und agilen Form der Zusammenarbeit. Kompetenzkreise sind eigenständig agierende Expertengruppen, die in Selbstorganisation Anforderungen der Stakeholder aufnehmen, Budgets verantworten sowie externe Trends sichten und bewerten sowie Themenfelder bearbeiten. Entscheidungen werden eigenständig innerhalb der Expertengruppe getroffen, da dort, wie die Bezeichnung vermuten lässt, die Kompetenz gebündelt ist. Der Beitrag eines jeden Einzelnen zählt gleichwertig, unabhängig von Funktion, Verantwortungsbereich und Hierarchielevel. Weiterhin werden bedarfsweise Stakeholder aus unterschiedlichen Fachbereichen in die Kompetenzkreise integriert. Dazu erfolgt eine öffentliche Ausschreibung in Hettich Connect. Durch die Etablierung der Kompetenzkreise war es organisatorisch darüber hinaus möglich, die Säulenstruktur fast gänzlich aufzulösen und die zentralen Themen agiler, effizienter und stärkenorientiert zu bearbeiten. Heute haben sich die Kompetenzkreise für unsere Zukunftsthemen etabliert. Doch was hat das (noch) mit Agilität zu tun?

Vertrauen und Eigenverantwortung

Eines der wichtigsten Erkenntnisse der neuen Organisationsform gleich vorweg: Vertrauen in die Stärken und Eigenverantwortung der Mitarbeitenden zahlt sich aus, fördert die persönliche Entwicklung und bringt ungeahnte Talente an die Oberfläche. Zu welchen Leistungen Menschen fähig sind, wenn man ihnen die entsprechenden Freiräume zum Gestalten einräumt, ist schon sehr bemerkenswert und führt zu der Erkenntnis, dass kleinteilige Personalführung und Micro-Management endgültig der Vergangenheit zuzuordnen sind. Die Hälfte der HR-Mitarbeitenden arbeitet heute in anderen Rollen als noch vor zwei Jahren. Diese neuen Aufgaben und Rollen haben sie aus eigenem Antrieb angenommen und ihre persönliche Entwicklung damit vorangetrieben. Basis dafür ist ein offener Dialog im Team über Stärken,

Entwicklungspotenziale und Interessen. Darüber hinaus gelingt hierdurch auch ein entscheidender Schritt in Richtung atmender Organisation, die Ressourcen gezielt und flexibel einsetzt, Synergien hebt und Raum für Neues ermöglicht.

Flexibles Arbeiten als Normalität verstehen

Räumliche und zeitliche Flexibilität gehören für uns zum Alltag. Unsere HR-Kollegen sind an unterschiedlichen Arbeitsorten in ganz Deutschland tätig. Ebenso werden Kooperationen mit europäischen und indischen Kollegen ausgebaut, um die bestmögliche Kompetenz für unseren Service zu integrieren. Heute sind die HR-Kollegen in Arbeitszeitmodellen mit einer Bandbreite von einer Fünf-Stunden-Woche bis hin zu Vollzeit tätig. Mobiles Arbeiten als Option kann dabei flexibel genutzt werden. Durch diese Flexibilität können wir den persönlichen Bedürfnissen der Kollegen entsprechen und steigern damit nachweislich die Arbeitsmotivation.

Veränderung als gemeinsame Aufgabe

Diese verschiedenen kulturellen Aspekte bedeuten gleichzeitig auch, dass jeder Einzelne auf die Veränderungsreise mitgenommen werden muss. Veränderungsbereitschaft lässt sich nicht erzwingen und resultiert in Einzelfällen in der Negativausprägung auch in Fluktuation, was sicherlich ebenfalls zu den Erfahrungen auf dem Weg der Veränderung zu einer agilen Arbeitswelt gehört. Zu Beginn unseres Weges waren wir der Meinung, dass das Aufsetzen einer Change-Architektur die Begleitung des Prozesses sicherstellen kann. Doch durch die Tatsache, dass wir die Veränderung aus eigenen Kräften heraus stemmen, wurde dieses Vorhaben reflektiert und verworfen. Die Ansätze, die wir nun wählen, sind viel praxisnaher. Im regelmäßig stattfindenden HR Community Circle (offene Veranstaltungsreihe für alle HR-Mitarbeitenden) gibt es ein festes Ritual – die von uns so benannte Change Ampel. Jeder der Teilnehmenden kann dort mit einem Klebepunkt ein Stimmungsbild abgeben. Durch die Visualisierung fällt es leicht, einen Gesamtverlauf zu erkennen und »Ausreißer« im Positiven wie im Negativen zu thematisieren.

Agile Tools ausprobieren

Ein weiterer Aspekt, der die Zusammenarbeit agiler gestaltet, ist die Implementierung neuer Besprechungsformate und Methoden wie Daily Meetings. Nicht alles, was in der agilen Welt vorhanden ist, passt auf die Gegebenheiten des Unternehmens und erst recht nicht auf die eines Bereichs. Experimentierfreude und Mut sind in diesem Zusammenhang Eigenschaften, die benötigt werden, um den richtigen Weg zu mehr Agilität zu finden. Die größte Herausforderung in der Außenperspektive ist die Stärkung des Ansehens und der Wichtigkeit von HR auf dem Weg zum strategischen Partner. Trotz spürbarer Rückendeckung der Geschäftsleitung sind die kontinuierliche Positionierung und das beharrliche Festhalten am Veränderungswillen entscheidende Erfolgsfaktoren für die Wahrnehmung der Stakeholder.

Wie verändert Agilität die Wertschöpfung in HR?

Das Verständnis der unternehmensinternen Stakeholder von HR oder bis dato Personalmanagement war bisher klar definiert. Vereinfacht beschrieben, bestand die Aufgabe von HR darin, Informationen für Führungskräfte und das Management zu liefern, die Einhaltung aller arbeits-, sozial- und steuerrechtlichen Bestimmungen sicherzustellen und Bedarfe im Sinne von Personalbeschaffung und Qualifizierung zu decken. Mit einem sehr stark ausgeprägten administrativen Fokus galt es zudem, die Personaldaten zu verwalten. In den Zentralbereichen bestand die Aufgabe darin, Konzepte zu Themen der Vergütung, Personalmarketing und Arbeitsrecht zu entwickeln, die dann den Weg in die operative Personalarbeit finden sollten. Zur ganzen Wahrheit gehört, dass die beschriebenen Aufgaben auch heute noch zum Fachbereich HR zählen. Sie rücken im Rahmen der Veränderung zum strategischen Partner, der fortschreitenden Digitalisierung und der Befähigung der Führungskräfte und Mitarbeitenden aber mehr und mehr in den Hintergrund. Die Verzahnung der operativen mit der konzeptionellen Personalarbeit durch die Kompetenzkreise trägt ebenfalls zu einer veränderten Wertschöpfung bei.

Ein Leitbild als Kompass für die Wertschöpfung

Mitarbeitende benötigen in Zeiten einer Neuausrichtung einen Kompass, an dem sie sich orientieren und ihr Handeln ausrichten können. Das gemeinsam erarbeitete Leitbild, das zu Beginn der Veränderungsreise entstanden ist, beinhaltet eine Mitarbeiter-, eine Organisations- und eine Führungsperspektive. Die Wertschöpfung durch HR soll eine hohe Mitarbeiterzufriedenheit ermöglichen, den Organisations- und Kulturwandel durch Impulse begleiten und die Führungskräfte in operativen und strategischen Themenstellen beraten.

Abb. 42: Leitbild

Doch wie lässt sich dieses Zielbild der Wertschöpfung in die Tat umsetzen und wie sieht eine passende Organisationsstruktur aus?

Im Netzwerk gemeinsam strahlen

Die Stärkung eines Netzwerkes aus Kollegen ist nur mit einer grundsätzlich offenen Haltung für die Veränderung realisierbar. Durch erste Erfolge und positive Rückmeldung von Stakeholdern entstand eine Aufbruchstimmung, die ein neues Wir-Gefühl erzeugte. Die Basis einer gelungenen Transformation zu einer Wertschöpfung nach agilen Maßstäben im Fachbereich HR ist die gemeinsame Landkarte und das kulturelle Mindset eines jeden Einzelnen.

Werte der zukünftigen Zusammenarbeit:
- *Stärken- und Serviceorientiert*
- *Mutig und Lernbereit*
- *Flexibel und Veränderungsbereit*
- *Am Netzwerk und nicht an Hierarchien ausgerichtet*
- *Teamorientiert und kooperativ*

Sichtbar wird dies durch den Mut und die Lernbereitschaft, Entscheidungen selbstständig zu treffen und neue Rollen flexibel anzunehmen. Begleitet wird dies von Vertrauen, einer offenen Fehlerkultur und von eigenverantwortlichem Handeln, das immer teamorientiert und kooperativ die Ziele des Netzwerkes in den Vordergrund stellt. Ist diese Einstellung grundsätzlich vorhanden, wird es möglich, eine

Organisation zu erarbeiten und zu etablieren, die am Bedarf der Stakeholder ausgerichtet werden kann. In unserem Fall gestaltet sich diese so, dass neben den bereits
beschriebenen Kompetenzkreisen und der Verantwortlichkeit im Rahmen des Kernteams temporäre und auch kontinuierliche Aufgaben kapazitäts- und stärkenorientiert im Team vergeben werden. Wir brechen damit Abteilungs- und Hierarchiegren-
zen auf und verstehen unser Netzwerk als eine HR-Welt ohne Organigramme.

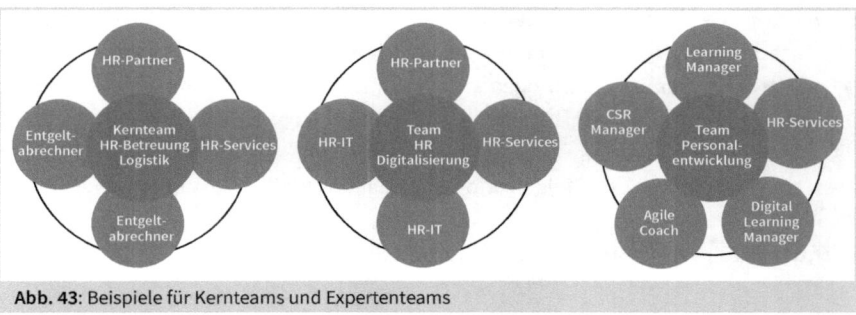

Abb. 43: Beispiele für Kernteams und Expertenteams

Gut zu wissen!
Als Kernteam bezeichnen wir im Fachbereich HR bei Hettich die Teams aus Mitarbeitenden, die für eine bestimmte organisatorische Einheit für operative Personalbetreuung verantwortlich sind. In der Regel sind dies ein oder mehrere HR-Partner, HR-Ser-
vice-Mitarbeitende und Entgeltsachbearbeitungen. Jeder HR-Mitarbeitende ist einem
Kernteam zugeordnet.

Digitalisierung von Kernprozessen als Treiber

Ein wesentlicher Treiber zur Umsetzung der strategischen Ziele ist, neben den strukturellen und kulturellen Veränderungen, die Digitalisierung der administrativ aufwen-
digen Kernprozesse. Im Fokus der Aktivitäten im Fachbereich HR bei Hettich stehen
diesbezüglich insbesondere elektronische Workflows, der Ausbau von Self-Service-
Angeboten für Mitarbeitende und die Weiterentwicklung IT-gestützter Prozesse, wie
beispielsweise die Einführung einer digitalen Personalakte und eines Dokumentenma-
nagementsystems. Diese Bestrebungen führen dazu, dass der Weg aus der Administration hinein in die Welt des strategischen Partners geebnet wird und sich der Fokus
des Wertschöpfungsbeitrags von HR im positiven Sinne verschiebt.

Die Doppelrolle von HR in der Transformation

Agilität in HR bedeutet für uns, eine Doppelrolle einzunehmen. Die Organisation und
die Mitarbeitenden bei der agilen Weiterentwicklung zu begleiten und zu beraten,

stellt eine der wichtigsten Zukunftsaufgaben dar. Alle Mitarbeitenden in HR konnten in den letzten zwei Jahren erleben, wie gut es sich anfühlt, in einem agilen Umfeld zu arbeiten, in dem es gemeinsame Ziele und Leitbilder gibt und sich die Mitarbeitenden selbst mit ihren Stärken und Interessen einbringen können. Dieses eigene Erleben des Arbeitens in einem solchen Umfeld hat Mut gemacht, dieses Wissen und die Erfahrungen überzeugend in die Organisation zu tragen. Experimente zu wagen, zu scheitern und nach neuen Lösungen zu suchen, sind zu wichtigen Bausteinen der Entwicklung der Abteilung und der einzelnen Kollegen geworden. HR wird heute von den Fachbereichen und Stakeholdern als wichtiger Sparringspartner bei der strategischen, strukturellen und kulturellen Entwicklung der Organisation wahrgenommen. Das gemeinsame »Wir-Gefühl«, der Wille, neue Wege zu gehen, sowie das Verständnis, dass Veränderung heute zum Alltag gehört, hat dazu geführt, auch bei Gegenwind die gesetzten Ziele weiter zu verfolgen und seinen agilen Weg gemeinsam weiterzugehen.

Wichtige Erfolgsbausteine bei der Weiterentwicklung:
- *Wir kennen unsere individuellen Stärken und sind ein Team*
- *Wir treffen mutig Entscheidungen*
- *Wir arbeiten auf Augenhöhe miteinander und mit unseren Partnern*
- *Wir haben gemeinsame Ziele und Leitbilder*
- *Wir haben den Antrieb, zum wichtigen Partner zu werden*
- *Wir sind kritisch und wollen uns verbessern*
- *Wir gehen einen eigenen und für uns passenden Weg*

Das haben wir auf unserem Weg gelernt:
- *Change ist nicht planbar*
- *Kultur ist die Basis für eine strukturelle und strategische Entwicklung*
- *Agilität zieht die Mitarbeitenden an, die davon überzeugt sind*
- *Feedback von außen ist wichtig, um die Blickwinkel zu schärfen*
- *Es funktioniert nicht alles, aber das ist in Ordnung*
- *Es gibt nicht nur den einen Weg zum Ziel*

Diese vielfältigen Erfahrungen bilden ein gutes Fundament, um die nächsten Schritte der Entwicklung einer agilen HR-Organisation weiterzugehen und einen wichtigen Beitrag auf dem erfolgreichen Weg von Hettich zu leisten.

Aller Anfang ist spannend

Zu Beginn der Reise war nicht allen HR-Kollegen klar: Warum sollen und müssen wir uns verändern und was haben wir davon? Die Neugier, dass etwas spannendes Neues passiert und wir alle gemeinsam im Boot sitzen, um die HR-Welt neu zu gestalten, hat den notwendigen Antrieb gegeben, diese erste Unsicherheit auszuhalten und mutig voranzugehen. Heute ist die Erkenntnis gereift, dass der Weg zu mehr Agilität immer wieder neue Herausforderungen und Veränderungen mit sich bringt. Eine neue Kultur, welche die Freude an der Arbeit steigert und die Kollegen motiviert, die nächsten gemeinsamen Schritte bei der Weiterentwicklung der HR-Organisation zu gehen. Darauf wollen wir aufsetzen. Eines ist für uns klar: Veränderungen werden uns dabei stets begleiten.

5.8   Praxisbeispiel: Unlearn, inspect & adapt @DATEV

Julia Bangerth

Was macht DATEV?

Die DATEV eG ist das Softwarehaus und der IT-Dienstleister für Steuerberater, Wirtschaftsprüfer und Rechtsanwälte sowie deren zumeist mittelständische Mandanten. DATEV hat rund 8000 Mitarbeitende. Als Genossenschaft steht der nachhaltige Erfolg unserer Mitglieder und Kunden an erster Stelle. Mit Lösungen in hoher Qualität begleiten wir sie dabei, die Herausforderungen der Digitalisierung erfolgreich zu meistern.[317]

Als Softwarehersteller und IT-Dienstleister sind wir bei DATEV in doppelter Hinsicht von der Digitalisierung betroffen: Zum einen geht es um unsere eigene digitale Transformation. Als Organisation haben wir die Aufgabe, den Herausforderungen der Digitalisierung aktiv zu begegnen und ihre Chancen zu nutzen. Wir verändern unsere Prozesse, Strukturen und die Kultur, um auch zukünftig weiterhin so erfolgreich zu sein, wie wir es in den letzten 50 Jahren gewesen sind. Zum anderen geht es um die Unterstützung unserer Genossenschaftsmitglieder, also Steuerberater, Rechtsanwälte und Wirtschaftsprüfer: Deren Geschäftsmodelle verändern sich durch die digitale Transformation grundlegend und wir stellen mit unseren Lösungen dafür die Grundlagen bereit. Wir sind also Betroffene und Treiber der Digitalisierung zugleich.

5.8.2   Was ist eigentlich heute so anders?

Die Digitalisierung war von Anfang an Kern der DATEV. 1966 ging es darum, mithilfe der damals neuen EDV Buchführungsaufgaben zu übernehmen. Mittlerweile reden wir darüber, digitale Geschäftsmodelle in den Kanzleien zu unterstützen und zu ermöglichen. Veränderung war also schon immer Teil unserer Arbeit. Neu ist heute aber

---

317 Vgl. www.datev.de.

insbesondere die exponentielle Dynamik: Die exponentielle Dynamik des technologischen Fortschritts, die Digitalisierung, Automatisierung und die Vernetzung von Daten verändern Arbeitsfelder und Märkte in bislang nie dagewesener Tiefe und Geschwindigkeit. Wir befinden uns aktuell in einem Prozess, der die viele Jahre gültigen Prämissen von Betrieb und Entwicklung von IT-Lösungen auf den Kopf stellt: Bislang lag der Fokus vor allem darauf, wie man möglichst effizient immer mehr Einheiten des gleichen Guts herstellen kann. Die Dynamik technologischer Entwicklungen, aber auch die Anforderungen der Kunden verlangen zunehmend nach mehr Geschwindigkeit und Flexibilität in der Bereitstellung neuer Funktionen. VUCA – hinter diesem Akronym stehen die Herausforderungen, denen wir uns in der zunehmend digitalisierten Welt stellen müssen: Flüchtigkeit, Unsicherheit, Komplexität und Mehrdeutigkeit sind Rahmenbedingungen, unter denen Unternehmen sich und ihre Mitarbeitenden in eine erfolgreiche Zukunft führen müssen. VUCA wird zum Thema von: Strategie, Organisationsentwicklung, Führung und Kultur. Das bedeutet, dass wir insgesamt Rahmenbedingungen brauchen, die uns Innovation und Tempo ermöglichen – im Großen wie im Kleinen, organisatorisch und prozessual. Es geht um Flexibilität und Kundenorientierung und darum, regelmäßig Wert zu liefern. Hier ist es unser Ziel, die übergreifende Zusammenarbeit zu stärken und ein weiterhin zukunftsfähiges Produktportfolio für unsere Mitglieder und Kunden zu entwickeln.

Es geht dabei insbesondere um das Thema Anpassungsfähigkeit[318]: Gerade gewachsene Unternehmen stehen vor der Herausforderung, Wege zu finden, um in der VUCA-Welt weiterhin und dauerhaft erfolgreich zu sein. Das reicht von der Einführung neuer Geschäftsmodelle bis hin zu zukunftsorientierten Arbeitsweisen. Bewährte Prozesse, vertraute Denk- und Handlungsmuster und über Jahrzehnte erfolgreiche Geschäftsmodelle müssen dazu konsequent auf den Prüfstand gestellt werden. Anpassungsfähigkeit wird zum entscheidenden Erfolgsfaktor für Organisationen und auch für Menschen. Diese Erkenntnis ist häufig da und trotzdem fällt uns das Verstehen dieser neuen Veränderungsdynamik oft schwer. Denn: Der Mensch ist es nicht gewohnt, exponentielles Wachstum zu verarbeiten – wir denken intuitiv linear. Als Beispiel: Jeder weiß sofort, dass dreißig lineare Schritte von je einem Meter eine Strecke von dreißig Metern ergeben. Versuchen wir uns jedoch dreißig exponentielle Schritte vorzustellen, haben die Allerwenigsten auch nur annähernd eine Vorstellung davon, was das für eine Distanz ist: Wir kämen damit etwa 26 Mal um die Erde.[319] Das verdeutlicht gut, wie wenig wir uns eine Vorstellung von exponentiellem Wachstum machen können. Intuitiv gehen wir so vor, dass wir z. B. aus unserer Einschätzung, wie viel Veränderung wir in der Vergangenheit gesehen haben, auch vorhersagen, wie viel Veränderung wir in Zukunft sehen werden. Wenn wir also künftige Entwicklungen anhand

---

318 Vgl. Fischer, 2016.
319 Vgl. Kurzweil, 2009.

unseres Erfahrungswissens linear nach vorne prognostizieren, springen wir deutlich zu kurz: Da kommen disruptive, exponentielle Veränderungen schlicht nicht vor. Aber nur die Unternehmen, die schnell auf Marktveränderungen reagieren können, werden es schaffen, im digitalen Wandel wettbewerbsfähig zu bleiben.

Was heißt das für Organisationen und HR?

Es geht darum, Flexibilität und Kundenorientierung sicherzustellen und regelmäßig einen Wert zu liefern. Das hat wiederum unmittelbare Auswirkungen auf unsere Arbeitswelt – denn all das kann nur gelingen, wenn wir als Organisation die richtigen Rahmenbedingungen schaffen. Dazu braucht es zum einen veränderte Organisations- und Entscheidungsstrukturen und vor allem Bürokratieabbau.[320] Zum anderen müssen Unternehmen sich und ihre Mitarbeitenden darauf vorbereiten, in der zukünftigen neuen Arbeitswelt zurechtzukommen. Flexible Arbeitsstrukturen, individuelle Potenzialentfaltung und agiles Arbeiten haben Auswirkungen auf Themenbereiche wie Selbstorganisation, Führung, Lernen, Organisationsentwicklung, Mitbestimmung und die Begleitung in Veränderungsprozessen.

Fremdorganisation vs. Selbstorganisation

Wir verändern unsere gesamte Organisation, und zwar so konsequent wie nur wenige andere Unternehmen. Wir haben dazu ein Zielmodell entwickelt und dabei bewusst nur eine Struktur gewählt. Wir wollten einen klaren Rahmen geben, innerhalb dessen Selbstorganisation möglich ist, nicht alles top-down verordnen und bis ins kleinste Detail vorgeben. Von einer klassischen Wasserfall- zur Selbstorganisation ist es ein sehr weiter Schritt, da ist ein eindeutiger Rahmen wichtig und notwendig. Denn Selbststeuerung heißt eben gerade nicht, dass jeder macht, wie sie oder er möchte – das wird häufig missverstanden. Agiles Arbeiten braucht und hat einen klaren Rahmen und muss Mehrwert für den Kunden liefern – es ist kein Selbstzweck. Für ein Unternehmen, das seit vielen Jahren besteht und gewachsene Strukturen aufweist, ist es nicht einfach, in eine solche Form der Selbststeuerung zu kommen. Wenn es jahrelang anders praktiziert wurde, fällt diese Veränderung nicht leicht, Mitarbeitenden gleichermaßen wie Führungskräften. Auf dem Weg zur Selbststeuerung braucht es deshalb Führung in dem Sinne, das Ziel klar zu vermitteln sowie den Rahmen zu geben und weiterzuentwickeln.

---

320   Vgl. Häusling, 2018.

Führung

Die Rolle der Führungskraft hat sich in den letzten Jahren massiv verändert und wird sich auch in Zukunft noch weiter wandeln.[321] Wo kommen wir her? Es bestand früher ein deutliches hierarchisches Gefälle – sozusagen Führung nach Befehl und Gehorsam, »comand and control«: Die FK sagt, was zu tun ist, sie lobt und kritisiert. In klassisch hierarchisch geprägten Organisationen wurde das Denkmuster antrainiert, dass eine Führungskraft umso einflussreicher und wichtiger ist, je mehr Mitarbeitende sie führt. Das Thema Führung verändert sich aber insgesamt. Klassisches Wasserfallvorgehen wird der Komplexität nicht mehr gerecht. Das bedeutet nicht, dass es keine Führung mehr braucht – wir brauchen vielmehr ein neues Verständnis von Führung. Denn die Anforderungen an eine Führungskraft können je nach Kontext der Position unterschiedliche Ausprägungen haben. Diese lassen sich nach folgenden (Führungs-) Schwerpunkten differenzieren: prozessorientierter Fokus, menschenorientierter Fokus oder Fokus auf Fachlich-Inhaltliches (s. Abbildung 43).

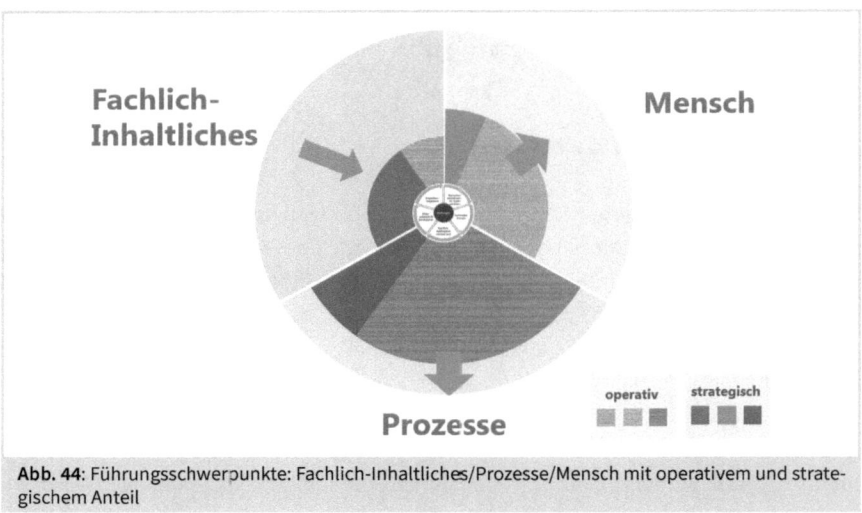

Abb. 44: Führungsschwerpunkte: Fachlich-Inhaltliches/Prozesse/Mensch mit operativem und strategischem Anteil

Innerhalb der Schwerpunkte kann man zusätzlich den operativen und den strategischen Anteil differenzieren. Je nach Kontext kommen unterschiedliche Ausprägungen zum Tragen. Es gibt z. B. die agilen Führungsrollen mit dem Fokus auf Produkt-, Prozess- oder Personalführung oder dem Fokus auf ein technisches Fachgebiet. Bei zunehmender Komplexität und Dynamik der Arbeitswelt können explizite Rollenaufträge den Einzelnen in seinem Tun unterstützen und die wirksame Zusammenarbeit

---

321 Vgl. Graf, Gramß/Edelkraut, 2017.

erleichtern. Die differenzierteren Rollen ermöglichen es, unterschiedliche Führungs-
konstellationen treffender abzubilden: Neben klassischeren Strukturen (Teamleiter –
Abteilungsleiter – Leitende Angestellte) können auch neue Strukturen, z. B. mit agilen
Steuerungsrollen oder Projektstrukturen, eingeordnet werden. Es geht dabei nicht
darum, mehr Führungspositionen zu schaffen, sondern vielmehr soll ein Baukasten
an unterschiedlichen Führungsrollen angeboten werden, sodass – je nach unterneh-
merischem Bedarf sowie persönlichen Kompetenzen und Stärken – eine passende
Führungsrolle gewählt werden kann. Die Differenzierung der Führungsschwerpunkte
bietet dem Einzelnen damit die Chance, seinen Kompetenz- und Erfahrungsschatz
gezielt auszubauen und seine Stärken fokussiert zur Geltung zu bringen. Ziel ist es,
die Fokussierung zu fördern und die Passgenauigkeit zwischen Mensch und Stellenan-
forderung zu erhöhen. Denn: Ein Umfeld, das geprägt ist durch Selbstverantwortung,
Selbstorganisation sowie Selbstbestimmung, erfordert es, Führung neu zu denken.
Was es braucht, ist insbesondere Orientierung durch Führung[322]: Gerade durch Führung werden die entsprechenden Rahmenbedingungen geschaffen, in denen die Mitarbeitenden Agilität leben können – und auch wollen. Das heißt: Weg von Kontrolle,
hin zu mehr Vertrauen und Eigenverantwortung.

Entwicklungswege

Ein verändertes Verständnis von Führung hat auch Auswirkungen auf Laufbahnen und
Entwicklungswege. Beim Stichwort Karriere haben viele eine Leiter vor Augen, die
senkrecht nach oben führt. Meistens sind Werdegänge jedoch nicht so geradlinig. Sie
werden beeinflusst von unternehmerischen Erfordernissen und persönlichen Lebens-
umständen. Früher waren starre Laufbahnmodelle die Regel – einen Beruf erlernt,
damit in Rente gegangen. Für Laufbahnen bedeutete das beispielsweise: einmal Führungskraft, immer Führungskraft. Ein horizontaler Wechsel zwischen Rollen war kaum
möglich. Heute ist es wichtig, horizontale und vertikale Entwicklungsmöglichkeiten
zu schaffen, Besitzstandsdenken aufzulösen und die Wechselbereitschaft zu fördern.
Genau mit diesem Ziel hat DATEV eine neue Systematik der Verantwortungsebenen
entwickelt (s. Abbildung 44). So rücken statt der vertikalen Abgrenzung verschiedener
Laufbahnalternativen horizontale Verantwortungsebenen und Entwicklungsmöglichkeiten in den Vordergrund.

---

322 Vgl. Häusling, 2018.

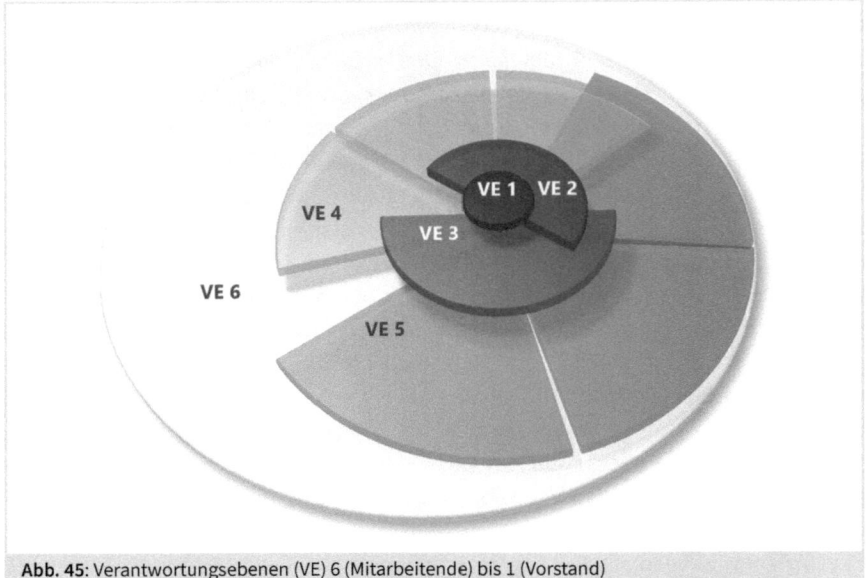

Abb. 45: Verantwortungsebenen (VE) 6 (Mitarbeitende) bis 1 (Vorstand)

Statt starrer Laufbahnen können wir durch das Denken in Verantwortungsebenen und die Etablierung von Rollen horizontale und vertikale Karrieremöglichkeiten schaffen. Wo früher klare Trennlinien zwischen den Hierarchien und zwischen Fach- und Führungslaufbahnen bestanden, verwischen diese Muster mit voranschreitender Agilität. Also weg von starren Laufbahnen hin zu flexiblen, individuellen und lebensphasenorientierten Entwicklungswegen. Dabei steht die aktive Verantwortungsübernahme auf allen Ebenen im Zentrum und verantwortungsebenenübergreifende Zusammenarbeit am gemeinsamen Auftrag ist selbstverständlich. Wir wollen den Wechsel zwischen unterschiedlichen Aufgaben auf einer Ebene erleichtern und selbstverständlicher machen. Mitarbeitende können durch Aufgabenwechsel ihren eigenen Handlungs- und Kompetenzradius erweitern und haben unterschiedliche Möglichkeiten, sich – je nach Lebensphase und Erfahrungsschatz – bestmöglich einzubringen.

Lernen & Kompetenzen

Durch den rasanten Wandel sowohl der Technologien, der Arbeitsformen als auch der Lernformen stehen wir heute vor dem Phänomen, dass Lerninhalte immer schneller überholt sind.[323] Wir bereiten heute an Schulen und Hochschulen Menschen auf Tätigkeiten und Aufgaben vor, die vermutlich zum Großteil noch nicht existieren. Sie

---

323 Vgl. Wanken, 2017.

werden mit heute noch unbekannten Technologien arbeiten, um Probleme zu lösen, die wir noch nicht kennen. Wie sah Lernen bisher aus? In der klassischen Vorstellung lernt man auf Vorrat: Alle Mitarbeitenden durchlaufen z. B. nach und nach das genau gleiche Seminar. Oft ohne zu wissen, wann – und ob überhaupt – sie die gelernten Skills im beruflichen Alltag einsetzen können. Völlig neue Geschäftsmodelle, die im Zuge der Digitalisierung immer häufiger entstehen, haben tiefgehende Konsequenzen für die Aufgaben und damit die Anforderungen an die Mitarbeitenden. Mit diesen dynamischen Veränderungen können die bisherigen Bildungskonzeptionen, wie fremdgesteuerte Lernprozesse und ungeplanter Praxistransfer, mit dem Prinzip des Vorratslernens in Seminaren und mit formellen Lernprogrammen nicht mehr mithalten.

Was brauchen wir stattdessen bzw. wie sieht Lernen in naher Zukunft aus?
Lernen findet heute immer und überall statt. Wenn man etwas nicht weiß, googelt man. Der Mitarbeitende, der aktuell ein Problem hat, beschafft sich das Wissen selbstgesteuert genau dann, wenn er es braucht. Die Zeit von dem Erkennen einer Herausforderung bis zu seiner Lösung ist in der neuen Arbeitswelt durch das Internet wesentlich kürzer geworden. Dabei lernen wir, ganz unbewusst, in kleinen Etappen. Das heißt auch, dass sich unser Verständnis von Weiterbildung und Lernen verändern muss[324]:
- Lernen findet analog und digital statt
- Lernen findet stärker kompetenzorientiert und nicht mehr rein wissensbasiert statt
- Lernen findet informell in Communities statt

Dabei gewinnt die Fähigkeit jedes Einzelnen, selbstständig und bedarfsorientiert zu lernen, immer mehr an Bedeutung. Gleichzeitig verändern sich somit auch die Anforderungen an Kompetenzen: Wichtig sind Kompetenzen wie Selbstverantwortung, Veränderungsfähigkeit und Lernbereitschaft. Aber auch soziale Fähigkeiten wie Empathie, Reflexionsfähigkeit und Feedbackkompetenz werden immer wichtiger.

In der VUCA-Welt ist es insgesamt wichtig, Lernen und Kompetenzen neu zu denken. Es braucht Toleranz für verschiedene Lernwege und Verantwortung für den eigenen Lernprozess – das stellt sowohl für Mitarbeitende als auch für Führungskräfte eine Herausforderung dar. Notwendige Grundlage dafür ist ein neues Verständnis von Lernen im Unternehmen und eine Lernkultur, die dieses Verständnis fördert und unterstützt.[325] Sie bildet die Grundlage für eine lernende Organisation.

---

324 Vgl. Gramß/Graf, 2018.
325 Vgl. Graf, Gramß/Edelkraut, 2017.

Organisationsentwicklung

Die Arbeit am System, das Hinterfragen des Bestehenden und das verantwortungsvolle Experimentieren – das alles wird zur zentralen Aufgabe von Organisationen. Warum brauchen wir Experimente? Wer offiziell und gezielt im Unternehmen experimentiert und das Vorgehen, die Ergebnisse und die Learnings transparent macht, schafft eine Kultur, in der Mut und Erneuerung wichtig und erwünscht sind. Es geht darum, die Experimentier- und Innovationsfreude gezielt zu fördern.[326] Wer experimentiert, lernt – auch hinsichtlich Organisationsentwicklung.

Wie gehen wir bei DATEV in Veränderungsprozessen vor?

Die Veränderungsdynamik, die von außen wie innen auf die Organisation einwirkt, hat uns bei DATEV im Juli 2018 dazu bewogen, eine neue Organisationseinheit zu schaffen, die ganz konsequent cross-funktional und agil arbeitet: das Cross Solution Center XSC. Mit dem XSC haben wir also bewusst Raum zum Experimentieren geschaffen – sowohl im Recruiting- und Weiterbildungsprozess als auch bei den Raum- und Zusammenarbeitskonzepten –, auch an der Organisation selbst.

Warum machen wir das?

Wir standen immer wieder vor der Herausforderung, kurzfristig die richtigen Mitarbeitenden zur Umsetzung eines Themas zu finden und diese schnell arbeitsfähig zu machen. Engpässe sind oft interdisziplinäre Herangehensweisen sowie spezielle Kompetenzen – zum Teil auch Bürokratie. Ziel ist es, die Reaktionsfähigkeit der Organisation auf Marktveränderungen zu erhöhen und übergreifend bei allen strategisch relevanten Vorhaben zu unterstützen.

Wie sieht das konkret aus?

Im Cross Solution Center XSC wurde die Heimat für verschiedene cross-funktionale Teams geschaffen, die dem gesamten Haus schnell und flexibel zur Verfügung stehen. Dadurch werden Projekte beschleunigt und die Reaktionsfähigkeit der Organisation auf Marktveränderungen erhöht. Mit dem XSC hatten wir die Möglichkeit, praktisch auf der grünen Wiese zu starten und zu experimentieren. Insgesamt führt dieser Experimentierraum einerseits zur Beschleunigung von Prozessen und andererseits zu einem organisationalen Lernen.

Wie entwickeln wir die Organisation?

Das Vorgehen beim XSC veranschaulicht gut, wie wir bei DATEV insgesamt mit Veränderungsprozessen umgehen. Die Veränderungsdynamik – nicht nur in der Softwarebranche – hat inzwischen eine so hohe Geschwindigkeit erreicht, dass sich auch

---

326 Vgl. Jessl, 2018.

Veränderungsvorhaben in Organisationen nicht mehr rein linear denken und in Meilensteinplänen abbilden lassen. Deshalb arbeiten wir mit Organisationsprototypen: Wir probieren mit einzelnen, sehr verschiedenen Einheiten neue Organisationsformen aus – denn als Organisation ist es wichtig, nie aufzuhören, sich weiterzuentwickeln, zu reflektieren und zu lernen.

Das Change-and-Transition-Framework (kurz: CAT-Framework) zum Organizational Prototyping[327] veranschaulicht die iterative Herangehensweise in Veränderungsprozessen (siehe Abb. 45).

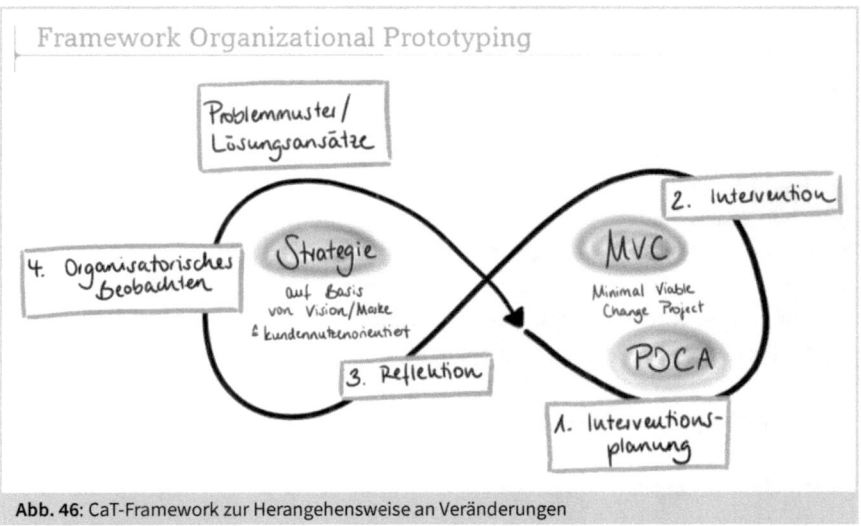

Abb. 46: CaT-Framework zur Herangehensweise an Veränderungen

Das CAT-Framework läuft in zwei Schleifen ab: Die linke Schleife bildet den Strategieprozess ab, der auf die Organisation als Ganzes schaut und Veränderungen beobachtet. Der zweite Kreis (rechts) führt währenddessen einzelne Interventionen in Form von Minimum Viable Changes als prototypische, organisationale Experimente durch. Denn: Organisationen sind komplex und dynamisch – deshalb lassen sich auch Veränderungsvorhaben nicht linear denken, sondern müssen in kürzeren Zeitintervallen iterativ überdacht, reflektiert und neu geplant werden.

---

327 Vgl. Kruschwitz, 2019.

HR-Organisation

Unsere Welt verändert sich, Geschäftsmodelle, Technologien und Formen der Zusammenarbeit verändern sich. Daraus ergeben sich auch Folgen für den Personalbereich: HR muss konkreten Mehrwert für die Organisation schaffen und die Zukunftsfähigkeit des Unternehmens sichern. Noch nie waren Personalthemen so wichtig und so viel diskutiert. Deshalb brauchen wir eine strategisch aufgestellte Personalarbeit, die die Unternehmensstrategie mitprägt und die Umsetzung begleitet. Es geht darum, die Organisation, die Mitarbeitenden und Führungskräfte im Veränderungsprozess zu begleiten, zu unterstützen und zu befähigen. Die Notwendigkeit zur Innovation in einem sich schnell verändernden und unsicheren Umfeld hat Technologieunternehmen in den letzten zwei Jahrzehnten dazu veranlasst, agile Methoden einzuführen. Im digitalen Zeitalter, in dem praktisch jedes Unternehmen ein Technologieunternehmen ist, streben immer mehr Organisationen nach Agilität und Flexibilität innerhalb und außerhalb ihrer IT-Abteilungen. Unabhängig davon, ob ihre Organisationen eine umfassende agile Transformation verfolgen oder einfach nur kleinere, funktionsübergreifende Teams bilden: Auch HR muss sich verändern, um Agilität und Flexibilität fördern und unterstützen zu können. Dieser neuen Umgebung ist der traditionelle HR-Ansatz, der beispielsweise formelle Schulungseinheiten zu einem festen, in der Zukunft gelegenen Datum arrangiert oder Recruiting-Aktivitäten erst nach der Meldung einer offenen Stelle beginnt, nicht mehr gewachsen.

Denn Aufgabe von HR ist es, die geeigneten Rahmenbedingungen schaffen, die die Veränderungsfähigkeit des Unternehmens und seiner Kultur fördern. Es geht darum, gezielt die benötigten Kompetenzen zu vermitteln und ein leistungsförderndes Arbeitsumfeld zu schaffen, in dem die richtigen Menschen am richtigen Ort wirken. HR befindet sich im Transformationsprozess in einer Doppelrolle: Zum einen hat HR die Aufgabe zur Befähigung, Digitalisierung und Veränderung der eigenen Funktionen sowie der HR-Organisation und zum anderen hat HR ebenso die Aufgabe zur Befähigung der Gesamtorganisation. Um diesen Anforderungen gerecht zu werden, gehen wir sowohl bei der Weiterentwicklung der Gesamtorganisation als auch bei der Weiterentwicklung der HR-Organisation nach dem Modell des CaT-Frameworks mit Organisationsprototypen (s. Abbildung 45) vor. In unserem Personalbereich haben wir bereits in den vergangenen drei Jahren mit agilen Fokusthemen und Teaminitiativen gearbeitet, um priorisierte Themen übergreifend und fokussiert anzugehen – das bedeutet in einer iterativen Vorgehensweise in bereichsübergreifenden HR-Teams deutlich mehr Kundeneinbezug. So haben wir beispielsweise unseren Personalentwicklungs- und Auswahlprozess überarbeitet oder das Thema Feedback mit einem cross-funktionalen Team aus dem ganzen Unternehmen weiterentwickelt. Durch diese Vorgehensweise wurden an manchen Stellen frühe Entwürfe und Prototypen zur Entscheidung gebracht, wir haben als HR-Bereich und als Gesamtunternehmen gemeinsam ausprobiert, Fehler bewusst zugelassen, uns verbessert und daraus

gelernt. Es ist dabei insgesamt wichtig, dass HR-Prozesse und -Instrumente kontinuierlich und in kürzeren Zyklen überprüft und angepasst werden, um sich flexibel an die
sich verändernden Bedürfnisse der Fachbereiche anpassen zu können.

Zur HR-seitigen Betreuung und Unterstützung im Veränderungsprozess haben wir
im nächsten Schritt ein cross-funktionales HR-Team gegründet, um eine veränderte
und flexiblere Arbeitsweise auch im Personalbereich zu erproben sowie daraus Ableitungen für die HR-Gesamtorganisation zu treffen. Im Transformationsprozess ergeben sich für HR viele verschiedene Themen, wie beispielsweise die Begleitung von
Organisationsprototypen, die Weiterentwicklung sowie Weiterbildung von Mitarbeitenden und Führungskräften, das Erstellen von Konzepten für zukünftig benötigte
Personalinstrumente oder das Anpassen und Weiterentwickeln von Rollenbeschreibungen. Ziel ist es, einen zentralen Eingangskanal in HR für die unterschiedlichsten
Veränderungsvorhaben der Organisation zu bilden. Das cross-funktionale HR-Team
nutzt agile Methoden, um die verschiedenen Aufträge aus Themenstellungen wie
Organisations-, Kompetenz- und Kulturentwicklung sichtbar zu machen und zu priorisieren. Das cross-funktionale HR-Team ist dabei so aufgebaut, dass unterschiedliche
Kompetenzen aus HR, wie beispielsweise Personalentwicklung und Weiterbildung,
abgedeckt werden und interdisziplinäres Lernen gefördert wird. Durch das Backlog,
das für das ganze Unternehmen sichtbar ist, wird Transparenz über die bearbeiteten
Themen sowie deren Priorisierung geschaffen. Um die Arbeitsweise immer wieder
gemeinsam zu reflektieren und zu verbessern, sind gemeinsame Retrospektiven ein
wichtiger Bestandteil. Das cross-funktionale HR-Team arbeitet dabei immer auch
sowohl mit Mitarbeitenden aus der HR-Linie als auch mit den Fachbereichen zusammen, um einerseits Wissenstransfer innerhalb des Personalbereichs sicherzustellen
und andererseits die konkreten Bedarfe der Fachbereiche frühzeitig zu erkennen und
regelmäßig Feedback einzuholen.

Die Rolle von HR verändert sich in der heutigen Arbeitswelt mehr und mehr: HR ist
immer weniger der Owner von Prozessen – sondern stellt vielmehr die passenden
Rahmenbedingungen für die Organisation zur Verfügung und berät und begleitet die
Fachbereiche. Dafür ist es wichtig, Prozesse und Produkte von Anfang an gemeinsam
mit den Fachbereichen, die den eigentlichen Bedarf aufweisen, zu entwickeln, um konkrete Schmerzpunkte in der Organisation zu lösen. Um die Bedarfe im Veränderungsprozess bestmöglich und frühzeitig zu erkennen, sind wir daher auch physisch prä-
sent. Wir haben an dem Standort, an dem die ersten Organisationsprototypen bereits in
der neuen Form arbeiten, einen bereichsübergreifenden Pop-Up-Store eröffnet. Ziel
des Pop-Up-Stores ist die bedarfsorientierte und cross-funktionale Unterstützung,
Beratung und Begleitung der Organisationsprototypen von allen Unterstützungsein-
heiten aus dem Haus, wie beispielsweise der internen Kommunikation, verschiedener
Projekteinheiten und HR. Alle Unterstützungsfunktionen sind bedarfsorientiert und

flexibel direkt vor Ort, wo sie gebraucht werden. Im Pop-Up-Store führen wir beispielsweise themenspezifische Meetups durch, z. B. zu den Themen Rollen oder Staffing, um eine Plattform für Diskussion und Austausch zu schaffen. Wir wollen gemeinsam mit den Organisationsprototypen Lösungen entwickeln, wobei es darum geht, von und mit ihnen zu lernen: Durch die übergreifende Synchronisation und enge Zusammenarbeit wird deutlich, welche Unterstützung tatsächlich gebraucht wird.

Learnings

Mitbestimmung neu denken

Organisationsänderungen können eine Vielzahl von Beteiligungsrechten des Betriebsrats auslösen, deshalb ist es uns bei DATEV wichtig, den Betriebsrat von Anfang an einzubinden und Themen gemeinsam anzugehen. Die Herausforderung für beide Seiten ist, dass das Betriebsverfassungsgesetz nicht für Ablauforganisationen oder agile Vorgehensweisen gemacht und nur mäßig geeignet ist. Es gibt dem Betriebsrat z. B. ein Mitbestimmungs-, aber kein Gestaltungsrecht. Wir haben mit unserem Betriebsrat deshalb eine neue Art der Zusammenarbeit entwickelt, indem wir beispielsweise Themen in Workshops gemeinsam erarbeiten.

So ist zunächst eine Betriebsvereinbarung »Agile Arbeitswelt« entstanden und ein aus Vertretern von Geschäftsleitung und Betriebsrat paritätisch besetztes Lenkungsboard ins Leben gerufen worden. Das hat zu einer enormen Transparenz, großem Verständnis und einer guten Vertrauensbasis geführt. Die ist in der agilen Welt auch absolut notwendig. Die Herausforderung besteht darin, gemeinsam einen Transformationsprozess zu gestalten, in dem wir zwar das Zielbild und die Rahmenbedingungen kennen, viele konkrete Ausformulierungen aber erst unterwegs entschieden werden können. Inzwischen haben wir deshalb eine iterative Betriebsvereinbarung zur Begleitung in unserem Veränderungsprozess vereinbart und treffen uns wöchentlich im Lenkungsboard. Diskutiert werden dort unter anderem Themen wie Organisationsentwicklung, Feedback, Lernen, Mitarbeitergespräche oder Vergütung. Dabei ist dieser iterative Ansatz wichtig, weil wir nicht abstrakt, sondern an ganz konkreten Regelungsbedarfen entscheiden. Das bedeutet, dass Regelungsbedarfe, die erst während des Umsetzungsprozesses identifiziert werden, iterativ in die Betriebsvereinbarung aufgenommen werden. Denn die Herausforderung ist, dass wir im Detail die Zukunft noch nicht kennen, sondern Vieles erst auf dem Weg dahin entschieden wird. Gegenstand der agilen Mitbestimmung ist deshalb nicht ein Ergebnis, sondern der gemeinsame, betriebspartnerschaftliche Weg dorthin. Das hilft enorm dabei, die Veränderungsvorhaben in der Organisation gemeinsam erfolgreich zu begleiten.

Veränderung begleiten

Zur Begleitung in Veränderungsprozessen ist auch das Thema Kommunikation ein wesentlicher Bestandteil, gerade in einem Prozess, der offen gestaltet ist. Herausfordernd ist dabei insbesondere auch die Ungleichzeitigkeit des Erlebens von Veränderung im Unternehmen: Für viele ist die Kommunikation über eine Veränderung sehr weit entfernt von der tatsächlichen eigenen Betroffenheit. Wir haben gelernt, dass wir häufiger die Grundthemen berühren und die Betroffenheit des Einzelnen aufzeigen müssen. Es geht darum, möglichst viele Kollegen einzubeziehen und Veränderung gemeinsam zu gestalten. Das heißt auch, dass Freiräume wichtig sind. Das zeigt sich auch an der Veränderungsbereitschaft und dem aktiven Gestaltungswillen vieler. Diejenigen, die direkt am Nerv des Unternehmens sitzen, bemerken zuerst, dass Dinge nicht mehr funktionieren oder Prozesse zu kompliziert sind. Ihnen einen Raum zu geben, in dem sie ihre Erfahrungen öffentlich machen und Veränderung bewirken können, ist eine wesentliche Komponente. Und das passiert bereits an unterschiedlichen Stellen: Ein Beispiel sind die mittlerweile deutlich über 20 Communities of Practice - "selbstinitiierte" Netzwerke wie beispielsweise zum Thema Change and Transition (kurz CoPCaT) – für einen verantwortungsebenen- und bereichsübergreifenden Austausch aller, die gemeinsam etwas bewegen wollen.

Den bereichs- und verantwortungsebenenübergreifenden Austausch fördern wir bei DATEV durch verschiedene Formate. In unseren DigiCamps beispielsweise stehen Themen wie digitale Transformation, disruptive Technologien, Customer Experience, New Work oder Kulturwandel im Mittelpunkt. Dabei geht es insbesondere darum, Raum zum gemeinsamen Lernen, Austauschen und Netzwerken zu schaffen sowie Inspiration und Impulse von außen zu bekommen. Wichtig für solche Formate ist Eigeninitiative – also das Anpacken und aktive Mitgestalten der Veränderung. Durch die Eindrücke und Erfahrungsberichte der Teilnehmenden während und nach den Veranstaltungen, haben mit der Zeit auch immer mehr Kollegen teilgenommen, die solchen Formaten vorher eher kritisch gegenüberstanden. Auf einem unserer Digicamps habe ich die Teilnehmenden beispielsweise gebeten, aufzuschreiben, was jedem Einzelnen schwerfällt, zu verlernen. Auf den Zetteln standen wirklich schöne Beispiele – wie »Es fällt mir schwer zu verlernen, in festen Hierarchien zu denken«. Es hat deutlich gemacht: Viele von uns stehen vor ganz ähnlichen Herausforderungen.

Fazit: Unlearn, inspect, adapt

Es ist nicht einfach, sich auf Veränderungen einzulassen. Es bedeutet immer auch, einen Schritt aus der eigenen Komfortzone zu wagen. Dafür ist neben der Fähigkeit, Neues zu lernen, insbesondere die Fähigkeit entscheidend, alte Glaubenssätze und

Verhaltensmuster bewusst zu verlernen – also Überzeugungen und Herangehenswei-sen, die in der Organisationsgeschichte früher vielleicht sogar sinnvoll waren, heute im Kontext von Digitalisierung und Agilität aber eher hinderlich sind. Wenn wir lernen, ergänzen wir das, was wir bereits wissen, um neue Fähigkeiten oder Kenntnisse. Wenn wir verlernen, verändern wir bewusst unsere Sichtweise.[328] Wir können keine Organi-sationen leiten und voranbringen, wenn wir uns nur auf Prinzipien des letzten Jahr-hunderts verlassen. Hier gilt es, die Muster aufzubrechen und neuen Glaubenssätzen einen entwicklungsfähigen Rahmen zu geben. Unsere Fähigkeit zum Verlernen ist die Voraussetzung für unsere Anpassungsfähigkeit: Je besser wir im Verlernen sind, umso besser können wir die Chancen nutzen, die sich in einer exponentiellen Welt bieten. Das heißt auch: Um eine lernende Organisation zu sein, muss man damit beginnen, eine verlernende Organisation zu sein.

Literatur zu Kapitel 5

Birkinshaw J./Gibson, C. (2004). Building Ambidexterity Into an Organization A company's ability to simultaneously execute today's strategy while developing tomorrows arises from the context within which its employees operate, in: MIT Sloan Management Review, June 2004, (S. 47-55).

Dove, R. (2001). Response Ability: The Language, Structure, and Culture of the Agile Organi-zation. New York: Wiley.

Duncan, R. (1976). The Ambidextrous Organization/Designing Dual Structures for Inno-vation, in: Killman, R.H./Pondy , L.R./Sleven (Hrsg.), The Ambidextrous Organization: Designing Dual Structures for Innovation, New York: North Holland, (S. 167-188).

Fischer, S. (2016). Definition: Agilität als höchste Form der Anpassungsfähigkeit. [Online] Available at: https://www.haufe.de/personal/hr-management/agilitaet/definition-agilitaet-als-hoechste-form-der-anpassungsfaehigkeit_80_378520.html.

Graf, N./Gramß, D./Edelkraut, F. (2017). Agiles Lernen. Freiburg, Haufe.

Gramß, D./Graf, N. (2018). Lernkompetenzen als Wettbewerbsfaktor für Mitarbeiter und Unternehmen – wie soziale Lernformate diese fördern. In: K. W. de Molina (Hrsg.) Kom-petenzen der Zukunft – Arbeit 2030. Freiburg, Haufe, pp. 163-173.

Häusling, A. (2017). Agile Organisationen. Anpassungen erfolgreich gestalten – Beispiele agiler Pioniere, Freiburg, Haufe-Lexware.

Häusling, A./Fischer, S. (2018). Kante zeigen! Ein neues Organisationsmodell für HR. Perso-nalmagazin: Management, Recht und Organisation (07), 3-9.

Häusling, A./Römer, E./Zeppenfeld, N. (2019). Praxisbuch Agilität. Freiburg, Haufe Lexware GmbH.

Hannan, M., & Freeman J., (1977). The Population Ecology of Organizations. In: American Journal of Sociology, Vol. 82, No. 5, (S. 929-964).

---

328 Vgl. Sternshus, 2018.

Jessl, R., 2018. Schöne, neue Arbeitswelt? Warum wir Experimente brauchen. [Online] Available at: https://projekt-3t.com/2018/10/schoene-neue-arbeitswelt-warum-wir-experimente-brauchen/,(abgerufen am 13 12 2019).

Kotter, J. (2015). Accelerate –Strategische Herausforderungen schnell, agil und kreativ begegnen, 1. Auflage, München.

Kruschwitz, R. (2019). Das neue LEA Agile Change Framework. [Online] Available at: https://become-better.org/das-neue-lea-agile-change-framework/ (abgerufen am 18.12.2019).

Kurzweil, R. (2009). A university for the coming singularity. [Online] Available at: https://www.ted.com/talks/ray_kurzweil_announces_singularity_university?language=de (abgerufen am 13.12.2019).

Lawrence, P./Lorsch, J. (1969). Toward a Contingency Theory of Organization. In: dies. Organization and Environment, S. 185-210.

O'Riley, C./Tushman, M. (2004). The Ambidextrous Organization, in: Harvard Business Review, April 2004 Issue, https://hbr.org/2004/04/the ambidextrous organization.

Raisch, S./Birkinshaw, J. (2008). Organizational Ambidexterity: Antecedents, Outcomes and Moderators, in: Journal of Management, 34, S. 375-409.

Robertson, B. J. (2016). Holacracy. Ein revolutionäres Management-System für eine volatile Welt. München, Franz Vahlen.

Shternshus, J. (2018). Change Starts with Unlearning. [Online] Available at: https://medium.com/@TheImprovEffect/change-starts-with-unlearning-dab8d635d42e (abgerufen am 13.12.2019).

Sydow, J./Lerch, F. (2013). Netzwerkzeuge – Zum reflexiven Umgang mit Methoden und Instrumenten des Netzwerkmanagements. In: Sydow, J./Duschek, S. (Hrsg.): Netzwerkzeuge – Tools für das Netzwerkmanagement, S. 9-18. Wiesbaden, Springer Gabler.

Wanken, D. S. (2017). Mitarbeiter fit machen für die VUCA-Welt. HR Performance, pp. 30-31.

Zhang, Z.,/Sharifi, H. (2000). A methodology for achieving agility in manufacturing organisations. International Journal of Operations & Product Management, 20(4), 496-513.

6 Die Zukunft von HR erfolgreich gestalten – zwei Ausblicke und ein Plädoyer

André Häusling und Stephan Fischer

6.1 Ein Ausblick in Richtung Praxis

Aktuell werden in den Organisationen vor allem die agilen Transformationen auf der Meso-Ebene (der Team- und Bereichsebene) vorangetrieben. Dabei werden momentan einzelne Bereiche transformiert und »agilisiert«, meistens aber in den funktionalen Silos. Hier wird häufig mit der Softwareentwicklung und Produktentwicklung begonnen. Auf der Makro-Ebene, also der Transformation von gesamten Organisationen, gibt es bisher nur einige wenige Beispiele.

HR Pioneers hat in den letzten Jahren viele weitere funktionale Organisationsbereiche bei ihren agilen Transformationen begleitet: Finance-Bereiche, Vertriebs-Bereiche oder auch den Kunden-Service, um einige Beispiele zu nennen. Manchmal wurden auch einzelne HR-Organisationen bei der Transformation unterstützt. Dennoch sind wir immer wieder überrascht, wie selten HR in der Praxis einen höheren agilen Reifegrad entwickelt hat, obwohl die Komplexität in den meisten Organisationen deutlich zu steigen scheint.

Für HR ergeben sich drei Fragen für die Zukunft in Bezug auf die Transformation:

Frage 1: Wie definiert HR seine eigene Rolle in der Transformation?

Der Druck auf die Leistungs- und Lieferfähigkeit von HR wird weiterhin groß bleiben und vermutlich steigen. HR wird sich in den Organisationen (und auch außerhalb der Organisationen) positionieren und definieren müssen, welche Rolle sie in den Transformationen der Gesamtorganisationen einnehmen will. Die Transformationen werden in den Organisationen immer dringender und notwendiger, weil die Komplexität kontinuierlich steigt. Die Themen werden bearbeitet werden, wenn nicht von HR, dann von anderen Organisationsbereichen wie dem Business Development.

HR hat dabei zwei strategische Möglichkeiten: Die erste Option ist, sich als *first mover* in der Organisation zu positionieren. Es geht darum, Vorreiter für neue Formen der Zusammenarbeit zu sein und bei sich selbst zu beginnen. In der Praxis bedeutet dies, dass HR die Themen in den Organisationen proaktiv treiben, Qualifizierungsprogramme anbieten, selbst Prototypen installieren und sämtliche neue Formen der Zusammenarbeit bei sich vorleben und ausprobieren sollte. Die zweite Option ist, als *second follower* zu fungieren. Das bedeutet, dass sich HR in dem Maße anpasst, wie es das Business erfordert. Das hat den Vorteil, die Anschlussfähigkeit in Organisationen zu behalten und nur in dem Maße Veränderungen vornehmen zu müssen, wie es tatsächlich auch vom Business erwartet und gewünscht wird. Sicherlich sind beide Optionen legitim – je nach Kontext der Organisation.

Betrachtet man etwas übergreifender die HR-Landschaft in Deutschland, würden den Organisationen aber mehr HR-Verantwortliche guttun, die als Vorreiter mutig voranschreiten, um die Arbeitswelt der Zukunft proaktiv zu gestalten. Die Zeit der Passivität und des Aussitzens, des Abwartens und des Haderns durch HR schadet den Organisationen mehr. Es ist an der Zeit, dass sich HR klar in den Transformationen als aktiver Gestalter positioniert.

Frage 2: Welche Konsequenzen hat die Transformation für die jeweiligen HR-Wertschöpfungsprozesse?

Bei den HR-Wertschöpfungsprozessen passiert in vielen Organisationen derzeit Einiges. Zu allen von uns aufgeführten HR-Wertschöpfungsprozessen gibt es viele gute und in Teilen auch sehr prominente Beispiele, wie die jeweiligen HR-Wertschöpfungsprozesse anders aussehen können. In diesem Buch haben einige Organisationen von ihren Fortschritten und Erfahrungen berichtet, denn viele HR-Bereiche suchen nach Beispielen zur Inspiration für die eigene HR-Arbeit. Wir sehen auch auf unserer Agile HR Conference, dass diese Organisationsbeispiele sehr gefragt sind.

Auf Grundlage der Reifegrade ist es möglich, selbst eine kurze Standortbestimmung vorzunehmen. Welchen Reifegrad haben Sie in dem jeweiligen HR-Wertschöpfungsprozess? Welchen Reifegrad benötigen Sie eigentlich in dem jeweiligen Wertschöpfungsprozess? Hier empfehlen wir nicht nur das Selbstbild, sondern vor allem ein Fremdbild vom Kunden (vom Business) einzuholen.

Die entscheidende Frage bei einer Differenz zwischen dem aktuellen und dem notwendigen zukünftigen Reifegrad in dem jeweiligen HR-Wertschöpfungsprozess ist, wie die Transformation und der Weg zu einem höheren Reifegrad aussehen sollen. Wichtig ist dabei, dass es keine Blaupause, kein Standardmodell und keine Musterlösung mehr gibt. Vielmehr werden organisationsspezifische Lösungen gefragt sein, die sich nach dem Grad der Veränderungen und der sich ergebenden Komplexität richten.

Auch bei den HR-Wertschöpfungsprozessen ist es wichtig, dass HR in einer proaktiven Rolle bleibt, weil die HR-Wertschöpfungsprozesse eine hohe Relevanz haben, um die Zusammenarbeit in den Organisationen zukunftsfähig zu machen.

Frage 3: Welche Konsequenzen hat die Transformation für das eigene HR-Organisationsmodell?

Das eigene HR-Organisationsmodell ist der Bereich, bei dem es im Markt aktuell die wenigsten Veränderungen gibt. Viele Organisationen sind am Suchen und in Teilen am zögerlichen Experimentieren, aber kaum eine Organisation hat wirklich größere Transformationen vollzogen.

Einer der Gründe dürfte sein, dass eine große Unsicherheit bezüglich der Durchführung herrscht. Denn in der Praxis stellen sich häufig zwei Fragen:
1.   Wo fangen wir an?
2.   Wie machen wir es eigentlich?

In diesem Buch haben wir erste Wege und Lösungsansätze aufgezeigt. Mit diesen kann eine erste Standortbestimmung des eigenen HR-Organisationsmodells aufgrund der Reifegrade vorgenommen werden und zusammen mit dem Business überlegt werden, welches HR-Organisationsmodell die adäquate Lösung darstellt.

Dazu haben wir in diesem Buch erste Impulse gegeben, wie die Transformation von Reifegrad zu Reifegrad aussehen kann. Es erfordert dann allerdings den Mut, die ersten Schritte auch tatsächlich selbst zu gehen.

6.2   Ein Ausblick in Richtung Theorie

Sind fünf Reifegrade zur Beschreibung von HR-Organisationen genug? Diese Frage stellt sich bei einem solchen Modell immer. Und: Wie könnte es weitergehen? Wie könnte ein sechster Reifegrad aussehen? Ein sechster Reifegrad könnte vielleicht in interorganisationalen Netzwerken bestehen, bei denen viele verschiedene eigenständige Organisationen zusammenarbeiten. Für diese Form der Zusammenarbeit wird aktuell auch gerne der Begriff des Eco-Systems verwendet, der aus der Biologie entnommen auf den Bereich der Wirtschaft übertragen wird. Er steht hier für die Gesamtheit der Akteure innerhalb einer Branche. Eco-Systeme werden oft als offen und dynamisch beschrieben. Im Speziellen wird mit Blick auf die Gründerszene bzw. die Förderung des Unternehmertums auch von Gründer- und Start-up-Eco-Systemen gesprochen.[329]

Dabei wird unterstellt, dass durch die Kooperation der Organisationen ein Wettbewerbsvorteil entsteht, denn so könnten arbeitsteilige Prozesse der Anpassung an gestiegene Anforderungen besser bewältigt werden. Wenn dem tatsächlich so ist,

---

329 Vgl. RKW, 2015.

dann könnte der nächste Reifegrad nach den intraorganisationalen Netzwerken des Reifegrads 5 vielleicht das interorganisationale Eco-System sein. Wie sähe dann aber eine dazu passende HR-Organisation aus? Geht das HR-Netzwerk des fünften Reifegrads im Eco-System auf und verbindet sich mit den HR-Netzwerken anderer Organisationen? Entsteht vielleicht ein interorganisationales HR-Eco-System, das die beteiligten Organisationen in allen relevanten HR-Fragen bedient? Und entwickelt sich dabei eine ganz neue Stufe der Professionalität in HR? Warum eigentlich nicht? Vielleicht ist der Gedanke des fünften Reifegrads ja tatsächlich skalierbar und lässt sich auf ein ganzes Eco-System übertragen.

6.3   Ein gemeinsames Plädoyer für HR als Katalysator von Transformationen

Die Rahmenbedingungen, der Wettbewerb, das Umfeld der Organisationen sowie die interne Komplexität sind für viele Unternehmen aktuell sehr herausfordernd. Viele Vorstände und Geschäftsführer suchen nach Orientierung und Sicherheit in den Transformationen. Zwei Fragen, die sie sich häufig stellen, sind: Wo fangen wir mit der Transformation an und wie wählen wir unser Vorgehen? Die Orientierung bei der Beantwortung dieser Fragen könnte HR übernehmen und als Reisebegleiter in den Transformationen fungieren.

Um aber als Reisebegleiter fungieren zu können, müssen die HR-Bereiche auch über die notwendigen Kompetenzen verfügen. Wir reden hier nicht nur (aber auch!) von theoretischem Wissen, sondern vor allem auch von praktischer Erfahrung. Deshalb benötigen wir mutige Personaler, die vorangehen, die ausprobieren und nach Lösungen suchen, die den HR-Bereichen, den Organisationen und vor allem deren Kunden nachhaltig weiterhelfen.

Der Weg in die komplexe Welt wird vor allem dadurch geprägt sein, eigene organisationsspezifische Lösungen in den Transformationen zu finden, die die Zukunftsfähigkeit der jeweiligen Organisationen sicherstellen. Die agilen Transformationen sollen Wettbewerbsvorteile mit sich bringen. Aus unserer Sicht wird es ein entscheidender Vorsprung für eine Organisation sein, Zusammenarbeit wirkungsvoll organisieren zu können: durch kundenzentrierte Organisationsstrukturen, die eine höhere Geschwindigkeit ermöglichen, durch Prozesse, die eine kurze time to market haben, durch Führung, die als wirkungsvoll erlebt wird, oder durch Organisationskulturen, die attraktiv für bestehende und vor allem für neue Mitarbeitende sind.

Wir haben in diesem Buch nun aufgezeigt, welche Möglichkeiten und welche Relevanz die HR-Themen in Zukunft in den Organisationen haben. Umso wichtiger ist es aus den Sicht, dass die Organisationen die für sich geeignete und passende Lösung finden, diese Themen zu organisieren – sowohl strukturell, als auch in den jeweiligen Wertschöpfungsprozessen. Unser Plädoyer ist dabei klar: HR ist der entscheidende Katalysator für die Transformation der Organisationen.

Literatur:

RKW (2015): Neues RKW Magazin zum »Treffpunkt: Gründerökosystem«.

Autorinnen und Autoren

Julia Bangerth

Julia Bangerth ist seit 2018 Vorstandsmitglied der Nürnberger DATEV eG, zuständig unter anderem für Personal. Im Herbst 2019 erweiterte sich ihr Zuständigkeitsbereich um das Thema Operations. 2019 wurde Julia Bangerth vom Personalmagazin als CHRO of the year ausgezeichnet. Von 2016 an war sie im Unternehmen bereits als Mitglied der Geschäftsleitung tätig. Zuvor arbeitete sie ab 2012 in verschiedenen Positionen bei dem international tätigen Consulting- und Engineeringunternehmen Pöyry PLC, zuletzt als Kaufmännische Geschäftsführerin und Vice President HR Central Europe. Zwischen 2004-2012 war sie in namhaften Unternehmen der Entertainmentbranche, unter anderem als Geschäftsführerin und Justiziarin, tätig. Die Personalvorständin setzt die Schwerpunkte ihrer HR-Arbeit insbesondere auf das Thema Future of Work: Organisationskultur, Agiles Arbeiten, Führung, neue Lernformen und vernetzte Zusammenarbeit. Julia Bangerth ist Juristin mit langjähriger internationaler Erfahrung in den Bereichen Personal, Finanzen, Recht, Kommunikation und Marketing. Sie hat sich in unterschiedlichen Führungspositionen mit Strategie-, Organisations- und Personalentwicklung beschäftigt, neue Prozesse entwickelt und implementiert, Restrukturierungen durchgeführt und Change-Projekte geleitet.

Marcus Berghoff

Marcus Berghoff ist studierter Betriebswirt, war über 20 Jahre im Sales als Manager und Führungskraft verantwortlich. 2017 erlebte er den Wandel hin zu einer agilen Organisation hautnah und beendete seine Managementkarriere in der metafinanz. Durch den Wechsel in den SD-Shop folgte er seiner Leidenschaft, Menschen in Veränderung zu begleiten. Dies tut er heute als Coach und Trainer und begleitet Teams und Führungskräfte auf ihrem Weg in die agile Welt.

Matthias Blatz

Matthias Blatz arbeitet seit 3 Jahren bei Hettich und ver-
antwortet als HR Business Partner die Personalarbeit der
Logistikstandorte mit 250 Mitarbeitenden. In seinen bishe-
rigen Funktionen sammelte er Erfahrungen in der operati-
ven und strategischen Personalarbeit. Der in den letzten
Jahren begonnene Kulturwandel bei Hettich weckte seine
Leidenschaft für neue Formen der Zusammenarbeit und
Arbeitswelten von morgen.

Lars Bohlmann

Seit 8 Jahren arbeitet Lars Bohlmann in der Hettich Unternehmensgruppe. Er hat vielfältige Erfahrungen in operativen und strategischen Personalthemen sammeln können.
In den letzten Jahren konnte er seine Begeisterung für New
Work und agile Organisationen entfalten und gemeinsam
mit seinem Team die HR-Organisation ganz neu gestalten.
Wenn er seinen HR-Alltag beschreiben würde, passen folgende Ausprägungen: Führung auf Augenhöhe, Partner des
Managements, Impulse setzen, Führungskräfte und Mitar-
beiter empowern und begleiten, Veränderung zur Normalität werden lassen, Netzwerke
gestalten. Ab dem 01.01.2020 setzt er neben seiner Rolle im HR als Geschäftsführer
einer Hettich Dienstleistungsgesellschaft weitere übergreifende Impulse zur Weiterentwicklung der Hettich Organisation.

Johannes Burr

Johannes Burr, Head of Collaboration, Learning & Transformation bei Axel Springer SE, ist Volljurist mit EMBA in
Medienmanagement und Personaler aus Leidenschaft.. Er
ist Rheinländer und Halbfinne, verheiratet und Vater von
zwei Kindern. Als Teil der Führungsmannschaft von People & Culture der Axel Springer SE hat er maßgeblich an
der Umstrukturierung und Neuausrichtung des zentralen
Personalbereichs des Konzerns mitgewirkt und dort die
Weichen zu agiler und moderner Personalarbeit gestellt.
Seit Mitte 2013 gestaltet, treibt und prägt er – zunächst als Leiter Change Management und später in weiteren HR-Führungspositionen – den rasanten Transformationsprozess vom ehemals traditionellen Verlagshaus zu Europas »leading digital media
and technology company« in leitender Funktion. Zertifiziert als Agile HR Manager

und Scrum Master motiviert ihn die Überzeugung »be the change, you want to see in others«, moderne Arbeitsweisen (wie etwa agile working, Social Collaboration, Selbstorganisation und OKR) gemeinsam mit seinen Teams vorzuleben und somit jeden Tag Impulse für die Weiterentwicklung zum digitalen und agilen Unternehmen hin zu setzen.

Konstantin Diener

Konstantin Diener (@onkelkodi) hat am Anfang seines Berufslebens zehn Jahre als IT-Berater für Finanzdienstleister gearbeitet. Schon in diesem Job ist er in die unterschiedlichsten Rollen geschlüpft – vom Business Analysten oder Product Owner über Software-Entwickler und Architekten bis zum Scrum Master. Seit er cosee 2009 Jahren gegründet hat, ist die Firma seine große Leidenschaft. Hier muss er ständig in neue Rollen schlüpfen und sein Job als CTO hat sich seit den Anfangstagen tiefgreifend verändert. Heute kümmert er sich um sinnvolle Rahmenbedingungen für die (Technologie-)Teams bei cosee, um Business Development und Recruiting und ist Ansprechpartner für die Scrum Master und die Product Owner. Für seine Kollegen ist immer wieder eine Herausforderung, dass er Agilität gern radikal denkt. Über die Gedanken, die ihm dabei und zu DevOps, New Work & Co kommen, schreibt er die Kolumne »DevOps Stories« im JavaMagazin (http://bit.ly/devopsstories).

Stephan Fischer

Prof. Dr. Stephan Fischer ist Professor für Personalmanagement und Organisationsberatung an der Hochschule Pforzheim. Dort lehrt er im Bachelor BWL/PM und im Master »Human Resources Management« und forscht als Direktor des Instituts für Personalforschung. Praktische Erfahrungen sammelte er in leitender Funktion in den Bereichen Personal und Beratung. Als wissenschaftlicher Beirat unterstützt er mehrere Unternehmen. Daneben ist er Beirat der Zukunft Personal und leitet die Jury des HR Innovation Awards. Seine Forschungsschwerpunkte liegen in den Themenbereichen der agilen Transformation sowie in der Frage der Nachhaltigkeit im HRM. Zudem wurde er 2017 und 2019 vom Haufe Verlag zu den 40 führenden Köpfen (Kategorie Wissenschaftler) im HR gewählt.

Michael Fleischmann

Michael Fleischmann ist studierter Mathematiker, war über 15 Jahre Sales Manager und Führungskraft in der metafinanz. Agile Methoden hat er im Bereich Softwareentwicklung bereits vor vielen Jahren kennen gelernt. 2017 erlebte er den Wandel hin zu einer agilen Organisation hautnah und beendete seine Managementkarriere in der metafinanz. Heute begleitet er als Coach und Trainer den Kulturwandel in Unternehmen. Er ist »Mutmacher« für Teams und Führungskräfte auf ihrem Weg in die agile Welt und ist aktiv in verschiedenen Transformationsprogrammen in Konzernen tätig.

Annabel Früh

Annabel Früh, geb. 1994, hat nach ihrem Bachelorstudium der »Wirtschaftspsychologie« an der SRH Hochschule Heidelberg (2013-2016) den Masterstudiengang »Human Resources Management« an der Hochschule Pforzheim (2016-2018) absolviert. Sie legte den Schwerpunkt ihres Masterstudiums auf die agile Personal- und Organisationsentwicklung und ist aktuell als HR Trainee bei der Bosch Rexroth AG tätig.

Rainer Göttmann

Rainer Göttmann ist seit über 30 Jahren bei der Allianz tätig. Er war dabei an verschiedenen Lebenszyklen beteiligt, wie dem Aufbau, der Fusion und der Schließung von Unternehmen. Aktuell ist er CEO der metafinanz, einem IT- und Business-Beratungshaus. Er hat sowohl in linearen als auch in Matrixstrukturen gearbeitet und den Wandel in die agile Organisation vorangeführt. Als Geschäftsführer, Coach und Berater gestaltet er heute mit Leidenschaft das Unternehmen, fungiert als Coach für die Mitarbeiter und nutzt seine gesammelten Erfahrungen, um Kunden zu inspirieren und in die Transformation zu begleiten.

Maike Goldkuhle

Maike Goldkuhle bringt ihre Expertise bei den HR Pioneers als Agile Management Consultant und Trainer mit Fokus HR ein. Ihre Erfahrungen hat sie bei cleverbridge als Director of HR und bei Avira als HR Business Partner mit Schwerpunkt Personal- und Führungskräfteentwicklung gesammelt. Am liebsten baut sie an agilen HR-Prozessen und Tools und hält regelmäßig Vorträge zu diesem Thema. Was es sonst noch über Maike zu wissen gibt: Sie ist Mitorganisator der agileStuttgart, ehemalige deutsche Meisterin im Siebenkampf und gelernte Bäckerin.

André Häusling

André Häusling gilt als Pionier für agiles Personalmanagement und neue Formen von Zusammenarbeit in Deutschland. Er ist Gründer und Geschäftsführer der HR Pioneers GmbH, die sich auf agile Personal- und Organisationsentwicklung spezialisiert hat und von dem Wirtschaftsmagazin Brandeins mehrfach zu den besten Beratungen Deutschlands gewählt wurde. Die Schwerpunkte der Beratung liegen in der Begleitung von agilen Transformationen, der Durchführung von Führungskräfte-Trainings sowie der Entwicklung von agilen HR-Organisationen und Instrumenten in großen Konzernen wie in kleinen- und mittelständischen Unternehmen. André Häusling ist Initiator der Agile HR Conference, die als deutschlandweit größte Konferenz für agile Personal- und Organisationsentwicklung steht. Zudem ist er mehrfacher Buchautor sowie Keynote-Speaker auf verschiedenen Managementkonferenzen. Für seine Arbeit hat er in den letzten Jahren verschiedene Auszeichnungen erhalten. Unter anderem wurde er mehrfach vom Personalmagazin als einer der führenden Köpfe des Personalmanagements ausgezeichnet.

Stefanie Hirte

Stefanie Hirte ist studierte Betriebswirtin und seit über 25 Jahren bei OTTO in verschiedenen Marketing- und Personalbereichen tätig. Seit 2011 ist sie in der jetzigen Position und verantwortet das HR-Marketing, die Ausbildung, die Weiterbildung und die Organisationsentwicklung. Gerade in den letzten Jahren lag dabei ein großer Fokus auf den Themen Kulturwandel und Organisationsentwicklung, um mithilfe von neuen Ansätzen in Führung und Zusammenarbeit die Organisation in der Transformation zu begleiten.

Sabine Josch

Sabine Josch ist studierte Diplom-Psychologin und arbeitet seit 22 Jahren in der ottogroup in verschiedenen Firmen des Konzerns und unterschiedlichen Bereichen von HR, Marketing bis hin zur Unternehmenskommunikation. Seit 2011 ist Sabine als Direktorin OTTO Personal mit ihrem Team für die gesamte strategische und operative HR-Arbeit bei OTTO zuständig und gestaltet personalseitig die Transformation des Unternehmens. Dabei orientiert sich die Personalarbeit strategisch an den Unternehmenszielen, unterstützt und übersetzt diese durch eigene Ansätze und Methoden als Kulturarchitekt, Motor von Veränderungen und Gestalter des Wandels.

Lennart Keil

Lennart Keil ist Organisationsentwickler und Psychologe bei SAP. Er widmet sich mit Leidenschaft der Frage: Wie können wir in komplexen Organisationen wirklich etwas verändern? 2019 startete er die Initiative »Unlearning Hierarchy« für mehr Selbstorganisation. Seit seinem Einstieg bei SAP 2012 half er, neue Unternehmenswerte ins Leben zu rufen (»How We Run«) und war für die Auswahl und Entwicklung zukünftiger Führungskräfte verantwortlich. Er hat im Silicon Valley als HR Business Partner gearbeitet und international Führungskräfte ausgebildet. Wenn er mal nicht am Whiteboard steht oder Workshops moderiert, ist er wahrscheinlich unterwegs in den Bergen.

Marco Luschnat

Marco Luschnat legte 1999 mit der Ministry Group den Grundstein für eine Firmengruppe, die heute Vorreiter beim Thema »Digitalisierung & New Work« ist. Als Inhaber und Geschäftsführer gestaltet er seit 2014 den Prozess zu einer cross-funktionalen, eigenverantwortlichen und hierarchiefreien Organisationsform aktiv mit.

Diana Menges

Diana Menges, geb. 1991, absolvierte ihr Bachelorstudium »Bildungswissenschaften und -management mit Betriebswirtschaftslehre« an der Universität Freiburg (2013-2016) sowie »Human Resources Management« an der Hochschule Pforzheim (2016-2018). Hierbei legte sie den Schwerpunkt auf agile Personal- und Organisationsentwicklung und ist aktuell als Consultant bei der Deloitte Consulting GmbH in Stuttgart beschäftigt.

Kati Oimann

In ihrem Studium der Psychologie legte Kati ihren Schwerpunkt auf die Arbeits- und Organisationspsychologie. Sie sammelte Berufserfahrung rund um die Themen Eignungsdiagnostik und Personalentwicklung während und nach ihrem Studium bei dem Kölner Institut für Managementberatung. Bei den HR Pioneers berät Kati als Consultant verschiedene Kunden in agilen Transformationen. Zu ihren Schwerpunkten gehören u. a. die agile Eignungsdiagnostik, Reifegradanalysen sowie die Weiterentwicklung von innovativen Beratungsprodukten. Darüber hinaus ist sie Pioneers Scout und verantwortet intern die agile Organisationsentwicklung und die Personalauswahl.

Roman Schachtsiek

Roman Schachtsiek hat an der Universität zu Köln Betriebswirtschaftslehre und Psychologie studiert. Er leitet als Senior Vice President Human Resources die Personalabteilung bei Unitymedia in Köln. Zuvor hat er unterschiedliche Stationen im HR-Umfeld durchlaufen, von der Organisationsentwicklung bis zur Leitung der HR-Operations-Einheit. Vor Unitymedia war Roman Schachtsiek über 8 Jahre bei Accenture als Berater im Bereich Management Consulting, Talent & Organisation tätig, zuletzt als Senior Manager.

Dr. Uwe Schirmer

Dr. Uwe Schirmer wurde am 01. September 1962 in Coburg geboren. Nach dem Abitur studierte er Rechtwissenschaften. Anschließend Promotion zum Dr. jur. und Eintritt in die Robert Bosch GmbH am 01. Juli 1992. Von diesem Zeitpunkt an war Dr. Uwe Schirmer in verschiedenen Stationen im Personalwesen (u. a. Personalleitung in Treto/Kantabrien) tätig. Seit dem 01. August 2006 ist er Leiter der Zentralabteilung Personalgrundsatzfragen.

Björn Schneider

Björn Schneider ist als Holakratie- und Agile Coach bei der Hypoport AG beschäftigt. Er hat den Bereich »People & Organisation«, der für die Personal- und Organisationsentwicklung auf Basis des agilen Mindsets von ca. 1.700 Mitarbeitenden bei dem stark wachsenden Finanzdienstleister zuständig ist. Neben der Leitung führt er persönliche Coachings, Beratungen und Trainings durch und konzipiert bzw. moderiert Workshops. Seit 1995 hat er verschiedene Rollen durchlebt, wie z. B. Softwareentwickler, (Multi-)Projektleiter, Führungskraft, personalverantwortlicher Bereichsleiter, Trainer und Berater, Geschäftsführer eines Beratungsunternehmens sowie Coach für Führungskräfte/Vorstände.

Christina Schulte-Kutsch

Christina Schulte-Kutsch leitete von Juli 2016 bis Januar 2020 den Bereich Leadership Development & Culture bei der Deutschen Telekom AG. In dieser Funktion verantwortete sie die Implementierung und Weiterentwicklung des globalen Produktportfolios der Führungskräfteentwicklung sowie die Diversity- und Culture-Aktivitäten der Deutschen Telekom. Nach ihrem Berufseinstieg bei der Daimler Chrysler AG arbeitete sie für MAHLE in verschiedenen Leitungsfunktionen im In- und Ausland, unter anderem als Leiterin Führungskräfteentwicklung und Personalmarketing sowie als Leiterin Corporate Human Resources in Indien.

Felix Schumann

Felix Schumann ist Diplom-Psychologe und Soziologe M.A. und studierte in Gießen, Frankfurt und Wien. Bei Unitymedia verantwortet er die Themenfelder Personalentwicklung und Performance Management. Zuvor arbeitete er als Berater und Projektmanager mit den Schwerpunkten Organisationsentwicklung und digitales Lernen für Kunden im In- und Ausland. Parallel zu seiner Tätigkeit für Unitymedia ist er als Coach und Trainer tätig.

Tillmann Seidel

Nach seinem Magister der Sinologie, Philosophie und Linguistik sammelte Tillmann durch seine Tätigkeit bei dem Bremer Methoden- und Beratungsunternehmen nextpractice Erfahrungen mit datengestützten Organisationsanalysen sowie evidenzbasierter Organisationsentwicklung. Seine Leidenschaft für Psychologie, Selbstorganisations- und Systemtheorie führte ihn zu seinem Zweitstudium zum Master of Science in Wirtschaftspsychologie mit dem Schwerpunkt Personalentwicklung. Bei seiner Arbeit als Management Psychosoph bei HR Pioneers begleitet er Organisationen ganz praktisch auf ihrer agilen Reise. Was ihn dabei antreibt, ist der feste Glaube, dass eine fundierte Verbindung von Theorie und Praxis nötig ist, um Organisationen und auch die Gesellschaft weiterzuentwickeln.

Carina Seubert

Carina Seubert ist studierte Betriebswirtin und war über vier Jahre für einen global agierenden DAX-Konzern tätig. Dabei sammelte sie als Projektmanagerin in Europa, Asien und den USA wertvolle Arbeits- und Organisationserfahrungen. Während ihr Fokus damals auf Prozessen und Tools lag, unterstützt sie heute bei der metafinanz als Board Officer zusätzlich die Strategie-, Struktur-, Leadership- und Kulturentwicklung und gestaltet somit ganzheitlich den Wandel der Organisation. Zudem begleitet sie als Agile Transformation Coach die Mitarbeiter auf ihrer Reise zu einem agilen Mindset.

Loretta Thurau

Loretta Thurau ist Junior HR Business Partner bei Avira und seit 2016 bei der Avira beschäftigt, einem international tätigen mittelständischen Softwarehersteller. Schon während ihres Studiums der internationalen BWL arbeitete sie im Avira-HR-Team. Neben der Einführung und Weiterentwicklung des HR Service Desk in Jira betreut sie zwei Unternehmensbereiche. Derzeit befindet sie sich zudem gerade in der Ausbildung zum individualpsychologischen Coach BiB International.

Carina Visser und Thu Pakasathanan

Thu und Carina sind Teil des Personalteams bei sipgate und teilen vor allem die Begeisterung dafür, Arbeiten besser und einfacher zu machen. Thu ist 2012 nach ihrem BWL-Studium zu sipgate gekommen. Damals gab es noch kein Personalteam und Thu übernahm im ersten Schritt vor allem administrative, typische Personaleraufgaben, die bis dahin im Unternehmen eher stiefmütterlich verteilt waren. Seitdem hat sich die Rolle stark weiterentwickelt. 2015 kam Carina in den Endzügen ihres Psychologiestudiums ins Team, schrieb ihre Masterarbeit über den Person-Job-Fit im agilen Arbeitsumfeld und stieg im Anschluss Vollzeit bei sipgate ein. Seitdem hacken sie gemeinsam mit den Teams immer wieder klassische Personalprozesse, um sie lean und agil neu zu erfinden.

Nina Zeppenfeld

Bereits während ihres Masterstudiums der Wirtschaftspsychologie lernte Nina agile Arbeitsweisen bei HR Pioneers kennen. Während ihrer Masterthesis entwickelte sie eine Haltungsanalyse, die sich mit dem Mindset der Menschen im agilen Umfeld beschäftigt. Seit 2017 entwickelt Nina nun leidenschaftlich mit HR Pioneers zusammen agile Tools und Produkte und teilt ihre Expertise in Buchprojekten sowie in der Entwicklung und Durchführung von Trainings, dem Agile Collaboration Day sowie Organisationsanalysen.

Übersicht Praxisbeispiele

Praxisbeispiel: **Avira** – Einführung eines HR Service Desk in Jira   118

Praxisbeispiel: **Axel Springer** – Von der Entwicklung des Purpose und
der agilen Transformation   220

Praxisbeispiel: Vergütung in agilen Teams – Erfahrungen in
einem Großkonzern am Beispiel **Robert Bosch**   152

Praxisbeispiel: **cosee** – »Wir versuchen, uns gemeinsam und
einvernehmlich zu trennen ...«   196

Praxisbeispiel: Unlearn, inspect & adapt @**DATEV**   295

Praxisbeispiel: Agile Leadership – Wie die **Deutsche Telekom** Führungskräfte
zum Treiber der agilen Transformation macht   172

Praxisbeispiel: HR@**Hettich** – eine Welt ohne Organigramme   285

Praxisbeispiel: Das Ideal »Selbstorganisation« – Der **Hypoport**-Weg   145

Praxisbeispiel: **metafinanz** – radikale Kundenorientierung
mit dem Shop-Modell   104

Praxisbeispiel: **Ministry Group** – Time to say goodbye   204

Praxisbeispiel: Keine Veränderung auf Knopfdruck –
OTTO in der Transformation und HR mittendrin   179

Praxisbeispiel: Unlearning Hierarchy –
Transformationsmanagement bei der **SAP**   229

Praxisbeispiel: Peer Recruiting bei **sipgate** – So haben
wir die Personalverantwortung in die Hände der Teams gelegt   94

Praxisbeispiel: Mehr Business-Impact durch innovative
Personalbetreuung und -administration am Beispiel **Unitymedia**   127

Abbildungsverzeichnis

Abb. 1: Steigende Komplexität der VUCA-Welt anhand der
Stacey-Matrix illustriert. 18

Abb. 2: Die Corporate Agility Organization. Quelle: Eigene Darstellung in
Anlehnung an Granados/Erhardt, 2012, S. 26; S. 73. 28

Abb. 3: Das Run-and-Change-Rahmenmodell. Quelle: Eigene Darstellung
in Anlehnung an Jochmann/Asgarian, 2017, S. 24. Anmerkung:
Der HR-Digitalist ist ausschließlich für die HR-Anpassung
zuständig, weshalb ihm keine Schlüsselrolle zugeschrieben wird. 30

Abb. 4: Das Agile Edgellence Modell. Quelle: Eigene Darstellung in
Anlehnung an Fischer, 2018, S. 39. Anmerkung: Der Cultural
Enabler ist primär für die Kulturentwicklung im TC zuständig,
weshalb ihm keine Schlüsselrolle zukommt. 33

Abb. 5: Das Transformational-HRM-Modell. Quelle: Eigene Darstellung in
Anlehnung an Bösch/Mölleney, 2018, S. 151. 35

Abb. 6: Abgleich der Erfolgsfaktoren der verschiedenen
Transformationsmodelle. Quelle: eigene Darstellung. 47

Abb. 7: DIe vier Agilitätsfaktoren. Quelle: Eigene Darstellung 55

Abb. 8: Das Pioneers Trafo-Modell™. Quelle: Eigene Darstellung. 60

Abb. 9: Makro-, Meso- und Mikroebene, Makro-, Meso- und Mikroebene.
Quelle: Eigene Darstellung. 70

Abb. 10: Das Michigan-Modell des HR (Quelle: Tichy et al., 1982). 81

Abb. 11: Das Harvard-Modell des HR (Quelle: Beer et. al., 1985). 82

Abb. 12: Das Pforzheimer 3-Säulen-Modell des Personalmanagements
(Quelle: Kolb et al., 2010) 83

Abb. 13: Das DGFP-Referenzmodell des HR (Quelle: DGFP, 2011: 6). 84

Abb. 14: Pioneers Agile HR-Framework 85

Abb. 15: Bewerbungsgespräch 98

Abb. 16: Sichtung der Bewerbungsunterlagen 99

Abb. 17: Feedbackgespräch. 102

Abb. 18: Leitbild 119

Abb. 19: HR-Vision von Avira 119

Abb. 20: Auszug aus dem HR Service Desk Dashboard 124

Abb. 21: Darstellung des Setup der HR-BP-Teams im Koordinatorenmodell 132

Abb. 22: Erweiterung der Tätigkeiten der HR-Abteilung im Laufe der
Entwicklung. 134

Abb. 23: Pendelbewegung zwischen Professionalisierung/Standardisierung
und Individualisierung 148

Abb. 24: Wertecloud aus bisherigen und neuen Werten der
Zusammenarbeit für OTTO 181

Abb. 25: Das Führungsdreieck als Basis für die Verteilung von Führungsaufträgen am Beispiel des Werbungsbereichs bei OTTO. 183

Abb. 26: People & Culture Purpose Manifest 225

Abb. 27: The more alignment we got – the more autonomy we can grant 227

Abb. 28: Das eindimensionale Organisationsmodell 249

Abb. 29: Das eindimensionale HR-Referentenmodell 249

Abb. 30: Die zweidimensionale Matrix-Organisation 251

Abb. 31: Das Das zweidimensionale HR-Modell (Business-Partner-Modell) 252

Abb. 32: Die zweidimensionale Matrix-Organisation mit informellem Netzwerk 255

Abb. 33: Die HR$^{PLUS NET}$-Organisation. 257

Abb. 34: Das 6-Erfolgsfaktorenmodell. 259

Abb. 35: Transformationsvorgehen 261

Abb. 36: Die Hybrid-Organisation. 264

Abb. 37: Die HR-Hybrid-Organisation 266

Abb. 38: Organisational Design Sprint 268

Abb. 39: Die (agile) HR-Netzwerk-Organisation. 277

Abb. 40: Pioneers Agile HR Framework. 284

Abb. 41: Dimensionen des Veränderungsprozesses Strategie – Struktur – Kultur. 288

Abb. 42: Leitbild 292

Abb. 43: Beispiele für Kernteams und Expertenteams 293

Abb. 44: Führungsschwerpunkte: Fachlich-Inhaltliches/Prozesse/ Mensch mit operativem und strategischem Anteil. 298

Abb. 45: Verantwortungsebenen (VE) 6 (Mitarbeitende) bis 1 (Vorstand) 300

Abb. 46: CaT-Framework zur Herangehensweise an Veränderungen. 303

HR-Management anders denken

HR-TRANSFORMATIONEN
Wir beraten und
begleiten

HR-TRAININGS
Wir teilen und
schulen

AGILE HR CONFERENCE
Wir vernetzen
und bringen zusammen

PRODUKTE
Wir entwickeln
und coachen

KEYNOTES
Wir geben Impulse
und begeistern

□ hr pioneers

agile. people.

Wir denken HR-Management anders, um außergewöhn-
liche Unternehmen der Zukunft mit selbstverantwortlichen
Mitarbeitern und Führungskräften zu bauen, die sich
in Zeiten (digitalen) Wandels rasend schnell an komplexe
Rahmenbedingungen anpassen können.

HR Pioneers GmbH
Mechternstr. 44
50823 Köln

+49 (0)221 84 68 10 99
info@hr-pioneers.com

Jetzt informieren | **hr-pioneers.com** |